기초물리정수

명 칭		량	단 위
만유인력 상수	G	6.67259(85)	$10^{-11}\,\mathrm{N\cdot m^2\cdot kg^{-2}}$
진공중의 광속	c	2.99792458	$10^8\,\mathrm{m\cdot s^{-1}}$
진공의 투자율	μ_0	$4\pi = 12.5663706\cdots$	$10^{-7}\,\mathrm{H\cdot m^{-1}}$
진공의 유전율	ε_0	$8.854187817\cdots$	$10^{-12}\,\mathrm{F\cdot m^{-1}}$
전자의 전하량	e	1.60217733(49)	$10^{-19}\,\mathrm{C}$
	e^*	4.8032068(15)	$10^{-10}\,\mathrm{e.\,s.\,u.}$
플랑크 상수	h	6.6260755(40)	$10^{-34}\,\mathrm{J\cdot s}$
	$\hbar$	1.05457266(63)	$10^{-34}\,\mathrm{J\cdot s}$
전자의 질량	m 또는 m_e	9.1093897(54)	$10^{-31}\,\mathrm{kg}$
		5.48579903(13)	$10^{-4}\,\mathrm{u}$
양성자의 질량	m_p	1.6726231(10)	$10^{-27}\,\mathrm{kg\cdot}$
		1.007276470(12)	u
양성자와 전자의 질량비	m_p/m_e	1836.152701(37)	
중성자의 질량	m_n	1.6749286(10)	$10^{-27}\,\mathrm{kg}$
		1.008664904(14)	u
리드베르그 상수	R_∞	1.0973731534(13)	$10^7\,\mathrm{m^{-1}}$
보어 반경	a_B	5.29177249(24)	$10^{-11}\,\mathrm{m}$
보어 자자(磁子)	μ_B	9.2740154(31)	$10^{-24}\,\mathrm{J\cdot T^{-1}}$†
			또는 $\mathrm{A\cdot m^2}$
핵자자	μ_N	5.0507866(17)	$10^{-27}\,\mathrm{J\cdot T^{-1}}$
전자의 자기모멘트	μ_e	9.2847701(31)	$10^{-24}\,\mathrm{J\cdot T^{-1}}$
양성자의 자기모멘트	μ_p	1.41060761(47)	$10^{-26}\,\mathrm{J\cdot T^{-1}}$
양성자의 자기회전비	γ_p	2.67522128(81)	$10^8\,\mathrm{s^{-1}\cdot T^{-1}}$
전자의 비전하량	e/m_e	1.75881962(53)	$10^{11}\,\mathrm{C\cdot kg^{-1}}$
전자의 고전반경	r_e	2.81794092(38)	$10^{-15}\,\mathrm{m}$
전자의 콤프톤 파장	λ_C	2.42631058(22)	$10^{-12}\,\mathrm{m}$
원자질량단위	$m_u = 1\,\mathrm{U}$	1.6605402(10)	$10^{-27}\,\mathrm{kg}$
아보가드로 상수	N_0 또는 N_A	6.0221367(36)	$10^{23}\,\mathrm{mol^{-1}}$
기체상수	R_0 또는 R	8.314510(70)	$\mathrm{J\cdot mol^{-1}\cdot K^{-1}}$
이상기체의 몰 체적 (273.15 K, 101325 Pa)	V_0 또는 V_m	22.41410(19)	$10^{-3}\,\mathrm{m^3\cdot mol^{-1}}$
볼츠만 상수	k_B	1.380658(12)	$10^{-23}\,\mathrm{J\cdot K^{-1}}$
슈테판–볼츠만 상수	σ	5.67051(19)	$10^{-8}\,\mathrm{W\cdot m^{-2}\cdot K^{-4}}$
패러데이 상수	F	9.6485309(29)	$10^4\,\mathrm{C\cdot mol^{-1}}$
0℃의 절대온도	T_0	273.15	K
표준 대기압	P_0	1.01325	$10^5\,\mathrm{Pa}$

† $\mathrm{T = Wb\cdot m^{-2} = 10^4\,gauss}$

이공학기초

理工学基礎 物性科学

물성과학

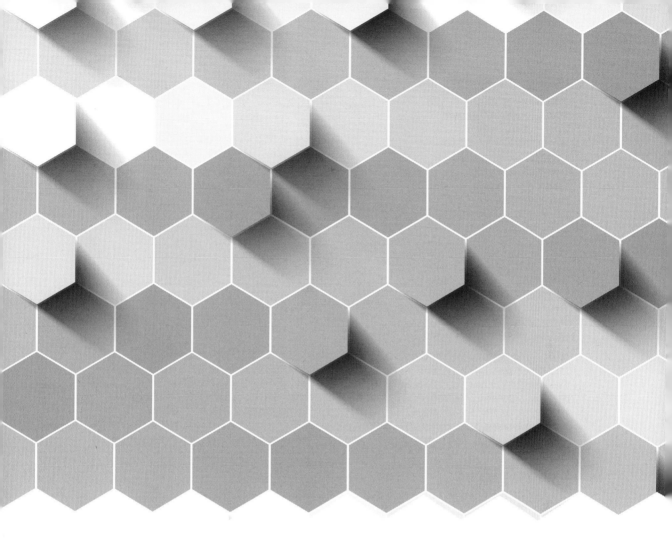

이공학기초 물성과학

理工学基礎 物性科学

사카타 마코토 저 | **남춘우** 역

저자 소개

• **사카타 마코토(坂田 亮)**

게이오기주쿠대학 공학부졸업(1947)
도쿄대학(공학박사, 1962)
게이오기주쿠대학 공학부 교수(1969)
게이오기주쿠대학 명예교수(현재)
교린대학 의학부 교수(1990)
일본재료과학회 회장(1985)
일본표면과학회 회장(1990)
열전변환연구회 회장(1997)
일본열전학회 회장(2004)

역자 소개

• **남춘우(南春祐)**

울산공과대학 전기공학과(공학사, 1982)
연세대학교 대학원 전기공학과(공학박사, 1989)
삼성전자 반도체 연구소(1986-1990)
동의대학교 전기공학과 교수(1990-현재)

역자는 국제학술지논문(SCI) 130편(제1저자), 국제학술지논문(SCIE) 8편(제1저자), 국내학술지논문 72편(제1저자), 국내학술대회논문 49편, 특허 16건의 연구실적을 가지고 있으며, 대한전기학회 학회상(기술상-1987), 한국전기전자재료학회 학회상(논문상-1999, 학술상-2003, 논문상-2006, 학술상-2009)을 4회 수상하였으며, 동의대학교 교원업적상(연구영역, 2005-2014)을 10년 연속 수상하였다. 그리고 인명사전 마르퀴즈 후즈후(과학-공학)에 2003년부터 연속 등재되었고, 2004년에 인명사전 IBC(영국)에 등재된 바 있다. 현재 대한전기학회 정회원, 한국전기전자재료학회 종신회원, 한국재료학회 정회원, 한국세라믹학회 정회원이다.

이공학기초 **물성과학**

발행일 2015년 7월 24일 초판 1쇄
저 자 사카타 마코토(坂田 亮)
역 자 남춘우
펴낸이 김준호
펴낸곳 한티미디어 | **주소** 서울시 마포구 연남로 1길 67 1층
등 록 제15-571호 2006년 5월 15일
전 화 02)332-7993~4 | **팩스** 02)332-7995
ISBN 978-89-6421-235-6 (93570)
정 가 25,000원

마케팅 박재인 최상욱 김원국 | **관 리** 김지영
편 집 이소영 박새롬 안현희 | **표 지** 박새롬 | **인 쇄** 우일프린테크

이 책에 대한 의견이나 잘못된 내용에 대한 수정 정보는 한티미디어 홈페이지나 이메일로 알려주십시오.
독자님의 의견을 충분히 반영하도록 늘 노력하겠습니다.

홈페이지 www.hanteemedia.co.kr | **이메일** hantee@empal.com

서문

전작인 공학기초로서의 「재료과학」 초판으로부터 10년이 경과했다. 그 동안 이 방면의 발전은 괄목할 만하다. 하지만 기초의 중요성은 조금도 변함이 없다. 지난 10년간의 경험에서 보다 알기 쉽게 이해를 돕기 위해 많은 사람들의 도움을 얻어 전작에 '11장 유전체'를 추가하여 책 이름도 새롭게 [**이공학기초 · 물성과학**]으로 하였다. 원래 재료과학은 Materials Science의 약어로 최근에는 [물성과학]이라고 불리기도 한다. 여기서 단순한 공학의 기초뿐만이 아니라 이공학의 기초라는 의미로 **물성과학**이란 이름을 붙였다.

오랜 경험에 비추어 볼 때, 이 책을 한 학기 동안 학습하는 것은 조금 시간이 부족하기 때문에 두 학기 동안 천천히 공부할 것을 권한다. 하지만 교과과정 사정으로 수업시간이 한 학기 밖에 되지 않을 경우에는 5장부터 시작하여 그 후에 2~4장을 볼 것을 권한다.

물성과학의 기초로 많은 내용들을 넣고 싶었지만 이번에는 유전체까지만 하고 차후에 다른 내용들을 보충하여 증보판으로 내고자 한다.

책이름을 바꾸는 데 있어서 몇 번이고 살펴보았지만 여전히 저자의 천학비재(淺學菲才)로 많은 실수가 남아 있을 우려가 있으므로 독자들의 질정(叱正)을 부탁할 뿐이다.

이 책이 완성되기까지, 2~4장은 이케자키 카즈오(池崎和男) 박사, 5~8장과 10장은 오오타 에이지(太田英二) 박사, 9장은 사토 테츠야(佐藤徹哉) 박사, 그리고 11장은 와타나베 아키라(渡辺 彰) 박사가 책의 내용 설명에 있어서 많은 도움을 주셨다. 그 외에도 많은 학생들로부터도 많은 수정 의견을 받았다. 이러한 많은 도움을 주신 분들에게 심심한 사의를 표하고 싶다.

또 단기간에 원고를 책으로 만들어 주신 바이후칸(培風館)의 마츠모토 카즈요시(松本和宣)씨와 콘도 타에코(近藤妙子)씨에게 진심으로 감사를 표하고 싶다.

1989년 초봄

사카타 마코토(Makoto Sakata)

내용에 대해서

이 교과서는 이공학부 2~3학년 과정에서 한 학기의 교과목으로서 기획하였기 때문에 "물성과학"(Materials-Science) 전반을 망라하는 것은 사실상 어려운 일이었다. 따라서 많은 내용을 다루기보다 초점을 맞추어, 전자의 거동이 가장 주역을 이루는 범위의 Materials를 주로 다루기로 하였다. 이러한 이유로 부제로써 **"물성의 전자론기초"**라고 명명해도 좋을지도 모른다. 하지만 이 범위 내에서도 다루는 재료들에 대해서는 조금 더 광범위하게 고르고 싶었지만, 그림을 많이, 설명을 쉽게, 일반적이면서도 기초적인 것들로부터, 이 정도의 범위로 한정시킬 수밖에 없었다. 단, 2장 **"결정"**은 타 과목과 많이 중복되는 내용으로 생략하거나 각자의 자습에 맡기는 것이 좋을 듯하다. 또 난해한 부분이 있으면 한번 읽은 후에 또 다시 읽어 볼 것을 권하며 또 몇 가지의 부록도 들어 있다.

단위계에 대해서는 그렇게 집착하지 않았다. 단 전자계만은 MKSA계 중의 EB 대응계로 하였다. 따라서 자기 쌍극자 모멘트 μ를 전류 I와 면적 S를 이용하여, $\mu = IS$로 정의하는 방식에 따랐다. 이 때문에 자속밀도 B, 자계 H, 자화 M의 관계는 $B = \mu_0(H + M)$으로 되어 있다($B = \mu_0 H + M$이 아니다). 이런 이유는 자기에는 단자극이 발견되지 않았고, 현시점에서는 쌍극자의 기능이야말로 실재이며, 게다가 그것이 전류에 기인하고 있다는 사고방식에 동의하기 때문이다.

물성과학은 재래의 나열적인 재료학이 아닌 수수께끼 풀이의 과학이다. 어떤 기구로 열이 전달되고, 전류가 흐르며, 빛을 흡수하여 발광하는 것일까 등의 수수께끼에의 도전이다. 이 수수께끼를 풀어나가는 재미는 각별하다. 그리고 그것들은 전자, 음자(포논), 광자 또는 불순물 원자의 거동에 관련되어 있다. 본서에서 다루는 범위는 넓지는 않지만 여기서 배운 수법은 다른 분야에도 응용할 수 있다. 따라서 단순히 박식해지는 것이 아니라 전자, 음자, 광자 등에 대해 다루는 방법의 기초가 능숙해져 재료를 자신이 설계하여 소망의 재료를 만들어 내는 힘의 기초가 길러졌으면 한다.

또 본서에는 인명(人名)과 그 연구를 이룬 연령을 아는 범위 내에서 기입하였으며 연령은 의외로 젊어, 독자와 그렇게 다르지 않은 사람도 있다. 이것은 독자가 이들의 연구와 비슷한 일을 해낼 수 있는 가능성을 현재 크게 숨겨 두고 있다는 것이기도 하다.

물성과학은 고체, 액체, 기체 또는 유기체, 생물도 연구대상으로 한다. 이것들은 물성과학 기초의 연장선상에 있다. 그것은 참으로 꿈 많은 로망의 세계이다. 이 원고를 쓰고 있었던 만월의 밤, 저자집의 선인장은 거칠고 울퉁불퉁한 외견으로는 정말 상상할 수 없는 백합같은 순백의 큰 꽃을 갈팡질팡하는 사이에 피웠다. 그것은 참으로 "월하미인"의 이름에 적합하다. 그리고 한밤중 향기를 발산시킨 후 그 다음 날에는 시들어 있었다. 무엇을 위한 고작 한밤의 개화란 말인가. 저자는 그 아름다움에 사로잡힘과 동시에 자연의 불가사의함, 그 기구의 심원에 눈을 크게 떴다. 이것도 언젠가는 물성과학의 테마가 될 것이다. 본서가 이와 같은 물성과학에 독자가 흥미를 가질 수 있도록 일조한다면 다행이다.

본서의 집필에 있어, 많은 내외의 저서를 참고하여 데이터도 인용하였다. 특히 John Wulff 편 "The Structure and Properties of Materials" (John Wiley & Sons, 1965년)의 영향은 컸지만 본서는 교과서를 목적으로 하였기 때문에 그것들을 특히 명기하지 않은 점도 많다. 이것들의 저자들에게 사의를 표함과 동시에 허락을 부탁한다.

역자서문

이 책은 게이오기주쿠대학(慶應義塾大學)의 사카타 마코토(坂田 亮) 명예교수가 쓴 「이공학기초 물성과학」을 번역한 것이다. 1989년 5월에 초판이 나온 이래, 2012년 2월에 26쇄가 나왔을 정도로 호평을 받은 책이다. 이 책을 오래 전에 번역할 생각을 하고 있었으나 차일피일 미루다가 이제야 번역하게 되었다. 번역을 하게 되면서 저자의 의도를 제대로 이해하고 번역이 되었는지, 또한 역자의 주관이 앞서서 자칫 저자의 뜻과 맞지 않게 번역이 되지는 않았는지 다소 걱정되기도 한다.

물성과학의 역할이나 필요성에 대해서 저자가 보기 드물게 한 개의 장(章)을 통해서 충분히 설명하고 있다. 역자도 저자의 생각에 전적으로 동의하는 바이다. 시중에 국내외 전기전자물성 관련 서적이 적지 않게 출판되어 있다. 저마다 다 특징이 있으며 저자나 역자들이 책의 내용에 대해서 우수성을 주장하고 있다. 재료의 물성이라는 방대한 내용을 한권의 책으로, 특히 교과서로 모든 독자들을 만족시키기에는 분명 한계가 있다. 이 책의 특징을 한마디로 표현하기는 어렵지만 분명한 것은 다양한 그림을 통해서는 물론, 서술내용을 알기 쉽게 설명했을 뿐만 아니라 내용에 따라 적절한 깊이를 가지고 있다는 점이다. 내용 중에서 더욱더 상세한 설명이 요구되는 부분은 부록에 담았다. 따라서 처음 물성 책을 접하거나, 많은 책을 접한 독자도 이 책이 왜 좋은 지, 한번 두 번 여러 번 읽다 보면 이 책이 좋다는 점을 곧 알게 될 것으로 확신한다. 이런 연유로, 재료 관련 공학과, 전기 및 전자공학과에서의 물성 교과서는 물론이고 산업계, 연구소

종사자 등 전기전자물성에 관심을 갖는 모든 분들께 이 책을 권하고 싶다. 이 책이 나오기까지 수고를 아끼지 않은 분들과 한티 출판사 관계자 여러분들께 심심한 감사의 말씀을 드립니다.

2015년 7월

엄광산 - 백양산 중턱에서

역자

차례

서문	5
내용에 대해서	7
역자서문	9

CHAPTER 01

서론 · 19

1.1	물성과학의 간단한 역사	21
1.2	물성과학의 목적	21
1.3	물성과학의 도구	22
1.4	새로운 물성과학의 방향	23
1.5	환경과학과 물성과학	24
1.6	무엇을 위한 물성과학인가	25

CHAPTER 02

결정 · 27

2.1	공간격자	29
2.2	격자방향과 격자면	31
2.3	브라베 격자	38
2.4	결정구조	43
2.5	X선 회절과 결정구조	46
2.6	격자결함	54
	2.6.1 점결함	54
	2.6.2 선결함	58
	2.6.2 면결함	61
2.7	비정질 고체	62

CHAPTER 03

격자진동   65

3.1 원자 간 포텐셜 에너지   67

3.2 용수철과 추   69

3.3 연속체(탄성체)의 진동   71

3.4 1차원 격자진동   77

3.5 브릴루앙(Brillouin) 영역   81

3.6 결정기가 2개의 원자를 포함하는 1차원 격자진동   85

3.7 포톤(광자)과 포논(음자)   93

CHAPTER 04

고체의 열적 성질   97

4.1 고체의 비열(고전론)   99

4.2 고체의 비열(아인슈타인의 이론)   101

4.3 고체의 비열(데바이의 이론)   108

4.4 절연체의 열전도도(포논전도)   116

4.4.1 포논 열전도도   116

4.4.2 포논 간 충돌의 평균자유행로   120

4.4.3 불순물 등에 의한 포논의 산란   122

4.4.4 유리 등의 열전도도   123

4.5 고체의 열팽창   124

CHAPTER 05

금속 중의 자유전자   129

5.1 자유전자   131

5.2 자유전자모형   133

5.3 충돌시간, 유동속도   134

5.4 완화시간, 이동도   137

5.5 합성완화시간, 합성저항률   145

5.6 합금의 저항률   149

CHAPTER 06 고체 중의 전자　157

6.1	수소원자 중의 전자 에너지	159
6.2	수소분자 중의 전자 에너지	161
6.3	결정 중의 전자 에너지띠	163
6.4	결정 중의 포텐셜 에너지	165
6.5	고체 중의 자유전자	169
6.6	주기적 포텐셜장 내의 전자	171
6.7	브릴루앙 영역 모형	173
6.8	페르미 에너지	179
	6.8.1　페르미-디락 분포	179
	6.8.2　페르미 구	185
	6.8.3　상태밀도	188
	6.8.4　자유전자의 페르미 파수, 페르미 속도, 페르미 온도	195
6.9	전계 중의 고체 전자의 진동	197
6.10	양과 음의 유효질량	201
	6.10.1　자유전자	201
	6.10.2　주기적 포텐셜 중의 고체전자	203
	6.10.3　도체와 절연체의 구별	206
	6.10.4　정공	212
6.11	홀효과	217

CHAPTER 07 반도체　223

7.1	진성 반도체	225
	7.1.1　원소 반도체	227
	7.1.2　진성 반도체의 캐리어 농도	232
	7.1.3　진성 반도체의 페르미 준위	238
7.2	불순물 반도체	241
	7.2.1　n형 불순물 반도체	241
	7.2.2　p형 불순물 반도체	244
	7.2.3　도너와 억셉터를 포함하는 불순물 반도체	246

7.3   불순물 반도체의 캐리어 농도   249
    7.3.1   저온인 경우   251
    7.3.2   고온인 경우   253
7.4   뜨거운 전자(핫 일렉트론)   255

CHAPTER 08

반도체 접합   261

8.1   일함수   263
8.2   금속과 금속의 접합   264
8.3   금속과 반도체의 접합   267
8.4   아인슈타인 관계식   270
8.5   쇼트키 다이오드의 정류작용   274
8.6   금속과 반도체의 다양한 접합   281
8.7   pn 접합   283
    8.7.1   pn 접합 만드는 방법   283
    8.7.2   pn 접합의 정류작용   285

CHAPTER 09

자성체   293

9.1   전기자기 현상과 단위   295
    9.1.1   자화와 자기 쌍극자 모멘트(능률)   295
    9.1.2   자속밀도, 투자율, 자계   296
    9.1.3   자속밀도가 전류에 미치는 힘, 자기 쌍극자 모멘트   301
9.2   자기의 근원   304
    9.2.1   원자 내 전자의 궤도 자기 쌍극자 모멘트   304
    9.2.2   전자의 스핀 자기 쌍극자 모멘트   309
9.3   자성체의 분류   314
9.4   자성체   320
    9.4.1   퀴리의 법칙   320
    9.4.2   금속의 상자성(파울리 상자성)   326

9.5   강자성   328
  9.5.1 강자성체의 퀴리온도   328
  9.5.2 자화곡선   329
  9.5.3 자발자화   331
  9.5.4 자기구역, 자기구역 벽   334
  9.5.5 반강자성체와 페리 자성체   337

CHAPTER 10

고체의 광학적 성질   339

10.1   광흡수   341
  10.1.1 투과율   341
  10.1.2 흡수기구의 개관(槪觀)   342
10.2   광학적 격자진동에 의한 광흡수   345
10.3   F중심에 의한 광흡수   347
10.4   기초흡수와 여기자에 의한 광흡수   350
10.5   직접천이·간접천이에 의한 광흡수   352
10.6   광도전 현상(내부광전효과)   357
10.7   광기전력 효과   361
10.8   형광, 인광   363

CHAPTER 11

유전체   367

11.1   유전체의 분극   369
  11.1.1 분극과 전기 쌍극자 모멘트(능률)   369
  11.1.2 유전율   375
  11.1.3 분극률과 국소전계   380
11.2   분극의 종류   386
  11.2.1 전자분극   386
  11.2.2 이온분극   387
  11.2.3 배향분극   389
  11.2.4 전분극   394

11.2.5 계면분극   397

11.3 고체의 유전율   398

11.3.1 단원자 유전체   398

11.3.2 이온적 유전체   399

11.4 유전분산   400

11.4.1 복소 유전율과 유전손   400

11.4.2 각 분극에 의한 유전분산   402

11.4.3 전자분극의 유전분산   404

11.5 강유전체   409

11.5.1 자발분극과 분역   409

11.5.2 페로브스카이트형 강유전체   411

11.5.3 자발분극의 발생   414

부록 A   면간격과 밀러 지수   417

부록 B   프렌켈형 결함과 쇼트키형 결함   421

B.1 프렌켈형 결함   421

B.2 쇼트키형 결함   424

부록 C   물리량의 평균치   425

부록 D   포논의 상태밀도   426

부록 E   포논의 정상과정과 반전과정   429

부록 F   수소원자의 에너지 준위   435

부록 G   2차원 정방격자의 브릴루앙 영역   438

부록 H   페르미-디락 통계   443

H.1 페르미-디락 분포   443

H.2 α와 β의 물리적 의미   449

부록 I   슈뢰딩거의 파동방정식   452

부록 J   페르미 속도와 유동속도   457

부록 K   군속도   462

부록 L   페르미 분포와 맥스웰 분포 근사에 의한 전자농도   464

부록 M   진성 반도체의 전도대에서의 전자농도의 계산   466

부록 N   도너의 이온화 에너지   468
부록 O   불순물 준위에 있어서의 전자의 통계 분포함수의 계산   470
부록 P   뜨거운 전자의 전류–전압 특성   472
부록 Q   금속–반도체 접촉에 있어서의 전류 전압 특성   478
부록 R   원자의 전자 배치도   483

참고문헌   487
찾아보기   489

CHAPTER

01

서론

구성

1.1 물성과학의 간단한 역사

1.2 물성과학의 목적

1.3 물성과학의 도구

1.4 새로운 물성과학의 방향

1.5 환경과학과 물성과학

1.6 무엇을 위한 물성과학인가

1.1 물성과학의 간단한 역사

"Materials Science"라는 말이 일반적으로 미국에서 사용되어진 것은 1950년 대일 것이다. 이 말이 일본에서 물질과학이라고는 하지 않고, "재료과학" 또는 "물성과학"으로 번역되어진 것은 1960년경이다. 이것과는 달리 Solid State Physics, 고체물리, 물성론과 같은 말은 옛날부터 사용되어 온 이름이다. 이 둘의 차이는 분명하지는 않지만 군이 말하자면 넓은 의미로 응용과학과 기초과학의 차이라고 할 수 있다.

일본의 재료과학학회는 1963년에 발족하였지만 재료과학이라고 일반적으로 알려지기 시작한 것은 존 울프가 쓴 "재료과학입문"(岩波)이 1967년에 번역된 이후부터이다. 이때부터 재료과학의 이름이 정착하여 각 대학에서도 이 교과목이 개설되기 시작했고, 재료과학이란 이름을 붙여 번역된 책이나 서적 그리고 강좌 등도 출판되기 시작했다. 그러나 최근에는 이것들을 "물성과학"이라고 부른다.

과연 재료는 무엇을 대상으로 하는 것일까? 주로 고체지만 액체나 기체도 대상으로 한다. 또 무기물이 주 대상으로 되어 있기는 하지만 유기물이나 생물조차도 대상이 될 수 있다. 요약하면 모든 생물, 무생물재료가 대상이 되므로 물성과학의 영역은 상당히 광범위하다고 볼 수 있다.

1.2 물성과학의 목적

그렇다면 이와 같이 광범위한 물성과학과 어떤 특정의 재료분야 학문과는 어떤 점에서 다른 것일까? 물체의 성질을 조사하여 어떤 용도의 소자를 만드는 점에 있어서는 둘 다 차이가 없다. 하지만 물성과학에서는 특정분야뿐만 아니라 더 넓은 영역으로까지 접근하여 다른 분야에서 이미 사용되어지고 있는 원리를 또 다른 분야에 사용한다. 그리고 다른 재료 사이에서의 공통점을 발견하기도 하고 또 다른 점을 분명히 찾기도 한다. 이런 점에서 지금까지는 불가능이라고 생각되어 왔거나 전혀 다른 예상할 수 없는 새로운 성질을 가진 신재료를 만들기 시작한 것이다.

이렇게 희귀한 것을 만드는 것도 중요하지만 더욱이 목적을 한정하여 새로운 에너지 변환재료, 생체 중에 넣어도 생체가 거부반응을 일으키지 않는 신고분자 재료, 엿처럼 실온에서도 구부러지는 금속재료 등을 만드는 것도 중요하다. 이때 단순히 경험법칙에 의한 것이 아니라 과학적으로 조직적인 연구방법을 강구해 나가는 것이 매우 중요하다. 즉 어떤 목적을 가지고 그것에 도달하는 최단거리를 발견해 간다. 이때 다른 넓은 분야의 지식이 매우 유용하게 쓰인다.

1.3 물성과학의 도구

물성과학연구의 도구로써는 물리학, 화학 그리고 생물학도 포함된다. 더욱더 구체적으로 말하면 고전물리학, 고전화학은 말할 것도 없고, 양자역학, 통계역학, 상대성이론, 비가역적 열역학, 경우에 따라 분자생물학도 도구가 될 수 있다. 보통 "물성물리"에서의 도구는 크건 작건 간에 사용되어진다. 다만 그것들에 대해서 어느 정도의 이해력과 응용력이 있으면 좋다. 그리고 그 구조가 이해된다면 그 응용도 또 새로운 창조도 할 수 있다. 다만 전자가 주역인 이상, 어느 정도의 양자역학과 통계역학의 지식이 준비되어 있으면 더할 나위 없다.

1.4 새로운 물성과학의 방향

물성과학은 생물학까지도 대상으로 하고 있어 생물체의 기구를 갖춘 무생물을 만든다든지, 생물체 그 자체를 변화시켜 가는 학문도 물성과학의 분야에 포함된다.

그것은 예를 들어 양자역학 창시자의 한 사람인 슈뢰딩거가 말한 것이기도 하지만 음의 엔트로피이기도 하다. 무생물을 취급함에 있어서 열역학적 엔트로피는 증대해 간다. 즉 잉크 한 방울을 바다에 떨어뜨리면 무한히 퍼져 무질서한 상태가 된다. 이것이 무생물의 세계의 불가역 과정이다. 여기에는 재건설이랄까 질서를 세우는 것과 같은 일은 일어나지 않는다. 하지만 생물의 세계에서는 많은 경우, 질서를 세우는 것이 행해지고 있다. 예를 들면 생물을 생성할 때에 매우 중요한 역할을 하는 유전자조차도 많은 원자의 집단으로부터 만들어 진다. 하지만 유전자는 자기와 같은 유전자의 복제를 만들어 다음 세대로 전달한다. 이것은 재건설이라는 것이 생물계에서는 이루어지고 있다는 증거가 된다. 유전자라 하여도 단순한 원자의 집합이라면 무생물계의 법칙에 따라 항상 엔트로피를 증가시켜 결국은 뿔뿔이 흩어져 버린다고 생각된다. 하지만 유전자는 그렇지 않고 음의 엔트로피를 증가시켜 질서를 세워 나간다. 하지만 이것이 유전자가 다수의 원자의 화학적 결합에 의한 하나의 거대 분자라고 생각하면 거대 분자는 조건에 의해서는 양자역학적으로 안정될 수 있다고 슈뢰딩거는 말하고 있다. 이것은 딱 2개의 원자가 모여 에너지가 낮은 안정적인 분자가 만들어지는 것과 유사하다. 하지만 유전자의 본체인 DNA가 복제를 만들 때, 즉 음화(陰畵)에 대해 양화(陽畵)를 만드는 작용을 할 때의, 상대 선택의 문제는 잘 해결되지 않는다. 즉 DNA는 2개의 사슬로 이루어져 있어 사슬 사이에는 연결봉이 들어 있다. 연결봉의 직무를 수행하는 것이 A(adenine), G(guanine), C(cytosine), T(thymine)라고 불려지는 화합물이지만 이것들이 연결할 때에는 반드시 A와 T, G와 C만이 수소결합을 만든다. 이것은 절대 틀린 말이 아니다. 이 규칙성을 지금까지의 물리학으로 설명할 수 있다면 좋다. 이것은 A와 T가 결합하는 확률이 G와 T가 결합하는 확률에 비해 훨씬 높을수록 좋다. 이것을 양자역학적으로 계산하면 G와 T의 사이에서 결합할 수 있는 확률도 높다. 즉 지금의 물리학으로는 복제의 문제를 잘 설명하지 못하고 있다. 이때는 무언가 다른 인자가 작용하여 엔트로피를 증대시키지 않도록 하는 것밖에 설명할 수가 없다. 생물체 안의 효소가 엔트로피의 증대를 막고 있지만 음의 엔트로피는 무엇인가?

이것에서 알 수 있듯이 생물체를 대상으로 하는 이상, 지금까지의 양자역학으로도 통계역학이나 열역학으로도 설명할 수 없고 뭔가 다른 새로운 역학이 필요하다. 이것은 유전자의 "복제역학"이며, "진화역학"이기도 하다. 진화역학을 건설하는 방향으로 물성과학은 나아가야만 한다. 이것이 성공할 때 우리들은 생물 또는 생명이라는 것을 지금보다 더욱 잘 이해할 수 있는 단계에 도달할 수 있을 것이다.

1.5 환경과학과 물성과학

우리 주위의 모든 재료가 물성과학의 연구대상이라면 환경과학 그 자체도 물성과학과 깊은 관련성을 가진다. 환경을 오염시켜 온 재래공업에 대하여 환경을 정화하는 과학으로써 물성과학이 있다 해도 좋을 것이다. 예를 들면 일회용 제품을 만드는 것이 아니라 재활용하는 재료를 만드는 것도 그중 하나이다. 즉 자원의 재활용 이용이다. 또 환경을 오염시키지 않는 깨끗한 에너지원 또는 에너지 변환소자를 만드는 것도 앞으로 물성과학이 나아가야 하는 방향이다.

자원과 에너지 다음으로 나오는 문제는 식량문제이다. 이것도 물성과학의 문제이다. 영양가가 높은 식량이 편협한 곳이라도 수율이 좋아 오랜 시간 보존할 수 있는 곡물의 개발이라든지, 단기간에 큰 수량을 얻는 식물을 만든다든지, 많은 매력적인 문제가 있다. 이것들은 언젠가 찾아 올 인구문제에 대응하기 위해서이기도 하다. 인구가 지금처럼 계속 증가해 나간다고 하면 중대한 문제에 직면할 것이기 때문에 우리들은 물성과학 입장에서 과학적으로 대응책을 준비해 나가지 않으면 안 된다.

1.6 무엇을 위한 물성과학인가

그렇다면 무엇을 위해서 우리는 물성과학을 배우는 것일까? 그것은 이공학의 기초이기 때문에 말할 필요도 없다. 하지만 진리를 찾는 물리학이 원자폭탄을 초래하고, 풍요로워지기 위한 생산의 확대가 환경오염을 초래하는 등은 일상에서 경험한 것들이다. 이것들 전부가 타인에게의 배려를 잊은 행동의 결과이다. 즉 자신만 좋으면 괜찮다라는 이기적인 생각이 이런 결과를 초래해 왔다. 나라와 나라 간의 이기주의를 해소하는 것은 쉬운 일이 아니다. 하지만 그렇다 해도 개인과 개인 간의 이기주의를 없애는 것부터 시작하는 길밖에 없다. 예를 들면 [문을 열었으면 다음 사람이 오는지 안 오는지를 잘 확인한 후 천천히 문을 닫는다]라는 타인에 대한 작은 배려부터 시작해야 한다.

일상의 비록 사소한 일이라도 항상 타인에 대한 배려를 염두에 두고 연구하는 것이 타인에 대한 더 나아가서는 자연환경을 포함하여 인간뿐만 아니라 지구전체의 행복을 위한 물성과학이 될 수 있다.

CHAPTER

02

결정

- **구성**
  2.1 공간격자

  2.2 격자방향과 격자면

  2.3 브라베 격자

  2.4 결정구조

  2.5 X선 회절과 결정구조

  2.6 격자결함

  2.7 비정질 고체

- **개요**

원자, 분자 또는 이온의 집단이 공간적으로 규칙적이며 주기적으로 배열한 고체를 **결정(crystal)** 이라 한다.

여기서 주로 다루는 물질은 고체이다. 고체 중에서도 단순하지만 중요한 것이 바로 결정이다. 결정은 어떤 모양을 하고 있을까? 그것을 조사하기 위해서는 어떻게 해야 하는가? 결정이라고 해서 완전한 것만 있을까?

2.1 공간격자

결정 내의 임의의 한 점을 원점 O라 하고 O를 정점으로 한 **결정축**(crystal axis) **a**, **b**, **c**를 3능으로 하여 평행육면체를 생각한다. 평행육면체를 **단위격자**(unit lattice)[1] 또는 **단위세포**(unit cell)라고 부른다. 각 능 간의 각을 α, β, γ로 둔다. α, β, γ와 각 결정축의 크기 a, b, c를 합쳐 6개의 상수를 **격자상수**(lattice constant)라고 한다. 격자상수와 단위격자를 그림 2.1에 나타내었다.

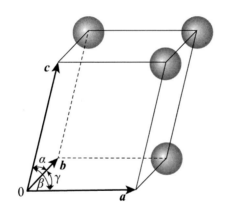

그림 2.1 격자상수(a, b, c, α, β, γ)와 단위격자

단위격자를 3차원적으로 규칙적으로 겹겹이 쌓으면 그림 2.2와 같이 되며 이 격자의 집단을 **공간격자**(space lattice)라고 하고 각 격자의 정점을 **격자점**(lattice point)이라고 한다.

---

1 격자문 바둑판 무늬라는 말이 있지만 이것을 모방하여 원자가 **격자** 상태로 나란히 있는 것을 "**격자**"라고 한다.

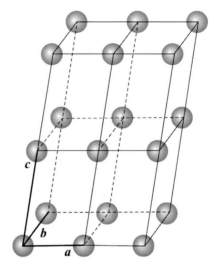

그림 2.2 공간격자원자의 위치

일반적으로 격자점은 각 단위격자 내의 원자의 위치를 지정하기 위한 원점에 불과하며, 실제 원자는 반드시 이 격자점에 있다는 것은 아니다. 하지만 격자점을 어느 원자의 위치에 평행이동시키면 그것과 동종의 원자 위치에 다른 격자점이 반드시 겹친다. 또 그림 2.3과 같이 같은 공간격자라고 해도 각 격자점에서의

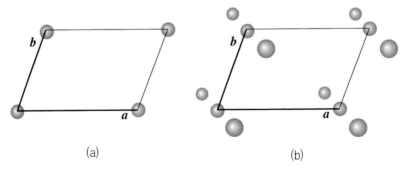

그림 2.3 2차원 결정격자 (a)와 (b)는 같은 공간격자. 단 (a)의 결정기는 격자점에 1개의 원자, (b)는 3개의 원자가 있어, 결정구조는 서로 다르다.

원자단 또는 **결정기**(crystal base)**[2]**의 배치가 다를 때는 그 **결정구조**(crystal structure)는 다르게 된다.

이처럼 결정의 구조성을 생각한 공간격자를 **결정격자**(crystal lattice)라고 부른다. 공간격자와 결정격자를 그다지 구분하지 않고, 둘 다 단순히 "**격자**"라 부르기도 한다.

2.2 격자방향과 격자면

결정격자에서 방향을 나타내는 데는 **격자방향**(lattice direction)을 사용하게 되는데, 이것은 단위격자의 원점을 지나는 직선상에 임의의 점의 좌표를 부여함으로써 결정되어진다. 결정축 $\mathbf{a}$, $\mathbf{b}$, $\mathbf{c}$를 좌표축으로 하여 원점을 지나 어느 격자방향을 나타내는 직선상의 좌표를 u, v, w라고 하면**[3]** uvw를 [ ]로 둘러싼 $[uvw]$를 격자방향을 나타내는 **지수**라고 한다. $[uvw]$는 nu, nv, nw의 좌표점도 지난다. 또 $[uvw]$는 uvw가 어떤 값이라도 항상 가장 작은 정수의 한 조로 나타낸다. 예를 들면, $\left[\frac{1}{3} \ \frac{1}{2} \ 1\right]$, $\left[1 \ \frac{3}{2} \ 3\right]$, $[236]$ 등은 모두 같은 방향을 나타내지만 $[236]$이 가장 바람직한 형태이다. 또 a 축의 좌표가 음일 때는 $[\bar{u}vw]$와 같이 그 지수 위에 가로선을 그어 좌표가 음임을 나타낸다.

---

2 그림 2.3(a)에서는 1개, (b)에서는 3개

3 방향을 그릴 때는 원점을 지나는 직선으로 하고, 이해하기 어려울 때에는 이것과 동등한 평행선을 사용하는 방법도 있다 (그림 2.4 참조)

예제 2.1 단위격자 중에 $[100]$, $[010]$, $[001]$, $[\bar{1}00]$, $[102]$, $[201]$, $[210]$, $[\bar{2}33]$ 등의 격자방향을 그려라.

답 그림 2.4에 나타내었다.

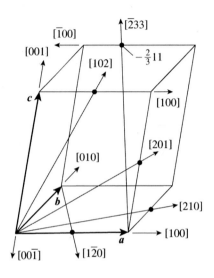

그림 2.4 격자방향지수

방향이 대칭관계인 것은 한데 모아 하나의 지수로 나타내는데 이것을 **형방향** (directions of a form) 또는 **방향족**이라 하고 형방향을 대표하여 〈 〉로 묶어 나타낸다. 예를 들면 다음의 2.3절에 나오는 입방정계에서는 $[100]$, $[010]$, $[001]$ 등은 일괄하여 〈100〉과 같이 하나의 기호로 나타내는 것이 가능하다.

공간격자 내의 면을 **격자면**(lattice plan) 또는 그물코와 같이 격자점이 면상에 배열되어 있기 때문에 **망면**(net plane) 또는 단순히 **결정면**(crystal plane)이라고 부른다. 면의 표현법은 영국의 밀러(Miller)에 의해 확립되었는데[4] 면을 표현하

4　W.H Miller(1801-1880), 영국, 1839년(38세).

는 지수이기 때문에 **면지수**(plane indices) 또는 **밀러 지수**(Miller indices)라고
부른다. 이 지수는 그림 2.5를 보면 알 수 있다. 이것은

1. 결정축의 길이 (축길이) a, b, c 예: 4Å, 5Å, 3Å

2. 면이 각 축을 자르는 길이 (절편길이) a_h, b_k, c_l 2Å, 4Å, 3Å

3. [(축길이) / (절편길이)]의 비 $\dfrac{a}{a_h} : \dfrac{b}{b_k} : \dfrac{c}{c_l}$ $\dfrac{4}{2} : \dfrac{5}{4} : \dfrac{3}{3}$

4. 가장 간단한 정수의 비 $h : k : l$ 8 : 5 : 4

5. 밀러 지수로 격자면 표시 (hkl) (854)

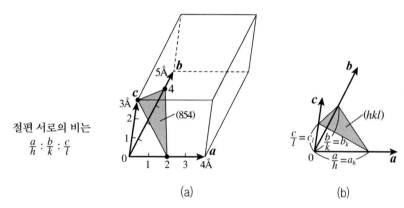

그림 2.5 (a) 격자면의 밀러 지수의 결정방법, (b) 밀러 지수와 절편의 관계

라는 순서로 구하면 된다. 단 Å는 옹스트롬으로 1 [Å] = 10^{-10} [m] = 10^{-8} [cm]
이다. 그림 2.5(b)는 격자면의 밀러 지수(hkl)와 면이 결정축을 자르는 절편의 길
이 a_h, b_k, c_l의 일반적 관계를 나타낸 그림이다. 이 그림에서 절편길이 a_h, b_k, c_l
을 부여하여 지수(hkl)을 구하기 위해서는 다음 식과 같이 단순한 정수비로 나타
낸다.

$$\frac{a}{a_h} : \frac{b}{b_k} : \frac{c}{c_l} = h : k : l \quad \text{(간단한 정수비)} \tag{2.2.1}$$

반대로 밀러 지수(hkl)에 대응되는 절편길이의 비는 다음과 같은 관계를 사용하면 된다.

$$\frac{a}{h} : \frac{b}{k} : \frac{c}{l} = a_h, \, b_k, \, c_l \quad \text{(비에 의미가 있다)} \tag{2.2.2}$$

단, 면은 이것 하나로만 정해지는 것은 아니다. 어떤 격자의 어떤 면에서 평행한 동등한 면들을 생각할 수 있다. 그중에서 한 개의 면은 원점을 지나지만 밀러 지수(hkl)로 나타내는 면은 평행한 면들 중에 가장 원점에 가까운 면을 선택한다. 단 (hkl)은 이것에 평행하는 다른 면에도 그 대표성을 지닌다.

밀러 지수가 0일 때는 지수에 대응하는 축에 밀러 지수로 나타나는 면이 평행할 때이다(바꾸어 말하면 그 축과 ∞로 교차한다). 또 축의 절편이 음일 경우는 그 지수 위에 가로선을 긋는다. 예를 들면 a_h가 음이라고 하면 $\bar{h}$라 하여 $(\bar{h}kl)$이라고 쓴다.

대칭관계를 고려하여 동등한 격자면은 한데 모아 하나의 지수로 나타내는데 이것을 **형면**(planes of a form) 또는 **면족**(plane family)이라 하고 괄호 { }를 사용하여 {hkl}로 나타낸다. 이것은 한 조의 어떤 면까지도 대표한다. 결정면과 결정면 사이의 **면간격**(spacing) d는 한 개의 형면으로는 동일하다. 하지만 그 형면에 속하는 각 면의 밀러 지수는 다르다. 예를 들면 입방정계의 경우는 (100), (010), (001), $(\bar{1}00)$, $(0\bar{1}0)$, $(00\bar{1})$는 {100}의 형면이며 면간격은 어느 면에서도 똑같이 d_{100}으로 나타내지만(부록 A 참조), 밀러 지수는 위에서 말했던 것처럼 다르다. 또 입방정계의 경우에 한하여 면(hkl)은 이것과 같은 지수의 좌표로 나타나는 방향 $[hkl]$의 직선과 수직관계에 있다. 이것은 다른 결정계에 대해서는 들어맞지 않는다.

예제 2.2 단위격자 중에서 (100), (200), (102), (110), $(\bar{1}10)$을, 또 2차원 격자 내에서 (01), (10), (11), (21), (13), $(\bar{2}1)$, $(4\bar{1})$를 그려라.

답 그림 2.6과 그림 2.7에 나타내었다.

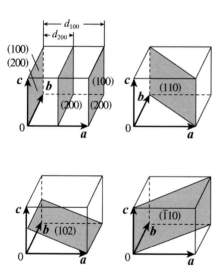

그림 2.6 격자면 밀러 지수의 예. (hkl)면의 면간격은 d_{hkl}

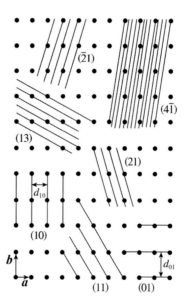

그림 2.7 2차원 격자. 지수가 낮을수록 선간격이 크고, 격자점 밀도도 크다

예제의 그림 2.6의 (200)은 (200) 독자의 면을 가지지만 (100)과 공통하는 면도 가지고 있다는 것을 알 수 있다. 단, (200)의 면간격 d_{200}은 (100)의 면간격 d_{100}의 1/2이다. 일반적으로 $(nh\,nk\,nl)$이 되는 면간격은 (hkl)의 면간격의 $1/n$이며(부록 A, 식 (A. 11) 참조),

$$d_{nh\,nk\,nl} = d_{hkl}/n \tag{2.2.3}$$

로 나타난다. 그림 2.7은 2차원 격자이지만 이것은 c 축에 평행하는 면이라 생각하면 이것들의 면은 전부 3차원의 면으로 간주할 수 있다. 이때 (hk)를 $(hk0)$으로 보면 된다. 이 그림에서 알 수 있는 것은 지수가 낮을수록 (숫자가 작은) 선(면)간격이 크고 선(면)상의 격자점의 밀도가 크다는 점이다.

　2.3절에서 설명하게 될 육방격자의 경우에는 약간 다른 지수를 사용한다. 그림 2.8에 나타낸 바와 같이 육방격자의 단위격자는 기저평면에 있는 2개의 벡터 a_1, a_2 (사잇각은 120)와 여기에 수직하는 c 축으로 된다. c 축의 주위에 단위격자를 3회 회전하면 육각주가 생긴다. 이때 $-(a_1 + a_2)$가 되는 벡터를 새로운 a_3로 하여, a_1, a_2, a_3, c를 결정축으로 사용하는 것도 있다. a_1, a_2, a_3, c에 대응하는 지수를 h, k, i, l로 하고 밀러 지수를 결정했을 때와 같은 방법으로 이것들의 지수를 결정할 때 면지수$(hkil)$를 **밀러-브라베**(Miller-Bravais) **지수**라고 부른다.

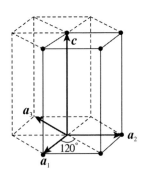

그림 2.8 육방단위격자

i는 h, k와는 다음과 같은 관계가 있다.

$$h + k = -i \tag{2.2.4}$$

예를 들면 $(10\bar{1}0)$, $(1\bar{1}00)$, $(11\bar{2}0)$ 등이다.

육방격자의 격자방향은 그림 2.4에서 설명했던 것과 같은 방법으로 결정된다. 즉 a_1, a_2, c를 좌표축으로 하여 원점을 지나는 직선상의 좌표 u, v, w를 $[uvw]$로 나타낸다.

예제 2.3 **육방격자에** $[100], [010], [001], [210], [\bar{1}01]$, 및 (0001), $(01\bar{1}0)$, $(1\bar{1}00)$, $(10\bar{1}2)$를 **그려라.**

답 그림 2.9에 나타내었다.

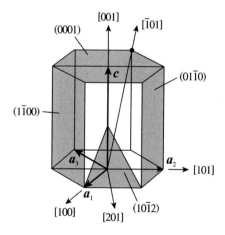

그림 2.9 육방정계의 면과 방향 지수의 예

2.3 브라베 격자

결정은 다종다양하지만 많은 결정들 중에서도 가장 기본적인 격자는 결정의 대칭성과 각 **격자점이 전부 같은 환경을 가진다**라는 기본원칙으로부터 14 종류의 **브라베 격자**(Bravais lattices)가 있다. 이것은 브라베(Bravais)[5]에 의해 확립되어진 공간격자군이며 그림 2.1에 나타낸 6개의 격자상수 등에 의해 구별된다.

브라베 격자는 그림 2.10에 나타낸 바와 같이 단위격자의 각 정점에만 격자점을 가지는 **단순**(simple) **격자**(또는 **기본**(primitive) **격자**라고 부름) 7종과 그 외에 단순격자의 중심에 격자점을 1개 추가한 **체심**(body-centered) **격자** 3종, 단순격자의 각 면의 중심에 격자점을 1개씩 추가한 **면심**(face-centered) **격자** 2종, 그리고 단순격자의 상하 밑면의 중심에 격자점을 한 개씩 추가한 **저심**(base-centered) **격자** 2종 등으로 합계 14종의 격자를 가리킨다.

7종의 결정계에 대한 브라베 격자의 격자상수 관계를 표 2.1에 나타내었다.

표 2.1 결정계와 브라베 격자

결 정 계	축 장과 사 잇 각	브라베 격자
입방격자 (cubic)	3 축 동일, 전부 수직 $a = b = c, \qquad \alpha = \beta = \gamma = 90°$	단 순 체 심 면 심
정방격자 (tetragonal)	2 축 동일, 전부 수직 $a = b \neq c, \qquad \alpha = \beta = \gamma = 90°$	단 순 체 심
사방격자 (orthorhombic)	3 축 전부 다름, 전부 수직 $a \neq b \neq c, \qquad \alpha = \beta = \gamma = 90°$	단 순 체 심 면 심

---

5   A. Bravais(1811-1863), 프랑스, 1848년(37세)

결 정 계	축 장과 사 잇 각	브라베 격자
		저 심
육방격자 (hexagonal)	2 축 동일, 사잇각 120, 제3 축은 수직 $a=b\neq c,\qquad \alpha=\beta=90°,\qquad \gamma=120°$	단 숨
단사격자 (monoclinic)	3 축 전부 다름, 1 축만 수직이 아님 $a\neq b\neq c,\qquad \alpha=\gamma=90°\neq\beta$	단 순 저 심
삼방격자* (trigonal)	3 축 동일, 전부 수직이 아닌 동일한 각 $a=b=c,\qquad \alpha=\beta=\gamma\neq 90°$	단 순
삼사격자 (triclinic)	3 축 전부 다름, 전부 수직이 아닌 다른 사잇각 $a\neq b\neq c,\qquad \alpha\neq\beta\neq\gamma\neq 90°$	단 순

* 능면체격자(rhombohedral)라고도 불린다.

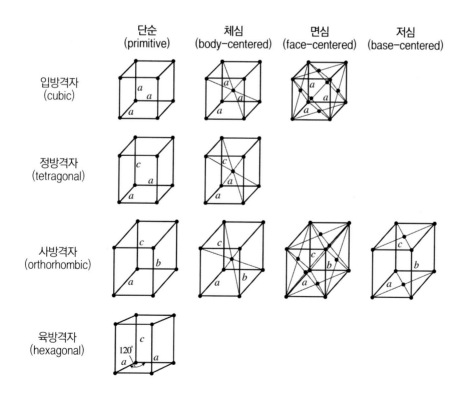

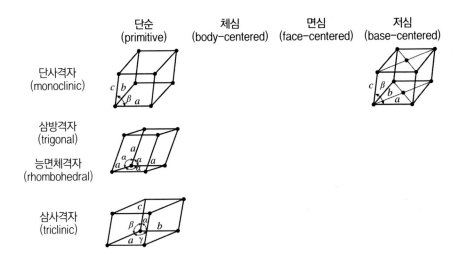

그림 2.10 14종의 브라베 격자

격자 부르는 법 : 1열째는 단순 … (예, 단순육방격자), 2열째는 체심 … (예, 체심정방격자), 3열째는 면심 … (예, 면심입방격자), 4열째는 저심 … (예, 저심사방격자).

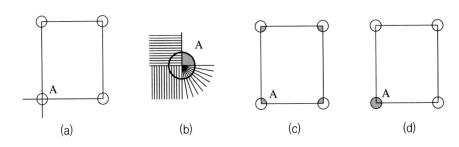

그림 2.11 2차원 격자에 실제로 속하는 원자의 개수

여러 가지 결정격자에 속해 있는 원자의 개수를 계산해 보자. 예를 들면 그림 2.11(a)에 나타낸 2차원 격자를 생각하면 이 격자에는 4개의 원자가 속해 있는 것처럼 보이지만 이것은 외견상일 뿐이다. 모퉁이의 하나의 원자 A에 주목하면 이것은 그림 (b)에 나타낸 것처럼 상하좌우의 인접하는 각 격자에도 속하고 있기 때문에 주목하고 있는 격자에는 A 원자는 1/4개 밖에 속해 있지 않다. 네 모

통이에 있는 4개의 각 원자도 같은 종류로 그림 (a)의 격자에는 1/4씩 밖에 속해

있지 않기 때문에 (그림 (c) 참조), 전체로는 2차원 격자에 속해 있는 원자수는

$$\frac{1}{4}개 \times 4 = 1개$$

가 된다. 즉 이 격자에는 원자가 실질적으로 1개 밖에 속해 있지 않다. 이 모양은

그림 (c)와 같이 나타내거나 또는 그림 (d)처럼 표현하여도 같다. 그림 (d)와 같

이 네 모퉁이의 원자 내 1개만이 이 격자에 속하고(검은색 원), 다른 3개의 원자

(흰색 원)는 각 옆의 격자에 속한다고 생각하는 것도 많다.

　　3차원 격자에 있어서도 2차원의 경우와 완전히 같고 주목하는 격자에 속하는

격자점의 개수는 각 모서리(corner)에 있는 격자점의 경우는 1/8개, 능상에 있는

경우는 1/4개, 면심에 있는 경우는 1/2개, 체심에 있는 경우는 1개이다. 거기서

모서리에 있는 격자점의 수를 N_c, 능(edge)에 있는 격자점의 수를 N_e, 면심에

있는 격자점의 수를 N_f, 체심에 있는 격자점의 수를 N_b라고 하면 이 격자에 속

하는 전체 격자점의 수 N은 다음과 같이 계산되어진다.

$$N = \frac{1}{8}N_c + \frac{1}{4}N_e + \frac{1}{3}N_f + N_b \qquad (2.3.1)$$

예제 2.4　그림 2.12에 나타낸 NaCl 결정에 속하는 Na와 Cl의 각 이온수를 구하라.

또 각 소속하는 이온의 **분수좌표**[6](결정축장의 몇 분의 1로 나타내는 좌표)를 나타내라.

답　Na 이온은 $N_c = 8$, $N_f = 6$ 이므로 식 (2.3.1)로부터

6　fractional coodinates 또는 원자좌표(atomic coodinates)라고도 한다.

$$N = \frac{1}{8} \times 8 + \frac{1}{2} \times 6 = 1 + 3 = 4 \ [\text{개}]$$

가 구해진다. 또 Cl 이온은 $N_e = 12$, $N_b = 1$ 이기 때문에 식 (2.3.1)로부터

$$N = \frac{1}{4} \times 12 + 1 = 3 + 1 = 4 \ [\text{개}]$$

가 되어 각 이온은 4개씩 NaCl 결정에 속해 있다. 속해 있는 각 이온의 분수좌표를 취하는 법
은 여러 가지를 생각할 수 있지만 보통은 다음과 같으며, NaCl의 브라베 격자는 면심입방인
것을 알 수가 있다.

Na 이온의 분수좌표 　$0\ 0\ 0$,　$\frac{1}{2}\ \frac{1}{2}\ 0$,　$\frac{1}{2}\ 0\ \frac{1}{2}$,　$0\ \frac{1}{2}\ \frac{1}{2}$　($0\ 0\ 0$ + 면심 병진)

Cl 이온의 분수좌표 　$\frac{1}{2}\ \frac{1}{2}\ \frac{1}{2}$,　$0\ 0\ \frac{1}{2}$,　$0\ \frac{1}{2}\ 0$,　$\frac{1}{2}\ 0\ 0$　($\frac{1}{2}\ \frac{1}{2}\ \frac{1}{2}$ + 면심 병진)

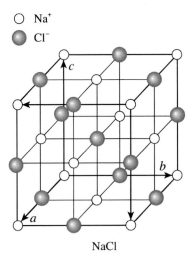

그림 2.12 NaCl 결정구조

2.4 결정구조

실제의 결정 중에서 중요한 결정구조를 가지고 있는 것에 한해서 기술한다. 그림 2.10의 브라베 격자 중에 1행(횡) 2열(종)의 격자를 **체심입방**(body- centered cubic: **bcc**) **격자**라고 부른다. 이 구조를 가지는 주 원소로는 Li, Na, K, Rb, Cs, Be, Ca, Ti, V, Cr, Mn, $\alpha-$Fe, Y, Zr, Nb, Mo, Hf, Ta, W, Tl, U 등이 있다. 그림 2.10의 1행 3열의 격자를 **면심입방**(face-centered cubic: **fcc**) **격자**, 또는 **입방최밀**(cubic close-packed: **ccp**) **격자**라고 부른다. 이 구조를 가지는 주 원소로는 Ne, Ar, Kr, Xn, Cu, Ag, Au, Ca, Al, Pb, Mn, $\gamma-$Fe, Co, Ni, Rh, Pd, Ir, Pt 등이 있다. 그림 2.10의 단순육방격자의 (0002)면에 1개의 원자가 들어간 구조의 것을 **육방최밀**(hexagonal close-packed: **hcp**) **격자**라고 부른다. 이 구조를 가지는 원소로는, Li, Na, Be, Mg, $\alpha-$Ti, Zr, Hf, Co, Zn, Cd, Tl 등이 있다. 브라베의 면심입방격자를 기초로 하고 있지만 조금 다른 것으로 **다이아몬드**(diamond) **구조**가 있는데 이것에 속하는 원소로는 C, Si, Ge, 회색 Sn 등이 있다. 이 예에서 보듯이 물성과학적으로 중요한 금속이나 반도체의 대부분의 원소는 상기의 4종류의 결정구조에 속해 있다는 것을 알 수 있다. 이것들의 결정구조를 그림 2.13에 나타내었다. 그림 (a), (b)는 체심입방격자, (f), (g), (h)는 육방최밀격자를 나타내지만 c 축에 수직인 기저면을 제1 층으로 하고 이 층의 원자를 A라고 하자. (0002)면을 제2 층으로 하고 이 층 내의 원자를 A와 같은 원자이지만 구별하기 위해 B라고 하자. 제2 층의 원자는 제1 층의 원자 사이에 안착한다. 다음의 제3 층은 (0001)면으로 이 층의 원자는 제1 층의 원자의 바로 위에 놓여지기 때문에 이 원자를 또 A라고 한다. 이처럼 hcp 격자의 원자의 축적방법은 ABABAB…로 된다.

그림 2.13(c), (d), (e)는 **면심입방(fcc) 격자** 또는 **입방최밀(cpp) 격자**를 나타낸다. 그림 (e)는 fcc를 [111] 방향으로부터 보았을 때의 원자 축적 방식으로 되어 있다. 면심입방은 입방정계에 속하기 때문에 [111] 방향에 수직인 면(111)을 아래로부터 제1∼제4 층으로 한다. 제1 층의 A 원자 사이에 제2 층의 B 원자가 안착하는 것은 hcp의 구조와 완전히 똑같다. 단 다음의 제3 층의 원자는 hcp 때처럼 A의 바로 위에 오는 것이 아니라 제2 층 원자 간의 사이에 안착하기 때문에 이것을 C 원자라고 한다. 그리고 다음의 제4 층의 원자가 처음으로 제1 층의 A 원자의 바로 위에 얹히기 때문에 이 원자를 A라고 한다. 이처럼 fcc, 즉 ccp 격자의 원자 축적 방식은 ABCABC…가 된다. 그림 (e)와 (f)의 제1 층과 제2 층은 완전히 공통으로 제3 층만이 C 원자가 될 것인가, 혹은 A 원자가 될 것인가를 비교하기 쉽게 동일 도면 내에 나타내었다.

hcp나 ccp로 **최밀**이라는 말을 사용하는 이유는 작은 공을 주기적으로 1층씩 축적공간을 채울 경우, 가장 고밀도가 되게 채우는 방법이 hcp와 ccp의 축적방법이기 때문이다. 또 예제에 있었던 NaCl은 2종의 면심격자가 서로 뒤얽혀져 있는 것이다.

그림 2.13(i), (j)는 **다이아몬드 구조**를 나타낸 것이지만 이것은 000을 기점으로 하는 면심입방격자와 $\frac{1}{4}\frac{1}{4}\frac{1}{4}$을 기점으로 하는 면심입방격자가 서로 뒤얽혀져 있는 격자로 단위 격자당 원자수는 8개가 있고 **분수좌표**는 다음과 같다.

$$0\ 0\ 0, \quad \frac{1}{2}\frac{1}{2}0, \quad \frac{1}{2}0\frac{1}{2}, \quad 0\frac{1}{2}\frac{1}{2} \quad (0\ 0\ 0 + 면심\ 병진)$$

$$\frac{1}{4}\frac{1}{4}\frac{1}{4}, \quad \frac{3}{4}\frac{3}{4}\frac{1}{4}, \quad \frac{3}{4}\frac{1}{4}\frac{3}{4}, \quad \frac{1}{4}\frac{3}{4}\frac{3}{4} \quad (\frac{1}{4}\frac{1}{4}\frac{1}{4} + 면심\ 병진)$$

이것은 4가 원자 공유결합의 경우에 잘 나타나는 구조로 그림 (i)의 5개의 회색
원자만을 끄집어내 나타낸 것이 그림 (j)이다. 이 그림에는 4개의 결합수를 기입
하여 이 결합수를 내는 원자는 정사면체의 중심에 있다.

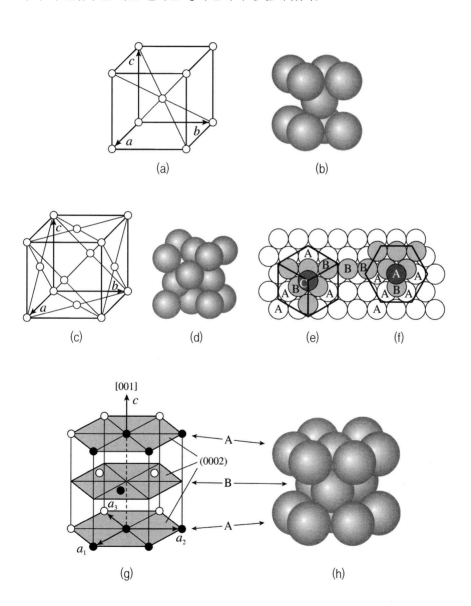

(a)   (b)

(c)   (d)   (e)   (f)

(g)   (h)

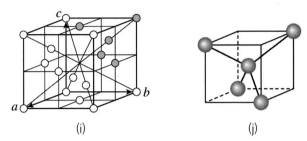

그림 2.13 중요한 결정구조의 예. (a), (b)는 체심입방격자 (bcc); (c), (d), (e)는 면심입방격자 (fcc); (f), (g), (h)는 육방최밀격자 (hcp); (i), (j)는 다이아몬드 구조.

2.5 X선 회절과 결정구조

X선은 렌트겐(Röntgen)[7]에 의해 발견되어진 파장이 짧은 전자기파(즉 빛)이다. 하지만 X선이 전자기파인 것은 라우에(Laue)[8]의 시사에 의해서 프리드리히 (Friedrich)와 니핑(Knipping)이 결정을 사용한 X선 회절실험을 행함으로서 처음으로 실증되었다.

그림 2.14에 나타낸 것과 같이 진공 중에 음극을 가열하면 전자가 방출된다. 전자가 **양극**(anode, target)에 닿으면 양극 금속 특유의 X선이 방출된다. X선은 양극 금속명을 붙여 부르는데, 양극이 구리라면 구리 X선이라 한다. 라우에의 실험으로 X선의 파장 λ가 우연히 결정의 면간격 d와 거의 같은 크기였던 것이, X선의 파동성과 결정이 원자의 주기적 배열에 의해서 구성되어 있다는 점이 동시에 증명되었다.

---

7 W.C. Röntgen(1845-1923), 독일, 1895년(50세), 최초의 노벨 물리학상 수상(1901).
8 M. Laue(1879-1960), 독일, 1912년(33세), 노벨상 수상(1914).

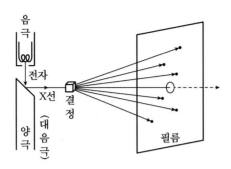

그림 2.14 라우에의 단결정 X선회절 장치

라우에의 실험정보를 바탕으로 브래그 부자는 라우에가 사용한 식보다 더욱더 간단한 식을 그 해에 이끌어 내었다[9]. 면지수(hkl)의 면간격이 d'_{hkl}(첨자 hkl을 생략하여 d'라고도 나타낸다)인 **격자면**(결정면)을 생각해 보자. 면과 각도를 이루는 **입사각**(glancing angle) 또는 **브래그 각**(Bragg angle)으로 평행 X선이 들어

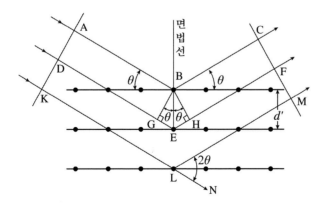

그림 2.15 결정에 의한 단색 X선의 회절

9 W. H. Bragg(1862-1942), 영국, 1912년(50세), W. L. Bragg(1890-1971), 영국, 1912년(22세), 부모자식으로 노벨상 수상(1915).

오면 격자면상의 원자에 부딪혀 여러 방향으로 X선은 산란된다. 하지만 그림 2.15와 같이 입사각이 정확히 같은 각도로 산란(특히 이 경우를 회절(diffraction)이라고 부른다)되어가는 사선 ABC와 DEF을 생각한다. 입사 X선은 평면파이기 때문에 이 경우의 파면은 AD, 회절선의 파면은 CF이다.

파면 AD에 평행한 파면 BG까지는 사선 AB와 DG 사이에는 **행로차**(path difference, **광로차**, **경로차**라고도 한다)가 없다. 마찬가지로 파면 CF와 이것에 평행한 파면 BH의 사이에서도 사선 BC와 HF의 사이에는 행로차가 없다. 여기서 양사선 ABC와 DEF의 사이에 있는 행로차는 (DEF−ABC), 즉

$$행로차 = GEH = 2GE = 2d' \sin\theta \tag{2.5.1}$$

가 된다. 입사 X선은 단색으로 그 파장이 λ라면 n을 양의 정수로 할 때 행로차 $= n\lambda$를 만족시키면 사선 ABC와 DEF의 위상차는 없어지고 서로를 강하게 한다. 역으로 이 조건을 만족시키지 않는 사선은 서로를 약하게 한다. 여기서 위상이 일치하여 서로를 강하게 하는 강한 회절선을 얻는 조건은

$$n\lambda = 2d' \sin\theta \equiv 2d'_{hkl} \sin\theta \tag{2.5.2}$$

가 된다. 이 식을 **브래그의 회절조건**(Bragg's condition of diffraction) 또는 **브래그의 법칙**(Bragg's law) 또는 **브래그의 식**(Bragg's equation)이라고 부른다. 이 식은 당시에 대학생이었던 W. L. Bragg와 그의 아버지로부터 나온 것이다. 이 식에서 λ와 d'를 일정하게 하여도 $n = 1, 2, 3\cdots$에 대응하는 회절조건을 만족하는 입사각은 $\theta_1, \theta_2, \theta_3, \cdots$와 같이 많이 있다. 이 n을 브래그 회절 **차수**(order)라고 부른다. 여기서 θ는 무한히 있는 것이 아니고 $\sin\theta \leq 1$인 것에 주의하면

$$n\lambda/2d' = \sin\theta \leq 1 \tag{2.5.3}$$

가 되어 이 식을 만족시키는 정수치 n과 같은 수만큼의 회절각만이 가능하다. 이 식은 또 $\lambda \leq 2d'/n$이며 n의 최소치는 1이기 때문에 회절조건을 만족시키는 λ의 최대치 λ_{max}는

$$\lambda_{max} = 2d' \tag{2.5.4}$$

가 된다. 보통 많은 원소의 결정으로는 $d' = 2 \sim 10$ Å 정도이기 때문에 $\lambda_{max} = 4 \sim 20$ Å라고도 할 수 있다. 결정에서 브래그 회절을 일으키는 X선의 파장은 일반적으로 20 Å 이상의 것은 거의 없다. 또 역으로 λ가 너무 작으면 식 (2.5.3)으로부터 θ가 정말 작아져서 측정이 거의 불가능하게 된다. 따라서 보통 사용되는 X선의 파장은 0.7 ~ 2.3 Å 정도인 경우가 많다.

다음으로 브래그 식 (2.5.2)에서 n을 파장에 관계시키지 않고 면간격에 관계시키기 위해 양변을 n으로 나누어

$$\lambda = 2\frac{d'}{n}\sin\theta \tag{2.5.5}$$

라고 하면 n이 우변으로 이동하여 λ의 계수는 1이다. 여기서 실제로는 면간격 d'의 제n 차의 회절이여도 이것은 면간격 d'/n의 면(이것은 실재든 가상이든 좋다)의 제1 차 회절인 것을 알 수 있다. 하지만 $d' \equiv d'_{hkl}$은 면(hkl)의 면간격이므로 d'/n인 면간격의 면은 식 (2.2.3)으로부터 면간격 $d_{nh\,nk\,nl}$인 면, 즉 $(nh\,nk\,nl)$에 해당한다. 여기서

$$d \equiv d'/n, \quad 즉 \quad d_{nh\,nk\,nl} \equiv d'_{hkl/n} \tag{2.5.6}$$

로 두면 식 (2.5.5)는

$$\lambda = 2d\sin\theta = 2d_{nh\,nk\,nl}\sin\theta \quad (n = 1, 2, 3 \cdots) \tag{2.5.7}$$

가 된다. 이 식에서 $d_{nh\,nk\,nl}$ 이라고 쓰는 것은 번잡하므로 이것을 고쳐서 d_{hkl} 또는 간단하게 d 라고 쓴다. 이때 면(hkl)의 밀러 지수 hkl 에 공약수를 포함하고 있어도 무방하다면 식 (2.5.7)은

$$\lambda = 2d_{hkl}\sin\theta = 2d\sin\theta \quad (hkl\text{에 공약수를 포함하는 것도 가능}) \tag{2.5.8}$$

나타내어진다. 이것을 다시 **브래그의 식**이라고 하면 주어진 밀러 지수를 가지는 하나의 면(hkl)에 대하여 단 하나의 브래그 각 θ가 결정된다. 이 식을 사용하여도 되고 또는 식 (2.5.2)를 사용하여도 된다.

지금까지 다루어 왔던 결정은 결정구조가 같은 것이 규칙적이고 연속적으로 어떤 결함도 없이 무한히 계속되는 결정(이것을 **단결정**(single crystal)이라고 부른다)이었지만 반드시 이러한 결정이 항상 얻어지는 것은 아니다. 실제로는 여러 방향을 향한 미소 단결정, 즉 **미결정**(crystallite) 또는 미결정보다 더욱더 작은 결정입(grain)이 불규칙적으로 배열된 **다결정체**(polycrystal) 또는 다결정체와 동등한 **분말**(powder)을 다루는 경우가 많다.

브래그 회절각 θ로 입사한 X선이 결정입 하나의 면에서 회절되었을 때의 각도는 입사 X선을 기선으로 하면 2θ가 된다. (그림 2.15 또는 그림 2.16(a)의 $\angle NLM$ 참조). 입사선을 기축으로 하여 이 축을 중심으로 결정입의 하나의 면

을 θ를 바꾸지 않고 회전시키면 그 회절선은 그림 2.16(b)와 같이 반정각 2θ의

원추를 그린다.

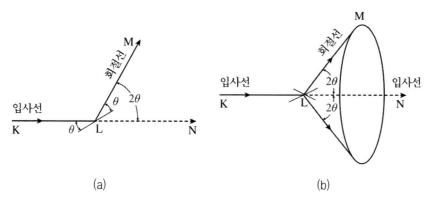

그림 2.16 (a) 입사선을 기선으로한 회절선의 각도, (b) 다결정이나 분말의 경우의 회절선 원추

무수한 결정입이랑 미결정으로 구성되어 있는 다결정체나 분말은 정말 "아무렇

게나 (at random)" 온갖 방향을 향하는 면을 다 가지고 있기 때문에 결정면을 회

전시키지 않아도 회전시켰을 때와 같은 결과가 되어 반정각 2θ의 회절선 원추가

나타난다. 면간격 d_{hkl}과 다른 결정면에 대해서는 2θ의 다른 회절선 원추가 대

응한다. 이것이 그림 2.17(a)이다. 필름을 암상자(이것을 카메라라고 부른다) 안

에 장전해 두면 필름이 회절선 원추저면과의 교선으로 감광하여 그림(b)와 같은

원호곡선군이 현상된다. 이 원호를 **데바이-셰러**(Debye-Scherrer) **고리**(ring)라

고 부른다. 입사구 K와 사출구 N은 미리 카메라에 맞추어 구멍을 열고 있기 때

문에 이 위치는 처음부터 알고 있는 것이다. 그림(b)에 나타낸 것처럼 필름을 늘

였을 때의 K, N 간의 거리는 $180°$이다. 여기서 필름 위에 현상된 각 데바이 링(이

것들이 각 결정면에 대응하고 있다)으로부터 사출구 N까지의 거리를 측정하여

이것을 각도로 환산하면 각 2θ를 구할 수 있다. 이것에서 θ를 구하여 X선의 파

장 λ를 이미 알고 있다면 식 (2.5.8), 즉 $d_{hkl} = \lambda/2\sin\theta$로부터 각 θ에 대응하는 각각의 결정면 간격 d_{hkl}를 구할 수 있다. 이와 같이 분말이나 다결정체를 사용하여 결정의 면간격이나(또 다른 필름 흑화도로부터) 회절 X선의 강도를 구해서 결정의 구조해석을 해나가는 방법을 **데바이-셰러**(Debye-Scherrer)**법**이라고 하며 **분말**(powder)**법**이라고도 부른다.

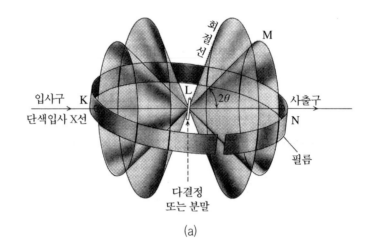

(a)

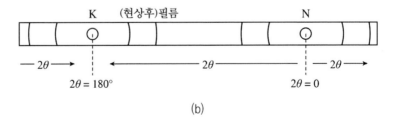

(b)

그림 2.17 (a) 각 결정에 대응하는 각 회절원추, (b) 데바이 셰러 고리로부터 각 회절원추 2θ의 측정

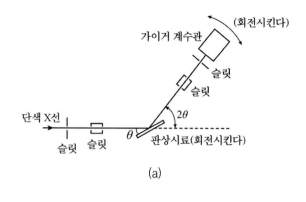

(a)

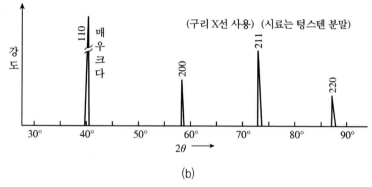

(b)

그림 2.18 (a) 디프랙토 미터에서의 측정 배치도, (b) 구리 X선에 의한 텅스텐(W) 분말시료의 회절 도형 모식도

이것은 데바이[10]와 셰러에 의해 고안된 방법이다.

데바이-셰러법과 원리는 같지만 분말을 평판상에 다진 시료를 이용하여 필름 대신에 가이거 계수관을 이용해서 회절선의 강도와 2θ의 위치를 가늠하는 방법을 **디프랙토 미터**(diffractometer)**법**이라고 부른다. 측정 배치도를 그림 2.18(a)에 나타내었다. 이 방법에 의해 얻은 회절도형의 모식도를 그림 2.18(b)에 나타내었다. 가로축은 2θ이며 세로축은 강도(임의눈금)이다. 그림의 (110)면의 회절강도는 이

---

10 P. J. W. Debye(1884-1966), 네덜란드-미국, 1915년(31세), 노벨상 수상

그림으로는 다 알 수 없을 정도로 다른 면의 회절강도보다도 매우 강하다.

2.6 격자결함

결정 중에는 다양한 여러 가지 많은 격자결함이 있다. 이것이 재료의 기계적 강도를 결정하고 또 형광체, 반도체의 **구조민감성**(structure sensitivity)의 원인이 된다.

2.6.1 점결함

결정 내의 모든 원자가 넓은 범위에 걸쳐 규칙적으로 배열하고 있는 것은 실은 드문 경우이며 무엇인가의 결함을 포함하고 있다. 이것을 **격자결함**(lattice defect)이라고 한다. 여기에는 여러 가지 종류가 있다. 그림 2.19에 나타낸 것과 같이 원자가 있어야 하는 위치에 없고 구멍이 나 있는 상태의 **원자공공**(atomic vacancy), 격자 간에 같은 종의 원자가 끼어들어 있는 **격자 간 원자**(interstitial

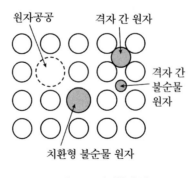

그림 2.19 점결함의 예

atom), 격자 간에 다른 원자(불순물)가 끼어들어 있는 **격자 간 불순물 원자**
(interstitial impurity atom), 격자점 원자와 타불순물이 바뀌어 놓여진 **치환형 불**
순물 원자(substitutional impurity atom) 등으로서 이것들을 **점결함**(point defect)
이라고 한다.

또 그림 2.20에 나타낸 바와 같이 점결함에는 프렌켈(Frenkel) 결함과 쇼트키
(Schottky) 결함이 있다. **프렌켈 결함**은 격자점에 있어야 하는 원자가 열진동에
의해 격자 간으로 이동하여 그 다음 만들어진 원자공공과 격자 간에 이동한 원자
(격자 간 원자)의 한 쌍으로 이루어진 결함이다. 이온결정의 경우는 양이온이 격
자 간에 이동하는 경우와 음이온이 격자 간에 이동하는 경우가 있다. 하지만 일반
적으로 양이온쪽이 이온반경이 음이온보다 작기 때문에 전자의 경우가 많다.

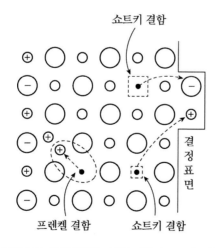

그림 2.20 이온결정의 프렌켈 결함과 쇼트키 결함

격자점의 수를 N [cm^{-3}], 격자 간 틈의 수를 N' [cm^{-3}], 원자공공과 격자
간 원자쌍의 수를 n [cm^{-3}], 프렌켈 결함 생성 에너지(formation energy)를

E_{Fr}, 절대온도를 T, 볼츠만 상수를 k_B라고 하면 프렌켈 결함수 n은 부록의 식 (B.11)에 나타낸 것처럼 다음과 같다.

$$n = \sqrt{NN'}\, e^{-E_{Fr}/2k_B T} \tag{2.6.1}$$

쇼트키 결함은 격자점 원자가 표면으로 빠져나와 그 후에 원자공공만을 만든 결함이다. 그 결과, 결정 표면이 바깥 측으로 삐져나오고 결정 내부의 원자밀도는 떨어지게 된다. 이온결정의 경우는 양이온이 빠지는 경우와 음이온이 빠지는 경우가 있지만 결정 내부에는 전기적으로 중성, 즉 양전하수와 음전하수가 같지 않으면 안 되기 때문에 양이온 공공과 음이온 공공의 수는 같아야만 된다.

격자점의 수를 $N\ [\mathrm{cm}^{-3}]$, 원자공공의 수를 $n\ [\mathrm{cm}^{-3}]$, 쇼트키 결함 생성 에너지를 E_S라고 하면 쇼트키 결함수 n은 부록의 식 (B.17)에 나타 낸 것처럼 다음과 같이 된다.

$$n = Ne^{-E_S/k_B T} \tag{2.6.2}$$

프렌켈 결함 생성 에너지 E_{Fr}은 원자 1개를 격자점으로부터 뽑아내어 공공을 만들어 이것을 격자 간 틈에 끼어 놓는 데 필요한 에너지이며, 쇼트키 결함 에너지 E_S는 원자 1개를 격자점으로부터 뽑아내어 공공을 만들어 결정 표면에 이동시키는 데 필요한 에너지이다. 이것들의 대부분의 값은 표 2.2에 나타낸 것처럼 0.5 ~ 1.5 [eV](전자볼트, electron volt)정도의 크기이다.

여기서 전자볼트란 전기량(전자의 전하) $q = 1.602 \times 10^{-19}\ [\mathrm{C}]$을 가지는 입자 1개가 진공중에역평행차 1 볼트의 두 점 간에 가속되었을 때에 입자가 얻는 에너지를 말한다.

$$1 \; eV \, (전자볼트) = q \, [C] \times 1 \, [V] = 1.602 \times 10^{-19} \, [J]$$

$$= 1.602 \times 10^{-12} \, [erg]$$

표 2.2 쇼트키와 프렌켈형 결함 생성 에너지 [eV]

	E_S		E_{Fr}
AgBr		1.1 ⎫	Ag$^+$ 이온의
AgCl		1.4 ⎭	프렌켈 결함
KCl	1.13 ⎫	양이온과	
LiF	1.20 ⎬	음이온의	
NaCl	1.05 ⎭	평균치	
Ag	1.09		
Al	0.75		
Au	0.94		
Cu	1.17		
Mg	0.89		
Pb	0.53		

예제 2.5 은(Ag)에 대해서 17℃ 및 그 융해점(960.5℃) 바로 아래 온도에서 쇼트키 결함 수와 격자점의 수와의 비 n/N을 구하라. 또 $N \doteqdot 10^{23} \, [cm^{-3}]$으로 하면 n은 얼마인가. 단 $E_S = 1.09 \; eV$ 라고 한다.

답 (1) $t = 17℃$ 에서

$$\frac{n}{N} = e^{-E_S/k_B T} = e^{-(1.09 \times 1.602 \times 10^{-19} J)/(1.38 \times 10^{-23} J/K)(273 + 17)K}$$

$$\doteqdot 1.12 \times 10^{-19}$$

$$n = 1.12 \times 10^{-19} N = 1.12 \times 10^{-19} \times 10^{23} = 1.12 \times 10^{4} \, [cm^{-3}]$$

(2) $t = 957℃$ 에서

$$\frac{n}{N} = e^{-E_S/k_B T} = e^{-(1.09 \times 1.602 \times 10^{-19} J)/(1.38 \times 10^{-23} J/K)(273 + 957)K}$$

$$\doteqdot 3.41 \times 10^{-5}$$

$$n = 3.41 \times 10^{-5} N = 3.41 \times 10^{-5} \times 10^{23} = 3.41 \times 10^{18} \; [\text{cm}^{-3}]$$

이 예제에서 보는 것처럼 융해점 가까이의 n/N은 물질에 관계없이 거의 $10^{-5} \sim 10^{-4}$이며 상당히 많은 쇼트키 결함을 포함하고 있는 것을 알 수 있다. 이것은 일반적으로 융해점이 높은 물질일수록 원자 간의 결합력이 강하고 또 E_S나 E_{Fr}도 크기 때문에 결과적으로 융해점 근처에서의 $E_S/k_B T$는 거의 일정하다. 따라서 n/N의 값은 (융해점 근처에서는) 대체로 상기와 같은 값이 되지만 물론 예외도 많다.

2.6.2 선결함

점결함 크기는 1원자부터 수원자의 크기이지만 이것과 비교하여 **선결함**(line defect)은 선상(線狀)으로 크게 퍼져 있는 결함이다. **전위**(dislocation)는 대표적인 선결함의 하나이다. 전위는 결정의 **소성변형**(plastic deformation)을 설명하기 위해 영국의 테일러(G. I. Tailor)와 독일의 오로완(E. Orowan)이 제안한 결함이다.[11]

그림 2.21(a)와 같이 지면에 수직으로 놓여진 결정에 상하면을 비켜 놓는 것과 같은 전단력을 가하면 AB 면을 **미끄럼면**(slip plane)으로서 그 면 상하에서 **미끄러짐**(slip)이 일어난다.

---

[11] 1940년경.

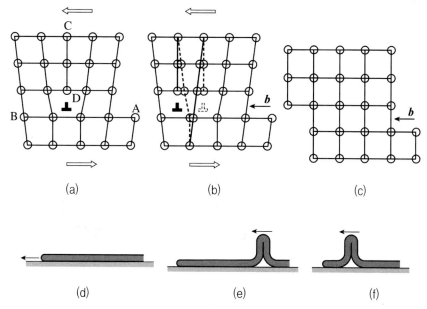

그림 2.21 인상전위의 이동. AB는 미끄럼면, 점 D에 지면 수직 방향으로 전위선이 있다.

미끄러짐의 도중에는 미끄러진 부분과 미끄러지지 않는 부분의 경계에 여분의 원자면 CD가 파고 들어온 것과 같은 곳이 생긴다. 그림의 D 위치(location)에 격자에 흐트러짐(결함)이 있고 이 흐트러짐은 지면에 수직 방향으로 선상으로 계속되고 있다. 선상의 격자결함이 **전위(선)**인데 이것은 그림 2.22(a)의 ED 선에도 있다. 전위의 기호로는 **⊥**를 사용한다. 이 기호는 여분의 원자면 CD를 가장자리(edge)로 본다는 의미에서 **인상전위**(edge dislocation)라고 부른다.

더욱더 미끄러짐이 진행하면 그림 2.21(b)와 같이 아주 조금의 원자 이동으로 전위선이 왼쪽으로 이동한다. 그리고 전위 이동이 끝나면 그림 (c)와 같이 큰 b의 미끄러짐이 남는다. 이와 같이 전위가 있으면 작은 힘이라도 미끄러짐이 일어난다. 이것은 마치 마루 위의 모포를 그림 2.21(d)와 같이 한 번에 끌어당기기 보다도 그림 (e)와 같이 주름을 지어 주름이 이동하는 그림 (f)처럼 하는 것이 보다 작

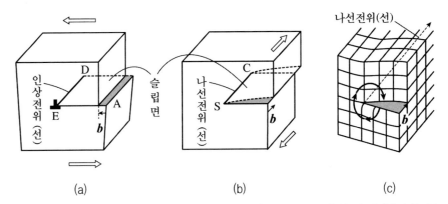

그림 2.22 (a)는 인상전위. 인상전위선 ED와 버거스 벡터(Burgers vector) **b**는 수직, (b), (c)는 나선전위. 나선전위선 SC와 **b**는 평행

은 힘으로 모포를 미끄러뜨리는 것이 가능한 것과 비슷하다. 그림 2.21(b),(c)의 미끄럼면의 상측의 격자가 하측의 격자에 대해 어느 방향으로 얼마나 미끄러졌는가를 나타내는 벡터를 **버거스 벡터**(Burgers vector)라고 하여 **b**로 나타내고 그 크기를 b라고 한다. 그림 2.22(a)에 보이는 것처럼 인상전위의 경우에는 **b**는 전위선 ED와 수직이다. 그런데 그림 2.22(b)에서처럼 **b**가 전위선 SC와 평행인 전위를 **나선전위**(screw dislocation)이라고 한다. 이 경우는 미끄럼면 상측의 미끄러짐에 의해 그림 2.22(c)에 나타내는 것과 같은 나선상 계단이 생긴다. 이 그림에서 나선전위선의 주변을 한 바퀴 돈다면 나선적으로 1 격자면만 끝쪽 면에 도달한다. 나선전위의 이름이 여기에서 유래된 것이다.

일반적으로 결정 중에는 닫힌 전위선이 존재하지만 이 선상(線上)에는 버거스 벡터와 수직인 인상전위와 평행하는 나선전위와 그 중간의 각도를 가지는 **혼합형**(mixed) **전위**를 포함하고 있다. 실제 결정에는 $10^5 \sim 10^9\ [\mathrm{cm}^{-2}]$ 본의 전위선을 포함하고 많은 것은 $10^{12}\ [\mathrm{cm}^{-2}]$본이 되는 것도 있지만 또 역으로 실리콘이나 알루미늄과 같이 상당히 좋은 단결정에서는 $10^3\ [\mathrm{cm}^{-2}]$본 이하가 되는 것도 있다.

전위는 물질의 기계적 성질뿐만 아니라 결정성장이나 확산, 그리고 전기저항 등에도 큰 영향을 끼친다. 예를 들면 금속재료를 기계적으로 가공하면 할수록 견고해진다. 이른바 **가공경화**(work hardening)라는 현상도 전위로 설명이 가능하다. 이것은 금속에 미끄러짐을 생기게 하면 전위가 증식하고 발생한 다수의 전위가 서로 충돌하고 뒤얽혀 전위의 움직임이 방해되어지기 때문에 결정의 미끄러짐이 멈추어 소성변형이 일어나기 힘들게 되어 점차 금속이 견고해지는 현상이다.

2.6.3 면결함

다음으로 **면결함**(plane defect)이라 부르는 결함인데 이것은 결정의 경계면(이것을 **결정입계**(grain boundary)라고 부른다)이나 **결정 표면** 등이 있다.

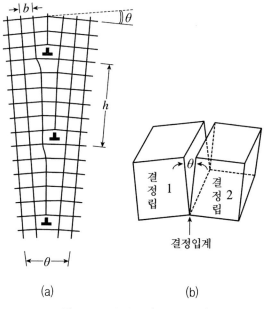

(a)   (b)

그림 2.23 소각 입계면(면결함의 예)

그림 2.23처럼 인상전위가 종으로 일정간격 h로 줄서 있는 것을 생각해보면 종의 전위선의 줄은 면을 이루고 있다. 이 면을 경계로 하여 좌우의 결정이 서로 한쪽으로 쏠린다. 기울기의 각 θ는 $2 \sim 3\,^\circ$ 정도로 이처럼 작은 각도의 입계를 **소각입계**(low angle boundary)라고 부른다. 기울기의 각도는 $\tan\theta/2 = (b/2)/h$ (b는 버거스 벡터의 크기)인 관계와 θ가 작기 때문에 $\tan\theta \approx \theta$인 관계를 사용하면

$$\theta = b/h \tag{2.6.3}$$

가 구해진다.

2.7 비정질 고체

다이아몬드나 수정, 금속은 원자단계에서 규칙적인 배열을 한 결정이다. 이것에 반해 액체 등은 규칙성이 수원자 이상으로는 미치지 않고 또 시간적으로도 변동하여 원자가 여기 저기 돌아다니고 있다.

크리스탈 유리[12]나 플라스틱 등은 액체 정도의 규칙성뿐이라서 이것이 얼어붙은 것과 같은 고체로 결정이라고는 할 수 없다. 그림 2.24는 SiO_2에 대해서 결정과 비결정을 비교한 것이다. 그림 (a)는 SiO_2의 결정, 즉 수정이며 Si(흑환)의 주변에 3개의 O(백환)이 있는 **소단위**(subunit)의 규칙성을 가지는 것과 동시에 이 소단위의 것이 광범위하게 규칙성을 가진다. 이것과 비교하여 그림 (b)는 같은 SiO_2이지만 소단위만의 규칙성밖에 없고 광범위한 규칙성을 가지지 않는 석영 유리를 나타

---

12 크리스탈(crystal)이라는 말 안에는 결정이라는 의미 말고도 투명물질이라는 의미가 있다.

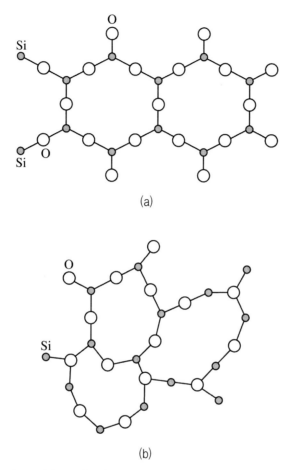

그림 2.24 (a) 수정 (SiO_2)는 결정, (b) 석영유리(SiO_2)는 비정질 고체

낸다. 이것은 **비정질 고체**(noncrystalline 또는 amorphous solid)의 일종이다.

한편 그림 2.25에 나타낸 것처럼 긴 쇄상의 분자를 소단위로 하는 화합물을 **고분자**(polymer) 또는 플라스틱(plastic)이라고 하는데 이것 역시 비정질 고체이다. 이 분자 쇄는 매우 길고 게다가 쉽게 휘어지기 때문에 서로 쉽게 얽혀 비정질 구조를 취한다.

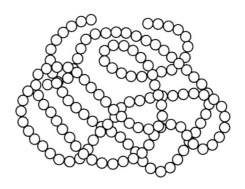

그림 2.25 고분자의 모식도. 구는 고분자류의 반복의 단위이며 특정의 원자가 아니다.

유리, 고분자 외에 금속이나 반도체, 자성체 등의 비정질 고체도 있고 이것들도 중요한 용도를 가지고 있다. 비정질 고체의 X선 회절은 그림 2.17(b)의 필름으로 말하면 각 회절선이 희미해져 예리한 선이 되지 않고 그림 2.18(b)에서는 회절선이 피크상이 아니고 낮은 완만한 언덕상이 된다.

격자진동

― 구성

3.1 원자 간 포텐셜 에너지

3.2 용수철과 추

3.3 연속체(탄성체)의 진동

3.4 1차원 격자진동

3.5 브릴루앙(Brillouin) 영역

3.6 결정기가 2개의 원자를 포함하는 1차원 격자진동

3.7 포톤(광자)과 포논(음자)

― 개요

고체는 개개의 원자, 이온, 분자 등이 서로 원자적 거리까지 접근한 대집단이다. 또 결정이라고 하는 고체는 원자 등이 정연히 규칙적으로 정렬되어 있는 것이라고 이미 2장에서 설명했다. 그렇다면 결정을 만드는 원자 등은 격자점에 단지 종횡으로 정지 정렬되어 있는 것일까? 실은 그렇지 않고 그것들은 주어진 온도에서 격렬한 열진동을 하고 있다. 고온에서는 열진동 때문에 그것들이 결정 안에서 튀어나와 버리기도 한다. 하지만 실온 부근에서는 그런 것은 거의 일어나지 않고 결정 안에서 개개의 원자의 평형점 주위에서 단진동을 하고 있다. 이처럼 결정 내에서 격자상에 정렬해 있는 원자가 운동하는 열진동을 **격자진동**(lattice vibration)이라고 부른다. 격자진동이 재료의 열적, 전기적, 광학적 등의 여러 성질에 깊이 연관되어 있다. 그렇다면 격자진동이란 것은 과연 어떤 것일까?

3.1 원자 간 포텐셜 에너지

일반적으로 결정성 고체에서 **격자점**(lattice point, basis)에 있는 원자는 중성원
자인 것도 있고, 분자나 양이온, 음이온인 것도 있다. 하지만 여기서는 이것들을
일일이 구별하지 않고 단순히 원자라고 취급한다.

   결정(crystal)은 원자끼리가 매우 접근하여 가지런히 정렬해 있는 고체이기 때
문에 서로 이웃인 격자점에 있는 원자 간에는 강한 인력(attractive force)이 작용
하고 있다. 인력에 의한 포텐셜 에너지 V_a는 원자 간의 거리를 r이라고 할 때 n
과 A를 상수로 하여 다음과 같이 표현된다.

$$V_a = -A/r^n \tag{3.1.1}$$

r이 작아질수록 포텐셜 에너지는 낮아져 원자 간의 결합력은 강해진다. 하지만
어느 평형점 r_0로부터 거리가 가까워지면 갑자기 강한 척력(repulsive force)이
원자 간에 작용하기 시작하여 원자끼리의 접근을 방해한다. m과 B를 상수로
하면 이때의 척력 포텐셜 에너지 V_r은 다음과 같이 표현된다.

$$V_r = +B/r^m \tag{3.1.2}$$

따라서 일반적으로 결정에서 원자 간의 전체 포텐셜 V_t는 인력항과 척력항의
합으로서 다음과 같이 표현된다.

$$V_t = V_a + V_r = -\frac{A}{r^n} + \frac{B}{r^m} \tag{3.1.3}$$

V_t와 r과의 관계를 그림 3.1에 나타낸 것처럼 일반적으로는 $r = r_o$에 대해서 좌우 비대칭이 된다.

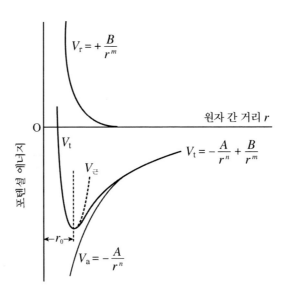

그림 3.1 원자 간 포텐셜 $V_근$은 근사적인 포물선형 포텐셜

하지만 설명을 간단히 하기 위해 근사적으로 좌우대칭인 포물선형 포텐셜 에너지 $V_근$을 생각하기로 하자. 좌표원점을 근사적 포텐셜 $V_근$의 최저점, 즉 평형점 r_o로 옮겨서 횡축을 원자 간 거리 r이 아니라 새로운 평형점으로부터의 원자 변위 u인 경우의 포물선형 포텐셜로 고쳐서 V라고 한다. V는 편의상 비례상수를 $b/2$로 두면 다음과 같이 쓸 수 있다.

$$V = bu^2/2 \tag{3.1.4}$$

포텐셜 V를 토대로 원자 간에 작용하는 힘 F는 다음과 같다.

$$F = - \frac{\partial V}{\partial u} = - bu \qquad (3.1.5)$$

F와 V를 u의 함수로 표현한 것이 그림 3.2와 같다.

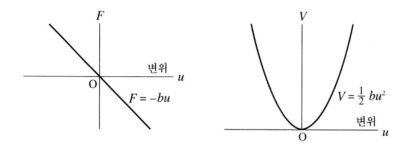

그림 3.2 포물선형 포텐셜 V와 힘 F. 횡축의 u는 평형점으로부터의 원자변위를 나타낸다.

3.2 용수철과 추

결정 중의 개개의 원자가 독립으로 평형점을 중심으로 직선상의 좌우로 (열)진 동하고 있다고 생각하자. 이것을 그림 3.3에 나타낸 것처럼 작은 추 하나가 가상 적인 용수철로 수평으로 벽에 이어져 진동하는 모델(모형)과 비교해 본다. 용수 철 상수 또는 **힘 상수**(force constant)를 b, 추의 질량을 M, x 방향의 추의 변위 를 u라고 하자. 추가 평형점으로부터 u만큼 변위하면 이것을 평형점으로 복원 시키려는 힘, 즉 용수철의 복원력 $F = - bu$가 추에 작용한다. 이것을 **훅** (Hooke)[1]**의 법칙**이라고 부른다. 이것은 식 (3.1.5)와 같은 형식이므로 이때 포텐

---

1   R. Hooke(1635-1703), 영국, 1678년 (43세).

설 에너지 V는 식 (3.1.4)와 같게 된다. 즉 용수철과 추의 운동은(작은 추를 원자, 용수철 상수를 원자 간에 작용하는 힘 상수로 간주하면) 원자 간 포텐셜의 포물선 근사를 가져오는 원자의 운동과 같은 운동이라고 간주할 수 있다.

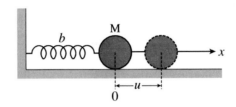

그림 3.3 용수철에 달린 추의 x 방향의 진동

여기서 용수철과 추 사이에 고전적 운동을 생각해 보자. 뉴턴의 운동방정식은 가속도를 d^2u/dt^2라고 하면

$$M\frac{d^2u}{dt^2} = -bu \tag{3.2.1}$$

가 된다. 여기서

$$\omega = \sqrt{\frac{b}{M}} \tag{3.2.2}$$

라고 하면 변위 u는 시간 t의 함수 $u(t)$이며, 이것은 진폭 A, 각진동수 ω, 위상 θ인 단진동, 즉

$$\begin{aligned}
u(t) &= A\sin(\omega t + \theta) \\
&= Im\{e^{i(\omega t + \theta)}\}
\end{aligned} \tag{3.2.4}$$

인 해를 가진다[2]. 여기에 지수함수에 있는 i 는 $i = \sqrt{-1}$ 인 허수단위이며, A 와 α는 임의상수로 초기조건에 의해 정해진다. 이와 같은 단진동을 **1차원 조화진동**(one dimensional harmonic oscillation)이라고 하고 진동하는 작은 추를 **진동자**(oscillator)라고 부른다. 위와 같이 그림 3.1의 포물선형 근사 포텐셜 $V_{\text{근}}$은 독립한 1개의 원자를 **조화진동자**(harmonic oscillator)라고 보았을 때의 포텐셜과 같은 모양이 되어 있다는 것을 알 수 있다.

3.3 연속체(탄성체)의 진동

앞 절에서는 결정이 개개의 원자의 집합이라 하여 한 개 원자의 1차원 진동을 용수철과 추 모델로 예를 들어 나타내었다. 이번에는 결정이 개개의 원자의 집합이 아니라 질량이 연속적으로 분포한 연속체(연속매질)로 간주하여 1차원 탄성봉 내의 미소부분 진동에 대해서 조사해 보기로 한다. 그림 3.4(a)의 봉의 미소부분(회색) dx의 x방향(종방향)의 신축(변위) u를 생각한다. u는 x의 함수로 x의 변위를 $u(x)$라고 쓴다. 평형상태에서 x에 있던 단면이 시간 t가 되면 $u(x)$만큼 이동하여 $x + u(x)$의 위치에 온다고 가정한다. 이때 평형상태에 있어서 $x + dx$에 있던 미소부분 dx의 우단은 시간 t가 되면 그림 (b)와 같이 $x + dx + u(x + dx)$의 위치에 오게 된다.

여기서 $u(x + dx)$는 $x + dx$의 단면의 변위를 나타낸다. 즉 평형상태의 길이 dx였던 미소부분이 시간 t가 되면

---

2 $e^{\pm ix} = \cos x \pm i \sin x$

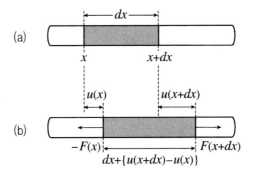

그림 3.4 1차원 탄성봉 중의 진동

$$\{x + dx + u(x + dx)\} - \{x + u(x)\} = dx + \{u(x + dx) - u(x)\}$$

$$\fallingdotseq dx + \frac{\partial u}{\partial x} dx = (원래의 \ 길이) + (신축길이) \qquad (3.3.1)$$

의 길이로 변화하고 있다. 여기서 신축길이$(du/dx)dx$를 원래의 길이 dx로 나눈 것이 단위 길이당 신축길이, 즉 **신축률**(strain) ϵ는

$$\epsilon = \frac{(\partial u / \partial x)dx}{dx} = \frac{\partial u}{\partial x} \qquad (3.3.2)$$

가 된다. 봉의 균일한 단면적 S에 작용하는 힘을 F라 하고 이 탄성봉의 영률을 E_Y라고 하면 탄성봉의 신축률 ϵ와 응력(stress) F/S에 관한 영(Young)[3]의 법칙, [응력 = 영률×신축률]로부터 다음 식을 얻는다.

$$\frac{F}{S} = E_Y \frac{\partial u}{\partial x} \quad 또는 \quad F = SE_Y \frac{\partial u}{\partial x} \qquad (3.3.3)$$

---

3 T. Young(1773-1829), 영국, 1807년 (34세).

그런데 그림 3.4(a)의 x의 단면적에 작용하여 음의 x 방향으로 향하는 힘을 $-F(x)$, $x+dx$의 단면적에 작용하여 양의 x 방향으로 향하는 힘을 $+F(x+dx)=F(x)+(\partial F/\partial x)dx+\cdots$라고 하면 미소부분 dx에 작용하는 외력의 합력은 $+x$ 방향으로 근사적으로 $(\partial F/\partial x)dx$이다. 봉의 밀도를 ρ라고 하면 미소부분 dx의 질량은 ρSdx가 되고 이 부분의 가속도는 $\partial^2 u/\partial t^2$이기 때문에 운동방정식은

$$\rho Sdx\frac{\partial^2 u}{\partial t^2}=\frac{\partial F}{\partial x}dx \tag{3.3.4}$$

가 된다. 여기에 식 (3.3.3)의 F를 x로 미분한 식을 대입하여 양변을 ρSdx로 나누어 정리하면

$$\frac{\partial^2 u}{\partial t^2}=\frac{E_Y}{\rho}\frac{\partial^2 u}{\partial x^2}\equiv v_l^2\frac{\partial^2 u}{\partial x^2} \tag{3.3.5}$$

가 된다. 이것이 연속체 중의 x의 변위 $u(x,t)$의 진동을 나타내는 일반적인 식으로 종파의 **파동방정식**(wave equation)이라고 하는데 u는 x와 t의 함수가 된다. 여기에 v_l은 탄성체 속을 전파하는 **신축길이의 파동**(strain wave)(즉 **음파**(acoustic wave)의 속도, 즉 고체 중의 종파의 **음속**(acoustic wave)이 되는 것으로

$$v_l\equiv\sqrt{E_Y/\rho} \tag{3.3.6}$$

이다. 여기서 **종파**(longitudinal wave)란 파동이 전해지는 방향(예를 들어, x 방향)과 물질의 변위의 방향(x 방향)이 같은 경우의 파동의 진동을 말한다. 예컨대 기체 중의 음파가 여기에 해당된다. 이것에 대해 파동이 전해지는 방향과 직각의 y, z 방향에 변위가 일어나는 경우에는 **횡파**(transverse wave)라고 한다. 고

체 내에서도 기체와 마찬가지로 소리가 전달되기 때문에 종파뿐만 아니라 횡파
도 존재한다. 이 모양을 그림 3.5(a)에 나타내었다.

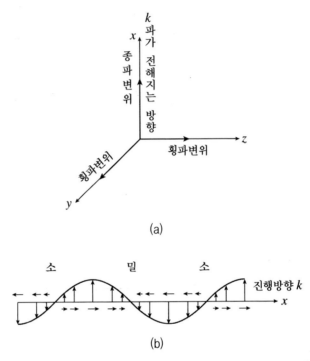

(a)

(b)

그림 3.5 (a) 파동이 전파하는 방향 k와 같은 방향의 변위(종파)와 직각방향의 변위(횡파), (b) 종파
진행방향(우)의 소밀파를 횡파표시로 바꾼 그림

종파는 1종류, 횡파는 2종류있다는 것을 알 수 있다. 그림 (b)는 $+x$(우)방향으
로의 종파의 진행에 따라 종파의 **소밀파**를 횡파와 같이 나타낸 것이다. 우방향
으로의 변위를 양($+$)으로 해서 그것을 횡파표시로는 상향으로 취하고, 좌방향
으로의 변위를 음($-$)으로 해서 그것을 횡파표시로는 하향으로 취하면, 횡파표
시의 파형의 오른쪽으로 내려가고 있는 부분이 종파의 "밀" 부분이 된다. 그리고
횡파표시의 파형의 왼쪽으로 내려가고 있는 부분이 종파의 "소" 부분이 된다.

편미분 방정식 (3.3.5)의 해는 변위 $u(x, t)$가 $+x$ 방향으로 진행하는 진행파의 꼴로 나타난다. 따라서 해는

$$u(x,\ t) = Ae^{i(\omega t - kx)} \tag{3.3.7}$$

가 된다. 여기서 A는 임의의 상수, 파 진동의 각진동수를 ω, 주기를 $2\pi/\omega$, 파장을 $\lambda = v_l(2\pi/\omega)$, 파수[4]를 $k = 2\pi/\lambda = \omega/v_l$라고 하면 ω는

$$\omega = v_l k \tag{3.3.8}$$

가 된다. 여기에 음파의 속력 v_l의 첨자에 l을 붙인 이유는 종파에서 온 것이다. v_l이 일정하다면 각진동수 ω는 파수 k와 기울기가 v_l인 직선적인 관계에 있다. 따라서 식 (3.3.8)은 원자 개개의 성질을 무시하고 음파의 파장이 원자 간의 거리보다 훨씬 큰 경우, 즉 장파장을 가지는 연속체에서 진동하는 탄성파의 경우이다. 여기서 횡진동의 한 예로 휘기 쉬운 현의 진동을 생각해 보자. 현을 x 축에 따라 놓을 때 그 변위는 y 방향으로 일어난다. y 방향의 변위를 u(이후의 편의상 종진동 때와 같은 기호를 사용한다), 현에 가해져 있는 장력을 F, 단위 길이당 현의 질량, 즉 선밀도를 ρ라고 하고 이것들을 그림 3.6(a)에 나타내었다. 현의 미소부분 dx의 질량 ρdx와 가속도의 곱은 $(\rho dx)(\partial^2 u/\partial t^2)$이다. 외력의 u 방향성분의 합력은 그림 3.6(b)에서 근사적으로[5]

---

4 길이 2π [cm] $\fallingdotseq 6.28$ [cm] 중에 포함되는 파장 [cm]의 수로 이것을 파수의 크기로 정의한다.

5 그림 3.6(b)의 현의 경사각 θ가 작은 것으로 하여 $\sin\theta \fallingdotseq \tan\theta = \partial u/\partial x$로 근사했다. 또, $\cos\theta_x \fallingdotseq \cos\theta_{x+dx} \fallingdotseq 1$이기 때문에 x 방향의 힘의 균형의 식 $F(x)\cos\theta_x = F(x+dx)\cos\theta_{x+dx}$는 $F(x) \fallingdotseq F(x+dx) = F(x) + (\partial F/\partial x)dx + \cdots$ 가 되기 때문에 $(\partial F/\partial x) \fallingdotseq 0$이라고 간주할 수 있다.

$$-F\frac{\partial u}{\partial x}+\left\{F\frac{\partial u}{\partial x}+\frac{\partial\left(F\cdot\partial u/\partial x\right)}{\partial x}dx\right\}\fallingdotseq F\frac{\partial^2 u}{\partial x^2}dx$$

이기 때문에 미소부분의 운동방정식은

$$\frac{\partial^2 u}{\partial t^2}=v_t{}^2\frac{\partial^2 u}{\partial x^2},\qquad v_t=\sqrt{\frac{F}{\rho}}\tag{3.3.9}$$

가 된다. 이 식은 편미분 방정식의 모양으로 보아 식 (3.3.5)와 같아서 그 해도 식 (3.3.7)과 같은 모양이다. 여기에 v_t는 횡파가 x 방향으로 전해지는 전파속도 이다. 재차 언급하지만 횡파의 경우, 변위방향 u는 횡파의 진행방향 $k(x$ 축 방 향)와 직각 방향이다.

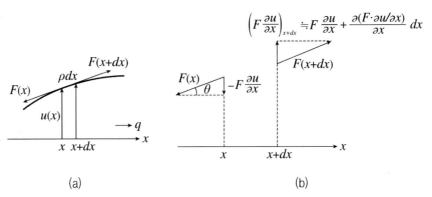

그림 3.6 횡파의 예(현의 진동). 변위 u와 횡파의 진행방향 $k(x$ 축)와는 직교하고 있다.

3.4 1차원 격자진동

원자 간에 상호작용이 없는 개개의 고립된 원자도 아니고, 연속체도 아닌 경우에는 그림 3.7(a)와 같이 서로 상호작용하는 원자의 진동은 고립원자와 연속체의 중간 정도에서 진동을 한다. 우선 격자를 1차원으로 정렬시킨 그림 (b)와 같은 1차원 격자의 진동을 조사해 보자. 다시 말해서 여기서는 결정기에 1개의 원자를 포함하는 1차원 격자진동을 다룬다. 질량 M의 원자가 등간격 a로 정렬해

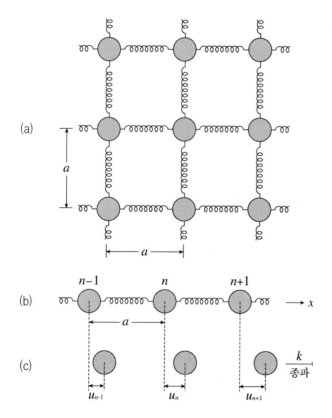

그림 3.7 (a) 격자간격 a의 결정격자, (b) 1차원 격자의 평형상태, (c) 평형상태로부터의 각 원자의 변위

있고 힘 상수 b의 용수철로 서로 묶여 있는 것으로 가정한다. 그림 (c)에서 나타 낸 바와 같이 시간 t에서 n번째 원자의 평형위치로부터의 변위를 u_n이라고 하 고 $n-1, n+1$번째의 원자의 변위를 각각 u_{n-1}, u_{n+1}이라고 한다. n번째 원 자에 작용하는 힘은 양옆의 원자로부터의 힘만이 존재한다고 가정하여 n번째 원자에 작용하는 힘을 계산한다. 우선 n과 $n+1$번째 원자 간의 늘어남을 알아 본다. 이것은 $u_{n+1} - u_n$이기 때문에 n번째 원자에 $+x$방향에 작용하는 힘은 $b(u_{n+1} - u_n)$이 된다. 다음에 n과 $n-1$번째 원자 간의 용수철의 늘어남은 $u_n - u_{n-1}$이며 n번째 원자에 $-x$방향으로 작용하는 $b(u_n - u_{n-1})$이 된다. 이 것들의 힘의 합력이 n번째 원자에 작용하기 때문에 그 가속도를 $\partial^2 u_n / \partial t^2$ 라고 하면 n번째 원자의 운동방정식은

$$
\begin{aligned}
M\partial^2 u_n / \partial t^2 &= b(u_{n+1} - u_n) - b(u_n - u_{n-1}) \\
&= b(u_{n+1} + u_{n-1} - 2u_n)
\end{aligned}
\tag{3.4.1}
$$

가 된다. 원점으로부터 n번째의 원자까지 거리 x는 $x = na$이며 편미분 방정식 (3.4.1)의 해는 식 (3.2.4)와 (3.3.7)의 중간에 있는 모양으로 취할 수 있다. 그러 면 n번째 원자의 변위 $u_n(x,t)$는 종파의 파수를 k로 하여

$$
u_n(na,\ t) = Ae^{i(\omega t - kna)}
\tag{3.4.2}
$$

가 된다. 이 식에서 상수는 이 식이 식 (3.4.1)을 만족하도록 결정한다. 식 (3.4.2)를 (3.4.1)에 대입하면

$$-M\omega^2 = b(e^{ika} + e^{-ika} - 2) = 2b(\cos ka - 1)$$
$$= -4b\sin^2(ka/2) \tag{3.4.3}$$

가 되어 이로부터 ω가 구해진다. 즉

$$\omega = \sqrt{\frac{4b}{M}} \, |\sin ka/2|$$
$$= \omega_m |\sin ka/2| \tag{3.4.4}$$

가 된다. 여기서 최대 각진동수 $\omega_m = \sqrt{4b/M}$ 이고, ω는 양의 값만을 취할 수 있기 때문에 우변의 정현함수는 절댓값을 취한다. ω와 k 사이 관계를 그림 3.8에 나타내었다. 여기서 알 수 있는 바와 같이 앞에서 설명한 연속체에서는 ω와 k 사이 관계가 식 (3.3.8)처럼 직선적인 관계였으나, 음파의 파장이 감소하고 k가 증가함에 따라 격자의 이산성이 중요하게 되면 연속체와 달리 ω와 k 사이 관계는 주기가 $2\pi/a$이고 최대 진동수가 ω_m인 삼각함수 관계를 나타낸다.

지금 1차원 격자 중의 종파의 파장을 λ라고 하면 $k = 2\pi/\lambda$이기 때문에 $ka \ll 1$의 경우, 즉 $a \ll \lambda/2\pi$의 경우는 파장이 격자간격 a보다 충분히 클 때 ω

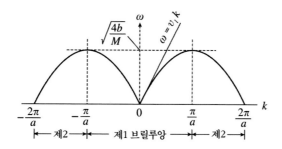

그림 3.8 1차원 격자 중을 통하는 종파의 각진동수 ω와 파수 k의 관계

는 근사적으로

$$\omega \doteqdot \sqrt{\frac{4b}{M}}\,\frac{ka}{2} = \sqrt{\frac{b}{M}}\,ka \tag{3.4.5}$$

가 된다. 이 식과 식 (3.3.8)를 비교하면 1차원 격자 속을 전파하는 종파의 속력 v_l은

$$v_l = \sqrt{\frac{b}{M}}\,a \tag{3.4.6}$$

가 된다. 여기서 식 (3.4.5)의 근사식은

$$\omega \doteqdot v_l k \tag{3.4.7}$$

로 나타내지고 이것은 그림 3.8에서 원점을 통과하는 비스듬한 직선이다. 근사식이 성립하는 것은 음파의 파장에 비교하여 격자간격이 좁은 연속체에 근사하는 경우이며 음속 v_l은 일정하게 된다. 그러나 일반적인 1차원 격자의 경우는 식 (3.4.4) 또는 그림 3.8의 곡선으로 나타낸 것과 같이 ω는 k와 곡선관계이다. 따라서 음파의 전파속도(음속)는

$$v_l = \frac{d\omega}{dk} \tag{3.4.8}$$

로 구해지고 v_l은 각진동수에 따라 다르게 나타난다. $d\omega/dk$를 **군속도** (group velocity)라고 부른다. 이 처럼 속도가 각진동수에 따라 다른 현상을 **분산**(dispersion)이라고 한다. 그림 3.8로부터도 알 수 있듯이 격자 속을 전파하는 종파의 ω는 최댓

값이 $\sqrt{4b/M}$ 이므로 그 이상의 각진동수를 가지는 파동은 격자 속을 전파할 수가 없다(이것과는 대조적으로 연속체의 경우에는 어떠한 크기의 ω도 원리적으로는 전파가능하다). 이것은 1차원 격자가 마치 0에서 ω_m까지의 각진동수의 파동을 통과시키는 저주파 필터와 같은 작용을 한다는 것을 뜻한다.

3.5 브릴루앙(Brillouin) 영역

결정의 내부에서는 같은 물리적 상황이 반복되는 경우가 종종 있다. 예를 들면 첫 번째 원자의 변위 u_1과 $N+1$번째 원자의 변위 u_{N+1}이 항상 동일하다는 것과 같은 경우로 이때

$$u_{N+1} = u_1 \tag{3.5.1}$$

로 나타난다. 이처럼 주기적으로 같은 상황이 반복되는 것과 같은 경계조건을 계가 갖추고 있을 때 이 계는 **주기적 경계조건**(periodic boundary condition)을 가진다라고 한다. 1차원 문제에서는 그림 3.9(a)에 나타낸 것처럼 $N+1$번째 원자마다 같은 것이 주기적으로 반복되어진다고 가정하면 이것은 원형의 고무줄과 같은 1차원의 물체를 생각하는 것과 같아진다. 이때는 그림 (b)처럼 고무줄상의 어느 점에서 출발하여도 한 바퀴 돌아 출발점을 통과하는 것으로 같은 일이 반복된다. 지금 식 (3.5.1)이 1차원 격자계에 성립하는 것으로 보면 이 식에 식 (3.4.2)를 대입하여 역수를 취하면

$$e^{ikNa} = 1 \tag{3.5.2}$$

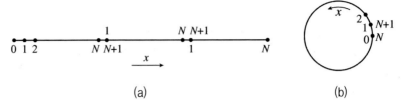

그림 3.9 (a) 1차원 격자의 주기적 반복, (b) 그림 (a)와 같은 조건을 단지 하나의 원주상의 격자점으로 표시

이 된다. 이 식이 만족되기 위해서는 $kNa = 2\pi n$이여야 한다. 그 결과, k는 다음과 같이 구해진다.

$$k = \frac{2\pi n}{Na} \tag{3.5.3}$$

여기서 n은

$$n = 0, \pm 1, \pm 2, \cdots, \pm N/2 \tag{3.5.4}$$

이며 k는 $k = \pm \pi/a$ 사이의 불연속적인(이산) 값을 취한다. 하지만 식 (3.4.4)우변의 정현함수 중의 파수 k는 정현함수의 성질상 양음의 값을 연속적으로 취하는 것이 가능해서 그림 3.8의 횡축 k는 원점을 중심으로 하여 좌우로 무한히 증가한다. 그러나 그것은 $k = -\pi/a$와 $k = +\pi/a$의 사이의 그래프를 반복한 것에 불과하다. 게다가 $k = +\pi/a$의 ω값과 $-\pi/a$의 ω값(ω의 최대치)은 완전히 같다. 그래서 $k = -\pi/a \sim +\pi/a$ 사이의 ω를 조사해 두면 이외의 k에서의 ω는 같은 식으로 짐작할 수 있기 때문에 이 영역을 **환원영역**(reduced zone)이라고 부른다.

k 영역에서 첫 번째의 영역을 다음과 같이

$$-\pi/a \leq k \leq \pi/a \tag{3.5.5}$$

로 구획지어 이 영역을 **제1 브릴루앙 영역**[6](Brillouin zone)이라고 부른다. 그 밖의 양측은 순차적으로 제2, 제3 브릴루앙 영역이라고 부른다.

위의 내용을 구체적으로 나타내면 서로 이웃인 원자의 변위비는 식 (3.4.2)로부터

$$\frac{u_n}{u_{n+1}} = \frac{e^{i\omega t}e^{-ikna}}{e^{i\omega t}e^{-ik(n+1)a}} = e^{ika} \tag{3.5.6}$$

가 된다. 지수함수 e^{ika}의 위상 ka의 값을 $-\pi$에서 π까지 변화시키면 지수함수의 모든 독립적인 값을 취한다. 즉 최근접 원자 간의 상대적 위상이 π보다 큰 것도, $-\pi$보다 작은 것도 있을 수 없다. 예를 들면 상대적 위치가 1.4π인 것은 물리적으로는 -0.6π와 같고, 2.3π는 0.3π와 같다. 그래서 $k' = k \pm 2\pi s/a$(주기 $2\pi s/a$)로 정의되는 파수 k'는 k가 제1 영역에 없는 경우에도 이것이 항상 제1 영역에 있는 것과 동등하게 간주된다. 여기서 s는 어떤 정수이며 $e^{\pm i2\pi s} = 1$인 관계를 사용하면 이것은 분명해진다. 따라서 그림 3.8의 제2 영역의 $(\pi/a \sim 2\pi/a)$는 제1 영역의 $(-\pi/a \sim 0)$과 동등하고 제2 영역의 $(-2\pi/a \sim -\pi/a)$는 제1 영역의 $(0 \sim \pi/a)$와 동등하다고 할 수 있다.

다음에 횡파의 경우도 횡파의 진행방향 k(x 축 방향)에 직각방향 변위를 그림 3.10과 같이 u_{n-1}, u_n, u_{n+1}이라고 한다. 최근접 원자 간의 상대적인 변위의 차에 비례하는 힘만이 각 원자에 작용하는 것으로 하면 n번째 원자의 운동방정식

---

6   L. Brillouin은 이름이며, 브릴루앙 대역이라고도 하지만 에너지 대역과의 혼동을 피하기 위해서 대역이라기보다는 영역이라 부르는 것으로 한다.

은 식 (3.4.1)과 같은 모양이 된다. 단, 횡파의 경우의 힘 상수 b는 종파의 경우의 힘 상수 b와는 다르지만 그것을 이해한 후에 같은 기호를 사용하는 것으로 하면 식 (3.4.1)과 완전히 같은 식이 된다. 이것은 횡파의 식 (3.3.9)가 종파의 식 (3.3.5)와 같은 모양의 파동방정식이기 때문이다. 따라서 이 이후의 설명은 전부 종파의 경우와 같게 되므로 생략한다.

그런데 실제 결정에 있어서 완전히 종방향 또는 횡방향의 변위가 생겨 탄성파가 전해지는 것은, 예를 들면 입방정계의 결정에서는 [100], [111], [110] 방향이다.

그렇다면 여기서 힘 상수 b와 포텐셜 $V(r)$과의 관계를 나타내 보자. r_o를 평형상태에서의 원자 간 거리라고 하면 평형일 때의 포텐셜은 $V(r_o)$으로 나타내진다. 원자 간 거리가 미소량 u만큼 증가하여 $r = r_o + u$로 변화했을 때의 포텐셜 $V(r)$을 $r = r_o$의 근방에 급수전개하면

$$V(r) = V(r_o) + \left(\frac{dV}{dr}\right)_{r_o} u + \frac{1}{2}\left(\frac{d^2V}{dr^2}\right)_{r_o} u^2 + \cdots \tag{3.5.7}$$

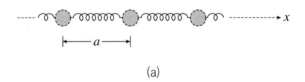

(a)

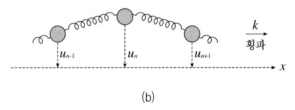

(b)

그림 3.10 1차원 격자의 횡파. 변위는 파동의 진행방향에 직각. (a) 평형상태, (b) 진동상태

가 된다. 따라서 두 개의 원자 간에 작용하는 원자 간 결합력 F는

$$F = -\frac{dV}{du} = -\left(\frac{dV}{dr}\right)_{r_o} - \left(\frac{d^2V}{dr^2}\right)_{r_o} u - \cdots \tag{3.5.8}$$

가 된다. 우변 제1 항은 변위 u에 관계없다. 또 변위 u가 0인 평형점 r_o에 있을 때 이 원자에 작용하는 다른 모든 원자로부터의 힘의 합력은 0이기 때문에 식 (3.5.8)의 우변 제1 항은 0이여야만 한다. 또 Hooke의 식 $F = -bu$와 식 (3.5.8)의 우변의 제3 항 이하를 생략한 식을 비교함으로써 힘 상수 b는

$$b = \left(\frac{d^2V}{dr^2}\right)_{r_0} \tag{3.5.9}$$

가 된다. 이것이 인접 원자 간의 힘 상수 b와 포텐셜 V 사이의 관계식이다.

3.6 결정기가 2개의 원자를 포함하는 1차원 격자진동

앞 절에서는 결정기에 1개의 원자를 포함하는 1차원 격자진동을 다루었지만 그림 3.11에 나타낸 것과 같이 NaCl이나 다이아몬드 구조와 같은 경우, [111] 방향에서 봤을 때 2개의 이온 혹은 원자를 포함하는 결정기를 갖고 있다. NaCl의 경우는 $(0, 0, 0)$의 Na^+와 $(1/2, 1/2, 1/2)$의 Cl^-이 결정기이고, 다이아몬드 경우는 $(0, 0, 0)$과 $(1/4, 1/4, 1/4)$의 C가 결정기이다. 이와 같은 결정에서의 1차원 격자진동도 단원자 격자의 진동과 비슷하게 취급할 수 있다.

설명을 간단히 하기 위해 그림 3.11(c)와 같이 질량 M인 원자는 하나의 원자

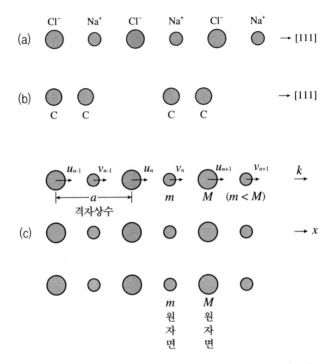

그림 3.11 (a) NaCl 결정의 [111] 방향의 이온배열, (b) 다이아몬드 결정의 [111] 방향의 원자배열, (c) 질량 M과 m의 2원자 결정, 근접원자면 간의 힘 상수를 b라고 한다. M과 m의 원자면의 변위를 각각 u_n, v_n이라고 한다.

면상에 있고, 질량 $m(< M)$인 원자는 다른 원자면상에 있는 입방격자를 생각한다. 여기서는 결정기에 2개의 원자가 있는 것이 기본적이고 2개의 원자 질량이나 힘 상수가 같거나 다르더라도 상관없다. 지금 파수 벡터 k의 방향에 수직인 방향의 주기적 면간격(격자상수)을 그림 (c)와 같이 a로 하고 서로 이웃한 최근접면 간에만 힘이 작용하고, 힘 상수는 전부 같은 b인 것으로 한다. 단 변위가 k와 같은 방향일 때와 여기에 수직 방향일 때의 b의 크기는 다르지만 지금은 간단히 같다고 가정한다. M에 대한 변위를 u_{n-1}, u_n, u_{n+1} 등으로, 또 m에 대한 변위를 v_{n-1}, v_n, v_{n+1} 등으로 사용하여 운동방정식을 세워보자. 두 개의 다른

종류의 원자가 있으므로 두 개의 운동방정식이 필요하다. 두 원자의 운동방정식
은 각각 식 (3.4.1)에 따라

$$M\frac{d^2u_n}{dt^2} = b(v_n + v_{n-1} - 2u_n)$$

$$m\frac{d^2v_n}{dt^2} = b(u_{n+1} + u_n - 2v_n)$$

$$(3.6.1)$$

가 된다. 이 식들의 해는 식 (3.4.2)와 같은 모양이다.

$$v_n(na,\ t) = Ae^{i(\omega t - kna)}$$

$$v_n(na,\ t) = Be^{i(\omega t - kna)}$$

$$(3.6.2)$$

이 식 (3.6.2)를 (3.6.1)에 대입하면

$$-M\omega^2 A = bB(1 + e^{ika})2bA$$

$$-m\omega^2 B = bA(e^{-ika} + 1) - 2bB$$

$$(3.6.3)$$

가 된다. 연립방정식에서 A, B를 미지수로 생각하여 다시 식을 세우면

$$(2b - M\omega^2)A - b(1 + e^{ika})B = 0$$

$$-b(e^{-ika} + 1)A + (2b - m\omega^2)B = 0$$

$$(3.6.4)$$

가 된다. 동차방정식이므로 A, B가 0이 아닌 해(비자명해, non-trivial solution)
를 가지기 위해서는 A, B의 계수로 만들어진 행렬식이 0이여야 하기 때문에

$$\begin{vmatrix} 2b - M\omega^2 & -b(1 + e^{ika}) \\ -b(e^{-ika} + 1) & 2b - m\omega^2 \end{vmatrix} = 0$$

$$(3.6.5)$$

가 된다. $e^{ika} + e^{-ika} = 2\cos ka$ 관계를 이용해서 위 식을 ω^2에 대해 풀면

$$\omega^2 = b\left(\frac{1}{M} + \frac{1}{m}\right) \pm b\left\{\left(\frac{1}{M} + \frac{1}{m}\right)^2 - \frac{4}{Mm}\sin^2\frac{ka}{2}\right\}^{1/2} \tag{3.6.6}$$

가 된다. 우변의 $\pm$ 중에 $+$를 취한 쪽의 ω^2을 ω_+^2, $-$를 취한 쪽의 ω^2을 ω_-^2 이라고 한다. 그리고 각각의 ω^2을 풀어서 양의 값인 ω_+와 ω_-를 구한다. 따라서 결정기에 2개의 원자를 포함하는 1차원 격자에서는 1개의 파수 k의 값에 대해서 2개의 각진동수 ω_+와 ω_-가 존재함을 알 수 있다.

식 (3.6.6)을 사용하여 k와 ω의 관계를 도시하기 위해 $ka = 0$, $ka \doteqdot 0$, $ka = \pi$ 와 같이 3가지 경우로 나누어서 ω_+와 ω_- 값을 구하면 다음과 같다.

$ka = 0$의 경우 :

$$\omega_+ = \left\{2b\left(\frac{1}{M} + \frac{1}{m}\right)\right\}^{1/2} \quad \text{(광학적 진동, 약자 O)}$$
$$\omega_- = 0 \qquad\qquad\qquad\quad \text{(음향적 진동, 약자 A)} \tag{3.6.7}$$

$ka \doteqdot 0$의 경우 $\{\sin(ka/2) \doteqdot ka/2\}$:

$$\omega_+ \doteqdot \left\{2b\left(\frac{1}{M} + \frac{1}{m}\right)\right\}^{1/2} \quad (\text{O})$$
$$\omega_- \doteqdot \left\{\frac{b/2}{M+m}\right\}^{1/2}ka \qquad (\text{A}) \tag{3.6.8}$$

$ka = \pi$의 경우 :

$$\omega_+ = \left(\frac{2b}{m}\right)^{1/2} \qquad (\text{O})$$

$$\omega_- = \left(\frac{2b}{M}\right)^{1/2} \qquad (\text{A})$$

$$(3.6.9)$$

이와 같이 k에 따라 구한 ω_+와 ω_-의 진동양식을 나타낸 것이 그림 3.12이다. 그림 3.12는 양의 제1 브릴루앙 영역의 반($0 \sim \pi/a$)만을 보여준다. **분기**(branch) 라고 부르는 곡선 중에서 위의 곡선 ω_+를 **광학적 진동**(optical vibration), 아래의 분기 ω_-를 **음향적 진동**(acoustical vibration)이라고 한다. 음향적 진동의 ω 거동을 살펴보면 ω는 $k = 0$에서 0으로 시작하여 k가 증가함에 따라 선형적으로 증가하나, 점점 증가율이 감소하다가 $k = \pi/a$에서 $(2b/M)^{1/2}$에 포화한다. 또 광학적 진동의 ω 거동을 살펴보면 ω는 $k = 0$에서 일정 진동수로 시작하여 k가 증가함에 따라 점점 감소하여 $k = \pi/a$에서 $(2b/m)^{1/2}$에 포화한다. 음향적 진동의 상단

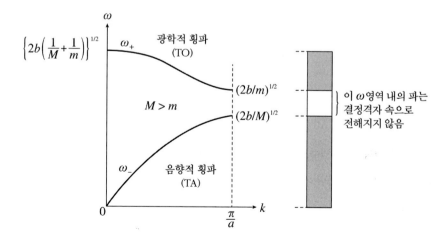

그림 3.12 1차원 2원자 격자의 광학적 진동과 음향적 진동의 분산관계. 격자상수는 a이고, $M > m$ 이다.

과 광학적 진동의 하단 사이의 진동수 영역은 금지되어 있다. 따라서 이런 파는 격자 속을 전파할 수 없고 강하게 감쇠하게 된다. 따라서 2원자 격자는 대역 필터의 기능을 한다. 식 (3.7.1)에서 언급하겠지만 종축 ω는 에너지 ($\varepsilon = h\omega/2\pi$)에 관계된다.

상기에서 설명한 진동문제를 NaCl 결정에 적용시켜 ω_+와 ω_-를 **횡파**(transverse wave)의 경우에 대해 그린 것이 그림 3.13이다. 그림 (a)는 ω_+를 나타내고(TO로 표시), 그림 (b)는 ω_-를 나타낸다(TA로 표시).

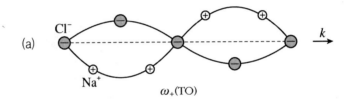

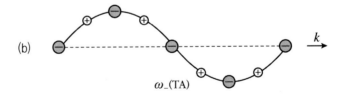

그림 3.13 (a) 광학적 횡파 진동 (TO), (b) 음향적 횡파 진동 (TA)

이처럼 진동에서 "광학적이다, 음향적이다"라고 부르는 이유는 무엇인가? 우선 $k = 0$일 때의 가벼운 원자 m의 진폭 B와 무거운 원자 M의 진폭 A와의 비를 취해 본다. 식 (3.6.3)의 어느 쪽의 식이든 $k = 0$으로 하여 그 다음 ω에 식 (3.6.7)의 ω_+ 혹은 ω_-를 각각 대입해 보면 다음과 같이 된다.

ω_+ 의 경우 : $\dfrac{A}{B} = \dfrac{\text{무거운 원자의 진폭}}{\text{가벼운 원자의 진폭}} = -\dfrac{m}{M}$　(광학적 진동)

$$(3.6.10)$$

ω_- 의 경우 : $\dfrac{A}{B} = 1$　　　　　　　　　　(음향적 진동)

이 식을 통해서 다음의 내용을 알 수가 있다. 즉 광학적 진동에서는, 인접원자는 서로 반대 방향(A/B가 음부호)으로 변위하여 그 진폭은 가벼운 원자 쪽이 크고 무거운 원자 쪽이 작다. 하지만 M과 m의 짝을 취하면 그 중심은 멈춰 있는 것과 같이 진동한다. 게다가 진동수는 $(0 \le k \le \pi/a$의 사이에서) 최대이다. 반면에 음향적 진동에서는 인접원자는 서로 같은 방향으로 변위하여 그 인접원자의 진폭은 같다. 이때 진동수는 0으로 원자는 모두 정지하고 있거나 아니면 전체로써 병진 운동을 한다. 이것들의 진동양식(모드, mode)을 그림 3.14에 여러 가지 k 값에 따라 나타내었다.

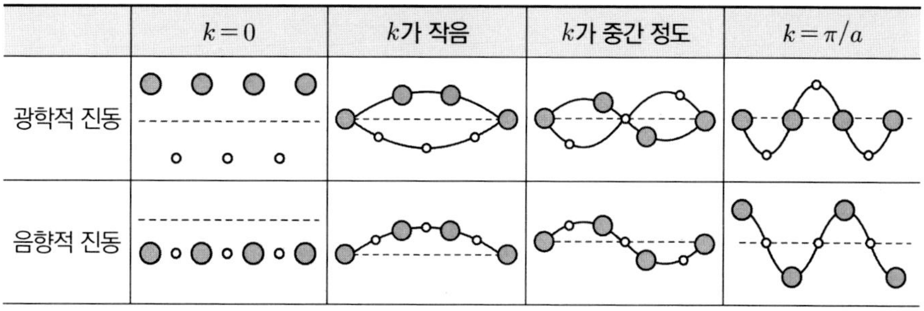

	$k = 0$	k가 작음	k가 중간 정도	$k = \pi/a$
광학적 진동				
음향적 진동				

그림 3.14 광학적 진동과 음향적 진동의 원자 변위를 횡파의 경우에 대해서 다양한 파수 k에 대해 나타낸다. 큰 원은 무거운 원자(M), 작은 원은 가벼운 원자(m)

그림 3.14에 있어서 $k = \pi/a$는 k의 최댓값(제1 영역의 우단)이고 이때 광학적 진동의 각진동수는 최소(그림 3.12를 보라)이며 무거운 원자 M은 정지해 있다. 하지만 $k = \pi/a$의 파수에서는, 음향적 진동의 진동수는 최대(그림 3.12를

보라)이며, 광학적 진동과는 반대로 가벼운 원자 m이 정지해 있다.

　그러면 그림 3.13(a)의 광학적 진동에 있어서 양이온의 질량이 m이고 음이온의 질량이 M이라고 하면 m과 M의 변위가 역방향이기 때문에 이 진동에서는 원자간격 정도의 전기적 분극을 일으켜, 이때 진동수와 같은 전자파(광)를 흡수하게 된다. 이처럼 이온 분극에 의해 광흡수가 일어나는 것에서 오는 진동을 **광학적 진동**이라 부른다. 단 다이아몬드 등의 경우는 이온이 아니므로 분극을 일으키지 않고 광흡수도 일어나지 않지만 역시 그림 3.13(a) 모양의 진동을 할 때 이것을 광학적 진동이라고 부른다. 그림 3.15에 나타낸 NaCl 박막의 적외선 흡수율을 보면 약 60 [μm]의 파장의 적외선을 가장 잘 흡수하는 것을 알 수 있다. 이 사실로부터 NaCl의 광학적 격자진동의 진동수는 파장 $\lambda = 60$ [μm]에 상당하는 진동수 $\nu = c/\lambda \doteqdot 5 \times 10^{12}$ [s^{-1}]인 것을 알 수 있다. 여기에 c는 광속 (3×10^8 [m/s])이다.

　다음으로 그림 3.13(b) 또는 그림 3.14의 음향적 진동의 진동양식(모드)은 이

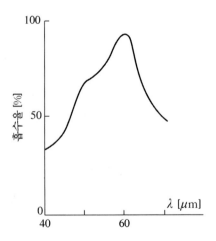

그림 3.15 NaCl 박막(두께 약 3.6 [μm])의 적외선 흡수율의 모식도

미 3.4 절에서 설명한 바와 같이 결정 중을 음파(acoustic wave)가 전해질 때의 진동양식과 같기 때문에 **음향적 진동**이라고 부른다.

한편 앞에서 언급한 바와 같이 그림 3.12의 제1 브릴루앙 영역의 우단, 즉 $k = \pi/a$에서는 ω가 $(2b/m)^{1/2}$와 $(2b/M)^{1/2}$ 사이의 진동수의 비약이 있어 이 사이의 ω에 대한 파동적인 해는 존재하지 않는다. 따라서 이 비약영역 내의 ω에 대응하는 파동은 결정격자 중을 진행할 수 없다. 이것은 결정기에 2원자 이상을 포함하는 결정에서의 탄성체의 특징이다.

3.7[7] 포톤(광자)과 포논(음자)

양자론은 맥스 플랑크(Max planck)[8]에 의해 창시되어 그것에 의해 열평형의 공동(cavity) 내(흑체라고도 한다)로부터 방사되는 전자파 에너지의 주파수분이 이론적으로 해명되었다. 이때 처음으로 진동수 ν의 모드에 있는 조화진동자의 에너지 ε가 $h\nu$의 n(0과 양의 정수)배로 양자화된다는 **양자가설**(quantum hypothesis)이 발표되었다. 여기에 h는 플랑크 상수이다. ε는 각진동수 $\omega = 2\pi\nu$를 이용하면 다음과 같이 나타내어진다.

$$\varepsilon = \frac{1}{2}h\nu + nh\nu = \left(n + \frac{1}{2}\right)\frac{h}{2\pi}\omega \quad (n = 0,\ 1,\ 2,\ \cdots) \tag{3.7.1}$$

---

7 이 절은 갑자기 나오는 내용들도 있기 때문에 4장, 6장을 읽은 뒤에 다시 한 번 보는 것을 권장한다.

8 Max Planck (1858-1947), 독일, 1900년(42세), 노벨상 수상(1918).

여기서 $h\nu$는 **에너지 양자**(energy quantum)로서 **광양자, 광자** 또는 **포톤**(photon)
이라고 하는 작은 에너지 1개의 덩어리(즉 입자)이다. 포톤은 맥스웰(Maxwell)[9]
방정식에 있어서 전자장을 양자화해서 얻어지는 것인데 질량이 0이고, 스핀이 1
인 입자로 다루어진다. 식 (3.7.1)은 주파수가 ν인 하나의 진동모드 상태에 포톤
이 n개 존재하고 있음을 의미하고 $h\nu/2$는 불확성 원리의 결과로 나타나는 **영점
에너지**(zero-point energy)이다. 영점에너지는 고전물리계와는 현저히 차이가 나
는 양자현상이다.

플랑크의 이론에 의하면 절대온도 T에서 방사 평형에 있는 흑체로부터 방출
된 전자파 중에 진동수가 ν와 $\nu + d\nu$ 와의 사이에 있는 방사 에너지를 $\rho d\nu$라고
한다면, 방사 에너지 밀도 ρ는(여기서 증명을 생략한다)

$$\rho = A \frac{1}{e^{h\nu/k_B T} - 1}, \quad A \equiv \frac{8\pi h\nu^3}{c^3} \tag{3.7.2}$$

로 주어진다. 여기에 c는 진공 중의 광속, k_B는 볼츠만 상수이다. 또 식 (3.7.2) 우
변의 A를 제외한 식은 통계역학적으로 중요한 플랑크 분포(Planck distribution)
이다. 양자론에 의하면 전자파는 파동이면서 광자라고 하는 입자이므로 **파동성**과
입자성이라는 **이중성**을 가진다.

포톤의 유추로부터 탄성파에도 데바이(Debye)[10]에 의해 탄성체의 에너지를
양자화한 가상적 입자(**준입자**(quasiparticle)라고도 한다)로서 **포논**(phonon)이
라는 개념이 도입되었다. 결정의 격자파는 탄성파이며, 이것은 결정 중의 음파

---

9 J. C. Maxwell (1831-1879), 영국, 전자이론 발표, 1864년(33세).

10 P. J. W Debye (1884-1966), 네덜란드—미국, 1912년(28세). X 선 회절의 데바이 셰러 법 개
발자의 한사람. 노벨상 수상(1936).

로서 음(phono-)이라는 글자를 따서, 또 탄성체에 관련하는 조화진동자의 에너지 양자라는 의미에서 이 준입자를 **음향양자**, **음자(音子)** 또는 **포논**이라고 부른다. 이와 같이 해서 탄성파도 전자파와 마찬가지로 **파동성**과 **입자성**의 **이중성**을 가지고 있다. 음(音) 양자의 에너지는 식 (3.7.1)과 완전히 같은 식이며 포논의 스핀은 1이다.

포논은 결정 내의 1개의 원자에 의해서라기보다는 오히려 결정 전체의 원자의 변위와 관계하고 격자 전체의 성질과 밀접한 관계가 있다. 그래서 개개의 원자의 진동 전체를, 원자 전체에 이어지는 진동의 양자, 즉 포논의 집단(중첩)으로 하여 취급해도 좋다는 것을 알 수 있다. 따라서 결정의 온도가 상승하면 격자진동의 진폭이 증대하는 것 대신에 결정 중의 포논의 수가 증대한다고 해도 좋다.

그렇다면 포논이라는 준입자의 실험적 증거는 무엇에 의한 것일까? 이것은 4장에서 다루는 고체비열에 격자진동의 기여에서 찾을 수 있다. 절대온도가 0에 가까워지면 고체비열도 0에 가까워진다는 사실에 따른다. 이 사실은 격자진동이 양자화되어 있다는 것에서 출발한다. 또 실제로 결정 중의 포논의 진동수와 파수 간의 분산관계 등은 X선이나 중성자선의 회절실험으로부터 결정되어진다.

CHAPTER

04

고체의 열적 성질

– 구성

4.1 고체의 비열(고전론)

4.2 고체의 비열(아인슈타인의 이론)

4.3 고체의 비열(데바이의 이론)

4.4 절연체의 열전도도(포논전도)

4.5 고체의 열팽창

– 개요

결정격자에 있어서의 원자의 진동은 진동에너지를 수반하고, 결정 중의 자유전자의 운동은 운동에너지를 수반한다. 이것들의 에너지는 어느 것이나 고체의 내부에너지가 된다. 고체의 온도가 상승하면 열을 흡수하고, 따라서 내부에너지는 증가하고 포논이 증가한다. 내부에너지 증가의 정도가 고체의 비열의 대소가 된다. 또 격자진동의 에너지 전달, 즉 포논의 흐름이 열전도가 되기 때문에 격자점 원자의 포텐셜 에너지의 비대칭성이 열팽창의 원인이 된다.

4.1 고체의 비열(고전론)

물체의 온도를 1℃ 올리는 데 요구되는 열량을 물체의 열용량이라고 하는데 같은 물체라도 질량이 커면 열용량은 증가하게 된다. 따라서 같은 질량을 가지는 서로 다른 물체의 열용량을 알 필요가 있다. 이때 물체의 단위질량을 온도를 1℃ 올리는데 요구되는 열량을 비열(specific heat)이라고 한다. 체적 V가 일정할 때 내부에너지를 U, 절대온도를 T라고 하면 비열 c_V는 다음과 같이 정의된다.

$$c_V = \left(\frac{\partial U}{\partial T}\right)_V \tag{4.1.1}$$

둘롱 쁘띠(Dulong-Petit)[1]의 경험적 법칙에 의하면 실온 부근에서 고체의 정적 몰비열은 거의 일정치로 6 [cal/mol·deg]이다.

이것을 설명하기 위해 볼츠만(L. Boltzmann)[2]은 고전적인 기체운동론을 도입하였다. 이 이론에 따르면 진공 중의 입자의 평균 운동에너지는 1차원 좌표축에 대해(즉 운동의 1 자유도당) $k_B T/2$이다. xyz의 3차원에서의 평균 운동에너지(kinetic energy) E_K는

$$E_K = 3k_B T/2 \tag{4.1.2}$$

이다. 1 몰에 대해서, 즉 N_A (아보가드로 수) 개의 기체 분자의 평균 운동에너지는

---

1 P. L. Dulong (1785-1838), 프랑스, 1819년(34세). A. T. Petit (1791-1820), 프랑스, 1819년(28세)
2 L. Boltzmann (1844-1906), 호주, 1870년경(26세경)

$$E_{Kmol} = 3N_A k_B T/2 \equiv 3RT/2 \tag{4.1.3}$$

가 된다. 여기에 $R = N_A k_B$는 기체상수이다. 이것은 이상기체의 내부에너지와 같다. 고체에서도 기체와 같다고 볼 수 있다. 다만 고체를 구성하는 원자의 진동에너지의 증가분이 온도 상승으로 나타난다는 점이 다르다. 격자점 원자는 xyz의 각 축 방향에 운동에너지외에도 각각 $k_B T/2$씩의 포텐셜 에너지(탄성 위치에너지; $(k_x x^2 + k_y y^2 + k_z z^2)/2$)를 가지고 있기 때문에 3차원에 전체에서는 $3k_B T/2$의 포텐셜 에너지 E_U를 가진다. 1 몰에 대해서의 포텐셜 에너지 E_{Umol}은 $N_A E_U$이기 때문에

$$E_{Umol} = 3N_A k_B T/2 \equiv 3RT/2 \tag{4.1.4}$$

가 된다. 그래서 고체 1몰에 대해서의 내부에너지 U_{mol}은

$$U_{mol} = E_{Kmol} + E_{Umol} = 3RT \tag{4.1.5}$$

가 된다. 여기서 정적 몰비열 C_{Vmol}은 $R = 1.99$ [cal/mol·deg] 이기 때문에

$$C_{Vmol} = \left(\frac{\partial U}{\partial T}\right)_V = 3R = 5.96 \text{ [cal/mol.deg]} \tag{4.1.6}$$

가 된다. 이 결과는 둘롱 쁘띠의 경험적 법칙을 잘 설명해 준다.

하지만 금세기 초에 듀어 (J. Dewar)[3]는 둘롱 쁘띠의 법칙이 저온에서는 성립하지 않고 비열이 0에 가까워진다는 것을 발견했다.

---

[3] J. Dewar(1842-1923), 영국, 1900년경(58세경). 듀어병의 발명자이기도 하다.

4.2 고체의 비열(아인슈타인의 이론)

아인슈타인(Einstein)[4]은 결정격자의 조화진동자의 진동원리로부터 저온에서 비열이 0이 된다는 것을 다음과 같이 설명했다.

격자진동을 조화진동자로 보는 것은 3.4절에서, 조화진동자의 에너지는 식 (3.7.1)이 되는 것을 3.7절에서 다루었다. 이 식을 다시 한번 쓰면

$$\varepsilon_n = h\nu_\mathrm{E}/2 + nh\nu_\mathrm{E} \qquad (n = 0,\ 1,\ 2,\ \cdots) \tag{4.2.1}$$

가 된다. 아인슈타인은 조화진동자의 진동수가 어떤 원자에 대해서도 동등하며 물질마다 어느 일정치 ν_E 에 있다고 가정했다(첨자의 E는 Einstein의 머리글자).

$\varepsilon_0,\ \varepsilon_1,\ \cdots,\ \varepsilon_{n,}\ \cdots$ 의 각각의 에너지 상태에 있는 진동자 개수를 각각 $N_0,\ N_1,\ \cdots,\ N_{n},\ \cdots$ 라고 하자. 진동자 개수의 분포가 맥스웰-볼츠만(Maxwell-Boltzmann) 분포를 취한다고 하면

$$N_n/N_0 = \exp(-(\varepsilon_n - \varepsilon_0)/k_\mathrm{B} T) = \exp(-nh\nu_\mathrm{E}/k_\mathrm{B} T) \tag{4.2.2}$$

가 된다. 지금 하나의 진동자 에너지 ε_n의 평균치 $\langle\varepsilon\rangle$를 구하기 위해서는 부록 C의 식 (C. 3)과 식 (4.2.2)를 비교하면 된다. 여기서 $\langle\ \rangle$는 평균치를 나타낸다. 물리량 ε_n의 존재확률은

$$\frac{N_n}{\displaystyle\sum_n N_n} \tag{4.2.3}$$

---

[4] A. Einstein(1879-1955), 독일—미국. 1907년(28세). 노벨상 수상(1921).

이기 때문에 부록의 식 (C. 3)에 해당하는 항은 $\varepsilon_n(N_n/\sum_n N_n)$이 되고 ε_n의 평

균치는 이것들의 합이기 때문에

$$\langle\varepsilon\rangle=\sum_n\varepsilon_n\left(\frac{N_n}{\sum_n N_n}\right)=\left(\frac{\sum_n\varepsilon_n N_n}{\sum_n N_n}\right)=\frac{1}{2}h\nu_E+\frac{\sum_n nh\nu_E\exp(-nh\nu_E/k_BT)}{\sum_n\exp(-nh\nu_E/k_BT)}$$

$$(4.2.4)$$

가 된다. 여기서 $x\equiv-h\nu_E/k_BT$로 두면 식 (4.2.4)의 우변의 두 번째 항은

$$h\nu_E\sum_{n=0}n\exp(nx)/\sum_{n=0}\exp(nx)=h\nu_E\frac{e^x+2e^{2x}+\cdots}{1+e^x+e^{2x}+\cdots}$$

$$=h\nu_E\frac{d}{dx}\log(1+e^x+e^{2x}+\cdots)=h\nu_E\frac{d}{dx}\log\frac{1}{1-e^x} \qquad (4.2.5)$$

$$=h\nu_E\frac{1}{e^{-x}-1}$$

이 된다. 그래서 하나의 진동자의 평균 에너지 $\langle\varepsilon\rangle$는

$$\langle\varepsilon\rangle=\frac{1}{2}h\nu_E+h\nu_E\frac{1}{e^{h\nu_E/k_BT}-1} \qquad (4.2.6)$$

이 된다. 평균 에너지는 임의의 시간에 있어서 원자 전체에 대한 평균치로 생각해
도 좋고 또 어느 특정 원자에 대해서 시간적 평균치로 생각해도 좋다.

　이 식의 우변 제2 항은 포톤 식 (3.7.2)와 같은 모양으로 A를 $h\nu_E$ 또는 ν를 ν_E
로 치환하면 완전히 같은 식이 된다. 여기서 영점에너지 $h\nu_E/2$를 생략해서 보면
ε의 일반항을 $\varepsilon_n=nh\nu_E$로 생각하고 $\langle nh\nu_E\rangle=h\nu_E\langle n\rangle$로 하면 식 (4.2.6)은
$h\nu_E$가 일정하므로

$$\langle n \rangle = \frac{1}{e^{h\nu_E/k_B T} - 1} \tag{4.2.7}$$

이 된다. 우변은 식 (3.7.2)에서 $\nu = \nu_E$로 한 **플랑크 분포**(Planck distribution)이다. 이 분포는 입자의 총수가 몇 개라고 확정되어 있지 않은 경우에 사용하는 식으로 포논의 경우에 사용된다. 3.7절에서 설명한 것처럼 $\varepsilon_n = n h \nu_E$는 ν_E라는 진동모드 상태, 즉 $h\nu_E$라는 에너지 상태에 포논이 n개 존재하고 있는 것을 나타내고 있다. 그래서 식 (4.2.7)은 절대온도 T의 열평형 상태에서 진동수 ν_E을 가지는 포논의 수의 평균치가 $\langle n \rangle$인 것을 나타내고 있다고도 말할 수 있다. 또 $\langle n \rangle$은 포논에 의한 에너지 $h\nu_E$ 상태의 (상대적인) **점유확률**이라고도 할 수 있다. $\langle n \rangle$을 $y \equiv k_B T/h\nu_E$의 함수로 하여 그래프로 나타내면 그림 4.1이 된다. 고온에서는 $h\nu_E \ll k_B T$로 $\exp(h\nu_E/k_B T) = 1 + h\nu_E/k_B T + \cdots$이기 때문에 $\langle n \rangle$은 근사적으로

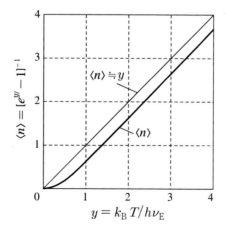

그림 4.1 플랑크 분포와 $y \equiv k_B T/h\nu_E$의 관계.
　　　　고온에서 $\langle n \rangle$은 온도와 비례 관계에 있다. 가느다란 실선은 $\langle n \rangle \doteqdot k_B T/h\nu_E$로 고전적 근사를 나타낸다.

$$\langle n \rangle \doteqdot k_B T / h\nu_E \quad (h\nu_E \ll k_B T, \ 고온) \tag{4.2.8}$$

가 된다. 저온에서는 식 (4.2.7)의 분모의 1을 생략할 수 있으므로

$$\langle n \rangle \doteqdot e^{-h\nu_E / k_B T} \quad (h\nu_E \gg k_B T, \ 저온) \tag{4.2.9}$$

가 된다. $\langle n \rangle$을 사용하여 식 (4.2.6)을 다시 쓰면

$$\langle \varepsilon \rangle = h\nu_E / 2 + \langle n \rangle h\nu_E \tag{4.2.10}$$

가 된다. $h\nu_E \ll k_B T$ 라는 고온상태에서는 식 (4.2.8)과 (4.2.10)로부터

$$\langle \varepsilon \rangle \doteqdot h\nu_E / 2 + k_B T \approx k_B T \quad (h\nu_E \ll k_B T, \ 고온) \tag{4.2.11}$$

가 된다. 이 경우, 평균 에너지는 진동수 ν_E와는 무관하고 온도에만 의존하는 고전적 경우와 같아진다. 또 에너지 간격 $h\nu_E$는 진동자의 평균 에너지 $k_B T$보다 충분히 작아지고 있다. 저온에서 $\langle n \rangle$은 매우 작아 $\langle \varepsilon \rangle$는 영점에너지 $h\nu_E / 2$보다 아주 조금 클 뿐이어서 식 (4.2.9)와 (4.2.10)로부터 다음과 같이 된다.

$$\langle \varepsilon \rangle \doteqdot h\nu_E / 2 + h\nu_E e^{-h\nu_E / k_B T} \quad (h\nu_E \gg k_B T, \ 저온) \tag{4.2.12}$$

1개의 격자점 원자의 1차원 진동은 1개의 조화진동자에 대응한다. 1개의 격자점 원자가 3차원에서 진동을 하는 경우는 x, y, z의 3방향에 대해서의 3개의 조화 진동자에 대응한다. 그래서 N_A개 원자가 있는 1몰에 대해서는 $3N_A$개의 조화 진동자가 있는 것과 같기 때문에 결정의 내부에너지 U_{mol}은

$$U_{mol} = 3N_A \langle \varepsilon \rangle = \frac{3}{2} N_A h\nu_E + 3N_A h\nu_E \frac{1}{e^{h\nu_E/k_B T} - 1} \qquad (4.2.13)$$

가 된다. 정적 몰비열 C_{Vmol}은 $N_A k_B = R$이므로

$$C_{Vmol} = \left(\frac{\partial U}{\partial T}\right)_V = 3R\left(\frac{h\nu_E}{k_B T}\right)^2 \frac{e^{h\nu_E/k_B T}}{(e^{h\nu_E/k_B T} - 1)^2} \qquad (4.2.14)$$

가 된다. ν_E는 물질에 따라서 다르기 때문에 C_{Vmol}도 물질에 따라 다르게 된다. 그래서 에너지 $h\nu_E$도 물질에 따라서 다르기 때문에 $h\nu_E$를 특징짓는 특성온도를 Θ_E라고 하면

$$h\nu_E \equiv k_B \Theta_E \quad \text{또는} \quad \Theta_E \equiv h\nu_E/k_B \qquad (4.2.15)$$

로 둘 수 있다. 온도 Θ_E를 **아이슈타인(의 특성) 온도**라고 한다. Θ_E를 사용하여 식 (4.2.14)를 다시 쓰면

$$C_{Vmol} = 3R\left(\frac{\Theta_E}{T}\right)^2 \frac{e^{\Theta_E/T}}{(e^{\Theta_E/T} - 1)^2} \equiv 3Rf_E\left(\frac{\Theta_E}{T}\right) \qquad (4.2.16)$$

가 된다. 단 여기서 $f_E(x)$는 다음 식으로 주어지는 함수로 **아인슈타인 함수**라고 불리어진다.

$$f_E(x) = x^2 e^x (e^x - 1)^{-2}, \quad x \equiv \Theta_E/T \qquad (4.2.17)$$

고온에서는 $T > \Theta_E$로 지수항 e^x를 x의 급수로 전개를 하면 $f_E(x) \doteqdot 1$이기

때문에 $C_{Vmol} \fallingdotseq 3R$이 된다. 이것은 둘롱 쁘띠의 법칙에 잘 맞다. 저온에서는 $T \ll \Theta_E$로 $C_{Vmol} \propto e^{-\Theta_E / T}$가 되어 온도가 내려감에 따라 지수함수적으로 몰비열은 감소한다. 따라서 아인슈타인 이론은 비열이 저온에서 온도강하에 따라 0에 가까워지는 것은 실험과 잘 맞지만 실험값보다도 급격히 작아진다는 점이다. 이것을 그림 4.2의 점선에 나타내었다. 실선은 실험값이다. 종축이 격자 정적 몰비열로 격자로 명명한 것은 격자진동에 의한 비열만을 생각하기 때문이다. 전자의 운동에너지에 의한 비열이 있지만 여기에서는 생략한다.

아인슈타인의 이론이 저온에서 실험값보다 작아지는 것은 격자진동이 전부 같은 진동수 ν_E에서 진동한다고 가정했기 때문이다. 그러나 실제로 결정에서의 원자는 그림 3.7(a)와 같이 서로 결합해 있어 가지각색의 진동수로 진동하는 조화진동자를 포함하고 있다.

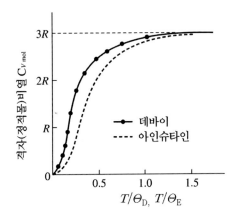

그림 4.2 격자 정적 몰비열과 T/Θ_D, T/Θ_E 와의 관계. Θ_D는 데바이 특성온도, Θ_E는 아인슈타인 특성온도. 실선은 실험값과 데바이의 이론곡선, 점선은 아인슈타인의 이론곡선

$$\varepsilon_3 = \left(3 + \frac{1}{2}\right)h\nu_E \qquad\text{———}\qquad n = 3$$

$$\varepsilon_2 = \left(2 + \frac{1}{2}\right)h\nu_E \qquad\text{———}\qquad n = 2$$

$$\varepsilon_1 = \left(1 + \frac{1}{2}\right)h\nu_E \qquad\text{———}\qquad n = 1$$

$$\varepsilon_0 = \qquad \frac{1}{2}h\nu_E \qquad\text{———}\qquad n = 0$$

그림 4.3 조화진동자의 에너지 준위 $\varepsilon_n = \left(n + \frac{1}{2}\right)h\nu_E$

아인슈타인의 이론에서의 조화진동자의 에너지는 그림 4.3에 나타낸 것처럼 등간격 $\nu_E (= h\nu_E)$으로 이산적이다. 고체의 격자진동의 진동수는 높은 것은 $10^{13} Hz$ 정도이며 비열이 감소를 보이게 되는 온도는 대략 400K 정도이다. 이 온도는 $h\nu_E \approx k_B T$에서의 온도와 같다(여기서 ν_E를 결정하기 위해서는 온도에 대한 비열의 실험값이 이론값에 가장 잘 적합하게 하여 ν_E를 선택하는 것이다). 에너지 간격 $h\nu_E$보다 $k_B T$가 충분히 작으면 거의 모든 원자는 영점에너지 준위 ε_0에 머무른다. 온도가 조금 올라가도 열에너지를 흡수하여 ε_0보다도 $h\nu_E$만큼 높은 에너지 ε_1에 여기된 원자의 수는 매우 적다. 이 때문에 $k_B T \ll h\nu_E$인 저온에서는 열에너지를 흡수하여 내부에너지를 증가시키는 것이 적기 때문에 아인슈타인의 비열 이론값은 실험값보다도 작아진다. 이것이 아인슈타인 이론의 결점이다. 혹시 진동수 ν가 일정값이 아니고 작은 값에서 큰 값까지 여러 가지 있으면 $k_B T$가 작아도 거기에 대응했던 작은 에너지 $h\nu$를 결정이 흡수한다. 이때문에 ν를 일정하게 했을 때보다도 비열은 저온에서도 커져 온도의 강하에 따라 그 정도 빨리 0에 다가가지는 않는다. 그러면 어떤 진동수 분포를 가정해야만 좋은 것일까? 다음 절에서 데바이(Debye)의 이론을 통해서 알아보자.

4.3[5] 고체의 비열(데바이의 이론)

저온에서의 아인슈타인 이론의 문제점을 해결하기 위한 데바이의 이론에서는 결정을 등방성 연속탄성체로 근사시켜서 다룬다. 결정 중의 **종파**(longitudinal wave)와 **횡파**(transverse wave)의 속도를 v_l, v_t라고 하면 이것들은 영률 E_Y, 강성율 G, 밀도 ρ를 사용하여 식 (3.3.6)을 참고하면

$$v_l = \sqrt{\frac{E_Y}{\rho}} \ , \quad v_t = \sqrt{\frac{G}{\rho}} \tag{4.3.1}$$

가 된다. 하지만 데바이 모형에서도 격자진동이 조화진동자의 집합, 즉 포논의 집합이라고 생각하는 것은 아인슈타인 이론에서와 같다. 구체적으로 말하면 온도가 높아지게 되면 격자진동이 심해지기 때문에 결정의 열에너지가 증가하여 비열이 커진다. 포논으로 말하면 온도상승에 따라서 포논의 평균수가 증대하여 비열이 커진다고 할 수 있다.

포논은 격자진동에 의해서 잇달아 만들어지기 때문에 그 총수는 일정하지 않고 또 1개의 에너지 준위에 몇 개라도 들어갈 수 있기 때문에 이 입자는 전에 설명했던 식 (3.7.2)와 (4.2.7)의 플랑크 분포(법칙)에 따른다. 지금

$$\hbar \equiv h/2\pi \tag{4.3.2}$$

라고 두면 $\omega = 2\pi\nu$이기 때문에 에너지는

---

5 이 절은 약간 어렵기 때문에 결과만을 알면 된다. 6.8절의 다음에 다시 한번 보는 것을 권장 한다.

$$\varepsilon = h\nu = \hbar\omega \tag{4.3.3}$$

이라 쓸 수 있다. 여기서 i번째의 에너지 준위를 ε_i라고 하자. 이 에너지[6]에 g_i개 상태가 축퇴(에너지는 같으나 상태가 다른 것)[7] 하고 있는 것으로 하고, 이 에너지 준위를 차지하고 있는 포논의 각진동수를 ω_i, 입자수를 n_i라고 하면 n_i는 플랑크 분포 $\langle n \rangle$을 이용하면, 플랑크 분포는 g_i개의 상태를 입자가 점유하는 확률의 의미를 가지고 있기 때문에 g_i개의 상태를 실제로 점유하는 입자수 n_i는

$$n_i \equiv g_i \langle n \rangle = \frac{g_i}{e^{\hbar\omega_i/k_{\mathrm{B}}T} - 1} \equiv \frac{g(\omega)d\omega}{e^{\hbar\omega/k_{\mathrm{B}}T} - 1} \tag{4.3.4}$$

라고 쓸 수 있다. 여기서 ω_i를 ω로, g_i를 $g(\omega)d\omega$로 고친 것은 ω를 연속함수 (Debye의 모형에서는)로 취급하고자 하기 때문이다. 여기서 ω와 $\omega + d\omega$의 사이 또는 파수 k와 $k + dk$의 사이에 있는 격자진동 모드의 수, 즉 **포논의 상태밀도** $g(\omega)$는 부록 D의 식 (D. 8)에 의해

$$g(\omega)d\omega \equiv \frac{V}{(2\pi)^3} 4\pi k^2 dk \quad \text{(이것은 } g_i\text{에 대응하는 것)} \tag{4.3.5}$$

가 된다. 종파와 횡파의 음속과 파수 k와의 관계는 식 (3.3.8)과 똑같이

$$\omega_l = v_l k, \qquad \omega_t = v_t k \tag{4.3.6}$$

---

6 영점에너지는 온도에 무관한 정수로 비열에 기여하지 않기 때문에 비열 계산에는 이것을 생략한다.

7 i번째의 상태의 수가 g_i개 있고 이것이 전부 같은 1개의 에너지의 값을 취한다는 것을 말한다.

의 관계이기 때문에 종파의 상태밀도 $g_l(\omega)$는 $d\omega_l = v_l dk$로

$$g_l(\omega) = \frac{V\omega_l^2}{2\pi^2} \frac{1}{v_l^3} \qquad (4.3.7)$$

이 된다. 또 횡파는 2종류이기 때문에 상태밀도 $g_t(\omega)$는 2배가 되어

$$g_t(\omega) = \frac{V\omega_t^2}{2\pi^2} \frac{2}{v_t^3}$$

가 된다. $v_l > v_t$이면 $\omega_l > \omega_t$이지만 이것들의 평균값을 ω라고 해서 ω_l, ω_t 대신에 평균값 ω를 사용하기로 한다. 그러면 종파와 횡파를 합쳐 상태밀도 $g(\omega)$는

$$g(\omega) = \frac{V\omega^2}{2\pi^2}\left(\frac{1}{v_l^3} + \frac{2}{v_t^3}\right) \equiv C\omega^2, \qquad C \equiv \frac{V}{2\pi^2}\left(\frac{1}{v_l^3} + \frac{2}{v_t^3}\right) \qquad (4.3.9)$$

가 된다. 데바이 모형에서는 ω가 연속적으로 변할 수 있는 것이기 때문에 식 (4.3.9)에 $d\omega$를 곱하여 적분하면 포논이 차지할 수 있는 상태를 계산할 수 있다. 하지만 적분 범위는 미정이며 혹시 $\omega = \infty$까지 하면 적분했던 결과의 상태수는 ∞가 되어버린다. 그러면 적분 범위를 어떻게 결정할 것인가가 문제이며 또 적분 범위는 격자진동 모드의 수에 관계한다. 그것은 식 (3.5.3, 4)에 나타낸 것처럼 허용된 파형 또는 파수 k의 수는 양음으로 $N/2$씩 있기 때문에 전체로는 $(N/2) \times 2 = N$개 있다. 3차원에서는 이것을 3배한 $3N$개의 파형이 허용되어 이것이 연속체에서 포논이 취할 수 있는 상태수에 대응한다. 이것은 입자수 N개로 구성된 계에서, 3차원에서 운동의 자유도가 $3N$인 것과 관계가 있다. 이 사실은 다수의 입자를 연결한 용수철의 구체적 횡파의 파형을 나타내는 그림 4.4를

보면 잘 알 수 있다. 허용된 파형은 단진동이며 이것을 **규준 모드** 또는 간단히 **모드**(mode)라고 한다. 이 그림에서는 모드의 형태가 각진동수 증대의 방향(파수 증대의 방향)으로 순차적으로 늘어서 있다. 왜 모드 번호가 늘어남에 따라 각진동수가 증대하는 것일까라고 하면, 어느 1개의 입자의 변위를 동일하게 취하면 모드의 번호가 늘어남에 따라 입자를 이어 놓은 용수철과 평형상태에서의 축(그림에서는 수평선)이 이루는 각도가 증대해 나간다. 그래서 1개의 입자에 대해서 단위질량, 단위 변위당의 복원력은 모드 번호가 늘어남에 따라 증대하고, 식 (3.3.9)의 v_t와 식 (4.3.6)에서도 알 수 있듯이 모드의 각진동수는 모드 번호가 늘어남에 따라 증대한다.

그림 4.4에 나타낸 바와 같이 1차원의 2개의 입자에는 2개의 모드가 있고, 3개의 입자에는 3개의 모드, N개의 입자에는 N개의 모드가 있다. 이것들로부터 유추하여 N개의 입자로 구성된 3차원 결정격자에서는 각 차원에 대하여 N개씩 합계 $3N$개의 모드(격자진동 모드)가 있다고 할 수 있다. 즉 포논이 취할 수 있는 상태의 수가 $3N$개 있다는 것이 된다.

따라서 격자점이 N(많은 경우, 격자점 원자는 이온화되어 있다)개 있는 결정에서는 식 (4.3.9)를 나타내는 $C\omega^2$의 곡선(그림 4.5)의 적분 범위를 적당히

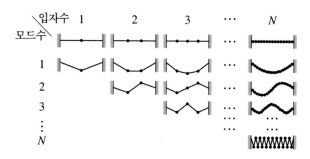

그림 4.4 입자가 달려 있는 현(또는 용수철)의 횡진동 규준 모드

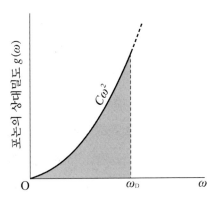

그림 4.5 ω와 상태밀도 $g(\omega)$의 관계. ω_D는 데바이 각진동수로 ω_D 이상에서는 $g(\omega) = 0$

$0 \sim \omega_D$로 취하여 그 적분값이 정확히 총 상태수 $3N$이 되도록 ω_D를 결정할 수 있다. 이것이 데바이의 사고방식이다. 특이 ω가 큰 부분(파장이 짧은 부분)에서는 $C\omega^2$와는 다른 곡선이 되는 것도 생각할 수 있기 때문에 ω_D 이상의 곡선은 $g(\omega) = 0$으로 가정한다. 그래서

$$\int_0^{\omega_D} C\omega^2 d\omega = \frac{C\omega_D{}^3}{3} \equiv 3N \tag{4.3.10}$$

이라 놓는다. 이로부터 $C = 9N/\omega_D{}^3$으로 구해지기 때문에 이것을 식 (4.3.9)에 대입하면

$$g(\omega) = \frac{9N\omega^2}{\omega_D{}^3} \quad (0 \leq \omega \leq \omega_D) \tag{4.3.11}$$

이 된다. ω_D를 **데바이의 각진동수**라고 부르며 또 데바이의 특성온도 Θ_D라는 온도는 ω_D를 이용하여

$$\Theta_D \equiv \frac{\hbar\omega_D}{k_B} \tag{4.3.12}$$

로 정의된다. i번째 에너지 준위에 해당하는 에너지 ε_i와 각진동수 ω_i를 가지는 포논의 수를 n_i라고 한다. 데바이 모형에서(격자점 총수 N은 일정) ω_i를 ω, n_i를 n으로 고쳐 쓰면 식 (4.3.4)는 (4.3.11)을 사용하여

$$n = \frac{1}{e^{\hbar\omega/k_B T} - 1} \frac{9N\omega^2}{\omega_D^3} d\omega \tag{4.3.13}$$

가 된다. 따라서 $\sum_i \varepsilon_i n_i = U$는 포논의 계가 가지는(영점에너지를 생략한 경우의) 총 내부에너지에 해당한다. 1개의 진동자의 평균에너지 $\langle \varepsilon \rangle$는 식 (4.2.6)의 우변의 제1 항의 영점에너지를 생략한 다음에 제2 항을 식 (4.3.13)으로 치환하고 또 ν_E를 일반 진동수 ν로 하여 $h\nu = \hbar\omega$라고 하면

$$\langle \varepsilon \rangle = \langle n \rangle \hbar\omega = \hbar\omega \frac{1}{e^{\hbar\omega/k_B T} - 1} g(\omega) d\omega \tag{4.3.14}$$

가 된다. 실제 계산은 합이 아니고 적분이기 때문에

$$U = \int_0^{\omega_D} \frac{\hbar\omega}{e^{\hbar\omega/k_B T} - 1} \frac{9N\omega^2}{\omega_D^3} d\omega \tag{4.3.15}$$

가 된다. 이것을 T로 미분하면 포논에 의한 비열, 즉 격자진동의 비열(격자비열)을 얻는다. N이 아보가드로수 N_A와 동등하면 이 비열은 정적 몰비열 C_{Vmol}이다. 이것은

$$C_{Vmol} = \left(\frac{\partial U}{\partial T}\right)_V = \int_0^{\omega_D} k_B \left(\frac{\hbar\omega}{k_B T}\right)^2 \frac{e^{\hbar\omega/k_B T}}{(e^{\hbar\omega/k_B T}-1)^2} \frac{9N\omega^2}{\omega_D{}^3} d\omega \qquad (4.3.16)$$

가 된다. 여기서

$$x \equiv \hbar\omega/k_B T, \quad \Theta = \hbar\omega_D/k_B, \quad R = Nk_B = N_A k_B \qquad (4.3.17)$$

라고 하면, 다음과 같이 된다.

$$C_{Vmol} = 9R\left(\frac{T}{\Theta_D}\right)^3 \int_0^{\Theta_D/T} \frac{x^4 e^x}{(e^x-1)^2} dx \qquad (4.3.18)$$

고온과 저온의 경우를 제외하고는 이 식은 수치계산을 할 수밖에 없다.

 고온의 경우$(T \gg \Theta_D)$ $1 \gg \Theta/T$이기 때문에 적분의 상한은 매우 작아서 0에 가깝다. 따라서 x의 작은 부분만이 적분에 관계되기 때문에 피적분 함수를 x가 작은 것으로 하여 전개하면

$$\frac{x^4 e^x}{(e^x-1)^2} \doteqdot \frac{x^4(1+x)}{(x+x^2/2+\cdots)^2} \doteqdot \frac{x^4}{x^2} = x^2 \qquad (4.3.19)$$

이 된다. 이것을 식 (4.3.18)에 대입하여 적분하면

$$C_{Vmol} = 9R\left(\frac{T}{\Theta_D}\right)^3 \frac{1}{3}\left(\frac{\Theta_D}{T}\right)^3 = 3R \quad (\text{고온}, \ T \gg \Theta_D) \qquad (4.3.20)$$

이 된다. 이것은 둘롱 쁘띠의 실험법칙과 일치한다.

 저온의 경우$(T \ll \Theta_D)$ $1 \ll \Theta/T$이기 때문에 적분의 상한을 ∞로 근사하

면 식 (4.3.18)의 적분항은

$$\int_0^\infty \frac{x^4 e^x}{(e^x - 1)^2} dx = \frac{4\pi^4}{15} \qquad (4.3.21)$$

이기 때문에

$$C_{Vmol} = \frac{12\pi^4 R}{5}\left(\frac{T}{\Theta_D}\right)^3 = 464.5\left(\frac{T}{\Theta_D}\right)^3 \left[\frac{\text{cal}}{\text{deg}\cdot\text{mol}}\right] \quad (\text{저온}, \ T \ll \Theta_D)$$

$$(4.3.22)$$

가 된다. 즉 **격자비열이 저온에서는 T^3에 비례하여 0에 접근한다.** 이것은 실험과
도 잘 일치한다. 이것이 그림 4.2에 나타낸 실험이다. C_{Vmol}을 T/Θ_D에 대해서
그리면 많은 금속이나 화합물이 단일 표준곡선에 일치한다. 이론곡선과 실험값
이 가장 잘 맞도록 Θ_D를 선택하여 그 물질의 데바이 온도를 정한다. 또 저온에
서는

$$\log C_{Vmol} = 정수 + 3\log T - 3\log \Theta_D \qquad (4.3.23)$$

로 되기 때문에 $\log C_{Vmol}$을 $\log T$에 대해서 그리면 Θ_D를 얻을 수 있다. 이것은
대개 수 100 K 정도로 이것을 표 4.1에 나타내었다. 그러나 연구자마다 상당한
폭으로 평균치에 벗어나 있다.

표 4.1 데바이 특성온도 Θ_D [K]

물질	Θ_D	물질	Θ_D	물질	Θ_D	물질	Θ_D
Hg	71.9	Ag	225	Cu	343	Mo	450
K	91	Ca	230	Li	344	Fe	470
Pb	105	Pt	240	Ge	374	Rh	480
In	108	Ta	240	V	380	Cr	630
Ba	110	Hf	252	Mg	400	Si	645
Bi	119	Pd	274	W	400	Be	1440
Te	153	Nb	275	Mn	410	C	2230
Na	158	Y	280	Ti	420		
Au	165	As	282	Ir	420	KCl	230
Sn	200	Zr	291	Al	428	NaCl	308
Cd	209	Ga	320	Co	445	SiO_2	470
Sb	211	Zn	327	Ni	450	MgO	890

4.4 절연체의 열전도도[8](포논전도)

4.4.1 포논 열전도도

결정격자의 열진동은 파동성과 입자성을 가진다는 것은 이미 언급하였다. 즉 파동성은 격자의 탄성파로써 나타나고 입자성은 포논의 준입자성으로 나타난다. 지금 절연체 결정의 좌단을 고온으로 우단을 저온으로 한다. 그 결과, 좌단

---

8   열전도율이라고도 한다.

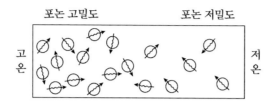

그림 4.6 포논의 밀도는 고온 측에서 높고, 저온 측에서 낮다. 작은 원은 포논의
입자성을 나타낸다. 그것을 관통하는 파형은 포논의 파동성을 나타낸다.

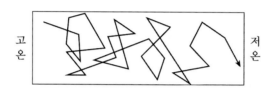

그림 4.7 포논의 브라운 운동

쪽의 포논의 밀도는 우단 쪽보다 더 높아진다. 이것을 그림 4.6에 나타내었다.
포논은 기체분자의 운동처럼 음속 v_p로 여기저기 돌아다니고 있다. 그리고 그림
4.7에 나타낸 것처럼 하나하나의 포논 운동은 여러 가지의 원인으로 방해를 받
아 브라운 운동과 같은 움직임을 하면서 좌단으로부터 우단에 도달한다. 최종적
으로는 결국 포논의 밀도는 어디에서든 같은 밀도가 된다.

포논이 충돌 또는 산란되며 이동할 때 충돌과 충돌 사이의 자유롭게 나아갈
수 있는 거리를 자유행정이라고 하고, 그 자유행정의 평균 거리를 **평균자유행정**
(mean free path)이라고 부르며 l_p로 나타낸다.

지금 그림 4.8에서의 $x = x_0$에 있는 단위면적 S를 생각하자. 간단히 하기 위
해 포논의 속도 v_p는 전부 일정한 것으로 한다. 면 S의 법선 x축에 대하여 θ와
$\theta + d\theta$ 사이의 방향으로 운동하고 있는 포논의 수는 반경 r의 구면상의 둥근 고
리 AB의 면적 $2\pi(r\sin\theta)\cdot rd\theta$에 비례한다. 또 모든 방향으로 나아갈 수 있는

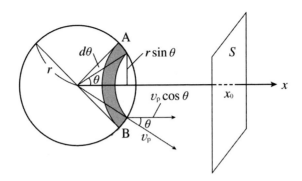

그림 4.8 $x = x_0$이 있는 단위면적 S를 통과하는 포논의 수

총 포논의 수는 구표면적 $4\pi r^2$에 비례한다. 그래서 θ와 $\theta + d\theta$의 방향으로 나아가는 포논수는 총 포논수의 $(2\pi r^2 \sin\theta\, d\theta / 4\pi r^2)$배이다. 여기서 단위 체적당 포논수를 n_p라고 하면 θ인 각도에서 면 S를 통과하는 포논수는 단위 시간당

$$n_\mathrm{p}\left(\frac{2\pi \sin\theta\, d\theta}{4\pi}\right)v_\mathrm{p}\cos\theta \qquad (4.4.1)$$

가 된다. 포논의 평균자유행정을 l_p라고 하면 S를 왼쪽부터 오른쪽으로 통과하는 포논은 평균적으로 $x = x_0 - l_\mathrm{p}\cos\theta$로 충돌하고 다음으로 $x = x_0$로 충돌한다.

x 방향에 있어서 포논의 총에너지를 $E(x)$, 수밀도를 $n_\mathrm{p}(x)$, 1개의 포논의 에너지를 ε라고 하면 $l_\mathrm{p}\cos\theta$는 작은 수치로써

$$n_\mathrm{p}(x)\varepsilon = E(x) = E(x_0 - l_\mathrm{p}\cos\theta) \fallingdotseq E(x_0) - l_\mathrm{p}\cos\theta\frac{dE}{dx} \qquad (4.4.2)$$

로 전개된다. 식 (4.4.1)의 n_p 대신에 식 (4.4.2)를 이용한 것이 면 S의 왼쪽부터 오른쪽으로 각 θ와 $\theta + d\theta$ 사이의 각도 방향으로 포논이 옮기는 에너지이다. 마

찬가지로, x_0 우측의 $x = x_0 + l_p \cos\theta$로부터 왼쪽 편으로 옮겨지는 에너지는 $E(x)$의 x에 $x = x_0 + l_p \cos\theta$를 넣어 식 (4.4.2)처럼 전개하여 이것을 식 (4.4.1)의 n_p대신에 이용한 것이다. 따라서 단위시간에 단위면적 S를 왼쪽으로부터 오른쪽으로 통과하는 알짜 열에너지 Q는

$$
\begin{aligned}
Q &= \int_0^{\pi/2} \frac{1}{2}\sin\theta\cos\theta \cdot v_p d\theta \left[\left\{ E(x_0) - l_p\cos\theta\frac{dE}{dx} \right\} \right. \\
&\qquad\qquad\qquad\qquad\qquad \left. - \left\{ E(x_0) + l_p\cos\theta\frac{dE}{dx} \right\} \right] \\
&= -v_p l_p \frac{dE}{dT}\int_0^{\pi/2}\sin\theta\cos^2\theta\,d\theta = -\frac{1}{3}v_p l_p\frac{dE}{dx} \\
&= -\frac{1}{3}v_p l_p \frac{dE}{dT}\frac{dT}{dx}
\end{aligned}
\qquad (4.4.3)
$$

가 된다. 그런데 x 축 방향에 음의 온도의 경사 $-dT/dx$가 있을 때 x 축의 정방향으로 단위 시간당, 단위면적을 흐르는 열에너지 Q은

$$
Q = -\kappa_p (dT/dx) \qquad (4.4.4)
$$

로 나타내어진다. 여기에 비례상수 κ_p는 포논의 **열전도도**(thermal conductivity)라고 불려지는 것으로 이 식과 식 (4.4.3)을 비교하면

$$
\kappa_p = \frac{1}{3}v_p l_p \frac{dE}{dT} = \frac{1}{3}v_p l_p \frac{d(n_p(x)\varepsilon)}{dT} \qquad (4.4.5)
$$

가 된다. 그런데 단위 체적당 격자비열(정적비열이 아님)을 c_{vp}라고 하면 각 ε의 에너지를 가지는 포논의 수가 n_p라는 것을 고려하여

$$c_{vp} = \frac{d(n_{\mathrm{p}}(x)\varepsilon)}{dT} \tag{4.4.6}$$

가 된다. 이 식을 식 (4.4.5)에 사용하면 κ_{p}는

$$\kappa_{\mathrm{p}} = \frac{1}{3} v_{\mathrm{p}} l_{\mathrm{p}} c_{vp} \tag{4.4.7}$$

가 된다. 이것이 포논의 열전도도를 나타내는 식이다. 이 식에서 c_{vp}는 고온에서 는 일정한 값이고 저온에서는 T^3에 비례하는 것은 4.3절에서 설명한 정적 몰비열 C_{Vmol}과 같은 경향이다. 또 v_{p}는 거의 온도와 무관하다. 여기서 κ_{p}를 알기 위해서는 포논의 평균자유행정의 온도변화를 알면 된다. 즉 포논이 어떤 원인에 의해서 어떤 충돌을 하는가를 알면 된다. 충돌의 원인으로는 우선 포논끼리의 충돌이 있다.

4.4.2 포논 간 충돌의 평균자유행로

포논의 파동적 성질로써 파장의 온도변화를 관찰하여 보자. 고온으로부터 실온 부근까지는 그림 4.5에서 본 것처럼 ω_{D}에 가까운 진동수를 가진 파동이 지배적이게 된다. 이것은 원자간격 a의 2배, 즉 $2a$ 정도의 파장에 상당한다. 또 저온에서는 장파장의 포논이 지배적이게 되어 그 파장 $\lambda_{\mathrm{저온}}$ 또는 파수 $k_{\mathrm{저온}}$의 대략의 값은

$$\left.\begin{aligned} \lambda_{\mathrm{저온}} &\approx (\Theta_{\mathrm{D}}/T)a & (T < \Theta_{\mathrm{D}}) \\ k_{\mathrm{저온}} &\approx (T/\Theta_{\mathrm{D}})2\pi/a & (T < \Theta_{\mathrm{D}}) \end{aligned}\right\} \tag{4.4.8}$$

로 주어진다. 이것에 의하면 액체 헬륨 온도 부근에서는 $\lambda_{\text{저온}} \approx$ 수 $100a$로 된다.

저온에서의 격자진동의 진폭이 작아서 식 (3.5.8)의 변위 u의 2승 이상의 항 (**비조화항**)은 무시할 수 있다. 따라서 포논끼리의 상호작용, 즉 충돌은 무시할 수 있다. 즉 $T < \Theta_{\text{D}}$에서는 식 (4.2.9)에 나타난 포논의 수가 온도 강하에 따라 지수함수적으로 급격히 감소하기 때문에 포논끼리의 산란은 생각하지 않아도 된다. 이때의 l_{p}는 온도가 내려감에 따라 급속히 길어지게 되고 따라서 κ_{p}는 커진다. 하지만 온도가 더욱더 강하하면 c_{vp}가 T^3에 비례하여 0에 접근하기 때문에 κ_{p}는

$$\kappa_{\text{p}} \propto T^3 \qquad (T < \Theta_{\text{D}}) \qquad\qquad (4.4.9)$$

가 되어 T^3에 비례하여 0에 접근한다.

고온에서 $T > \Theta_{\text{D}}$가 되면 비조화항은 무시할 수 없게 되어 식 (4.2.8)에 나타낸 것처럼 포논의 수는 T에 비례하여 많아진다. 그 결과, 포논끼리의 충돌 빈도도 T에 비례하여 평균자유행정 l_{p}는 T에 역비례한다. 즉

$$l_{\text{p}} \propto T^{-1} \qquad (T > \Theta_{\text{D}}) \qquad\qquad (4.4.10)$$

가 된다. 그런데 고온에서는 c_{vp}는 거의 일정값이기 때문에 κ_{p}는

$$\kappa_{\text{p}} \propto T^{-1} \qquad (T > \Theta_{\text{D}}) \qquad\qquad (4.4.11)$$

가 된다. 더욱이 고온에서는 포논의 **반전과정**(U 과정)이라고 불리우는 충돌이 일어난다. 이것은 열전도에서 중요한 과정으로 부록 E에 기술되어 있다.

이상을 정리하면 그림 4.9에서처럼 저온에서는 비열이 작기 때문에 κ_{p}도 작

고 또 고온에서는 l_p가 작기 때문에 다시 한번 κ_p가 작아져 그 중간 온도로 κ_p에 산이 생긴다.

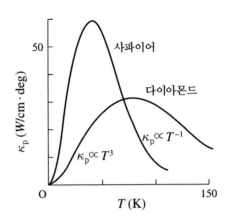

그림 4.9 절연체의 포논 열전도도

4.4.3 불순물 등에 의한 포논의 산란

그림 4.10에 나타낸 바와 같이 점결함(불순물, 동위원소 등), 결정입계, 전위 등에 의한 포논의 산란은 어느 것이나 포논의 평균자유행정을 짧게 하여 κ_p를 작게 한다. 특히 불순물의 양이 많으면 거기에 따라 κ_p는 작아진다.

불순물 등은 온도에 의한 영향을 비교적 적게 받는다. 그래서 일반적으로 고온에서는 포논 간의 산란에 의해 l_p가 결정되기 때문에 불순물에 의한 산란은 그다지 효과가 없다. 그러나 저온이 되면 포논끼리의 산란은 감소하고 불순물에 의한 산란은 상대적으로 커지기 때문에 불순물 산란이 l_p를 지배한다. 또한 저온이 되면 단결정의 폭을 b라고 할 때 그 크기가 커지면 l_p는 커진다. 이때 l_p는 일정한 b와 동등해지므로 κ_p는 결정의 비열의 변화와 같은 변화, 즉 T^3에 비례한다.

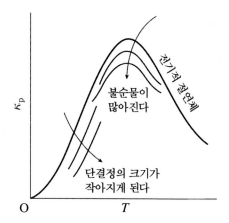

그림 4.10 열전도도 κ_p는 불순물이 많아지면 작아진다. 또 저온에서는 단결정의 크기가 작아질수록 κ_p는 작아진다.

여기서 κ_p는 저온에서는 bT^3에 비례하게 된다(그림 4.10 참조). b가 작아지면 κ_p는 작아진다. 다결정 시료에서는 b의 값은 결정립 크기에 따라서 결정되기 때문에 시료의 크기와는 관계가 없다. 즉 다결정체는 큰 단결정체보다 κ_p는 작아진다.

4.4.4 유리 등의 열전도도

유리는 비정질로써 액체와 같은 원자배열을 하고 있다. 즉 원자배열의 흐트러짐이 심하기 때문에 포논의 산란도 크고 l_p는 5 Å 정도에 불과하다. 이 결과, 유리나 플라스틱의 κ_p는 보통의 비금속 결정 보다 매우 작다. 여기서 유리는 저온이 되면 매우 효과적인 열의 절연체로 된다.

열절연이 좋은 것으로는 구멍 투성이의 물질이 있다. 이것은 구멍의 안에 있는 공기의 열전도도가 낮기 때문이다. 특히 미세한 탄소분말로 만든 절연물은 고온에서도 좋은 열전열체가 된다.

열절연이 제일 좋은 것은 진공이다. 이 경우는 열의 전도는 복사만을 따르기 때문이다. 액체 헬륨 등의 용기를 열절연하기 위해서는 진공을 이용한다.

다공질의 고분자 재료는 진공과 마찬가지로 열절연성은 저온에서 나타난다. 그것은 구멍 안의 기체가 저온으로 얼어버려 진공과 같은 작용을 하는"움푹패임"을 많이 남기기 때문이다.

그런데 전기적 절연체로써 매우 열전도도가 좋은 것이 있다. 그것은 다이아몬드나 사파이어이다. 그림 4.9에 나타낸 것과 같이 저온에서 다이아몬드의 열전도도는 약 30 [W/cm·deg] =7 [cal/s·cm·deg]로 같은 온도에서 구리의 열전도도 보다 매우 크다. 다이아몬드의 높은 열전도도와 높은 전기절연성을 이용한 박막반도체소자를 저온 상태에서도 작동시킬 수 있다.

다이아몬드에 비교하여 유리의 열전도도는 매우 작아서 300K에서 약 0.002 [cal/cm·s·deg]이다. 또 KCl은 같은 온도에서 약 0.02 [cal/cm·s·deg] 정도이다.

4.5 고체의 열팽창

고체는 온도를 높이면 팽창한다. 지금 길이 l인 고체에 온도를 dT 만큼 상승시켰을 때 길이가 dl만큼 늘었다고 하면 선팽창률 α는

$$\alpha = \frac{1}{l}\frac{dl}{dT} \tag{4.5.1}$$

이 된다. 또 고체의 체적을 V 라고 했을 때 체팽창률 γ는 마찬가지로

$$\gamma = \frac{1}{V}\frac{dV}{dT} \tag{4.5.2}$$

로 정의된다. $V = l^3$이라고 하면 양변에 $\log$를 취해 온도 T로 적분하면

$$\frac{1}{V}\frac{dV}{dT} = 3\frac{1}{l}\frac{dl}{dT} \tag{4.5.3}$$

이 된다. 따라서 이 식에 식 (4.5.1)과 (4.5.2)을 대입하면

$$\gamma = 3\alpha \tag{4.5.4}$$

가 된다. 결과적으로 체팽창률은 선팽창률의 3배이며 선팽창률을 알면 체팽창률도 알 수 있다(단 결정이 등방적인 경우일 때만 가능함).

온도가 올라가면 격자진동의 진폭이 증대하여 당연히 열팽창을 일으킬 것으로 생각할 수도 있지만 실제로는 그것만으로는 충분하지 않다. 3장의 그림 3.2에 나타낸 것과 같은 조화진동자에 상당하는 포물선형 포텐셜을 그림 4.11에 또 한 번 나타내었다.

그림에서 알 수 있듯이 온도가 올라가 진동에 의한 에너지 준위가 $\varepsilon_0, \varepsilon_1, \varepsilon_2, \cdots$로 올라감에 따라 원자의 진동에 의한 진폭은 $a_0, a_1, a_2, \cdots$로 증가한다. 하지만 원자 간의 평균거리는 불변으로 유지되어 r_0 그대로이다. 평균 원자간격이 불변이기 때문에 열팽창은 일어나지 않는다. 즉 대칭형 포텐셜에서는 열팽창이 일어나는 이유를 설명할 수가 없다.

하지만 실제 고체원자의 원자 간 포텐셜 에너지는 그림 3.1에 나타낸 것처럼 비대칭형이다. 이것을 다시 그림 4.12에 나타내었다.

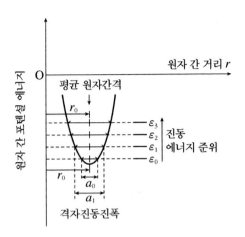

그림 4.11 대칭인 포물선형 포텐셜인 경우의 격자(조화)진동. 진동에너지 준위가 올라가 진동의 진폭이 증가하여도 격자의 평균거리는 불변

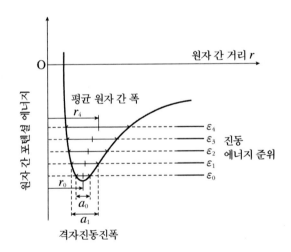

그림 4.12 비대칭형 포텐셜인 경우. 진동에너지 준위가 올라감에 따라 평균 원자간격은 커짐

　　그림에 나타낸 것처럼 온도가 올라가 진동에너지 준위가 올라가면 진폭이 커진다. 그것과 함께 평균 원자 간 거리도 $r_0, \cdots, r_4, \cdots$로 점차 커진다. 온도 상승에 따라 평균 원자간격이 증대한다는 것은 열팽창을 일으킨다는 것이 된다. 즉

포텐셜의 비대칭성(또는 **비조화성**)으로 열팽창이 일어나는 이유가 설명된다.

조화진동의 경우, 대칭형 포텐셜은 그림 3.2 또는 식 (3.14)에 나타낸 것처럼 평형점으로부터의 원자변위를 u라고 할 때

$$V = (b/2)u^2 \equiv b'u^2 \tag{4.5.5}$$

였다. 하지만 비대칭형 포텐셜 경우의 포텐셜은 척력에 유래하는 비대칭항(비조화항) $-au^3$랑 진폭 증대에 따른 항 $-cu^4$ 등이 더해져 근사적으로

$$V = b'u^2 - au^3 - cu^4 \tag{4.5.6}$$

로 쓸 수 있다. 여기에 $b' = b/2$, a, c는 모두 비례상수이다.

온도 T의 원자변위 u에 대해 평균값 $\langle u \rangle$는 평균값을 구하는 조작에 의해 (식 (4.2.4)에 따라 합을 적분으로 치환하여)

$$\langle u \rangle = \frac{\displaystyle\int_{-\infty}^{\infty} u e^{-V/k_B T} du}{\displaystyle\int_{-\infty}^{\infty} e^{-V/k_B T} du} \tag{4.5.7}$$

의 식으로부터 구해진다. u가 작다고 가정하고 식 (4.5.6)을 위 식에 대입하여 계산하면

$$\langle u \rangle = \frac{3a}{4b'^2} k_B T \equiv fT, \quad f \equiv \frac{3a}{4b'^2} k_B \tag{4.5.8}$$

가 된다. 즉 원자간격의 평균 변위는 온도에 비례하고 그 계수 f는 일정하게 된다. 이 식에 의해 열팽창률($d\langle u \rangle /dT$에 비례)이 일정하게 되는 것을 알 수 있다.

식 (4.5.8)의 $k_B T$는 1개의 1차원 조화진동자의 고전적인 평균 에너지(운동에너지 $- k_B T/2$와 위치에너지 $- k_B T/2$를 더한 것), 즉 $\langle \varepsilon \rangle$이기 때문에 이 식은

$$\langle u \rangle = \frac{3a}{4b'^2} \langle \varepsilon \rangle \tag{4.5.9}$$

로 쓸 수 있다. $\langle \varepsilon \rangle$를 비열의 식 (4.2.6)의 영점에너지, 즉 $h\nu_E /2$를 제외한 식에 대응 시키면 식 (4.5.9)는 양자역학적으로 이끌어 낸 식과 거의 같은 것으로 생각해도 좋다. 그렇게 생각하면 열팽창률의 온도변화는 비열의(온도에 대한) 곡선과 닮은 곡선이 되어 특성온도 이하에서는 급격히 감소하여 절대영도에 가까워짐에 따라 0이 될 것으로 예상되어진다. 이것은 실험결과와 거의 일치한다.

금속 중의 자유전자

― 구성

5.1 자유전자

5.2 자유전자모형

5.3 충돌시간, 유동속도

5.4 완화시간, 이동도

5.5 합성완화시간, 합성저항률

5.6 합금의 저항률

― 개요

금속의 특징 중 하나는 전기가 잘 전도된다는 것이다. 금속이 양도체인 것은 금속 내에 전기의 운반역할을 하는 자유전자가 많이 포함되어 있기 때문이다. 자유전자가 왜 금속 내에 많이 포함되어 있는 것일까? 또 자유전자의 흐름과(전기) 저항률과는 어떤 관계가 있는 것일까?

5.1 자유전자

Na 원자는 11개의 전자를 가지는데 그 전자배치는

$$(1s)^2(2s)^2(2p)^6(3s)^1$$

이 된다. 1s 또는 2s, 2p의 상태(궤도)에 있는 전자는 Na 원자핵 가까이에 있어 강한 쿨롱힘을 받고 있기 때문에 원자핵과의 결합에너지는 크다. 주양자수 $n = 2$의 전자의 궤도반경은 Na^+ 이온의 반경 그 자체로 0.95 Å이다. $n = 3$의 최외각에 있는 1개의 3s 궤도전자는 원자핵으로부터 쿨롱 인력을 받음과 동시에 또 내각의 10개의 전자로부터 쿨롱 척력을 받는다. 그 결과, 3s 전자가 원자핵으로부터 받는 인력은 약해지고, 궤도반경은 커진다. 그 반경은 약 2 Å이다.

Na 원자가 모인 Na 금속결정은 체심입방격자로서 격자정수는 4.28 Å이다. 체심입방격자의 모서리에 있는 원자와 체심에 있는 원자와의 사이의 거리는 3.71 Å이기 때문에 모서리와 체심에 있는 원자의 3s 전자의 궤도는 서로 서로 겹친다. 이때 3s 전자는 자기가 속하는 원자로부터의 인력과 옆의 원자로부터의 인력을 같은 정도의 크기로 받는다. 따라서 3s 전자는 원래 원자에 속하는 것도, 또 옆의 원자에 속하는 것도 가능하다. 옆의 원자에 속한 전자는 또 그 다음 옆의 원자에 속하는 것도 가능하다. 순차적으로 이러한 것을 반복하여 결국 3s 전자는 "자유롭게" 각 원자 간을 여기저기 떠돌아다닌다. 3s 전자를 1개 잃은 원자는 Na^+ 이온이기 때문에 자유가 된 3s 전자는 Na^+ 이온 간을 여기 저기 떠돌아다닌다라고 해도 좋다. 이와 같이 자유로워진 전자를 **자유전자**(free electron)라고 부른다.

불확정성 원리에 의하면

$$\Delta x \, \Delta p \gtrsim \hbar \tag{5.1.1}$$

이다. 여기서 Δx와 Δp는 위치 x와 운동량 p의 측정값에 있어서 불확정도이다. 3s 전자가 1개 원자의 좁은 $\Delta x \approx r$인 공간 내(r은 원자궤도반경정도)만큼 운동하고 있으면 $p \approx \Delta p \approx \hbar/r$ 정도의 운동량을 가지게 되어 $\varepsilon = (\hbar/r)^2/2m$ $= \hbar^2/2mr^2$ 정도의 운동에너지를 가지게 된다. 여기에 m은 전자의 질량이다. 하지만 Na가 결정을 만들어 3s 전자가 자유전자가 되어 결정 내의 넓은 공간을 자유롭게 운동하기 시작하면 r은 매우 커져서 전자 1개당 운동에너지는 매우 작아진다. 그래서 3s 전자에 대해서의 「운동에너지의 감소가[1] 금속의 결합력의 원인」이 된다. 바꿔 말하면 그림 5.1에 나타낸 바와 같이 운동에너지가 감소하고, 전체 에너지가 U 만큼 내려가게 되면, U에 기초하는 힘이 자유전자를 금속 내에 가두는 (Na$^+$ 이온에 의한) 정전기력이 된다. 이렇게 하여 자유전자에 의해서 금속원자가 결합된 결합을 **금속결합**(metallic bond)이라고 부른다.

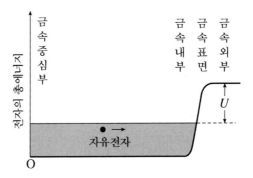

그림 5.1 자유전자에 작용하는 포텐셜 에너지는 금속내부 쪽이 U 만큼 작다.

---

1 다음의 6.8절에서 설명하는 것처럼 페르미 에너지가 있기 때문에 결정 중에서의 운동에너지는 0이 되지 않고 반 정도 감소할 뿐이다.

5.2 자유전자모형

Na 금속의 3s 전자가 자유전자로 되어 있는 것과 마찬가지로 다른 금속에서도 결정 내에 자유전자가 존재한다. 그림 5.2(a)는 Na^+이온격자 사이를 3s 자유전자가 열평형 상태로 온갖 방향으로 자유롭게 여기 저기 돌아다니고 있는 모습을 나타냈다. 1가 금속인 Na의 Na 원자 1개로부터 3s 전자 1개가 자유전자로써 방출되기 때문에 자유전자의 수는 Na^+ 이온(즉 Na 원자)수와 같아진다. 이와 같은 금속에 전지를 연결하여 전계 E를 가하면 그림 5.2(b)와 같이 자유전자는 전지의 양극을 향하여 움직이기 시작한다. 자유전자의 움직이는 방향은 전계와 반대 방향을 향하고 있다. 자유전자는 금속격자 중을 격자진동하고 있는 양이온과 충돌을 한다든지, 금속 내에 포함되어 있는 불순물 원자 등과 충돌하면서 전지의 음극 측으로부터 금속을 통과하여 양극 측의 방향으로 이동한다. 즉 전류의 흐름(전지의 양극 → 금속 내 → 전지의 음극)과 반대 방향으로 전자가 흐른다.

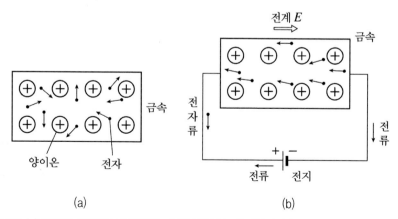

(a) (b)

그림 5.2 (a) 열평형 상태에서 자유전자는 여러 방향으로 움직인다. (b) 전계를 인가하면 전자는 전계와 반대 방향으로 움직인다.

하지만 전계를 가하지 않았을 때는 자유전자는 여러 방향으로 열운동하기 때문에 전체 자유전자에 대해서 속도 벡터의 전체 합성값 또는 x 방향의 속도 평균값은 0이 되어 전류는 흐르지 않는다.

5.3 충돌시간, 유동속도

자유전자의 질량을 m, 전하를 $-q$, i번째의 전자의 속도를 v_i라고 하자. 자유전자의 전계 $\boldsymbol{E}$ 방향의 가속도를 dv_i/dt라고 하면 이때의 운동방정식은

$$m\frac{dv_i}{dt} = -q\boldsymbol{E} \quad (q > 0) \tag{5.3.1}$$

가 된다. 그림 5.3(a)는 전자가 양이온과 차례차례로 충돌을 반복하면서 전계와 반대 방향으로 이동하는 모습을 나타낸다. 충돌과 충돌 사이의 시간 τ_i는 일정하지 않고 그 사이의 속도 v_i도 일정하지 않다. 이것을 그림 (b)에 나타내었다. 자유전자 전체에 대해서 평균속도는 어떤 일정값 v_d를 가지고 있는데 이것을 **유동속도**(drift velocity) 또는 **드리프트 속도**라고 한다.

지금 어느 i번째의 전자가 양이온과 충돌하고 나서 다음 다른 양이온과 충돌하기까지의 시간을 τ_i라고 하자. 충돌 직후는 열평형 상태의 속도(**열속도**라고 한다) v_0로 되어 있다. i번째 전자의 열속도는 v_{0i}로 이 전자가 τ_i초간만 전계에 의해 가속된 후에 다음 충돌하기 직전의 속도 v_i를 구한다. 그것은 식 (5.3.1)을 $t = 0$에서 $v_i = v_{0i}$로 하여 풀면 다음 식과 같이 구해진다.

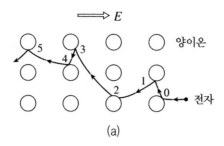

(a)

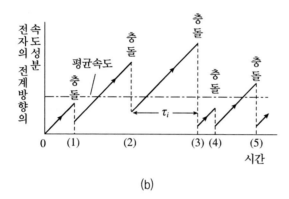

(b)

그림 5.3 (a) 금속 양이온에 전자가 충돌하는 모습을 나타낸다. (b) 전자의 전계방향의 속도성분이
충돌할 때마다 변화하는 모습을 시간축에 따라 나타낸다. 번호는 충돌 순서를 나타낸다.

$$v_i = v_{0i} - \frac{q}{m}\boldsymbol{E}t$$

여기서 $t = \tau_i$로 두면

$$v_i = v_{0i} - \frac{q}{m}\boldsymbol{E}\tau_i \tag{5.3.2}$$

가 된다. v_i는 각 전자마다 다르다.

다음으로 N개의 전자에 대해서 식 (5.3.2)의 평균값을 구하면 다음 식이 된다.

$$\frac{1}{N}\sum_i v_i = \frac{1}{N}\sum_i v_{0i} - \frac{1}{N}\frac{q}{m}E\sum_i \tau_i \tag{5.3.3}$$

각 전자의 열속도 v_{oi}는 여러 가지 크기와 방향을 가지기 때문에, 즉 무질서한 상태에서(at random)는 $\sum_i v_{0i}=0$이 된다. 그리고 다음 식을 정의한다.

$$\left.\begin{array}{l}\dfrac{1}{N}\displaystyle\sum_i v_i \equiv v_{\mathrm{d}} \quad (v_i\text{의 평균값}) \\[3mm] \dfrac{1}{N}\displaystyle\sum_i \tau_i \equiv \tau \quad (\tau_i\text{의 평균값})\end{array}\right\} \tag{5.3.4}$$

여기서 τ는 **충돌시간**(collision time)이라 하고 v_{d}는 앞에서 언급한 **유동속도**이다. 따라서 식 (5.3.3)은

$$v_{\mathrm{d}} = -\frac{q\tau}{m}E \tag{5.3.5}$$

가 되고 v_{d}는 E와 반대 방향이 된다. 지금 단위 체적당 전자의 개수(즉 전자농도)를 n이라 하면 전류밀도 J는 전자의 유동속도 v_{d}와 반대 방향으로

$$J = (-v_{\mathrm{d}})qn = -qnv_{\mathrm{d}}$$
$$= (-q)^2 \frac{n}{m}E\tau \tag{5.3.6}$$

가 된다. 그런데 **전기저항률**(electric resistivity)을 ρ, **도전율**(또는 **전기전도율** (electric conductivity))을 $\sigma = 1/\rho$이라고 하면 **옴의 법칙**에 의해

$$J = E/\rho = \sigma E \tag{5.3.7}$$

가 되기 때문에 이 식과 식 (5.3.6)을 비교하면 σ 또는 ρ가

$$\sigma = \frac{1}{\rho} = (-q)^2 \frac{n}{m}\tau = q^2 \frac{n}{m}\tau \tag{5.3.8}$$

로 구해진다. 이 식으로부터 전자농도 n이 클수록, 충돌시간 τ가 길수록, 전자의 질량 m이 작을수록, 전도율 σ는 크고 저항률 ρ는 작다는 것을 알 수 있다. 여기서 중요한 것은 σ가 $(-q)^2$에 비례하고 있는 것으로 $(-q)^2 = q^2 = (\pm q)^2$이기 때문에 「σ는 전류를 운반하는 입자의 전하 부호에 관계하지 않는다. 거꾸로 말하면 σ 또는 ρ의 측정값만으로는 "전기의 운반 수단" **캐리어**(carrier)가 정전하를 가지는지 음전하를 가지는지 모른다」.

5.4 완화시간, 이동도

비가 일정속도로 내리는 것은 빗방울이 낙하속도에 비례하여 공기로부터의 저항력을 받기 때문이라고 한다. 이와 비슷하게 전계 E가 가해지는 경우, 전자가 일정속도 v_d로 이동하는 것은 전자가 여러 가지로 충돌한 결과, 속도 v에 비례하는 저항력을 받기 때문이라고 가정한다. 이 저항력을 mv/τ로 둔다. τ는 시간의 단위를 가지고, m은 전자의 질량으로서 m/τ 은 v의 비례상수이다. 이 경우의 전자에 대한 운동방정식은

$$m\frac{dv}{dt} = -qE - \frac{m}{\tau}v \tag{5.4.1}$$

이 된다. $t = 0$에서 $v = 0$인 초기 조건을 토대로 이 식을 풀면

$$v = -\frac{q\tau}{m}E[1 - \exp(-t/\tau)] \qquad (5.4.2)$$

이 된다. $t \gg \tau$ 라고 하면 우변 제2 항은 제1 항에 비해서 무시할 수 있기 때문에

$$v = -\frac{q\tau}{m}E \qquad (5.4.3)$$

이 된다. 여기서 식 (5.4.3)은 충분한 시간이 경과한 후의 정상상태의 전자의 속도이기 때문에 유동속도 v_d와 동등할 것이다. 그래서 v_d의 식 (5.3.5)와 (5.4.3)은 동등한 것이라고 하면 식 (5.4.3)중의 τ는 충돌시간과 동등함을 알 수 있다.

게다가 이 충돌시간은 다른 의미를 가지고 있다. 전계 E 하에서 전자가 v_d로 이동하고 있을 때 갑자기 전원을 꺼 $E = 0$이 되었다고 하자. 이때의 운동방정식은

$$m\frac{dv}{dt} = -\frac{m}{\tau}v \qquad (5.4.4)$$

가 된다. 초기조건 $t = 0$에서 $v = v_\mathrm{d}$일 때 이 식을 풀면 v는

$$v = v_\mathrm{d}\exp(-t/\tau) \qquad (5.4.5)$$

가 된다. 이 식으로부터 전자의 흐름은 시간과 함께 지수함수적으로 감소하는 것을 알 수 있다. $t = \tau$만큼 시간이 지났을 때 v는 $v_\mathrm{d}\exp(-1) = v_\mathrm{d}/e = 0.37v_\mathrm{d}$가 된다. 최초의 값 v_d가 $1/e$, 즉 0.37배까지 감소하는 시간 τ를 **시정수**(time constant)라고 부른다. 또 τ는 전계를 인가하고 있는 긴장상태로부터 전계를 0, 즉 제거했을 때 전자가 평형상태로 돌아가는 데 걸리는 시간이다. 이런 의미에

서 τ를 **완화시간**(relaxation time)이라고도 한다. 따라서 "**충돌시간과 완화시간은 동등하다**"는 결론에 도달한다.

지금까지의 가정은 대략적으로 단순하게 한 것이었으나 조금 더 정밀하게 해 보자. 전자와 포논(3.7절)과의 충돌을 주로 생각한다. 이때

(i) 충돌은 거의 완전 탄성충돌로 생각하여 충돌 전후로 전자의 속도는 거의 변하지 않는 것으로 하며,

(ii) 충돌 후의 전자가 향하는 속도의 방향은 어느 방향이든 확률적으로 거의 같은 것으로 한다.

전자 하나하나의 충돌과 충돌 사이 시간의 평균값(즉 충돌시간) τ초마다 평균 1회 충돌하기 때문에 1초간에는 $1/\tau$회 충돌하고 Δt초간에는 $\Delta t/\tau$회 충돌하는 것으로 가정한다. 이 가정은 충돌이 완전히 확률적으로 일어나므로 어느 순간에도 1개 전자가 다음의 Δt초간에 충돌할 확률은 $\Delta t/\tau$인 것과 같다. 여기서 충돌한 직후의 시각을 0이라고 하면 다수의 입자에 관해서 다음 충돌까지의 시간은 어떤 분포를 하고 있다.

그러면 시각 t에서의 그때까지 충돌하지 않고 있던 전자의 수를 $N(t)$라고 하면 t와 $t + \Delta t$와의 사이에 충돌하는 전자수는 $N(t)(\Delta t/\tau)$이다. 왜냐하면 $N(t)$개의 어떤 전자도 $\Delta t/\tau$의 확률로 다음에 충돌하기 때문이다. 그래서 아직 충돌하지 않은 전자수가 충돌 후 Δt초간의 사이에 감소하는 수 ΔN은

$$\Delta N = - N(t)\Delta t/\tau$$

가 된다. 따라서 감소율은

$$\frac{dN}{dt} = -\frac{N}{\tau} \tag{5.4.6}$$

가 되기 때문에 $t = 0$ 에서 $N(t) = N_0$ 라고 하면

$$N(t) = N_0 e^{-t/\tau} \tag{5.4.7}$$

로 구해진다. 이 식은 그림 5.4에 나타낸 바와 같이 충돌과 충돌 사이의 「자유로운 시간」이 t 인 전자가 $N(t)$ 개 있다는 것을 나타내는 분포함수이다.

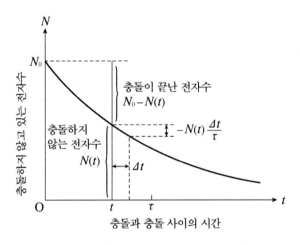

그림 5.4 충돌과 충돌 사이의 시간, 즉 「자유로운 시간」 t 인 전자가 $N(t)$ 개 있는 것을 나타낸 분포 함수

여기서 τ 의 물리적 의미를 명확히 하기 위해 t 의 평균값을 구하여 보자. 그것은 t 와 $t + \Delta t$ 의 사이에 충돌하는 전자수가

$$N(t)\Delta t/\tau = N_0 e^{-t/\tau}\Delta t/\tau \tag{5.4.8}$$

이기 때문에 이것을 처음의 총 수 N_0로 나누면 충돌하는 전자수의 비율이, 즉 충돌 확률이 $e^{-t/\tau}\Delta t/\tau$로 구해진다. 이 확률에 평균값을 구하려고 하는 물리량, 즉 충돌과 충돌의 사이(이것을 충돌 사이라고도 부른다)의 시간 t를 곱하여 적분하면 각 충돌 사이 시간의 평균값 $\langle t \rangle$가 구해진다. 그것은

$$< t > = \frac{1}{N_0}\int_0^\infty \frac{tN}{\tau}dt = \int_0^\infty \frac{t}{\tau}e^{-t/\tau}dt = \tau \tag{5.4.9}$$

가 된다. 다시 말하면 τ는 충돌 사이의 시간 평균값, 즉 충돌시간 혹은 완화시간인 것이다.

그러면 고체 중의 1개의 전자에 전계 $\boldsymbol{E}$가 작용한다고 하자. 식 (5.3.1)에 나타낸 것과 같이 전자는 $-q\boldsymbol{E}$의 힘을 받아 전계가 없을 때의 충돌 사이의 직선운동이 그 방향의 포물선운동으로 변한다. 전자의 위치는 $\boldsymbol{r}$로서 충돌과 충돌 사이에서 성립하는 식 (5.3.1)을 풀어보자. 충돌 직후의 시각을 $t = 0$, 이때의 $\boldsymbol{r}$을 $\boldsymbol{r} = \boldsymbol{r}_0$로 하고, 열속도를 $\boldsymbol{v}_0$라고 하면 그 해는

$$\boldsymbol{r} - \boldsymbol{r}_0 = \boldsymbol{v}_0 t + \frac{1}{2}\frac{(-q)\boldsymbol{E}}{m}t^2 \tag{5.4.10}$$

이 된다. 이 식은 1개의 전자가 t초간에 이동한 거리를 나타낸다.

여기서 $E \doteqdot 1\,[\mathrm{mV/cm}]$ 정도로 하여 우변 각항의 크기를 계산 해보면, $v_0 t \doteqdot 10^{-6}\,[\mathrm{cm}]$, $qEt^2/2m \doteqdot 10^{-16}\,[\mathrm{cm}]$이 되므로(부록 J에서 식 (J. 3), (J. 4))

$$v_0 t \gg \frac{1}{2}\frac{q\boldsymbol{E}}{m}t^2 \tag{5.4.11}$$

인 것을 알 수 있다. 다시 말해 1회 충돌시간 사이에서 전자 1개의 이동거리는

전계에 의한 이동거리는 작아서 무시되고 대부분은 열운동 속도에 의한 이동거리 $v_0 t$로 나타난다. 따라서 이동거리는 근사적으로 다음과 같이 쓸 수 있다.

$$\boldsymbol{r} - \boldsymbol{r}_0 \fallingdotseq \boldsymbol{v}_0 t \tag{5.4.12}$$

그런데 다수의 전자에 의한 평균이동거리는 식 (5.4.10) 우변의 제1 항이 아니라 제2 항으로 정해진다. 그것은 다음과 같은 이유에서이다. 지금 1개의 전자는 충돌 사이 시간을 $\tau = 10^{-14}\,[s]$라고 하면 1초간에 $1/\tau = 10^{14}$회 충돌을 반복할 것이다(표 5.1 참조). 이때 충돌과 충돌 사이의 자유로운 시간은 길고 짧고 여러 가지로 나타나며 어떤 분포를 이룰 것이다. 그런데 이 분포는 어느 시각에 다수의 전자가 충돌 후 다음 충돌까지 자유로운 시간의 분포, 즉 식 (5.4.7) 또는 그림 5.4와 일치한다. 이것은 「물리량 1개의 입자에 대해서의 시간평균과 어느 시각에서 다수의 입자에 대해서의 입자평균과는 동일하다」라고 하는 **에르고드의 가정**에 따른 것이다.

그래서 1개의 전자에 대해서 다수회 충돌 사이의 자유로운 시간에 대해 식 (5.4.10)을 평균해 보면

$$< \boldsymbol{r} - \boldsymbol{r}_0 > = < \boldsymbol{v}_0 t > + \frac{-q\boldsymbol{E}}{2m} < t^2 > \tag{5.4.13}$$

이 된다. 우변 제1 항은 충돌 사이의 시간 t와 열속도 v_0가 서로 독립이면 $\langle v_0 t \rangle = \langle v_0 \rangle \langle t \rangle$가 되어 $\langle v_0 \rangle$는 식 (5.3.4)의 바로 밑에서 설명 했던 것처럼 0이기 때문에 결국 우변 제1 항은 0이 된다. 다음으로 우변 제2 항 중의 $\langle t^2 \rangle$은

$$< t^2 > = \int_0^\infty \frac{t^2}{\tau} e^{-t/\tau} dt = 2\tau^2 \tag{5.4.14}$$

이 된다(부록 J, 식 (J.10)). 따라서 식 (5.4.13)은

$$< r - r_0 > = -q \frac{E}{m} \tau^2 \tag{5.4.15}$$

이 된다. 여기서 $\langle r - r_0 \rangle$은 전계 E가 인가되고 있을 때 다수의 전자들에 대한 충돌 사이의 평균이동거리이다. 식 (5.4.10)에서 보면 충돌 후 전자의 이동거리는 대부분 열속도에 의해서 제1 항만이 효과가 있었지만 총 입자에 대해서의 평균(또는 1개의 입자에 대해서 장시간에 걸친 평균)에서는 제1 항은 0이 되므로 제2 항이 평균이동거리가 된다.

많은 전자가 평균적으로 1초간에 전계에 의해서 이동하는 거리는 유동속도 v_d일 것이다. 충돌 사이에 나아가는 거리의 평균이 식 (5.4.15)이며 1초간의 사이에 충돌하지 않고 자유인 시간은 $1/\tau$회이다. 따라서 식 (5.4.15)에 $1/\tau$을 곱한 것은 1초간의 사이에 평균해서 전자가 이동하는 거리이며 그것은

$$\frac{< r - r_0 >}{\tau} = -\frac{q\tau}{m} E = \text{식 } (5.3.5) = v_d \tag{5.4.16}$$

가 되고 예상했던 바와 같이 식 (5.4.16)의 좌변은 유동속도 v_d이다.

식 (5.3.5), (5.4.16)에서 전자의 유동속도 v_d는 전계 E와 반대 방향으로 그 크기에 비례하므로 비례상수를 μ로 두면

$$v_d = -\mu E \tag{5.4.17}$$

가 된다. 마이너스 부호는 전계의 방향과 전자속도의 방향이 반대이기 때문인 것으로 μ를 **이동도**(mobility)라고 한다. μ는 식 (5.3.5)와 비교하면

$$\mu = \frac{q}{m}\tau \tag{5.4.18}$$

가 된다. 이동도는 「단위 크기의 전계를 인가했을 때의 유동속도의 크기」이다. μ는 τ가 클수록, 또 m이 작을수록 큰 값이 된다. 또 식 (5.3.6)과 식 (5.4.17)로부터 다음 식이 된다.

$$\boldsymbol{J} = nq\mu\boldsymbol{E} \tag{5.4.19}$$

μ가 클수록 큰 전류가 흐르는 것을 알 수 있다. 다음에 식 (5.3.7)과 식 (5.4.19)를 비교하면

$$\sigma = \frac{1}{\rho} = nq\mu \tag{5.4.20}$$

표 5.1 1가 금속의 전자농도, 전도율, 완화시간, 이동도 (0℃)

금 속	전자농도	도전율(실험치)		완화시간	이동도
	n	σ		τ	μ
	$[\text{cm}^{-3}]$	$[\Omega^{-1} \cdot \text{cm}^{-1}]$	$[\text{esu}]^2 = [\text{s}^{-1}]$	$[\text{s}]$	$[\text{cm}^2/\text{Vs}]$
Li	4.6×10^{22}	1.18×10^5	1.06×10^{17}	0.9×10^{-14}	16
Na	2.5	2.32	2.09	3.1	55
K	1.34	1.63	1.47	4.4	77
Rb	1.08	0.87	0.78	2.8	49
Cs	0.86	0.54	0.49	2.2	39
Cu	8.50	6.40	5.76	2.7	48
Ag	5.76	6.80	6.12	4.1	72
Au	5.90	4.86	4.37	2.9	51

이 된다. 이 식으로부터 σ를 크게 하기 위해서는 전자수 밀도 n과 이동도 μ를 크게 하면 된다는 것을 알 수 있다. 여기서 1가 금속의 전자농도, 도전율, 완화시간, 이동도를 표 5.1에 나타내었다.

5.5 합성완화시간, 합성저항률

금속 중의 전자의 충돌은 여러 가지의 원인에 따른다. 그것을 두 가지로 크게 나누면

(i) 결정격자의 열진동
(ii) 격자의 부정(不整), 결함, 전위, 불순물 원자 등

이 된다. 몇 가지의 충돌 원인 중 j번째의 원인에 의한 **충돌시간**(완화시간)을 τ_j 라고 하면, 이 원인에 의해서 τ_j초간에 평균해서 전자는 1회 충돌한다. 표 5.1에 따르면 평균해서 약 10^{-14}초간에 1회의 충돌비율이다. 그렇다면 1초간에는 $1/\tau_j$ 회, 약 10^{14}회 전자는 충돌하고 있다. 이것은 또 상대적인 충돌확률이 1초당 $1/\tau_j$이라고도 할 수 있다.

많은 원인에 의한 충돌이 제각각 독립적으로 일어난다고 하면, 전체 충돌확률 $1/\tau$은 제각각의 원인에 의한 충돌확률의 합 $\sum 1/\tau_j$이 되므로(확률론에서 독립 사건의 합)

---

2 [esu]는 cgs esu(cgs 정전단위). σ $[\Omega^{-1} \cdot cm^{-1}]$ 의 값에 9×10^{11} 배하면 [esu]계로 변환된다.

$$\frac{1}{\tau} = \sum_j \frac{1}{\tau_j} \tag{5.5.1}$$

로 나타낸다. 여기에 τ는 **합성충돌시간** 또는 **합성완화시간**이라고 한다. 온도 T 에서의 격자의 열진동(원인 (i))에 의한 충돌시간을 τ_T라고 하고, 온도에 관계하지 않는 그 외(residual)의 원인 (ii)에 의한 충돌시간을 τ_r이라고 하자. 이때 전체 충돌확률 $1/\tau$은

$$\frac{1}{\tau} = \frac{1}{\tau_r} + \frac{1}{\tau_T} \tag{5.5.2}$$

가 된다. 식 (5.3.8)로부터 합성저항률 ρ를

$$\rho = \frac{m}{nq^2\tau} \tag{5.5.3}$$

으로 나타내고 또

$$\rho_r \equiv m/(nq^2\tau_r), \quad \rho_T \equiv m/(nq^2\tau_T) \tag{5.5.4}$$

과 같이 ρ_r과 ρ_T를 각각 정의하면 식 (5.5.2)는

$$\rho = \rho_r + \rho_T \tag{5.5.5}$$

로 나타내진다. 이처럼 합성저항률을 전자의 여러 가지 충돌(산란) 원인에 의한 저항률의 합으로 나타낼 수 있을 때 이것들의 저항률은 **마티센(Matthiessen)[3]의 법칙**에 따른다. 이것은 고온 또는 불순물 농도가 높은 곳에서는 그다지 정확하

지는 않지만 간단한 법칙이기 때문에 잘 사용되어진다.

 금속에서는 온도가 높아짐에 따라 격자진동이 심해져서 전자와 격자의 충돌 확률이 온도에 비례하여 커진다. 데바이 온도 Θ_D (4.3절 참조)로부터 높은 온도 에서는

$$1/\tau_T \propto T \quad (T > \Theta_D) \tag{5.5.6}$$

가 되는 것이 이론적으로 증명되기[4] 때문에 식 (5.5.4)의 ρ_T는 비례상수를 α(**온 도계수**라고도 한다)라고 하면

$$\rho_T = \alpha T \quad (T > \Theta_D) \tag{5.5.7}$$

로 나타낸다. 따라서 식 (5.5.5)는

$$\rho = \rho_r + \alpha T \quad (T > \Theta_D) \tag{5.5.8}$$

가 된다.

 이 식은 데바이 온도보다도 낮은 온도범위에서도 비교적 잘 성립한다. 그 예 를 그림 5.5에 나타내었다. 이것은 순수 구리와 구리에 다른 금속을, 예를 들면 Ni, Fe, Sb 등을 수 퍼센트 첨가한 희박합금의 저항률과 온도와의 관계이다. 불 순물 원자의 첨가량은 원자백분율[5]로 나타낸 것이다. 순수한 구리에서나 불순물

---

3 A. Matthiessen, 영국, 1862년 발견
4 1가 금속에서는 완전히 증명됨
5 atomic%, (at%). 물질전체의 원자수를 100으로 한 경우의 어느 원소의 원자수(의 비율). 예를 들어 Bi_2Te_3에서는 Bi는 $(2/(2+3)) \times 100 = 40\%$. Te는 $(3/(2+3)) \times 100 = 60\%$

을 포함하는 구리에서 온도계수 α가 거의 일정하다는 것을 알 수 있다.

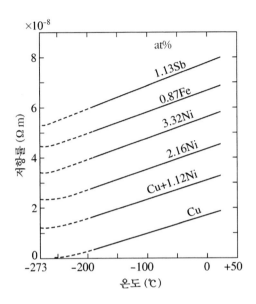

그림 5.5 Cu에 소량의 이종원소를 포함하는 합금의 저항률의 온도변화. 순수한 구리도 불순물을 포함하는 구리도 온도계수는 거의 동등하다.

온도를 데바이 온도보다 충분히 낮게 하면 격자진동에 의한 충돌확률 $1/\tau_T$은 T^5에 비례한다는 것이 이론적으로 증명되었는데(여기서는 증명 생략)

$$1/\tau_T \propto T^5 \quad (T \ll \Theta_D) \tag{5.5.9}$$

이 되고 저항률은 비례상수를 α'라고 하면

$$\rho_T = \alpha' T^5 \quad (T \ll \Theta_D) \tag{5.5.10}$$

이 된다. 총 저항률 ρ는

$$\rho = \rho_r + \alpha' T^5 \qquad (T \ll \Theta_D) \tag{5.5.11}$$

이 되고 순수한 구리의 저항률은 절대온도가 0 K에 가까워짐에 따라 거의 0에 접근한다. 하지만 불순물 원자를 포함하는 것은 0이 되지 않는다. 0 K 부근에서도 남아 있는 저항을 **잔류저항**(residual resistivity)이라고 하여 이것이 ρ_r에 해당한다.

액체 헬륨 온도(4.2 K)에서의 저항률 $\rho(4.2\ \mathrm{K})$는 거의 ρ_r과 같다. 금속의 순도가 높고 불완전성이 적으면 적을수록 ρ_r이 작다. ρ_r을 사용해서 금속의 순도와 불완전성의 정도를 나타낼 수 있다. 그것은 약 300 K에서의 $\rho(300\ \mathrm{K})$와 4.2 K에서의 $\rho(4.2\ \mathrm{K})$의 저항률의 비를 **저항률 비**로 나타내고 그것을

$$\text{저항률 비} = \frac{\rho(300\ \mathrm{K})}{\rho(4.2\ \mathrm{K})} \doteqdot \frac{\rho_{300} + \rho_r}{\rho_r} \doteqdot \frac{\rho_{300}}{\rho_\tau} \tag{5.5.12}$$

로 정의한다. 저항률 비는 순도가 매우 높고 불완전성이 매우 적으면 ρ_r이 매우 작기 때문에 10^5이 되기도 하지만 보통 시판되는 순금속으로는 10^2배가 아니면 그 이하이다.

5.6 합금의 저항률

그림 5.5를 보면 Cu에 대한 불순물 Ni의 양이 증가할수록 잔류저항 ρ_r이 증가하는 것을 알 수 있다. 불순물의 농도를 $c(0 \le c \le 1)$라 하면 어떤 농도 c에 대한 잔류 저항률 $\rho_r(c)$는 희박합금에서는 $c \ll 1$로 $\rho_r(c) \propto c$가 되기 때문에

$$\rho_r(c) = \beta c \quad (c \ll 1) \tag{5.6.1}$$

가 된다. 여기에 β는 모체가 되는 금속과 불순물 금속에 의해 결정되는 상수로 그림 5.6에서와 같이 모체와 불순물 금속의 원자의 크기나 원자가의 차가 늘어날수록 이 값은 커진다. 식 (5.6.1)의 관계는 역으로 불순물 금속(예를 들면 Ni)을 모체로 하고 모체금속(Cu)을 불순물(농도 $(1-c)$)이라고 해도 성립한다. 단 비례상수는 β와 다른 것이 보통이다.

이로부터 알 수 있는 것은 어떤 1개의 원소 A에 다른 원소 B가 불순물로써 더해짐에 따라 원소 A의 격자의 배열이 흐트러져 전자의 충돌확률은 증가하고 A의 ρ_r은 직선적으로 증가한다. 또 B에 A를 불순물로써 더해도 똑같이 B의 ρ_r은 직선적으로 증가하기 때문에 $c = 0.5$의 부근에서 ρ_r은 극대가 된다. 이것을 식으로 나타내면

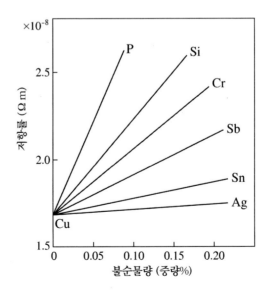

그림 5.6 Cu에 소량의 이종원소를 더한 합금의 실온에서의 저항률

$$\rho_r(c) = \beta c(1 - c) \tag{5.6.2}$$

가 된다. 이처럼 「2원합금에서 ρ_r은 포물선형」이 된다. 식 (5.6.1)과 식 (5.6.2)를 **노드하임**(Nordheim)**의 법칙**이라고 한다. 특히 완전히 녹아서 섞이는 것과 같은 2원 합금에서 **한 종류의 고용체[6]만을 가지는 계, 즉 전율 고용체**에서는 포물선형이 현저히 나타난다. 이것은 그림 5.7에 나타낸 Au-Ag 합금의 경우에서 잘 알 수 있다. 그림의 위쪽은 Au-Ag의 상태도[7]이다.

하지만 항상 그림 5.7과 같은 모양이 되는 것이 아니라 그림 5.8의 Au-Cu 합금처럼 되는 경우도 있다. 그림 중의 점선은 Au-Ag 합금과 같아 합금이 담금질[8] 되었을 경우의 저항률이다. 이것은 담금질에 의한 불규칙 고용체의 저항률을 나타내고 있다. 이것에 대하여 합금을 가열하여 천천히 냉각시킨 풀림의 경우에는 규칙격자 Cu_3Au 및 $CuAu$가 나타난다. 이런 경우에는 그림에 나타낸 것과 같은 저항률의 극소가 나타난다. 이것은 이 부분에서 결정의 규칙성이 증가했기 때문에 전자의 충돌확률이 감소하여 저항률이 감소했기 때문이다.

다음으로 **2상 합금의 저항률**을 알아보자.

α상과 β상이 임의로 혼합하고 있는 2상 합금의 봉(rod)을 생각하자. 이 봉의 단면적을 S, 길이를 L이라 하고, 실온에서 전기저항과 저항률을 $R_{(rod)}, \rho_{(rod)}$ 라고 하면

---

6 하나의 물질 중에 다른 물질이 용해하여 균일해진 것을 용체라고 하며, 이것이 액체상태에 있는 것을 용액, 고체상태에 있는 것을 고용체라고 한다.

7 물질계의 상태가 상태변수(온도, 압력, 밀도, 체적, 성분비)등의 값에 의해 어떻게 변화하는가를 나타낸 그림을 말한다. 두 성분 계에서는 압력을 일정하게 하였을 때 온도와 성분비의 관계를 나타내는 것이 상태도로 잘 사용되어진다.

8 고온상태의 철사를 급냉하여 도중의 전이현상을 저지시킨다. 이것에 의하여 고온에서 안정한 상태 혹은 중간상태를 실온으로 가져오는 조작.

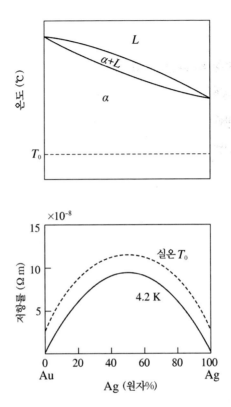

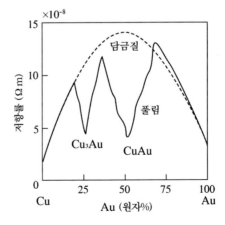

그림 5.7 Au–Ag 2원 합금의 조성과 저항률. 실선은 4.2 K에서 잔류저항

그림 5.8 Au–Cu 합금의 저항률. 실선은 풀림을 한 시료. 점선은 담금질한 시료

$$R_{(rod)} = \rho_{(rod)} L / S \tag{5.6.3}$$

이 된다. 이 봉을 그림 5.9에서처럼 종방향으로 단면적이 같은 N개의 가는 철사(wire)로 분할하면 철사의 단면적은 S/N이 된다. α상과 β상 부피비율(volume fraction)을 v_α, v_β라고 하면

$$v_\alpha + v_\beta = 1 \tag{5.6.4}$$

이 된다. 그림 5.9로부터 알 수 있듯이 α상의 길이는 $v_a L$, β상의 길이는 $v_\beta L$이 되고, 둘 다 직렬이 되어 발생하는 철사의 저항 $R_{(wire)}$는

$$R_{(wire)} = \frac{\rho_\alpha v_\alpha L}{S/N} + \frac{\rho_\beta v_\beta L}{S/N} \tag{5.6.5}$$

이다. 여기에 ρ_α, ρ_β는 실온에서의 α상과 β상의 저항률이다. 원래 합금의 봉은 그림 5.9와 같은 N개의 철사가 병렬로 정렬되어 있다고 단순히 생각하면 봉의 저항 $R_{(rod)}$는

$$\frac{1}{R_{(rod)}} = \sum_N \frac{1}{R_{(wire)}} = \frac{N}{R_{(wire)}} = \frac{S}{\rho_\alpha v_\alpha L + \rho_\beta v_\beta L} \tag{5.6.6}$$

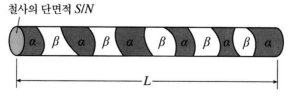

그림 5.9 2상 합금의 봉을 종축방향으로 분할한 철사. α상과 β상이 직렬로 계속된다. 단면적은 S/N

이 된다. 식 (5.6.3)과 (5.6.6)으로부터

$$\rho_{(rod)} = \rho_\alpha v_\alpha + \rho_\beta v_\beta = \rho_\alpha - (\rho_\alpha - \rho_\beta)v_\beta \qquad (5.6.7)$$

가 된다. 다시 말해 「2상 혼합합금의 저항률은 2상의 부피비율의 선형 함수」로 되어 있다. 즉 $(\alpha + \beta)$상 합금의 범위에서는 ρ는 합금의 조성변화에 따라 직선적으로 변화한다. 그림 5.10에 나타낸 공정합금 경우의 저항률을 합금조성의 함수로서 나타냈다. 또 그림 5.11에 나타낸 바와 같이 「**중간상**이 있는 경우에는 그만큼을 다른 고용체로 취급하면 된다」. 그림 5.10, 5.11에서 포물선형이 그림 5.7보다 가파른 것은 원자의 크기, 원자가, 결정구조, **전기음성도**[9] 등이 다르기 때문에

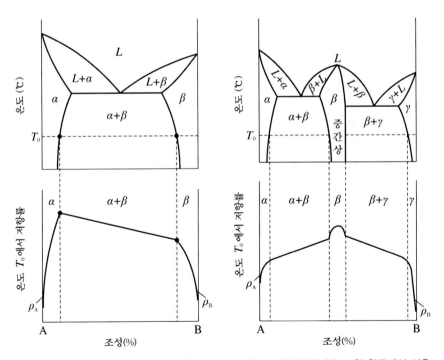

그림 5.10 2상 공정합금의 상태도와 실온 T_0에서의 저항률

그림 5.11 중간상이 있는 2원 합금계의 실온 T_0에서의 저항률

고용도가 제한되어 버리기 때문이다. 따라서 용해한 원자가 자유전자를 보다 효과적으로 충돌산란시켜 저항률이 크게 증가하게 된다.

---

9 원자가 화학결합 A-B를 만들고 있을 때 원자 A, B 간에 전하의 이동이 일어난다. B가 A보다도 전자를 끌어당기는 능력이 강할 때 A의 전자의 일부가 B 쪽으로 이동하고 있다. 이때 B는 A보다도 전기적으로 음성이며, 전기적 음성도가 크다라고 한다.

고체 중의 전자

– 구성

6.1 수소원자 중의 전자 에너지

6.2 수소분자 중의 전자 에너지

6.3 결정 중의 전자 에너지띠

6.4 결정 중의 포텐셜 에너지

6.5 고체 중의 자유전자

6.6 주기적 포텐셜장 내의 전자

6.7 브릴루앙 영역 모형

6.8 페르미 에너지

6.9 전계 중의 고체 전자의 진동

6.10 양과 음의 유효질량

6.11 홀효과

– 개요

금속뿐만 아니라 일반 고체 중의 전자에 대해서 더욱더 상세하게 학습해 보자. 고체 중에 있는 무수한 양이온에 의해 만들어진 포텐셜장 때문에 전자의 에너지 준위는 선상이 아닌 대(band) 상이 된다. 또 고체 중의 전자는 자유전자일 때의 포텐셜 에너지와는 다른 모양이 되고, 그 결과, 전자의 외관상 질량(즉 유효질량)은 자유전자의 그것과는 다르게 된다. 그것뿐만 아니라 외관상 질량이 음이 되는 전자조차도 나타난다. 이것이 전자와는 다른 양의 전하를 가지는 정공이라고 하는 것이다. 왜 이런 이상한 현상이 나타나는 것일까?

6.1 수소원자 중의 전자 에너지

수소원자 중에 있는 1개의 전자가 차지할 수 있는 에너지 준위, 즉 수소원자의 에너지 준위는 다음 양자수에 의해 정해진다. 이것들은 이미 부분적으로 다루었던 것들이지만 복습을 겸해서 여기에 정리해 둔다. 그것은

주양자수(principal quantum number) : $n = 1, 2, 3, \cdots, n$

부양자수(subordinated quantum number) : $l = 0, 1, \cdots, n-1$ 의 n 의 값.

자기양자수(magnetic quantum number) : $m_l = l, l-1, \cdots, 0, \cdots, -l$의

$2l+1$개의 값

스핀양자수(spin quantum number) : $m_s = +1/2, -1/2$

여기서 $l = 0, 1, 2, 3, \cdots$ 일 때 그 궤도를 각각 s, p, d, f, $\cdots$ 궤도라고 하고 $n = 1, l = 0$ 의 궤도를 1s 궤도, $n = 3, l = 2$의 궤도를 3d 궤도라고 한다. 또 「하나의 궤도에는 양과 음의 스핀 전자가 두 개밖에 들어갈 수 없다」라는 **파울리의 배타율**(Pauli's exclusion principle)에 따라 s 궤도에서는 $1 \times 2 = 2$ 개의 전자가 들어오면 만원, p 궤도에서는 $3 \times 2 = 6$개로 만원, d 궤도에서는 $5 \times 2 = 10$개로 f 궤도에서는 $7 \times 2 = 14$개로 만원이 된다. 다시 말해 각 궤도에 $(2l+1) \times 2$개의 전자가 들어오면 만원이 된다.

그럼 수소원자의 에너지 준위는 낮은 쪽으로부터

$n = 1, l = 0, m_l = 0$ 기저준위 (1s 준위, 1개의 준위) $-13.6\,\mathrm{eV}$

$n = 2, l = 0, m_l = 0$ 제1 여기준위 (2s 준위, 1개의 준위) $\left.\begin{array}{l} \\ \\ \end{array}\right\}$ 약 $-3.4\,\mathrm{eV}$

$l = 0, m_l = 0, \pm 1$ (2p 준위, 3개의 준위)

$$n = 3, \, l = 0, \, m_l = 0 \quad \text{제2 여기준위} \quad (\text{3s 준위, 1개의 준위})$$
$$l = 1, \, m_l = 0, \pm 1 \qquad\qquad (\text{3p 준위, 3개의 준위}) \quad \text{약} -1.5 \text{ eV}$$
$$l = 2, \, m_l = 0, \pm 1, \pm 2 \qquad (\text{3d 준위, 5개의 준위})$$

가 된다. 이것들의 준위를 그림 6.1에 나타내었으며 또 궤도를 그림 6.2에 나타내었다. 어느 그림이나 p(궤도) 준위는 3개, d(궤도) 준위는 5개로 나눠져야 하지만 간단히 하기 위해서 각 궤도를 1개의 준위선 만으로 나타내었다.

그림 6.2의 궤도상에는 수용할 수 있는 모든 전자를 상 스핀을 ↑(up spin)과 하 스핀을 ↓(down spin)의 모양으로 모형적으로 배치하였다.

이것들의 수소 에너지 준위를 식으로 나타내면 부록 F의 식 (F. 10), (F. 12)에서의 $Z = 1$로 한 것으로

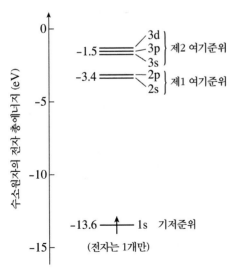

그림 6.1 수소원자 내의 전자의 총에너지를
나타내는 에너지 준위

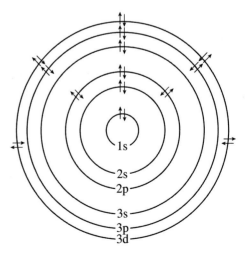

그림 6.2 원소의 여러 궤도에의 전자(스핀) 배치도

$$E_n = -\frac{mq^4}{2\hbar^2}\frac{1}{n^2} = -\frac{13.6}{n^2}\,[\text{eV}] \tag{6.1.1}$$

이 된다. 여기에 m은 전자의 질량, q는 전자의 전하크기, $\hbar = h/2\pi$, $n = 1$, $2, 3, \cdots$ 이다.

6.2 수소분자 중의 전자 에너지

두 개의 수소원자를 서로 접근시켰을 때 한쪽의 수소 중의 전자의 스핀과 다른 쪽의 수소 중의 전자의 스핀이 서로 **평행**(parallel)일 때가 있다. 이때는 원자 간 거리 r이 작아질수록 전자의 총에너지는 고립된 수소원자의 기저상태에너지 보다 더 커져 불안정해지고 안정한 분자는 만들어지지 않는다. 하지만 스핀이 서로 **역평행**(antiparallel) 스핀일 때는 r이 작아짐에 따라 전자의 총에너지는 작아진다. 그리고 $r = r_0$에서 에너지가 최소가 되어 수소분자 H_2가 만들어진다. 이것은 하이틀러(Heitler)[1]와 런던(London)[2]의 연구결과이다.

그림 6.3을 다시 보면 $r = \infty$에서는 고립된 두 개의 수소원자가 완전히 똑같은 두 개의 1s 에너지 준위가 1개의 준위에 겹쳐져 있다. 이것은 양자상태의 **축퇴**이다. 그림 6.3에서 2 개의 전자를 점차 가까이 하여 r을 작게 해나가면 두 원자 간에 상호작용이 일어나 축퇴하고 있던 1개의 에너지 준위가 2개로 분리한다고도 생각할 수 있다.

---

[1] W. Heitler(1904-), 독일, 1927년(23세)
[2] F. London(1900-1954), 독일-미국, 1927년(27세)

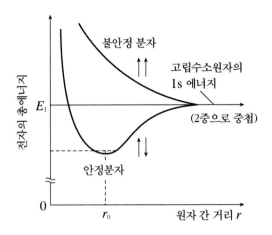

그림 6.3 원자 간 거리와 수소분자 중의 전자의 총에너지. $r = \infty$ 에서는 고립수소원자의 총에너지로 되어 2개의 같은 1s 에너지가 1개로 축퇴한다.

    그렇다면 6개의 원자가 직선상에 정렬해 있는 가상적인 1차원 분자(또는 결정)를 만들었다고 하면 원자 간 거리가 무한대일 때 6중으로 축퇴하고 있던 에너지 준위는 어떻게 되는 것일까? 쇼클리(Shockley)[3]는 이것을 이론적으로 계산하여 6개의 원자에서는 에너지 준위가 6개로 분리되는 것을 나타냈다. 게다가 각 에너지 준위에 역평행 스핀 전자가 2개씩 들어 갈 수 있는 합계 $2 \times 6 = 12$개인 **양자상태**가 존재한다는 것도 나타냈다. 이것은 1s 준위뿐만 아니라 2s 준위에도 12개의 상태가 있고 2p 준위에는 $2 \times 3 \times 6 = 36$개의 상태가 있을 수 있다는 것을 나타낸다. 게다가 에너지 준위가 높은 상태일수록(예를 들면 2s 준위 쪽이 1s 준위보다 더) 그림 6.4에 나타낸 바와 같이 원자 간의 거리가 먼 곳에서 준위의 분리가 일어나고, 게다가 1개의 준위에서의 분리된 준위 간의 간격이 크고 최고와 최저 에너지 사이의 폭도 크다. 그림 6.4에서 r_0는 안정한 분자가 되었을 때

3   W. B shockley(1910-), 미국, 1939년(29세). 트랜지스터의 개발로 노벨상 수상

원자 간의 거리로 결정에서의 격자간격에 해당한다.

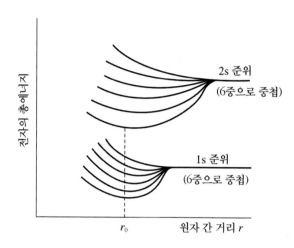

그림 6.4 6개의 원자에서 1차원 분자(또는 결정)의 원자 간 거리 r과 전자의 에너지 준위. 높은 에너지 준위일수록 r이 큰 부분에서 준위가 분리된다.

6.3 결정 중의 전자 에너지띠

앞 절의 6개의 원자로 이루어진 분자일 때와 똑같이 N개의 원자로 된 결정에서는 고립원자일 때의 N개로 중첩된 1s 양자상태의 축퇴가 풀려 N개의 에너지 준위로 분리된다. 파울리의 원리에 의해 1개의 준위에 역평행의 스핀을 가진 전자가 2개씩 합계 $2N$개 들어갈 수 있으므로 1s 양자상태에는 $2N$개 존재하고, 2p 상태에는 $6N$개 존재한다. N은 약 10^{22} [cm^{-3}]의 크기이기 때문에 10^{22}개의 에너지 준위선으로 분리되므로 이 무수한 준위선의 모임은 선의 모임이라기보다 그림 6.5에서처럼 "**띠**", 즉 **밴드**(band) 형태가 된다. 그래서 이 에너지 준위선의 무수한 모임을 **에너지띠, 에너지대** 또는 **에너지 밴드**(energy band)라고 한다4.

그림 6.5의 왼쪽편에는 격자간격 r_0에서의 에너지 밴드를 나타냈다. 전자가 들어가는 것이 허용되는 에너지 준위의 밴드(왼쪽 그림의 무수한 선의 모임으로 나타낸 띠)를 **허용대** (allowed band)라고 하고, 들어가는 것이 허용되지 않는 에너지의 범위를 **금지대** (forbidden band)라고 한다. 그림 6.5의 예에서는 2s와 2p의 허용대가 서로 겹쳐 있다.

여기까지는 모식적인 에너지 밴드를 나타냈지만 실제의 금속 Cu 결정의 에너지 밴드를 그림 6.6에 나타내었다. 이 그림에서 r_0는 Cu의 격자상수이다.

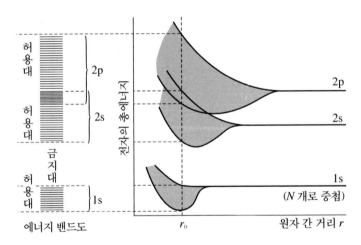

그림 6.5 결정의 에너지 준위와 원자 간 거리. $r = \infty$로 N개 중첩으로 축퇴하고 있는 준위선이 격자간격 r_0의 부분에서는 N개로 분리되어 "**띠**" 모양이 된다. r_0에서의 에너지밴드(왼쪽 그림)에서 **허용대**와 **금지대**를 나타냈다.

---

4 에너지가 띠를 만드는 것은 전자가 파동성을 가지고 있는 것에 관계가 있다. 전자가 파동성을 가지므로 어느 원자에 속하는 전자와 그 옆의 원자에 속하는 전자와의 사이에 파동역학적 결합이 생기게 된다. 이 결합은 외각의 전자(내각의 전자보다 에너지 준위가 높다)일수록 강하기 때문에 결정 중의 높은 준위의 에너지띠일수록 원자 간 거리가 큰 부분에서 에너지 준위선이 분리되어 띠를 만들기 시작한다. 또 띠가 넓어지는 폭도 크고, 띠 내의 준위 간의 간격도 크다.

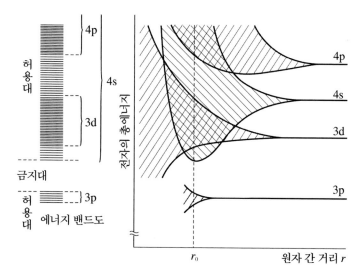

그림 6.6 금속 Cu 결정의 에너지 밴드. r_0는 Cu의 격자상수

6.4 결정 중의 포텐셜 에너지

고립되어 있는 1개의 수소원자 중 쿨롱힘에 의한 전자의 포텐셜 에너지[5](위치에 너지) V는 부록 F의 식 (F. 8)에 나타낸 것처럼

$$V = -A/r, \quad A \equiv Zq^2/4\pi\epsilon_0 \tag{6.4.1}$$

이 된다. 여기에 r은 원자핵과 전자와의 거리, Z는 원자번호로 수소의 경우는 1 이다. q는 전자의 전하의 크기, ϵ_0는 진공의 유전율, A는 상수이다. 수소원자로 부터 전자가 튀어나와 버렸을 때 수소는 **전리** 또는 **이온화**(ionization)했다라고

---

5 총에너지는 아니다.

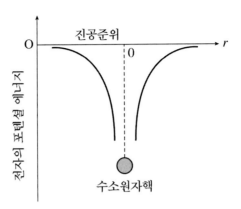

그림 6.7 수소 중의 전자의 포텐셜 에너지. 수소의 외부는 진공준위

한다. 튀어나온 전자는 진공 중에 있기 때문에 이때는 식 (6.4.1)의 $r = \infty$이므로 $V = 0$이 된다. 이처럼 전자가 진공 중에 있을 때의 에너지 또는 에너지 준위를 전자의 **진공준위**라고 한다. 이 진공준위를 기준으로 하여 수소의 포텐셜 에너지를 그리면 그림 6.7과 같이 된다. 이 그림에서 횡축의 r은 원자핵을 중심으로 했을 때의 전자의 위치를 나타낸다.

다음으로 고립 Na 원자의 포텐셜 에너지를 그림 6.8에 나타냈다. Na의 전자 배치가 다음과 같이 되는 것은 이미 언급했다.

$$\text{Na:} \ (1\text{s})^2(2\text{s})^2(2\text{p})^6(3\text{s})^1 \tag{6.4.2}$$

우선 (1s)전자 궤도 직경이 그림 6.8의 아래 그림에서 $(1\text{s})^2$ 위치에 수평선으로 나타나 있다. 원점으로부터 이 수평선의 위치까지의 깊이는 1s 전자의 포텐셜 에너지의 크기를 나타낸다. 이것은 지금까지 언급해 온 전자의 에너지 준위, 즉 전자의 총에너지의 크기를 나타내는 것이 아니다. 이것을 더욱더 구체적으로 말

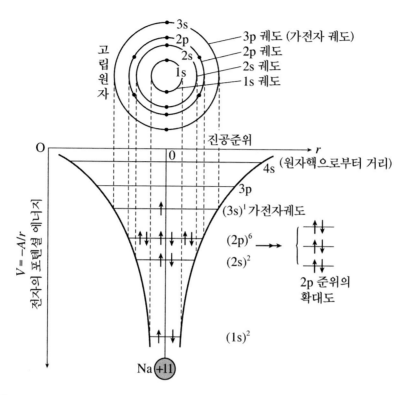

그림 6.8 고립 Na 원자 중의 전자의 포텐셜 에너지. 전자궤도와 포텐셜 에너지와의 관계를 나타낸다.

하면 포텐셜 에너지는 $V = -A/r$(식 (6.4.1)), 운동에너지는 $K = +A/2r$(부록 F, 식 (F. 7))이므로 총에너지 E_n은

$$E_n = K + V = +\frac{A}{2r} - \frac{A}{r} = -\frac{A}{2r} \tag{6.4.3}$$

이다. E_n**이 에너지 준위이고, 절댓값으로 말하면 포텐셜 에너지의 반의 크기이다.**

그렇다면 전과 마찬가지로 (2s), (2p), (3s) 궤도의 직경을 $(2s)^2$, $(2p)^6$, $(3s)^1$의 위치에 각각 수평선을 긋고 이것들이 궤도상에 수용할 수 있는 전자를 스핀의

모양(화살표)으로 기입한다. 다시 말해 포텐셜 곡선의 하부에 있는 +11은 Na 원자핵의 정전하 $+11q$를 의미한다. 1가 금속 Na 결정의 포텐셜 에너지를 그림 6.9에 나타내었다. 그림을 보면 고립 Na 원자의 포텐셜 모양은 결정 표면에만 남아 있고 결정 내부에는 포텐셜이 서로 영향을 주어 그 모양이 변형된다. 그 결과, 결정 내부에는 주기적인 포텐셜의 산이 생긴다.

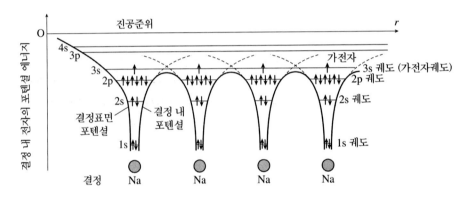

그림 6.9 금속 Na 결정 중의 전자의 포텐셜 에너지. 결정 내 포텐셜의 모양은 변형된다.

가전자인 최외각의 3s 궤도전자는 주기적 포텐셜의 산보다 위의 총에너지를 가지기 때문에 포텐셜의 산으로부터의 영향을 받으면서도 비교적 자유롭게 결정 내부를 움직일 수 있게 된다. N개의 Na 원자로 된 결정에서는 N개의 3s 전자가 있고, 이 에너지는 N개의 에너지 준위로된 에너지띠를 만든다. 이 에너지띠 내를 3s 전자가 여기저기 돌아다닌다. 이것이 전기전도의 원인으로도 되기 때문에 이 에너지띠를 **전도대**(conduction band)라고 한다.

6.5 고체 중의 자유전자

앞 절에서 언급했듯이 Na 결정 중의 3s 전자는 Na 원자가 만드는 주기적 포텐셜 장 안에서 운동하고 있다. 하지만 지금은 간단히 하기 위해 주기적 포텐셜을 무시하고 그림 6.10처럼 상자형 포텐셜을 생각한다. 상자의 양단은 무한히 높은 벽으로 되어 있어 전자가 외부로 탈출하는 것을 방해하고 있는 것으로 하자. 상자형 포텐셜 안에 에너지 밴드가 그려져 있고 밴드를 구성하는 에너지 준위에 전자가 2개씩 (역평행 스핀) 들어 있다. 단 3s 전자는 밴드의 모든 준위를 완전히 채우고 있는 것은 아니다.

그러면 여기서 전자의 **입자성**과 **파동성**에 대해 복습해 두자. 입자인 전자가 입자성을 나타내는 것은 당연한 것이지만 파동성도 나타내는 것이 아닌가라고 말하기 시작한 것은 드 브로이(de Broglie)[6]였다. 이것은 머지않아 데이비슨(Davisson)[7]과

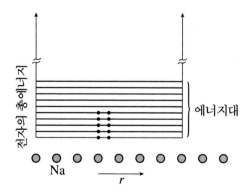

그림 6.10 상자형 포텐셜 안에 있는 자유전자

---

[6] L. V. de Broglie(1892-), 프랑스, 1924년(32세), 노벨상 수상(1929).

저머(Germer)에 의해 Ni 결정면에 전자선을 조사하는 실험에서 실증되었다. 그 결과, 전자선(또는 전자파)의 파장 λ는 전자의 질량을 m, 속도를 v, 운동량을 $p = mv$, 플랑크의 상수를 h로 하였을 때

$$\lambda = \frac{h}{p} = \frac{h}{mv} \tag{6.5.1}$$

로 나타난다는 사실을 확인했으며 이 식은 양자역학에서 매우 중요한 역할을 했다. 거기서 또 전자파의 진동수를 ν, 각진동수를 ω, $\hbar = h/2\pi$로 하면, 에너지 ε는

$$\varepsilon = h\nu = \hbar\omega \tag{6.5.2}$$

이기 때문에 전자(또는 광자)의 입자성과 파동성은 다음과 같이 정리된다. 단 여기서 k는 파수이다.

	입자성	파동성	
운동에너지	$mv^2/2 = \varepsilon$	$= h\nu = \hbar\omega$	단 $\omega = 2\pi\nu$
운동량	$mv = p$	$= h/\lambda = \hbar k$	단 $k = 2\pi/\lambda$

$$\tag{6.5.3}$$

그런데 자유전자의 운동에너지 ε는 식 (6.5.3)을 사용하면

$$\varepsilon = \frac{1}{2}mv^2 = \frac{p^2}{2m} = \frac{\hbar^2 k^2}{2m} \tag{6.5.4}$$

가 된다. 「결정격자의 원자로부터 자유로워진 전자에 대한 양이온으로부터의

---

7 C. J Davisson(1881-1958), 미국, 1927년(46세), 노벨상 수상(1937).

쿨롱인력을 무시하면 전자의 위치에너지는 0이 된다」. 이때 자유전자의 운동에
너지 ε는 동시에 총에너지이기도 하며 ε와 파수 k와는 포물선의 관계가 된다.
이것을 그림 6.11에 나타내었다.

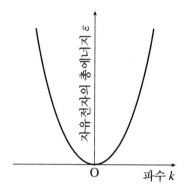

그림 6.11 자유전자의 총에너지, 즉 운동에너지와 파수. 위치에너지는 0이다.

  그림을 보면 알 수 있듯이 전자파의 파수 k(다시 말해 전자의 운동량)의 변화
에 따라 전자의 총에너지(즉 운동에너지) ε는 연속적으로 변화한다. 이것은 자
유전자의 특징이다. 결국 자유전자는 어떤 에너지라도 자유롭게 취하는 것이 가
능하고 어떤 특정 범위의 에너지를 취하는 것이 금지되어 있는 것은 아니다.

6.6 주기적 포텐셜장 내의 전자

그림 6.9에 나타낸 것처럼 주기적 포텐셜장 내의 전자는 어떤 운동을 하는 것일
까? 이것을 정확히 풀기 위해서는 양자역학의 힘을 빌려야만 한다. 여기서는 극
히 정성적으로만 다루기로 한다.

결정 중의 운동하는 전자는 파동성을 가지고 파동이 X선 회절과 똑같은 브래그 회절을 한다라는 것을 알고 있다. **브래그(Bragg)의 식**은 식 (2.5.2)에 나타낸 것처럼 파장을 λ, 면간격을 d' 대신에 d, 입사각을 θ, 양의 정수를 n이라고 하면

$$n\lambda = 2d\sin\theta \tag{6.6.1}$$

였다. 지금 그림 6.12에 나타내는 것처럼 입사각 $\theta \fallingdotseq 90°$라 하고 입사방향의 면간격을 a라고 하면 $a\sin\theta \fallingdotseq a$가 된다. 따라서 식 (6.6.1)은

$$n\lambda \fallingdotseq 2a \tag{6.6.2}$$

가 된다[8]. 이 식으로부터 이때의 파수는 근사적으로

$$k = \frac{2\pi}{\lambda} = \frac{n\pi}{a} \quad (n = 1,\ 2,\ 3,\ \cdots) \tag{6.6.3}$$

가 된다.

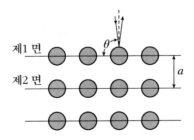

제1 면

제2 면

그림 6.12 전자파의 수직 입사는 브래그 회절을 일으켜 자유롭게 나아갈 수 없다.

---

8 그림 6.12의 제1 면에서 반사하는 파동과 제2 면에서 반사하는 파동과의 광로차(경로차)는 $2a$이다. 이 두 개의 파동이 간섭하여 서로를 강하게 하는 조건은(광로차=파장의 정수배)이다. 따라서 $2a = n\lambda$가 된다.

이와 같은 파수일 때에는 전자파는 완전 반사되어 버려 자유롭게 나아갈 수 없다. 다시 말해 이런 파수를 가진 파동은 자유롭게 나아갈 수 없기 때문에 그런 파수를 가지고서 자유롭게 나아가는 **진행파**는 존재하지 않는다는 것이다. 즉 진행하는 전자는 식 (6.6.3)에 대응하는 에너지를 가지는 것은 금지되어 있다고도 할 수 있다. 이것에 따라서 에너지 금지대가 생기는 것이라고 추측된다. 마찬가지로 $\theta = 270°$로 $k = -n\pi/a$의 파수에 대응하는 진행파는 존재하지 않는다. 식 (6.6.3)은 식 (3.5.5)와 같으므로

$$-\pi/a \leq k \leq \pi/a \tag{6.6.4}$$

인 범위를 **제1 브릴루앙 영역(Brillouin zone)**이라고 한다. 양자역학적으로 더욱 더 자세히 계산을 하면 $k = n\pi/a$에 금지대가 있어 포텐셜의 모양도 그림 6.13 처럼 k부분에서 에너지의 단절이 있어 금지대가 출현하는 것을 알 수 있다. 금지대가 이외 부분은 허용대로 그 부분의 에너지 곡선은 자유전자일 때 곡선과 거의 일치한다.

6.7 브릴루앙 영역 모형

앞 절에서는 전자파가 거의 수직입사 하는 경우($\theta \doteqdot \pi/2$)를 다루었지만 임의의 브래그 각 θ로 입사하는 경우에도 에너지의 금지대가 그림 6.13과 똑같이 생긴다. 결정면 간격을 d, 파장을 λ, 양의 정수를 n이라고 하면 브래그의 회절식은

$$n\lambda = 2d\sin\theta \tag{6.7.1}$$

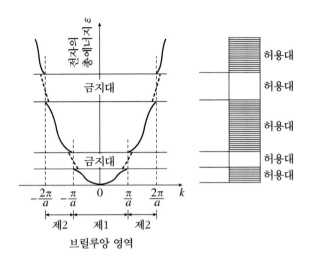

그림 6.13 주기적 포텐셜장에서는 금지대가 출현한다.

였다. 그런데 파수는 $k = 2\pi/\lambda$이므로 k는 λ의 크기에 의해 연속적으로 변화한다. 하지만 λ가 정확히 식 (6.7.1)을 만족시키는 값이 되었을 때, 즉 k가

$$k = \frac{2\pi}{\lambda} = \frac{n\pi}{d\sin\theta} \equiv k_n \quad (n = 1,\ 2,\ 3,\ \cdots) \tag{6.7.2}$$

로 되었을 때 지금까지 자유롭게 나아가던 전자파는 브래그 회절을 일으켜 결정 중을 자유롭게 통과할 수 없게 된다. n이 1, 2, 3, ⋯ 일 때, 그에 대응하는 파수 k_1, k_2, k_3가 정해진다. 이 파수를 가지는 영역에서는 그림 6.14에 나타낸 것과 같이 에너지의 금지대가 생기고 이와 같은 에너지를 가지고 진행하는 전자는 존재하지 않는 것이 된다. 이것은 자유전자가 결정 위에 빔 형태로 입사하는 경우에도 전자가 결정 중을 움직이는 경우와 같은 것이다. 즉 그림 6.14의 각 k_n에서 진행파 대신에 각 k_n에 대응하는 상, 하 두 개의 에너지 값이 다른 2조의 정상파가 생긴다. k가 금지대에 다가가면 에너지의 증가는 완만해지고 금지값 k_n에 다가가

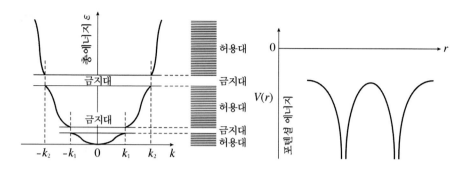

그림 6.14 폭이 좁은 에너지 우물에 대응하는 에너지띠

면 에너지의 경사는 거의 0이 된다. 이것은 회절효과가 강해지는 결과이다.

회절효과는 주기적인 포텐셜에 의한 것으로 포텐셜 골(우물)의 폭의 넓이에 따라서 그 효과는 다르다. 포텐셜 에너지 폭이 좁은 그림 6.14의 경우는 회절도 약하고 금지대 폭이 좁다. 포텐셜 에너지 폭이 0이 되면 금지대 폭도 0이 되어 금지대는 사라져 그림 6.11의 자유전자의 경우와 같아진다. 포텐셜 에너지 폭이 넓어지면 회절효과는 강해져 그림 6.15 와 같이 금지대 폭도 넓어진다. 다가 원소에서는 다가 이온을 생기게 하여 정전인력이 커지게 되고, 에너지 우물도 폭이 넓어져 금지대 폭이 커진다.

브릴루앙 영역은 전에 언급했듯이 「k에 대한 3차원 공간에서 k 값을 취하는 것이 허용되어지는 영역」을 나타낸다. 식 (6.7.2)에서 보듯이 결정면이 다르면 다른 θ에 의해 전자회절이 일어난다.

1차원 격자의 브릴루앙 영역의 끝은 그림 6.12에 나타낸 것처럼 $\theta = \pi/2$의 경우에 해당하고 식 (6.6.3)에 의해

$$k_n = n\pi/a \quad (n = 1, 2, 3, \cdots) \tag{6.7.3}$$

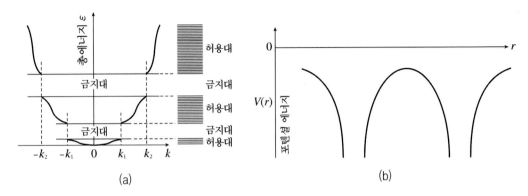

그림 6.15 폭이 넓은 에너지 우물에 대응하는 에너지띠

혹은

$$nk_n = n^2\pi/a \quad \text{또는} \quad k_x n_x = n_x{}^2\pi/a \tag{6.7.4}$$

가 된다. 식 (6.7.4)에서는 좌우양변에 n을 하나씩 여분으로 곱하고 또 k_n을 k_x, n을 n_x로 치환하였다. 이때 그림 6.13의 에너지 폭, 즉 종축을 생략하면 그림 6.16이 된다. 이것이 1 종류만의 원자로 이루어진 격자상수 a의 **1차원 격자의 브릴루앙 영역**이다.

다음으로 **2차원 정방격자**의 경우는 x, y 축을 따라 k_x, k_y 축을 정하고 각 k가 식 (6.7.3)을 만족시킬 때 항상 회절이 일어난다. 이때는 부록 G의

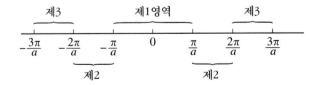

그림 6.16 격자상수 a의 1차원 격자 브릴루앙 영역

식 (G.10)에 나타낸 것처럼

$$k_x n_x + k_y n_y = \frac{\pi}{a}(n_x{}^2 + n_y{}^2) \quad (n_x, n_y = 0, \pm 1, \pm 2, \cdots) \tag{6.7.5}$$

이 된다. 단 식 (G.10)에서는 우변에 음의 부호가 있지만 n_x, n_y가 양음의 값을 취할 수 있기 때문에 식 (G.10)과 음의 부호가 없는 식 (6.7.5)와는 같은 내용이다.

이 식으로부터 제1 브릴루앙 영역의 경계는

$$
\begin{aligned}
n_x = \pm 1, \ n_y = 0 \ \text{이라고 하면} \ k_x = \pm \pi/a \\
n_x = 0, \ n_y = \pm 1 \ \text{이라고 하면} \ k_y = \pm \pi/a
\end{aligned}
\tag{6.7.6}
$$

인 조합으로부터 구해진다. 다시 말해 제1 브릴루앙 영역은 그림 6.17의 중심부근의 하얀 영역에 나타낸 정방형의 부분이다. 이 경계에 에너지 갭이 존재한다.

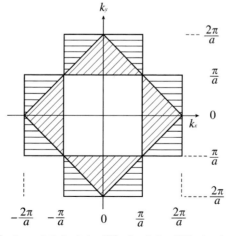

□ 제1 브릴루앙 영역　▨ 제2 영역　⊟ 제3 영역

그림 6.17 2차원 정방격자의 브릴루앙 영역

제2 브릴루앙 영역의 경계는

$$n_x = \pm 1, \ n_y = \pm 1 \ \text{로부터} \ \pm k_x \pm k_y = 2\pi/a \qquad (6.7.7)$$

의 여러 가지 조합으로부터 구해지며 제2 브릴루앙 영역은 사선을 그려 넣은 부분이 된다.

3차원 단순입방격자의 경우는 마찬가지로

$$k_x n_x + k_y n_y + k_z n_z = \frac{\pi}{a}(n_x^{\,2} + n_y^{\,2} + n_z^{\,2}) \qquad (6.7.8)$$

이 된다. 여기서 n_z는 n_x, n_y와 같이 정수의 값을 z축 방향으로 취한다. 단순입방격자의 제1 브릴루앙 영역만을 그림 6.18에 나타내었다. 다시 그림 6.19에 체심입방(그림 a), 면심입방(그림 b), 육방최밀 또는 조밀육방(그림 c) 등 각 격자의 각각의 제1 브릴루앙 영역만을 나타내었다. 그림의 상부에 각각의 결정격자도 나타내 두었다.

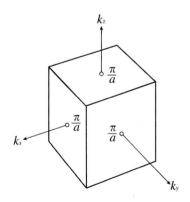

그림 6.18 단순입방격자의 제1 브릴루앙 영역

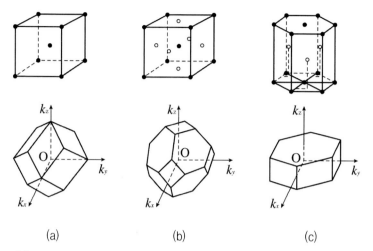

(a)   (b)   (c)

그림 6.19 (a) 위 그림은 체심입방격자 (bcc)를 나타내고, 아래 그림은 제1 브릴루앙 영역을 나타낸 것이다.
(b) 위 그림은 면심입방격자 (fcc)를 나타내고, 아래 그림은 제1 브릴루앙 영역을 나타낸 것이다. 위 그림의 흰색의 둥근 것은 면심 위치의 원자를 나타낸 것이다.
(c) 위 그림은 육방최밀격자 (hcp)를 나타내고, 아래 그림은 제1 브릴루앙 영역을 나타낸 것이다.

6.8 페르미 에너지

6.8.1 페르미-디락 분포

고체 중의 전자가 에너지 준위를 차지할 때 하나의 준위에 역평행 스핀의 전자라면 그림 6.20(a)에서처럼 2개씩 들어가는 것은 **파울리의 원리**로 알려져 있다. 또 그림 6.20(b)에서처럼 위로 향하는, 아래로 향하는 스핀을 고려하여 준위의 수를 2배로 하고 하나의 준위에 하나의 전자를 넣는 방법도 있다. 그림 (a)에서처럼 절대 0도에서 전자는 최저 에너지 준위로부터 시작하여 틈 없이 두 개씩 가득히

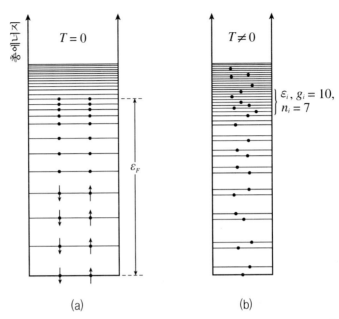

그림 6.20 (a) 절대 0도에서 에너지 준위를 파울리의 원리에 의해 전자를 채워 나간다(이 준위는 스핀의 상, 하를 역평행으로 해서 두 개씩 전자가 들어간다). ε_F는 페르미 에너지이다.
(b) 하나의 준위에 전자는 최대 한 개만 들어간다. 거의 동등한 에너지 준위 ε_i가 10개 $(=g_i)$ 있고 여기에 전자가 7개 $(=n_i)$ 들어가 있다.

높은 에너지 준위까지 채워 나간다. 그림 (b)에서는 하나의 준위에 하나의 전자밖에 넣을 수 없는 경우, 하나의 준위 ε를 절대온도 T에서 전자가 차지할 확률 또는 하나의 준위 ε가 전자에 의해서 점유될 확률이 **페르미-디락**(Fermi-Dirac)[9] **분포함수** $f(\varepsilon)$이다. 부록 H의 식 (H. 35)에 의하면

$$f(\varepsilon) = \frac{1}{e^{(\varepsilon - \mu)/k_B T} + 1}$$

(6.8.1)

---

9 E. Fermi(1901-1954), 이탈리아, 1926년(25세), 노벨상 수상(1938).
P. A. B Dirac(1902-), 영국, 1926년(24세) 노벨상 수상(1933).

이 된다. 여기서 μ는 **화학 포텐셜**(chemical-potential)[10]이며, 이것은 $f(\varepsilon)$에 후술하는 식 (6.8.25)의 상태밀도함수 $g(\varepsilon)$를 곱하여 ε에 대해서 적분하면 전자의 총합과 동등해진다라는 조건식 (6.8.29)로부터 결정되는 파라미터이다.

에너지 준위의 아래 쪽으로부터 에너지가 거의 동등한 것을 그룹으로 구분지어 각 그룹을 $\varepsilon_1, \varepsilon_2, \cdots, \varepsilon_i, \cdots$ 로 이름 붙인다. 각 에너지 그룹에 속하는 **준위의 수(양자상태의 수)**와 전자(일반적으로는 입자)의 수를 각각 $g_1, g_2, \cdots, g_i, \cdots$ 또 $n_1, n_2, \cdots, n_i, \cdots$ 라고 한다. 각 그룹에서 $n_i \leq g_i$이다. 거의 같은 에너지 준위 ε_i가 g_i개 있어 이것을 n_i개의 전자가 차지하고 있기 때문에 g_i개를 n_i개 차지하는 확률은 n_i/g_i이다. 이것이 $f(\varepsilon_i)$의 물리적 의미이며 이것을

$$f(\varepsilon_i) \equiv f_i \equiv n_i/g_i \leq 1 \tag{6.8.2}$$

로 나타낸다. 그림 6.20(b)에 나타낸 바와 같이 만약 $g_i = 10$개, $n_i = 7$이라고 하면 평균하여 $f_i = n_i/g_i = 0.7$개의 전자가 1개의 준위를 차지하고 있는 것을 나타낸다. 그래서 f_i는 에너지 ε_i의 각 하나의 준위를 차지하는 평균적인 입자수 또는 그 준위를 입자가 차지하는 확률을 나타낸 것이라고도 할 수 있다. 식 (6.8.2)를 일반화하여 $f(\varepsilon_i)$를 $f(\varepsilon)$, n_i/g_i를 n/g로 쓰면 다음과 같이 된다.

---

10 화학 포텐셜. 공간적으로 한결같은 물질계에서 온도 T, 압력 p 및 성분 i의 분량 N_i (질량, 몰수, 분자수 등) 이외의 성분의 분량을 일정하게 한 Gibbs 자유에너지 G의 편미분 계수 $\mu_i = (\partial G/\partial N_i)_{T,p,N_j(j \neq i)}$를 성분 i의 화학 포텐셜이라 하며, G는 $G = \sum_i \mu_i N_i$이다. 한결같지 않은 계에서는 μ가 높은 값의 장소로부터 낮은 장소로 성분을 이동시키려고 하는 일종의 힘이, 계의 각 성분에 작용하기 때문에 화학 포텐셜이라는 이름이 붙여졌다. 열평형 상태에서 μ는 한결같은 값을 취한다.

$$f(\varepsilon) = n/g \quad (0 \le f(\varepsilon) \le 1) \tag{6.8.3}$$

특히 $T = 0$의 경우는 다음의 3개의 경우로 나눠진다. 지금

$$\beta \equiv \frac{1}{k_B T} \tag{6.8.4}$$

로 두면

$$\left.\begin{array}{lll} (\text{i}) & \varepsilon < \mu \text{의 경우} & e^{(\varepsilon - \mu)\beta} = 0 \quad \therefore f(\varepsilon) = 1 \\ (\text{ii}) & \varepsilon = \mu \text{의 경우} & e^{(\varepsilon - \mu)\beta} = 1 \quad \therefore f(\varepsilon) = 1/2 \\ (\text{iii}) & \varepsilon > \mu \text{의 경우} & e^{(\varepsilon - \mu)\beta} = \infty \quad \therefore f(\varepsilon) = 0 \end{array}\right\} \tag{6.8.5}$$

가 된다. 이것을 그림 6.21의 계단 형태의 함수로 나타냈다. 절대 0도의 μ를 특별히 ε_F로 두면

$$\mu = \varepsilon_F \quad (T = 0\,\text{K}) \tag{6.8.6}$$

이 된다. 이것을 **페르미 에너지**(Fermi energy)라고 한다. 온도가 T_1, T_2처럼 점점 높아지면 페르미 분포함수는 그림 6.21의 파선, 1점 쇄선처럼 모양이 변해 간다. 고온이 됨에 따라 μ는 0 K일 때의 ε_F와 다르게 되지만 통상적으로는 고온에서도 μ가 거의 ε_F와 동등하다고 간주하기 때문에

$$\mu \fallingdotseq \varepsilon_F \quad (T > 0\,\text{K}) \tag{6.8.7}$$

라고 한다. 그러면 이제부터는 페르미 분포함수를

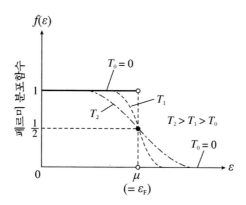

그림 6.21 페르미 분포함수의 온도 의존성. 굵은 실선은 $T_0 = 0$, 파선은 $T_1 > 0$, 1점 쇄선은
$T_2 > T_1 : \mu = \varepsilon_F$ ($T = 0$일 때), $\mu \fallingdotseq \varepsilon_F$ ($T \neq 0$일 때)

$$f(\varepsilon) = \frac{1}{e^{(\varepsilon - \varepsilon_F)/k_B T} + 1} \qquad (6.8.8)$$

로 나타내는 것으로 하자. ε_F는 절대 0도일 때는 그림 6.20(a)에 나타내는 것처럼
에너지 준위에 채워진 전자가 가지는 최고 에너지 준위를 나타낸다. 온도 T일 때
도 ε_F는 전자가 가지는 최고 에너지의 기준을 주는 것이라 할 수 있다. 온도 T일
때, ε_F보다 낮은 에너지를 가지는 전자가 ε_F보다 높은 에너지의 상태로 이동하고
이때 에너지가 높아진 전자수는 에너지가 낮은 곳으로부터 이동한 전자수와 같다.
하지만 전자의 이동을 일으키는 에너지 폭은 그림 6.22에서 나타낸 바와 같이 거의
$k_B T$의 범위이며, 이동하는 전자수와 전체 전자수와의 비는 $k_B T/\varepsilon_F$ 정도이다. 금
속 나트륨의 경우는 $\varepsilon_F \fallingdotseq 3.2$ [eV]이며, 상온(300 K)에서 $k_B T \fallingdotseq 0.026$ [eV]이
기 때문에 상기의 비는 $0.026/3.2 \simeq 1/100$의 정도이다.

페르미 분포에 있어서 전자농도 n이 작아지면 그림 6.23에 나타내는 것처럼
ε_F가 작아져 분포함수 $f(\varepsilon)$는 ε가 작은 쪽(그림에서는 왼편)으로 이동해 간다.

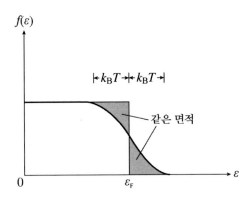

그림 6.22 ε_F보다 낮은 전자가 ε_F보다 높은 상태로 이동하는 수는 동등하다.

ε_F가 작아지면 페르미 분포는 맥스웰-볼츠만(Maxwell-Boltzmann)[11] (고전분포)에 근사적으로 접근한다. ε_F가 특히 작아질 때는 페르미 분포는 고전분포와 똑같아져

$$f(\varepsilon) \fallingdotseq e^{-(\varepsilon - \varepsilon_F)/k_B T} \propto e^{-\varepsilon/k_B T} \tag{6.8.9}$$

가 된다.

다시 말해 표준상태의 기체분자의 입자밀도(약 10^{19} [cm^{-3}]) 이하로 입자밀도가 작아질 때는, 예를 들면 보통의 반도체에서 **캐리어 농도가** 10^{18} [cm^{-3}] 이하일 때 고전분포의 식 (6.8.9)로 충분하다. 하지만 금속 중의 전자와 같이 전자농도가 매우 클 때는(금속 나트륨에서 $n = 2.5 \times 10^{22}$ [cm^{-3}]) 페르미 분포의 식 (6.8.8)을 사용해야만 한다. 이처럼 n이 큰 전자기체 또는 ε_F가 $k_B T$에 비교하

---

11 J. C .Maxwell(1831-1879), 영국, 1860년(29세).

　　L. Boltzmann(1844-1906), 호주, 1866년(22세).

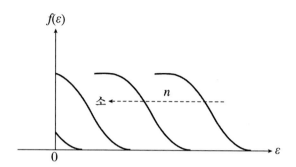

그림 6.23 전자농도 n이 작아지면 페르미 분포로부터 고전적 맥스웰 분포로 이동한다.

여 매우 큰 전자기체를 통계적으로 **축퇴한 전자가스**(degenerate gas)라고 한다. 이에 비해 표준상태의 기체분자나 반도체에서는 통상, 상온에서 에너지는 통계적으로 축퇴하고 있지 않다.

6.8.2 페르미 구

위에서 설명한 것을 그림으로 나타내면 그림 6.24처럼 된다. 그림 (a)는 고체 중의 입자밀도가 작은 경우이고 그림 (a')는 큰 경우이다. 그림의 각 입자에 붙인 화살표는 속도의 방향만을 나타내며 크기는 반드시 비례하는 것은 아니다. 각 입자의 속도 벡터 v와 파수 벡터 k와는

$$k = \frac{m}{\hbar} v \qquad\qquad (6.8.10)$$

인 관계이므로 속도를 파수로 환산하여 각 입자의 파수 벡터의 각 기점을 원점으로 평행이동한 것이 그림 (b)와 그림 (b')이다(여기에 k_z 축은 생략되어 있다). 단

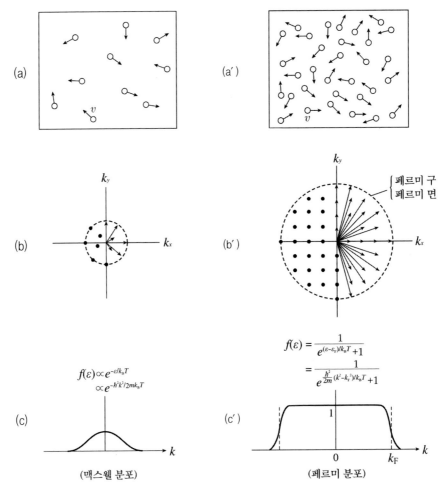

그림 6.24 (a), (b), (c)는 입자밀도가 작은 경우의 맥스웰 분포. (a′), (b′), (c′)는 입자밀도가 큰 경우의 페르미 분포

그림 (b), (b') 각각의 오른쪽 반은 벡터로써의 파수를 나타내고 왼쪽 반은 벡터 화살표의 끝 부분만을 나타내고 있지만 좌우 어느 쪽도 똑같은 것이다. 벡터 끝 부분의 분포가 파수 분포를 나타내는 것으로 된다. 그림 (c)는 횡축에 파수의 크기를 취하고 종축에는 그림 (b)의 점의 분포를 취하고 있다. 입자밀도가 작을 때

는 그림 (c)와 같이 맥스웰 분포가 된다. 그림 (c')중의 k_{F} 는 페르미 에너지 ε_{F} 에 대응하는 **페르미 파수**이고 이것에 대응하는 **페르미 속도**를 v_{F} 라고 하면

$$v_{\mathrm{F}} = \sqrt{\frac{2\varepsilon_{\mathrm{F}}}{m}} \tag{6.8.11}$$

이 된다. v_{F} 로부터 k_{F} 는

$$k_{\mathrm{F}} = \frac{m}{\hbar} v_{\mathrm{F}} = \frac{\sqrt{2m\varepsilon_{\mathrm{F}}}}{\hbar} \tag{6.8.12}$$

로 나타내어진다. Na 금속에서는 $\varepsilon_{\mathrm{F}} \doteqdot 3.2\ [\mathrm{eV}]$ 이기 때문에 $v_{\mathrm{F}} = 1.1 \times 10^{6}$ [m/s]이고, $k_{\mathrm{F}} = 0.91 \times 10^{10}\ [\mathrm{m}^{-1}]$ 이다. 3차원의 파수공간에서의 반경 k_{F} 의 구를 **페르미 구**(Fermi sphere)라고 하며 그 표면을 **페르미 면**(Fermi surface)이라고 한다.

전계를 가하였을 때 자유롭게 이동할 수 있는 전자는 ε_{F} 에 가까운 에너지를 가진 것만이 가능하며 속도 v_{F} 를 가지고 이동한다. 충돌시간이 τ 이므로 충돌하지 않고 자유롭게 움직일 수 있는 전자의 행로의 평균값, 즉 **평균자유행로**(mean free path) l 은

$$l = v_{\mathrm{F}}\tau \tag{6.8.13}$$

로 나타난다. Na 금속에서는 $\tau = 3.1 \times 10^{-14}\ [\mathrm{s}]$ 였기 때문에 $l = 340\ [\text{Å}]$ 이 된다. 이 l 의 값은 Na 금속의 격자상수 4.2 [Å]보다 훨씬 크다.

6.8.3 상태밀도

금속결정 내부의 포텐셜이 일정할 때 이것을 0으로 두면 전자의 **슈뢰딩거의 파동방정식**은

$$-\frac{\hbar^2}{2m}\left(\frac{\partial^2\phi}{\partial x^2}+\frac{\partial^2\phi}{\partial y^2}+\frac{\partial^2\phi}{\partial z^2}\right)=\varepsilon\phi \tag{6.8.14}$$

로 쓸 수 있다. 여기에 m은 전자의 질량이며, $\phi(x,y,z)$는 양자역학에서의 파동함수라고 불리우는 것으로 이것의 절댓값의 2승은 전자가 x, y, z의 위치에 있을 존재확률을 나타낸다(부록 I 참조). 한 변의 크기가 L인 입방체 결정을 생각하자. 이 입방체가 쌓이는 방향으로 각각 x, y, z축을 잡으면 이들 좌표축 방향으로 퍼텐셜이 L의 주기함수가 되므로 그에 따른 파동함수도 주기함수가 된다. 3.5절에서 이용한 주기적 경계 조건을 사용하는 것이 된다. 이때 파동함수는

$$\phi(0,\,y,\,z)=\phi(L,\,y,\,z)$$
$$\phi(x,\,0,\,z)=\phi(x,\,L,\,z)$$
$$\phi(x,\,y,\,0)=\phi(x,\,y,\,L) \tag{6.8.15}$$

인 조건을 만족시킨다. 식 (6.8.14, 15)를 만족시키는 ϕ는

$$\phi(x,\,y,\,z)=\frac{1}{\sqrt{L^3}}\exp\{i(k_x x+k_y y+k_z z)\} \tag{6.8.16}$$

가 된다. 여기에 $k_x,\,k_y,\,k_z$는 파수로 식 (3.5.3)일 때와 똑같이

$$k_x = \frac{2\pi n_x}{L} \quad (n_x = 0, \pm 1, \pm 2, \cdots)$$

$$k_y = \frac{2\pi n_y}{L} \quad (n_y = 0, \pm 1, \pm 2, \cdots)$$

$$k_z = \frac{2\pi n_z}{L} \quad (n_z = 0, \pm 1, \pm 2, \cdots) \tag{6.8.17}$$

가 된다. 또 에너지 ε는

$$\varepsilon = \frac{\hbar^2}{2m}k^2 = \frac{\hbar^2}{2m}(k_x^2 + k_y^2 + k_z^2)$$

$$= \frac{h^2}{2mL^2}(n_x^2 + n_y^2 + n_z^2) \tag{6.8.18}$$

이 된다. 여기에서 n_x, n_y, n_z은 **양자수**이고 이것들의 각 한 조에 대해서 하나의 에너지 준위가 정해진다. L은 $h/\sqrt{2m}$ 에 비해 큰 값이기 때문에 $(h^2/2mL^2)$은 매우 작아지므로 따라서 각 준위 간의 차는 매우 작고 ε는 거의 연속적으로 변화한다고 간주한다. 다시 말해 양자수(n_x, n_y, n_z)의 한 조에 의해 파수(k_x, k_y, k_z)의 한 조가 정해지고, 그것에 대응하여 에너지 준위 ε(더 나아가서는 양자상태)가 정해진다. 거기서 3차원의 파수공간을 사용하여 에너지를 나타내면 에너지는 4차원의 면이 된다. 식 (6.8.17)에서 주어지는 파수 벡터를 k 공간에 나타내면 격자상수가 $(2\pi/L)$인 단순입방격자로 나타내어져 그림 6.25(a)처럼 된다. 식 (6.8.17)에서의 양자수의 여러 가지 조합에 의해 k가 가능한 값이 그림 안에 각 격자점으로 주어지고 또 각 격자점이 가능한 양자상태를 나타낸다. 그림 (a)는 한 변의 크기가 $2\pi/L$인 주사위(그림 (b)참조)를 겹겹이 쌓은 그림으로 간주하여 하나의 격자점과 하나의 주사위를 1대 1로 대응시키는 것이 가능하다. 지금 k 공간 중의 미소체적

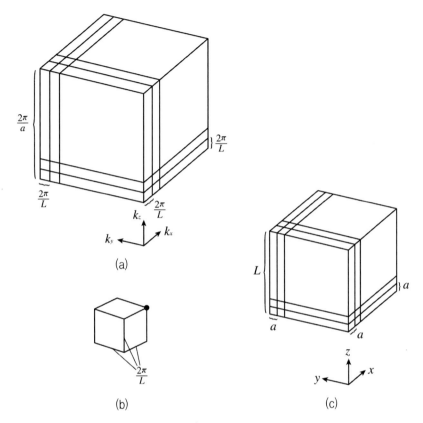

그림 6.25 (a) 파수공간에서 격자상수가 $2\pi/L$인 단순입방격자의(브릴루앙 영역 내) 각 정점이 k 가 가능한 값

(b) 3변이 $2\pi/L$의 주사위와 하나의 격자점(흑환)이 1 대1로 대응한다.

(c) 그림 (a)를 만드는 토대가 된다. 격자상수 a의 단순입방격자결정

$\Delta k \equiv \Delta k_x \, \Delta k_y \, \Delta k_z$ 중에 포함되는 양자상태의 수를 계산해 본다. 이것은 k 공간 내의 격자점의 수, 다시 말해 주사위의 수를 세면 된다. 거기에는 Δk를 주사위의 체적 $(2\pi/L)^3$으로 나누면 된다. $L^3 = V$를 결정의 체적으로 하면

$$\Delta k \text{ 내의 양자상태수} = \frac{\Delta k}{(2\pi/L)^3} = \frac{\Delta k}{(2\pi)^3/V} = \frac{V}{(2\pi)^3}\Delta k \qquad (6.8.19)$$

가 된다. **전자의 경우에는 하나의 에너지 준위에 상향과 하향의 2개의 스핀, 다시 말해 2개의 양자상태를 취할 수 있기 때문에** 식 (6.8.19)를 2배하여

$$\Delta k\ \text{내의(전자의) 양자 상태수} = 2\frac{\Delta k}{(2\pi/L)^3} = 2\frac{V}{(2\pi)^3}\Delta k \qquad (6.8.20)$$

로 하면 된다. 이 식은 식 (6.8.2) 중의 g_i에 상당한다.

L은 큰 값이기 때문에 $2\pi/L$는 $2\pi/a$에 비교하여 매우 작고, k 공간에서의 k 벡터의 끝 부분의 격자점(그림 2.26 참조)은 거의 똑같이 빽빽이 연속적으로 분포하고 있다고 간주하여 식 (6.8.20)의 Δk는 dk라고 쓸 수 있다. 2차원 k 공간의 그림 6.26에서 유추하면 알 수 있듯이 3차원 k 공간의 반경 k와 $k+dk$의 구사이의 체적은 k 공간이 등방적이면 반경 k의 구표면적 $4\pi k^2$에 두께 dk를 곱한 구각의 체적 $4\pi k^2 dk$와 같다. 즉 식 (6.8.20)의 Δk에 상당하는 것은

$$\Delta k \fallingdotseq dk \rightarrow 4\pi k^2 dk \qquad (6.8.21)$$

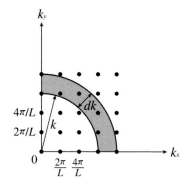

그림 6.26 3차원 k 공간(그림에서 k_z축은 지면에 수직)에서의 반경 k와 $k+dk$ 사이의 구환의 체적은 $4\pi k^2 dk$와 동등하다.

가 된다. 이 변수 k를 ε로 바꾸기 위해서는

$$\varepsilon = \hbar^2 k^2 / 2m \tag{6.8.22}$$

을 이용하여 k^2와 dk를 구하면

$$k^2 = \frac{2m}{\hbar^2}\varepsilon$$

$$dk = \sqrt{\frac{2m}{\varepsilon}}\,\frac{1}{2\hbar}d\varepsilon \tag{6.8.23}$$

이 된다. 식 (6.8.21, 23)을 식 (6.8.20)에 대입하여 정리하면 dk에 대응하는 $d\varepsilon$ 내의 전자의 양자상태는 다음과 같이 된다.

$$d\varepsilon \text{ 내의 양자 상태수} = 2\frac{V}{(2\pi)^3}\frac{4\pi}{2}\left(\frac{2m}{\hbar^2}\right)^{3/2}\sqrt{\varepsilon}\,d\varepsilon$$

$$= 4\pi\left(\frac{2m}{h^2}\right)^{3/2}\sqrt{\varepsilon}\,Vd\varepsilon \tag{6.8.24}$$

그런데 결정의 단위 체적당, 단위 에너지당 전자의 양자상태의 수를 **상태밀도** (density of states)라고 한다. 이것을 ε의 함수 $g(\varepsilon)$로 나타내어 이 함수를 **상태 밀도함수**라고도 한다. 이 $g(\varepsilon)$는 식 (6.8.24)를 $Vd\varepsilon$로 나눈 것으로(하나의 상태 에 반대 방향 스핀의 전자라면 2개까지 넣을 수 있다고 하여)

$$\frac{\text{식 (6.8.24)}}{Vd\varepsilon} \equiv g(\varepsilon) = 4\pi\left(\frac{2m}{h^2}\right)^{3/2}\sqrt{\varepsilon} \tag{6.8.25}$$

로 나타내어진다. 이것은 **3차원 결정 내의 자유전자의 상태밀도함수**로 이것을 그

림 6.27에 나타내었다. $g(\varepsilon)$는 $\sqrt{\varepsilon}$ 에 비례하여 포물선형이 되지만 이것은 자유 전자의 경우뿐이며, 실제로 금속의 $g(\varepsilon)$는 이것보다 복잡한 모양이 된다.

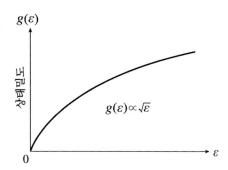

그림 6.27 3차원 결정 내의 자유전자의 상태밀도함수 $g(\varepsilon)$는 $\sqrt{\varepsilon}$ 에 비례한다.

방금 전의 식 (6.8.2)에서 언급했듯이 각 에너지 ε_i의 그룹에 있어서 $n_i = f_i g_i$ 였기 때문에 전체 입자수 N은

$$N = \sum n_i = \sum f_i g_i \qquad (6.8.26)$$

이다. g_i는 단위체적에 대한 것이 아니었기 때문에 단위체적에 대한 상태밀도함수 $g(\varepsilon)$와의 관계는 전체 체적이 V이기 때문에

$$\frac{g_i}{V} = g(\varepsilon)d\varepsilon \qquad (6.8.27)$$

이 된다. 여기서 $g(\varepsilon)$는 상태밀도이므로 유한 에너지 폭 $d\varepsilon$ 내에 있는 상태수 $g(\varepsilon)d\varepsilon$가 단위 체적당의 상태수 g_i/V에 해당된다. 식 (6.8.27)을 식 (6.8.26)에 대입해서 합을 적분으로 치환하고 f_i를 페르미 분포함수 $f(\varepsilon)$로 치환하면

$$N = \int V f(\varepsilon) g(\varepsilon) d\varepsilon \tag{6.8.28}$$

이 된다. 더욱더 단위 체적당의 입자수, 즉 입자밀도 $n = N/V$를 이용하면 식 (6.8.28)은

$$n = \frac{N}{V} = \int f(\varepsilon) g(\varepsilon) d\varepsilon \tag{6.8.29}$$

이 된다. 이것이 입자밀도와 상태밀도와 페르미 분포함수와의 사이에 있는 관계식으로 이 식은 $g(\varepsilon)$가 ε의 어떤 함수라도 일반적으로 성립하는 식이다.

자유전자의 경우의 $g(\varepsilon)$과 $n(\varepsilon)$ 그리고 페르미 분포함수 $f(\varepsilon)$과의 관계를 그림 6.28에 나타내었다. 그림 (a)는 $T = 0$인 경우로 회색 부분이 ε과 n과의 관계를 나타낸다. 그림 (b)는 $T > 0$인 경우로 ε_F 이하인 반점 부분의 전자가 ε_F 이상의 높은 에너지 준위로 여기하여 여기된 부분을 반점으로 표시한 것이다.

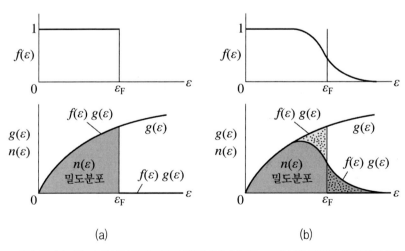

그림 6.28 (a) $T = 0$에서의 자유전자의 밀도분포, (b) $T > 0$에서의 자유전자의 밀도분포

6.8.4 자유전자의 페르미 파수, 페르미 속도, 페르미 온도

그림 6.28(a)에서 $T = 0$에서의 페르미 분포함수를 이용하여 전자농도 n을 계산해 본다. 식 (6.8.29)의 적분범위를 $0 \sim \varepsilon_F$와 $\varepsilon_F \sim \infty$로 나누면 $0 \sim \varepsilon_F$의 범위에서는 $f(\varepsilon) = 1$이고, $\varepsilon_F \sim \infty$의 범위에서는 $f(\varepsilon) = 0$이므로 식 (6.8.25)를 이용하여

$$n = \int_0^{\varepsilon_F} f g d\varepsilon + \int_{\varepsilon_F}^{\infty} f g d\varepsilon = \int_0^{\varepsilon_F} g d\varepsilon = 4\pi \left(\frac{2m}{h^2} \right)^{3/2} \int_0^{\varepsilon_F} \sqrt{\varepsilon}\, d\varepsilon$$

이 되고 이것은

$$n = \frac{8\pi}{3} \left(\frac{2m}{h^2} \right)^{3/2} \varepsilon_F^{3/2} \quad (T = 0) \tag{6.8.30}$$

으로 계산된다. 이것으로부터 ε_F를 구하면

$$\varepsilon_F = \frac{h^2}{8m} \left(\frac{3n}{\pi} \right)^{2/3} \quad (T = 0) \tag{6.8.31}$$

이 된다. 그러므로 $\varepsilon_F \propto n^{2/3}$인 것을 알 수 있다. 또 식 (6.8.12)로부터 $\varepsilon_F = \hbar^2 k_F^2 / 2m$이기 때문에 이것과 식 (6.8.31)을 비교하면 k_F가

$$\left. \begin{aligned} &k_F = (3\pi^2 n)^{1/3} \\ &k_F\,[\mathrm{cm}^{-1}] = (29.609n)^{1/3} \doteqdot 3n^{1/3}, \quad n \text{의 단위 } [\mathrm{cm}^{-3}] \end{aligned} \right\} \tag{6.8.32}$$

로 구해진다. 또 페르미 준위에서 전자의 운동량은

$$p = \hbar k_F = m v_F$$

이므로 페르미 속도 v_F

$$
\left.
\begin{array}{l}
v_F = \dfrac{\hbar k_F}{m} = \dfrac{\hbar}{m}(3\pi^2 n)^{1/3} \\[2ex]
v_F\,[\mathrm{cm/s}] = 1.157 k_F, \quad k_F \text{의 단위 } [\mathrm{cm^{-1}}]
\end{array}
\right\}
\qquad (6.8.33)
$$

로 구해진다. 페르미 에너지는 $\varepsilon_F = m v_F{}^2 / 2$으로도 나타낼 수 있기 때문에

$$\varepsilon_F\,[\mathrm{eV}] = 0.284 \times 10^{-15} v_F{}^2, \quad v_F \text{의 단위 } [\mathrm{cm/s}] \qquad (6.8.34)$$

로 구해진다. 또 페르미 온도 T_F는 페르미 에너지 ε_F를 온도로 계산한 것으로

$$
\left.
\begin{array}{l}
T_F = \dfrac{\varepsilon_F}{k_B} = \dfrac{\hbar^2}{2 m k_B}(3\pi^2 n)^{2/3} \\[2ex]
T_F\,[\mathrm{K}] = 1.16 \times 10^4 \varepsilon_F, \quad \varepsilon_F \text{의 단위 } [\mathrm{eV}]
\end{array}
\right\}
\qquad (6.8.35)
$$

로 구해진다. 단 T_F는 전자기체 자신의 온도와는 무관하다. 마지막으로 전자농도 n은 원자밀도에 원자가수를 곱하면 구할 수 있으므로 ε_F, k_F, v_F, T_F 어떤 것이라도 n만 알고 있다면 계산해서 구할 수 있다(단 자유전자모형이 성립한다고 했을 때). 이것들의 값을 다음의 표 6.1에 나타낸다.

표 6.1에서 나타낸 바와 같이 페르미 속도 v_F가 $10^8\,[\mathrm{cm/s}]$ 정도의 크기이다. 5장에서 Na의 유동속도 v_d를 구해 보면, 표 5.1에서 Na의 이동도 $\mu = 55\,[\mathrm{cm^2/Vs}]$이므로 식 (5.4.17)로부터 $E = 1\,[\mathrm{mV/cm}]$일 때 거의 $0.05\,[\mathrm{cm/s}]$이다. 이처럼 v_F와 v_d에는 큰 차이가 있다. v_d의 계산은 부록 J(식 (J. 15))를 참고하기 바란다.

표 6.1 자유전자 모형에 의한 금속의 페르미 파수 등 [Na, K는 5 K, 다른 금속은 실온]

원자가수	금속	n [cm^{-3}]	k_F [cm^{-1}]	v_F [cm/s]	ε_F [eV]	T_F [K]
1	Na	2.65×10^{22}	0.92×10^8	1.07×10^8	3.23	3.75×10^4
	K	1.40	0.75	0.86	2.12	2.46
	Cu	8.45	1.36	1.57	7.00	8.12
	Ag	5.85	1.20	1.39	5.48	6.36
	Au	5.90	1.20	1.39	5.51	6.39
2	Be	24.2	1.93	2.23	14.14	16.41
	Mg	8.60	1.37	1.58	7.13	8.27
	Ca	4.60	1.11	1.28	4.68	5.43
	Zn	13.10	1.57	1.82	9.39	10.90
3	Al	18.06	1.75	2.02	11.63	13.49
	In	11.49	1.50	1.74	8.60	9.98
4	Pb	13.20	1.57	1.82	9.37	10.87

6.9 전계 중의 고체 전자의 진동

앞 절에서는 주기적 포텐셜 내에서 전자의 에너지 준위에 대해 설명하였다. 여기서는 더욱더 시간적, 공간적으로 일정한 전계 E가 가해졌을 때의 고체전자의 운동을 생각한다.

전자가 동반하는 (전자)파는 종종 정현파의 모임, 다시 말해 **파군**(wave group) 혹은 **파속**(wave packet)으로 나타내어진다. 이 파군의 속도를 **군속도**(group velocity)라고 하며 일종의 에너지를 전달하는 속도이다. 전자파의 에너지도 군속도로 운반되어진다.

하나의 정현파의 각진동수를 ω, 파수를 k라고 하면, 이 정현파의 위상이 나아가는 속도(위상속도, phase velocity) v는

$$v = \omega / k \qquad (6.9.1)$$

이다. 하지만 군속도 벡터 $\boldsymbol{v}_{\mathrm{g}}$는 위의 식과는 달리

$$\boldsymbol{v}_{\mathrm{g}} = \frac{d\omega}{d\boldsymbol{k}} \qquad (6.9.2)$$

가 된다(부록 K 참조).

전자 또는 전자파의 에너지 ε를

$$\varepsilon = h\nu = \hbar\omega \qquad (6.9.3)$$

라 하면 이것을 식 (6.9.2)에 대입하면

$$\boldsymbol{v}_{\mathrm{g}} = \frac{1}{\hbar} \frac{d\varepsilon}{d\boldsymbol{k}} \qquad (6.9.4)$$

가 된다. 즉 전자파의 속도, 다시 말해 전자파의 에너지를 운반하는 속도는 에너지 $\varepsilon(\boldsymbol{k})$ 곡선의 경사에 의존하고 있다.

다음으로 전계의 방향과 전자속도의 방향이 같은 경우의 군 가속도 $d\boldsymbol{v}_{\mathrm{g}}/dt$를 구하면

$$\frac{d\boldsymbol{v}_{\mathrm{g}}}{dt} = \frac{1}{\hbar} \frac{d}{dt}\left(\frac{d\varepsilon}{d\boldsymbol{k}}\right) = \frac{1}{\hbar} \frac{d}{d\boldsymbol{k}}\left(\frac{d\varepsilon}{d\boldsymbol{k}}\right)\frac{d\boldsymbol{k}}{dt} = \frac{1}{\hbar} \frac{d^2\varepsilon}{d\boldsymbol{k}^2}\frac{d\boldsymbol{k}}{dt} \qquad (6.9.5)$$

이 된다[12]. 그리고 우변의 dk/dt를 구해 본다. 지금 전계 $\boldsymbol{E}$가 가해졌다고 하면 $-q$인 전하를 가지는 전자에 $-q\boldsymbol{E}$인 외력이 가해져 전자는 가속된다. Δt초간 전자가 가속되어 $v_g\,\Delta t$의 거리만큼만 나아간다고 하면 전계가 전자에 행한 일은 $(-q\boldsymbol{E})(v_g\,\Delta t)$가 된다. 전계에 의한 일의 결과, 전자의 에너지가 $\Delta\varepsilon$만큼 증가했다고 하면

$$\Delta\varepsilon = -q\boldsymbol{E}v_g\,\Delta t = -q\boldsymbol{E}\frac{1}{\hbar}\frac{d\varepsilon}{dk}\Delta t \tag{6.9.6}$$

가 된다. 또 $\Delta\varepsilon$는

$$\Delta\varepsilon = \frac{d\varepsilon}{dk}\Delta k \tag{6.9.7}$$

로 쓸 수 있기 때문에 식 (6.9.6)과 식 (6.9.7)을 동등하게 두면

$$\Delta k = -\frac{1}{\hbar}q\boldsymbol{E}\,\Delta t \tag{6.9.8}$$

인 관계를 얻는다. 이것으로부터 $\Delta k/\Delta t$의 극한값을 취하면

$$\frac{dk}{dt} = -\frac{1}{\hbar}q\boldsymbol{E} \ \text{ 또는 } \ \hbar\frac{dk}{dt} = -q\boldsymbol{E} \tag{6.9.9}$$

가 된다. 이것은 **결정 중 전자의 파수 k에 대한 운동방정식**이다. 또 운동량 $p = \hbar k$

---

[12] 전계와 전자의 속도의 방향이 다를 때 $\partial^2\varepsilon/\partial k_\alpha \partial k_\beta$은 텐서(tensor)가 된다. 단 α, β는 x, y, z 가운데 어느 하나이다.

인 것을 기억하면 이 식은

$$\frac{d\boldsymbol{p}}{dt} = -q\boldsymbol{E} \tag{6.9.10}$$

가 되고, 이것은 전자에 관계하는 뉴턴의 운동방정식이기도 하다.

그럼 식 (6.9.9)를 (6.9.5)의 $d\boldsymbol{k}/dt$에 대입하면

$$\frac{d\boldsymbol{v}_{\mathrm{g}}}{dt} = -\frac{1}{\hbar^2}\frac{d^2\varepsilon}{d\boldsymbol{k}^2}q\boldsymbol{E} \tag{6.9.11}$$

가 된다. 이 결과를 자유공간에서의 질량 m인 전자의 가속도, 즉

$$\frac{d\boldsymbol{v}}{dt} = -\frac{1}{m}q\boldsymbol{E} \tag{6.9.12}$$

와 비교하면 $(1/\hbar^2)(d^2\varepsilon/d\boldsymbol{k}^2)$은 질량의 역수인 차원을 가지고 있는 것을 알 수 있다. 즉 주기적 포텐셜 중을 전계 $\boldsymbol{E}$ 하에서 운동하고 있는 전자는 마치 겉보기 질량 m^*가

$$m^* = \hbar^2 \Big/ \left(\frac{d^2\varepsilon}{d\boldsymbol{k}^2}\right) \tag{6.9.13}$$

인 것처럼 행동한다. 이 m^*를 **유효질량**(effective mass), **실효질량** 또는 **밴드질량**이라고도 한다. 이것을 이용하여 식 (6.9.11)을 다시 쓰면

$$\frac{d\boldsymbol{v}_{\mathrm{g}}}{dt} = \frac{-q}{m^*}\boldsymbol{E} \tag{6.9.14}$$

로 나타내어진다.

식 (6.9.4)와 (6.9.13)으로부터 알 수 있듯이 파수의 함수로써의 에너지 $\varepsilon(\mathbf{k})$ 를 알고 있으면 군속도도 유효질량도 계산으로 구할 수 있다.

6.10 양과 음의 유효질량

6.10.1 자유전자

자유공간에서의 전자의 에너지는

$$\varepsilon = \frac{\hbar^2}{2m}k^2 = \frac{\hbar^2}{2m}(k_x^{\ 2} + k_y^{\ 2} + k_z^{\ 2}) \tag{6.10.1}$$

이였다. 이것을 식 (6.9.4)에 대입하면

$$v_{gx} = \frac{1}{\hbar}\frac{\partial \varepsilon}{\partial k_x} = \frac{\hbar k_x}{m} = \frac{p_x}{m}, \quad \cdots\cdots \tag{6.10.2}$$

가 되어 $p_x = mv_{gx}$가 된다. 여기에 v_{gx}는 군속도의 x 성분이다.

다음으로 식 (6.9.13)과 (6.10.1)로부터

$$m_x^* = \hbar^2 \bigg/ \left(\frac{\partial^2 \varepsilon}{\partial k_x^{\ 2}}\right) = m, \quad \cdots\cdots \tag{6.10.3}$$

이 된다. 여기에 m^*는 x 방향 전자의 유효질량으로 이것이 자유전자인 경우는 전자의 정지 질량 m과 동등해진다.

지금 1차원에서 입자 ε와 k의 관계가 그림 6.29와 같이 주어졌다고 하자. 그림 (a)처럼 에너지 곡선의 경사가 큰 것은 전자의 군속도는 빠르고 유효질량은 작다. 다시 말해 가볍다. 그림 (b)처럼 경사가 작은 것은 느리고 유효질량이 크다. 다시 말해 무겁다. 단 위의 어떤 경우도 유효질량은 양으로 각각 일정값을 취한다. 또 군속도를 v_g로 일일이 쓰는 것은 번거롭기 때문에 위상속도 v와 혼동이 없는 한 단순히 v로 쓰는 경우가 많다.

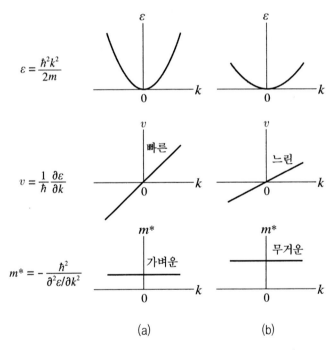

그림 6.29 자유전자 에너지 ε와 속도 v(군속도)유효질량 m^*.
(a) 빠르고 가벼운 유효질량, (b) 느리고 무거운 유효질량

6.10.2 주기적 포텐셜 중의 고체전자

그림 6.13의 1차원 제1 브릴루앙 영역 중에서의 전자에 대해 도식적으로 군속도와 유효질량을 구하면 그림 6.30처럼 된다. 그림 중에서 수직인 긴 2개의 파선은 에너지 곡선의 변곡점 위치를 나타낸다. 또 일정한 전계 E_x가 k의 음의 방향으로 가해진다.

우선 ε와 k의 관계를 본다. 전계에 의해서 식 (6.9.9)에 따라 파수 k는 $dk/dt = +qE_x/\hbar$의 빠르기로 시간에 따라 증가하고, 전자의 에너지 준위도 점차 위의

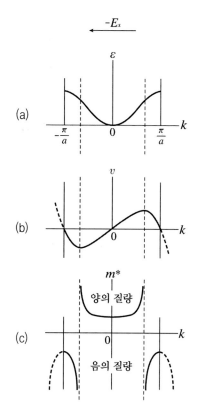

그림 6.30 주기포텐셜 중의 고체전자의 에너지 ε, 속도 v, 유효질량 m^*와 파수 k의 관계

빈 준위로 올라간다(그림 (a) 참조). k 또는 ε의 증대에 따라 식 (6.9.4)의 1차원의 식 $v_g = (d\varepsilon/dk)\hbar$에 따라서 v_g(그림에서는 v라고 쓴다)도 증대한다. ε-k 곡선의 변곡점의 위치에서 v_g는 최대가 되고 이것을 넘으면 $d\varepsilon/dk$는 감소하기 때문에(같은 전계 $-E_x$ 하에 있음에도 불구하고) v_g는 감소하기 시작한다(그림 (b) 참조).

다음으로 m^*와 k의 관계를 본다. $k = 0$부터 시작하여 ε-k 곡선의 변곡점 부근까지의 m^*는 (k의 양음에 관계없이)거의 일정한 양의 값이다.

이것은 이 범위에서는 고체전자가 자유전자와 닮은 거동을 하는 것을 나타낸다. 하지만 이 범위를 넘어서는 v_g의 감소에 따라 m^*는 음이 된다(그림 (c) 참조). m^*이 음이 되는 것은 그림 6.31(a)의 각 브릴루앙 영역의 상단 부근에서도 똑같이 일어난다. 음의 m^*에 대해서는 나중에 다시 다루기로 한다. 그림 6.31(a)는 k의 값이 $\pm\pi/a$, $\pm 2\pi/a$, $\cdots$, $\pm n\pi/a$, $\cdots$ 로 무한히 계속된다. 이것을 **확장영역**(extended zone)이라고 한다. 이것과 같은 물리적 내용을 가지고 있으며, $-\pi/a \leq k \leq \pi/a$에서만 ε-k의 관계를 나타낸 것을 **환원영역**(reduced zone)이라고 하며 그림 6.31(c)에 나타낸다. 그림 6.31(b)는 그림 (a)를 변형시킨 것으로 **주기적 영역**이라 불리어진다. 환원역역의 경우는 아래의 밴드로부터 순차적으로 ε_{1k}, ε_{2k} $\cdots$ 로 아래첨자를 붙인다. 이것을 **밴드지표**라고 한다.

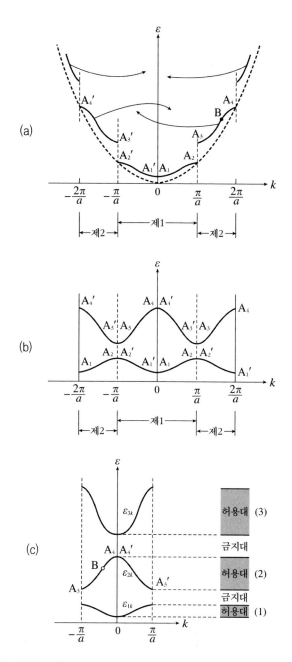

그림 6.31 결정파수 k와 전자 에너지 ε의 관계.

(a) 브릴루앙 영역은 확장영역, (b) 주기적 영역, (c) 환원영역, 밴드지표를 붙인다.

6.10.3 도체와 절연체의 구별

1차원의 ε-k 곡선을 이용하여 도체와 절연체의 구별을 정성적으로 다루기로 한다. 1차원 결정의 길이를 L, 원자(또는 이온)간격을 a라고 할 때 1차원 브릴루앙 영역의 제1 영역 내에 있는 상태수를 계산해 본다. 식 (6.8.20)을 계산하였을 때와 마찬가지로 $k \sim k + \Delta k$의 사이에 있는 상태수는 스핀을 고려하여 $2\Delta k/(2\pi/L)$이 된다. 이것을 제1 영역 $(-\pi/a \le k \le \pi/a)$ 전체에 대하여 적분한 것이 구하는 상태수가 된다. 즉

$$\int_{-\pi/a}^{\pi/a} 2\frac{L}{2\pi}dk = \frac{2L}{a} = 2N \tag{6.10.4}$$

이 된다. 여기에 N은 원자(또는 이온)수로 $N = L/a$이다. 다시 말해 제1영역에는 $2N$개의 상태수가 있다. 1가 금속에서는 1원자로부터 1개의 자유전자가 공급되므로 전자수는 N개다. N개의 전자를 에너지가 낮은 쪽으로부터 순차적으로 채워 나가면 그림 6.32(a)의 회색 부분이 되어 제1 브릴루앙 영역의 반이 전자로 채워진다.

전계가 가해지지 않을 때는, 전자의 분포는 대칭이 되어 k의 양의 측으로 향하는 전자수와 음의 측으로 향하는 전자수가 같기 때문에 양과 음으로 향하는 전자수의 차감은 0이 되어 전류는 흐르지 않는다. 하지만 전계 E_x를 x의 양의 방향으로 가해 보면 그림 6.32(a)의 A에 있는 전자는 $E_x > 0$과 식 (6.9.9) $dk_x/dt = -(1/\hbar)qE_x$로부터 k는 음의 방향으로 시간에 따라 증가하고, 전자는 순차적으로 에너지가 증대하기 때문에 더욱더 높은 준위 B, C 등으로 순차적으로 이동한다. A 이하인 에너지의 전자도 차례차례로 k의 음의 쪽(준위의 위 쪽)으로 이동한다. k의 양

의 측의 전자도 k가 작아지는 쪽(준위의 아래쪽)으로 이동하여 F에 있는 전자도
준위의 아래쪽으로 이동한다.

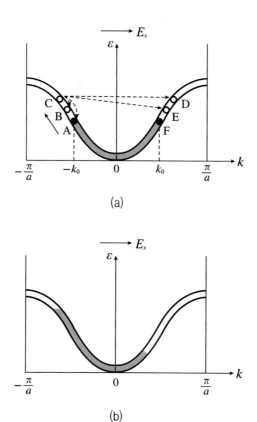

(a)

(b)

그림 6.32 (a) $k = k_0$에 대응하는 상태까지 전자가 채워지고 있는 밴드의 그림, (b) 전자의 분포가
비대칭으로 된 그림

이 결과, 그림 6.32(a)의 회색 부분 전체가 k의 음의 측으로 이동하여 파수 k
의 양의 측의 전자수보다도 음의 측의 전자수 쪽이 많아지고 k의 음의 측과 양
의 측의 전자수의 차에 상당하는 전류가 흐른다. 하지만 다음에 언급할 전자의
충돌현상 때문에 전자분포의 비대칭성이 계속적으로 심화되는 것이 아니라 어

먼 부분에서 멈추게 된다.

그것은 그림 (a)에서 우선 C에 있는 전자가 격자(포논)와 **탄성충돌**하여 전계로부터 얻은 에너지를 소실하지 않은 채 반사되고 전자파가 나아가는 방향을 역방향으로 하여 갑자기 D로 이동한다. 혹은 전자가 **비탄성충돌**을 하여 에너지의 일부를 소실하여 반사되어 E로 이동한다. 혹은 충돌 후 에너지의 일부 또는 전부를 소실하여 나아가는 방향은 같아도 에너지가 작은 B나 A로 이동한다. 이것들의 여러 과정에 의해 그림 (b)에 나타나 있는 것처럼 전체의 전자분포의 비대칭성은 일정하게 유지되어 그 결과 일정한 전류가 흐른다. 이 이유로 1가 금속은 **도체**가 될 수 있다. 즉 그림 6.32처럼 **에너지띠의 바닥의 일부분만이 전자에 의해 채워져 상부가 비어 있을 때는 도체가 될 수 있다.**

하지만 2가 원소에서는 $2N$개의 전자가 공급되므로 그림 (a)의 환원영역인 제1영역은 전자로 가득 채워진다. 이때는 x의 양의 방향으로 전계를 가하면 회색 부분이 순차적으로 왼편으로 이동하고 $-\pi/a$부터 π/a로 뛰어올라 다람쥐 쳇바퀴 돌듯 반복한다. 이 때문에 전계의 유무에 관계없이 전자는 가득 채워져 있고 그 분포는 대칭이다. 따라서 전계는 있어도 전류는 흐르지 않기 때문에 **절연체**가 된다. 1차원뿐만 아니라 일반적으로 3차원의 경우에도 제1 브릴루앙 영역이 전자로 가득 채워져 있으면 전계가 가해져도 전자는 움직일 수 없어 **절연체**가 된다.

하지만 2가 금속인 Be, Mg 등은 도체이다. 도체인 이상, 브릴루앙 영역의 어딘가에 빈 장소가 없으면 안 된다. 이것은 밴드의 겹침을 생각했을 때 설명된다. 그림 6.33에 나타낸 것처럼 제1 밴드가 에너지의 위쪽으로 이동해서 제2 밴드와 겹쳐지게 되면 제2 밴드의 낮은 에너지 준위에도 전자를 채우는 것이 가능하다. 양 밴드에 걸쳐서 전자가 채워지면 각 밴드에 채워진 전자수는 각각 $2N$보다도 적어진다[13]. 이 때문에 각 밴드에 빈 장소가 생겨 도체가 될 수 있다. 단 이때 제2

밴드의 비어 있는 곳은 특별한 작용을 한다. 이것은 다음에 설명될 정공이라는 이름이 붙여질 것이다.

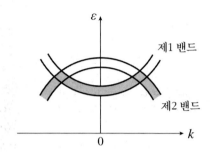

그림 6.33 위의 밴드(제2 밴드)와 아래의 밴드(제1 밴드)가 서로 겹쳐져 있다.

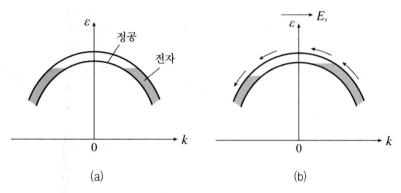

그림 6.34 (a) 그림 6.33의 제2 밴드만을 빼낸 것, (b) 여기에 전계를 가했을 때의 정공, 전자의 움직임

제2 밴드만을 빼내어 전자의 움직임을 그리면 그림 6.34(a)처럼 된다. 전계 E_x 가 x의 양의 방향으로 가해지면 정공이라 불리우는 곳과 전자가 채워져 있는 곳의 움직임은 똑같고 어느 것이나 그림 (b)의 화살표를 붙인 방향으로 이동한다.

---

13 1s, 2s, 3s, 4s 밴드에는 각 $2N$개, 2p, 3p, 4p 밴드에는 각 $6N$개, 3d, 4d 밴드에는 각 $10N$개씩 전자를 채울 수 있다.

이 때문에 전자분포도 정공분포도 비대칭이 되고 이것에 의한 전류가 흐른다.

또 2차원 브릴루앙 영역을 그려도 2가 금속이 도체인 것이 설명된다. 이것은 그림 6.35에 나타낸 것처럼 제1 영역(내측의 정방형 내에서 k_x, k_y 축에 수직 방향[지면의 겉쪽 방향]의 3차원 내의 에너지 곡면으로 싸여진 용적 내)이 전자로 가득 채워지기 전에 제2 영역(외측의 정방형 내)의 수직 방향의 에너지 곡면이 낮은 쪽으로 전자가 채워져 간다. 이 때문에 제1 영역의 구석에 실선의 1/4원과 같은 빈 장소가 남고(이것은 정공이 된다), 이 부분에 있었던 전자는 제2 영역의 실선 반원인 곳으로 빠져나와 전자가 조금 채워진 장소가 생긴다. 전계 E_x가 x의 양의 방향으로 가해지면 전자의 방향이 점선으로 표시된 것처럼 왼편으로 이

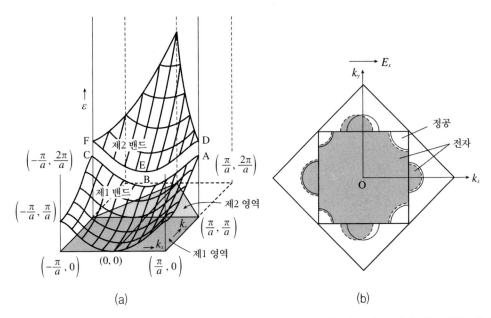

(a) (b)

그림 6.35 (a) 2차원 브릴루앙 영역에 수직인 에너지 ε 곡면. 제1 영역상의 에너지 곡선 ABC(제1 밴드 내)와 제2 영역상의 곡선 DEF(제2 밴드 내)를 비교하면 E부근은 A, C보다 낮은 에너지이다(오오타 에이지 박사에 의함). (b) 2차원 정방격자에서 에너지가 낮은 제2 브릴루앙 영역으로 전자가 빠져나와 제1 영역의 밴드 내에 비어 있는 곳이 생긴다.

동하고 회색 부분에 나타낸 것처럼 전자분포가 비대칭이 되어 이 때문에 전류가
흘러 도체인 것을 알 수 있다.

이상을 요약하면 **도체**이기 위해서는 (1) **에너지 밴드의 상부에 빈 장소가 있을
때와,** (2) **에너지 밴드의 하부의 일부만이 전자가 채워져 있을 때에 한한다.** 거꾸
로 말하면 **에너지 밴드가 완전히 전자로 채워져 있을 때는** 전계를 가해도 전자는
움직이지 못하고 **절연체**가 된다.

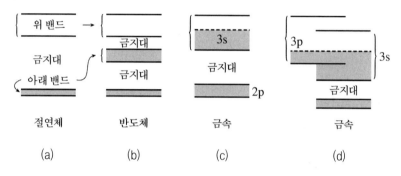

그림 6.36 회색 부분은 전자가 채워져 있는 부분. (c)는 1가 금속 등의 예, (d)는 2가 금속 등의 예로
3s와 3p 밴드가 서로 겹쳐져 있다.

이것들을 그림으로 나타내면 그림 6.36이 된다. 이 그림에서 회색 부분은 전
자가 채워져 있다. 이 중에서 금지대의 폭이 넓은 그림 (a)는 **절연체**가 되고, 좁
은 그림 (b)는 **반도체**가 된다. 반도체는 아주 적은 에너지를 가하면 전자가 아래
의 밴드로부터 위의 밴드로 이동하여 위의 밴드의 바닥에 조금의 전자가 채워지
고, 아래의 밴드의 상단에 비어 있는 곳이 생겨 도체가 되는 조건을 만족시킨다.
전도율이 금속과 절연체의 중간에 있기 때문에 반도체라고 한다. 그림 (c)는 **1가
금속** 등의 예이며 그림 (d)는 **2가 금속** 등의 예이다. 어느 것이나 에너지띠의 상
부에 빈 부분을 가지고 있어 도체가 된다.

6.10.4 정공

6.10.2항에서의 음의 유효질량과 6.10.3항에 있어서의 정공이라 불리우는 것에 대해 개략적으로 설명하였지만 이것들은 서로 관련 있는 것이기 때문에 이것들을 같이 정리해서 자세히 설명해 보자.

그림 6.31(c)에서 제 2, 제3 밴드를 빼내어 그림 6.37에 나타낸다. 금지대의 폭이 좁아 전자가 1개만 위의 제3 밴드로 여기되고 아래의 제2 밴드에 전자 1개가 빠져나간 구멍이 하나 생겼다고 하자. 전자가 빠져나간 구멍을 **정공**(positive hole, 正孔)이라고 한다. 이 그림에서 위의 밴드는 그림 6.32의 특별한 경우로, 아래의 밴드는 그림 6.34(a)의 특별한 경우로 볼 수 있다.

그림 6.37(a)에서 x축의 양의 방향으로 전계 E_x를 가하였을 때 모든 전자에 대하여 x 축상에서 x의 음의 방향으로 힘이 작용한다. 또 k 공간에서는 k_x 축의 음의 방향으로 식 (6.9.9)로부터 $dk/dt = -qE_x/\hbar$인 k_x 공간에서의 속도로 모든 전자는 이동한다. 이것을 그림에는 작게 휜 화살표로 나타내었다.

예를 들면 그림 (a)의 아래의 밴드의 6의 전자는 5로, 또 7은 6으로, 순차적으로 8→7, 9→8, 1→9(브릴루앙 영역의 경계에 오면 뛰어넘는다), 2→1, 3→2, 4→3으로 이동하고 결국 그림 (b)의 아래의 밴드와 같이 된다. 이 결과, 정공도 5→4로 이동하여 전자와 똑같이 k_x의 음의 방향으로 이동한다(그림 6.34(b)와 같은 움직임). 또 위의 밴드의 5′의 전자도 k_x의 음의 방향 4′로 이동하고 그림 (b)의 위의 밴드처럼 된다(그림 6.32(b)와 같은 움직임).

더욱더 시간이 경과하면 그림 (b)의 작게 휜 화살표로 나타낸 것과 같은 움직임을 일으켜 아래의 밴드의 정공은 4→3, 위의 밴드의 전자는 4′→3′으로 이동한다.

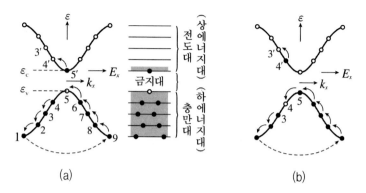

그림 6.37 모의적인 에너지 밴드. 아래의 밴드(충만대)로부터 전자 한 개만이 위의 밴드(전도대)로
여기되었을 때, 전계 E_x에서의 전자와 정공의 움직임. ε_c는 전도대의 하단의 에너지, ε_v
은 충만대(즉 가전자대)의 상단의 에너지

　그래서 위의 밴드에서는 여기전자가 자유롭게 유동하여 전기전도에 기여할
수 있으므로 이 밴드를 **전도대**(conduction band)라고 하고 아래의 밴드에는 전
자가 보통 충만하기 때문에 이것을 **충만대**(full band)라고 부르기도 하며 또 가
전자로 가득 차 있기 때문에 **가전자대**(valence band)라고도 한다.

　위에 설명한 것을 정리하면 **전계가 x 축 좌표의 양의 방향으로 가해지면 전자
도 정공도 ε-k(전자의 에너지와 전자의 파수) 곡선상에 k_x의 음의 방향으로 움직
이고, 그림 (a) 전체를 왼쪽으로 비켜 놓은 모양이 그림 (b)이다**(이것들은 그림
6.32, 6.34, 6.35 등과 같다). 다시 말해 $E_x > 0$일 때 전자도 정공도 마찬가지로
왼쪽으로 똑같은 운동을 행하기 때문에 그것들의 전자의 파수 k_x 공간에 있어서
의 운동방정식은 동일하여 식 (6.9.9)에 의해

$$\frac{dk_x}{dt} = \frac{-q}{\hbar} E_x \quad \text{(전자, 정공)} \tag{6.10.5}$$

이 된다.

그림 6.37의 전도대의 전자의 에너지를 ε_e라고 하면 k가 작을 때에는 이것을 1차원 자유전자 모델로 근사하여(아래로 볼록한 포물선으로서)

$$\varepsilon_e \doteqdot \varepsilon_c + \frac{\hbar^2 k_x^{\ 2}}{2m_e} \quad (m_e > 0, \text{ 전자})$$ (6.10.6)

로 가정한다. 단 m_e는 전도대 중의 전자의 질량, ε_c는 에너지의 기준을 정하는 것에 의해 결정되는 정수로 여기서는 전도대의 하단의 에너지를 나타낸다.

그런데 정공도 가전자대에서 질량 m_p를 가지는 입자와 동일하게 취급하는 것으로 가정하여 가전자대에서 정공의 에너지를 ε_p라 하자. k가 작은 경우, 가전자대의 상단 부근에서는 1차원 자유전자 모델로 근사하여(위로 볼록한 포물선으로서)

$$\varepsilon_p \doteqdot \varepsilon_v - \frac{\hbar^2 k_x^{\ 2}}{2m_p} \quad (m_p > 0, \text{ 정공})$$ (6.10.7)

로 가정한다. ε_v는 가전자대(즉 충만대)의 상단의 에너지를 나타낸다.

1차원 공간 내에서의 전자의 군속도를 v_e라고 하고 $v_e = (d\varepsilon_e/dk_x)/\hbar$를 구하면

$$v_e = \frac{1}{\hbar} \frac{d\varepsilon_e}{dk_x} = + \frac{\hbar k_x}{m_e}$$ (6.10.8)

가 된다. 또 정공의 군속도를 v_p라고 하면 이것은 전자일 때와 같은 식을 사용할 수 있고 식 (6.10.7)을 이용하여 이것을 구하면

$$v_p = \frac{1}{\hbar} \frac{d\varepsilon_p}{dk_x} = - \frac{\hbar k_x}{m_p}$$ (6.10.9)

가 된다.

그런데 그림 6.37에서는 전자는 x의 양의 방향의 전계 E_x에 대해서 k_x 공간에서 k_x의 음의 방향으로 움직이기 때문에 식 (6.10.8)에서 k_x는 음이므로 v_e도 음이 된다. 다시 말해 전자는 1차원 공간 중에서 전계와 역방향으로 움직인다라는 당연한 결과가 된다. **3차원 공간 중에서도 전자는 전계와 역방향으로 움직인다.** 다음으로 정공은 x의 양의 방향의 전계 E_x에 대해 전자와 같은 k_x의 음의 방향으로 움직였기 때문에 식 (6.10.9)에서 k_x는 역시 음이며 따라서 v_p는 양이 된다. 즉 정공은 1차원 공간 중에서 전계와 같은 방향으로 움직이는 것이 된다. 이것은 전자와는 역방향으로 **3차원 공간 중에서도 정공은 전계와 같은 방향으로 움직인다.**

다음으로 식 (6.10.6)으로부터 전자의 유효질량 $m_e^* = \hbar^2/(d^2 \varepsilon_e/dk_x^2)$를 구하면

$$m_e^* = m_e \tag{6.10.10}$$

가 된다. 다시 말해 전자의 유효질량은 전도대 중의 전자의 질량 그 자체이다. 하지만 정공의 유효질량 $m_p^* = \hbar^2/(d^2 \varepsilon_p/dk_x^2)$을 식 (6.10.7)로부터 구하면

$$m_p^* = -m_p \tag{6.10.11}$$

가 된다. 즉 정공의 유효질량 m_p^*는 가전자대 중의 정공의 질량 m_p와 크기는 같지만 음의 부호로 되어 버린다. 유효질량이 음이 된다는 것은 그림 6.30에서도 보았다. 이것은 ε-k 곡선의 밴드 상단 부근에서 $d^2\varepsilon/dk^2 < 0$에 따른 것이다.

그런데 **음이라는 질량은 생각하기 어려우므로** 식 (6.9.11, 13, 14)로 돌아와서

이것을 다시 생각해 보자. 그것은 1차원에서 전계가 양의 E_x, 전하가 $-q$(단 $q > 0$), 유효질량이 $m_e^* = m_e$인 전자의 운동방정식은 식 (6.9.14)에 의해

$$\frac{dv_e}{dt} = \frac{-q}{m_e} E_x \quad (m_e > 0, \; q > 0) \tag{6.10.12}$$

이다. 그런데 정공의 경우는, 전계는 양의 E_x, 전하가 $-q$, 유효질량이 $m_e^* = -m_p$이므로 정공의 운동방정식은

$$\frac{dv_p}{dt} = \frac{-q}{-m_p} E_x \quad (m_p > 0) \tag{6.10.13}$$

이 된다. 우변의 분모, 분자에 마이너스 기호가 있기 때문에 이것을 간추려 플러스 기호로 하면

$$\frac{dv_p}{dt} = \frac{+q}{+m_p} E_x \quad (m_p > 0) \tag{6.10.14}$$

가 된다. 이 식과 식 (6.10.13)과는 완전히 같으며 구별할 수 없다. 그래서 **정공의 질량은 양**으로 $+m_p$라고 하면 이때 **정공의 전하도 양**으로 $+q$라고 생각하지 않으면 안 된다. 이렇게 해서 **전계와 같은 방향으로 정공이 움직인다**는 것을 설명할 수 있다. 그래서 **정공은 양의 질량과 양의 전하를 가지는 입자로 간주한다**. 또한 전자가 빠져나간 구멍이 정공이라고 생각했던 것이 보다 이해하기 쉬운 해석이다.

6.11 홀효과

2가 금속 중의 정공 또는 다음 장에서 설명할 반도체 중의 정공의 존재는 **홀효과**

(Hall[14] effect)의 실험에 의해 증명되었다.

지금 그림 6.38에서 폭이 w, 두께가 t인 보통 고체의 박편에 x 방향의 전계를

E_x라고 하고 전류 I_x(전류밀도 J_x)를 흘려 이것과 직각인 z 방향으로 자속밀도

B_z인 자계를 가하면, I_x와 B_z에 직각인 y 방향으로 전계 E_y(전압 V_y)를 생기

게 한다.

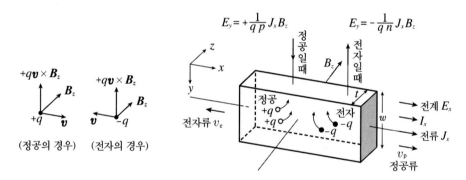

그림 6.38 홀계수가 양과 음이 되는 기구를 알 수 있다. w는 시료의 폭, t는 시료의 두께. 그림 안에
서의 전자와 정공은 전자만 있을 때와 정공만 있을 때를 구별하지 않고 함께 기입하여, 본
래는 2개의 그림으로 분리해야만 하는 것이다.

이 E_y와 V_y를 각각 **홀전계**(Hall field), **홀전압**(Hall voltage)이라고 한다.

전자 또는 정공의 군속도는 앞에서 설명한 유동속도로 이것을 v, 자속밀도를

B, 생성된 전계를 E라고 하면 전하 $-q$의 전자 또는 전하 $+q$의 정공에 작용하

---

14 E. H. Hall (1855-1938), 미국, 1879년 (24세) 홀효과를 발견.

는 로렌츠 힘(Lorentz force) F 는 일반적으로

$$F = \pm q[E + v \times B] \qquad (q > 0, \ + 는 \ 정공, \ - 는 \ 전자) \qquad (6.11.1)$$

가 된다. 전자는 $-qE_x$ 와 $-qv_x \times B_z$ 와의 합력을 받아 y 의 음의 방향으로(그림의 상측)모여서 음전하의 영역을 만든다. 이것에 의한 전계가 전자를 아래로 향하게 하는 힘으로 가해져 정상상태에서는 전자는 위로도 아래로도 가지 않고 음의 x 방향만으로 흐른다. 정공의 경우도 마찬가지로 정공이 상측에 모여 이것에 의한 전계로부터 정공은 위로도 아래로도 가지 않고 정상상태에서는 양의 x 축 방향만으로 흐른다. 따라서 정상상태에서는 전자 또는 정공에 가해지는 y 방향의 합성력 F_y 는 0이기 때문에

$$F_y = 0 \qquad (6.11.2)$$

로 나타난다. 이것을 식 (6.11.1)의 y 성분에 대해 쓰면

$$\begin{aligned} F_y &= \pm q\left\{E_y + [v \times B]_y\right\} \\ &= \pm q\left\{E_y + (v_z B_x - v_x B_z)\right\} = 0 \end{aligned} \qquad (6.11.3)$$

이 된다. 그런데 $B_x = 0$ 이므로 위 식은

$$\pm q(E_y - v_x B_z) = 0, \ \ E_y = v_x B_z \qquad (6.11.4)$$

가 된다. 이것이 y 방향으로 생기는 전계이다.

지금 전자농도를 n, 정공농도를 p 라고 했을 때 전자 혹은 정공만이 각각 있다고 하면 전류밀도 J_x 는

$$\left.\begin{array}{l} J_x = -qnv_x \quad (v_x 는 음) \\ J_x = +qpv_x \quad (v_x 는 양) \end{array}\right\} \tag{6.11.5}$$

이 된다. v_x의 양, 음을 그림 안에서는 정공류 v_p, 전자류 v_e로 나타냈다. 식 (6.11.5)로부터 구해지는 v_x를 식 (6.11.4)에 대입하면

$$\left.\begin{array}{l} E_y = -(J_x/qn)B_z = (-1/qn)J_xB_z \quad (전자) \\ E_y = +(J_x/qp)B_z = (+1/qp)J_xB_z \quad (정공) \end{array}\right\} \tag{6.11.6}$$

가 된다. 다시 말해 E_y는, 전자의 경우에는 y 축의 음의 방향(그림에서 위를 향한다)이며, 정공의 경우에는 양의 방향(그림에서 아래를 향한다)이 된다. 홀전계 E_y의 방향으로부터 캐리어가 전자인가 정공인가를 알 수 있다.

그런데 x 방향으로 흐르고 있는 전류 I_x와 y 방향에 생긴 전압의 크기 V_y는

$$V_y = wE_y, \ I_x = wtJ_x \tag{6.11.7}$$

이기 때문에 이것들에 식 (6.11.6)을 대입하면

$$\left.\begin{array}{l} V_y = -\dfrac{1}{qn}\dfrac{I_xB_z}{t} \quad (전자) \\[2mm] V_y = +\dfrac{1}{qp}\dfrac{I_xB_z}{t} \quad (정공) \end{array}\right\} \tag{6.11.8}$$

이 된다. 그래서 식 (6.11.6)에서 J_xB_z의 계수를 또는 식 (6.11.8)에서 I_xB_z/t의 계수를 R_H로 두면

$$R_{\mathrm{H}} = -1/qn \quad (\text{전자})$$
$$R_{\mathrm{H}} = +1/qp \quad (\text{정공})$$ [15]

(6.11.9)

이 된다. 이것들에 식 (6.11.6, 8)을 대입하면

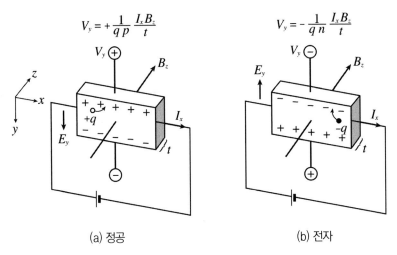

그림 6.39 홀전압의 발생. (a)는 캐리어가 정공, R_{H}가 양, (b)는 캐리어가 전자, R_{H}가 음, 시료의 두께는 t

$$R_{\mathrm{H}} = \frac{E_y}{J_x B_z} \quad (R_{\mathrm{H}} \text{의 양음은 } E_y \text{의 양음에 따른다})$$

(6.11.10)

$$R_{\mathrm{H}} = \frac{V_y t}{I_x B_z} = \frac{V_y}{I_x (B_z/t)} \quad (R_{\mathrm{H}} \text{의 양음은 } V_y \text{의 양음에 따른다})$$

(6.11.11)

가 된다. R_{H}를 **홀계수**(Hall coefficient) 또는 **홀상수**(Hall constant)라고 한다.

---

15 더욱더 고도의 계산을 하면 $R_{\mathrm{H}} = -(\text{수인자})/qn$처럼 어떤 수치가 가해진다. 정공에서도 동일.

여기서 홀전계 E_y의 양, 음에 따라서 R_H가 양, 음이 되기 때문에 R_H의 양, 음에 의해 캐리어가 정공인지 전자인지를 알 수 있다. 또 그림 6.39의 시료의 중심에 좌표축 원점을 취해 y축의 음측(그림의 상측)에서 홀전압 V_y가 양일 때(그림 (a))는 캐리어가 정공이고 R_H는 양이다.

이때 x, y, z축의 방향과 I_x, E_y, B_z의 방향이 전부 일치한다. 또 역으로 y축의 음측에서 V_y가 음일 때는 캐리어가 전자이고 R_H는 음이 된다(그림 (b)). 이때는 x, y, z축의 방향과 I_x, B_z의 방향은 일치하지만 E_y는 반대가 된다.

그래서 홀전압 V_y를 측정하면 전류 I_x, 자속밀도 B_z, 시료의 두께 t 등에 의해 홀계수 R_H가 구해진다. R_H로부터 식 (6.11.9)를 이용하여 캐리어 농도 n 또는 p가

$$\left. \begin{array}{l} n = -1/qR_H \quad (R_H \text{는 음}), \quad (전자) \\ p = +1/qR_H \quad (R_H \text{는 양}), \quad (정공) \end{array} \right\} \tag{6.11.12}$$

로 구해진다. 또 시료의 저항률을 ρ, 도전율을 σ라고 하면 시료 중의 전자의 이동도 $\mu_n (= 1/qn\rho)$과 정공의 이동도 $\mu_p (= 1/qp\rho)$는 식 (6.11.12)를 이용하여

$$\left. \begin{array}{l} \mu_n = -R_H/\rho = -\sigma R_H \quad (R_H \text{는 음}), \quad (전자) \\ \mu_p = +R_H/\rho = +\sigma R_H \quad (R_H \text{는 양}), \quad (정공) \end{array} \right\} \tag{6.11.13}$$

로 구해진다. 홀계수는 질량과 온도에 따라서 다르다. 또 측정방법에 의해서도 다르지만 20℃에서의 대략적인 값을 다음의 표 6.2에 나타내었다. 단 단위로는 V_y [V], I_x [A], B_z [Wb·m^{-2}], t [m]라고 할 때 R_H [m³/C]이 된다. 단 [C]는 쿨롱이다.

이 표로부터 2가 금속 Be, Zn, Cd 등의 R_H가 양의 값이 되고, 정공의 존재 또는 에너지띠의 상부에 전자의 빈자리가 존재한다는 것 등이 실증되어진다.

표 6.2 각종 금속의 홀계수 $(20℃)$

원소	R_H [m³/C]	원소	R_H [m³/C]	원소	R_H [m³/C]	원소	R_H [m³/C]
Li	-1.7×10^{-10}	Cu	-0.6×10^{-10}	Be	$+2.4\times10^{-10}$	Fe	$+0.2\times10^{-10}$
Na	-2.5	Ag	-0.8	Zn	$+0.3$	Co	-1.3
K	-4.2	Au	-0.7	Cd	$+0.6$	Ni	-0.6

반도체

– 구성

7.1 진성 반도체

7.2 불순물 반도체

7.3 불순물 반도체의 캐리어 농도

7.4 뜨거운 전자(핫 일렉트론)

– 개요

윌슨[1], 슬레이터[2], 블로흐[3]에 의해 1930년경까지 고체전자의 양자상태가 연구되어져, 그 고유값이 밴드(띠)가 된다는 것은 앞장에서 이미 학습했다. 이 밴드에 파울리의 배타율에 따라 에너지가 낮은 쪽부터 전자는 채워져 간다. 그리고 하나의 밴드가 틈도 없이 전자로 채워져 있을 때는 그것들의 전자는 속박전자가 되어 움직일 수 없다. 거기에 반해 밴드의 일부가 비어 있을 때는 전자는 자유롭게 이리저리 돌아다닐 수 있어 전도전자가 된다. 다시 말해 전자 그 자체에는 변화가 없지만 밴드에 채워지는 방식에 의해 전자는 속박전자로도 전도전자로도 된다.

반도체의 에너지 밴드는 거의 채워진 가전자대와 거의 비어 있는 전도대로 이루어져 그 양밴드 사이에는 폭이 약 2eV 이하인 금지대가 끼워져 있다. 이 때문에 반도체의 도전율은 절대 영도에서는 절연체이고 고온에서는 상당히 크게 되어 도체에 가까워진다. 실온에서는 도체와 절연체의 중간에 있어 $10^3 \sim 10^{-10}$ [$cm^{-1} \cdot \Omega^{-1}$]정도의 범위에 있다.

반도체를 크게 두 가지로 구분하면 불순물을 포함하는 **불순물**(또는 **외래**) **반도체**와 불순물을 포함하지 않는 **진성**(또는 **고유**) **반도체**가 있다.

이것을 다른 방식으로 분리하면 **원소 반도체**와 **화합물 반도체**로 분리되어진다. 또 불순물 반도체는 n형(캐리어는 주로 전자)과 p형(캐리어는 주로 정공) 반도체로 나누어진다.

진성 반도체의 페르미 에너지는 금지대의 거의 중앙에 있지만 불순물 반도체의 그것은 금지대의 안에서 온도에 의해 크게 좌우된다.

---

1 H. A Wilson (1874~1964) 영국.

2 J. C. Slater (1900~1976) 미국.

3 F. Bloch (1905~), 스위스-미국, 노벨상 수상(1952), 블록이라고도 불리운다.

7.1 진성 반도체

우선 표 7.1의 주기율표를 보자. 대표적인 **원소 반도체**(elemental semiconductor)
는 Si, Ge이지만 이외에도 이 표에서 테두리가 둘러져 있는 내의 원소를 원소 반도
체라고 하며, 게다가 VI족의 S, Po 및 VII족의 I, At를 포함시키는 것도 있다.

표 7.1 주기율표의 일부

II	III	IV	V	VI	VII
Be	B	C	N	O	F
Mg	Al	Si	P	S	Cl
Zn	Ga	Ge	As	Se	Br
Cd	In	Sn	Sb	Te	I
Hg	Tl	Pb	Bi	Po	At

* Sn은 회색

이 테두리 중에서 C(흑연의 경우), As, Sb, Bi를 특히 반금속(semimetal)이라고
도 한다. 반금속의 가전자대와 전도대는 정말 조금 서로 겹쳐져 있다. 실온에서
금속인 Cu의 전도전자 농도는 약 10^{23} $[cm^{-3}]$, 반도체인 Ge는 약 10^{13} $[cm^{-3}]$
이다. 이것에 비교해서 As는 대략 10^{20} $[cm^{-3}]$, Sb는 5×10^{19} $[cm^{-3}]$, 그래파
이트(graphite, 흑연)은 5×10^{18} $[cm^{-3}]$, Bi는 5×10^{17} $[cm^{-3}]$ 정도이며, 금속
과 반도체의 중간인 전자농도를 가지기 때문에 이런 원소를 반금속이라 한다.

다음에 화합물 반도체로는 아래의 것들이 있다. 이외에도 다수가 있지만 생략
한다.

III-V **화합물** : B, Al, Ga, In 등의 원소와 N, P, As, Sb, Bi 등의 원소와는 서로 1:1인 화합물을 만든다. 예를 들면 GaAs, InAs, InSb, AlP, BP 등.

II-VI **화합물** : Zn, Cd, Hg 등의 원소와 O, S, Se, Te 등의 원소와의 화합물, 예를 들면 ZnO, CdS, CdTe 등. 단 HgTe는 반금속이다.

IV-IV **화합물** : SiC, GeSi

IV-VI **화합물** : PbSe, PbTe, SnTe 등.

상기 반도체의 금지대 폭 ε_g를 표 7.2에 나타내었다. 단, 금지대 폭은 온도에 의해서 변화하기 때문에 300 [K]에서의 대략적인 값만을 나타내었다.

표 7.2 금지대 폭(d는 직접 갭, i는 간접 갭) (300 [K])

결정	족	갭	ε_g [eV]	결정	족	갭	ε_g [eV]
C	4	i	5.2	InP	3–5	d	1.35
Si	4	i	1.1	InAs	3–5	d	0.35
Ge	4	i	0.67	InSb	3–5	d	0.18
Te	6	d	0.33	CdS	2–6	d	2.42
α Sn	4	d	0.0	CdSe	2–6	d	1.74
AlSb	3–5	i	1.52	CdTe	2–6	d	1.45
Gap	3–5	i	2.26	PbS	4–6	d	0.36
GaAs	3–5	d	1.43	PbSe	4–6	d	0.27
GaSb	3–5	d	0.78	PbTe	4–6	d	0.30
SiC	4–4	–	3.0[4]	SnTe	4–6	d	0.18

---

4 0 [K]인 값. 직접 갭 등은 후에 10.5절에서 설명한다.

7.1.1 원소 반도체

여기서는 대표적인 원소 반도체인 Si, Ge에 대해서 학습한다. Si와 Ge의 최외각 전자는 각각 $(3s)^2(3p)^2$와 $(4s)^2(4p)^2$이다. 이것들은 C의 경우인 $(2s)^2(2p)^2$와 마찬가지로 s^2p^2 전자배치를 가진다. C가 2s의 2개의 전자 중 하나를 2p 준위로 올려 2p 준위에 3개, 2s 준위에 나머지 1개(4개의 전자의 스핀은 모두 같은 방향)의 sp^3 전자배치를 한 것과 마찬가지로 Si, Ge도 sp^3인 **혼성궤도**(hybridized orbital)를 만든다. 이것이 C, Si, Ge 등의 원자가가 4가 되는 이유이며, 4개의 전자는 화학에서 말하는 결합(bond)수의 역할을 한다. 따라서 결정을 형성한 C, Si, Ge 등의 IV족의 원자는 4개의 가전자를 그림 7.1처럼 정사면체의 각 구석구석의 방향으로 내놓아 옆의 원자로부터 온 전자를 서로 공유하는 결합(**공유결합**, covalent bond)을 만든다. 이 결정격자는 다이아몬드형의 입방구조(그림 7.2)가 된다.

 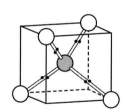 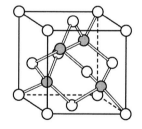

그림 7.1 IV족 원자의 사면체 결합수. 회색원자는 4개의 결합수를 내놓는다(즉 4개의 전자를 내놓는다).

그림 7.2 다이아몬드형 격자. 백색은 (000), 회색은 $\left(\frac{1}{4}\ \frac{1}{4}\ \frac{1}{4}\right)$

이것은 또 그림의 백색으로 만든 하나의 면심입방격자와 이것을 각 결정축 방향으로 $a/4$(a는 격자정수)씩 비켜 놓은 또 하나의(회색으로 만든) 면심입방격자로 이루어져 있다.

이것들의 격자를 2차원으로 나타내면 그림 7.3(a)가 되며 또 전자의 에너지 ε 와 파수 k의 관계를 그리면 그림 7.3(b)가 된다. 이 그림에서 아래의 밴드는 전 자로 가득 차있고 위의 밴드는 비어 있다. 이것을 에너지 밴드의 그림으로 그리 면 그림 (c)가 된다. 이 그림에서 **충만대**(가전자대라고도 한다)는 가득 차있고 **전도대**는 비어 있다. 이 상태에서 전자에 어떤 에너지(예를 들면 빛 에너지라든 지 열에너지)가 가해지면 원자 간의 공유결합은 끊어져 공유전자는 결합수의 부 분으로부터 튀어나온다. 그리고 그 전자가 있었던 곳에는 구멍이 생긴다. 이 구 멍이 앞장에서 설명한 **정공**(positive hole)이다. 이것을 그림 7.4(a)에 나타내었 다. 이것을 ε-k의 그림으로 나타내면 그림 (b)가 되고 아래의 밴드에 정공이 하 나가 생기며 위의 밴드로 전자가 1개 상승한다. 이것을 에너지띠 그림으로 나타 내면 그림 (c)가 된다. 이 그림처럼 위의 전도대로 올라간 1개의 전자는 전기전 도에 기여한다. 또 아래의 충만대에서 생긴 1개의 정공은 전자와 반대인 정전하 를 가진 입자로서 전기전도에 기여한다. 이것을 쇼클리(W. Shockley)[5]는 그림

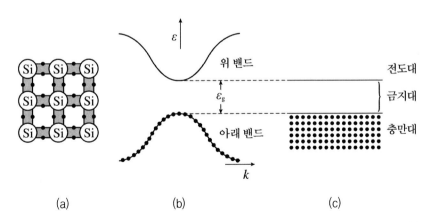

(a)   (b)   (c)

그림 7.3 (a) 다이아몬드형 격자의 2차원에서의 표시. 각 원자로부터 4개씩 전자를 내놓는다. (b) 파 수와 에너지의 관계. 위와 아래의 밴드 사이에 에너지 갭이 끼인다. (c) 그림 (b)에 대응하 는 에너지 밴드 그림

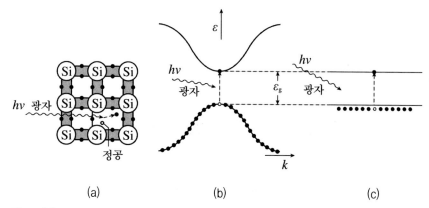

그림 7.4 (a) 공유전자의 1개가 튀어나온다. 정공이 생긴다. (b) 아래의 밴드로부터 위의 밴드로 전자가 1개 올라간다. 아래의 밴드에 정공이 하나 생긴다. (c) 충만대로부터 전자 1개가 전도대로 올라간다. 충만대에 정공이 1개 생긴다.

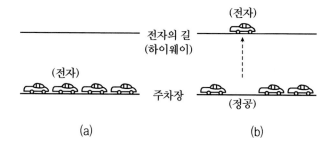

그림 7.5 (a) 그림 7.3(c)에 해당하는 것. 차고는 가득 차 있어 자동차(전자)는 나아갈 수 없다. (b) 그림 7.4(c)에 해당. 위의 길(하이웨이)로 올라간 자동차는 자유롭게 나아간다. 차고의 차도 1대씩 나아간다. 이것과 동시에 틈(정공)은 자동차(전자)와 반대의 방향으로 나아간다.

7.5와 같이 나타냈다. 즉 그림 (a)는 자동차(전자)가 아래의 차고에 가득 차 있어 자동차가 움직일 수 없는 것을 나타낸다. 그림 (b)는 자동차가 하나 위의 길(하이웨이)로 올라가 자유롭게 달릴 수 있는 것을 나타낸다. 또 이때 아래의 차고

5　W. B. Shockley(1910-　), 미국, 노벨상 수상(1956).

내에 생긴 비어 있는 곳(정공)이 자동차의 움직임과 역방향으로 나아갈 수 있다는 것을 나타내고 있다. 이것을 실제의 결정에서 그림으로 나타낸 것이 그림 7.6이다.

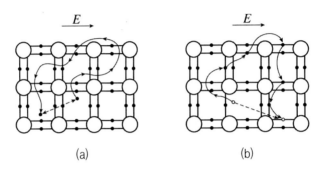

그림 7.6 (a) 전자의 불규칙운동(실선), 전자의 실질적인 변위(점선), (b) 정공의 불규칙운동(실선), 정공의 실질적인 변위(점선)

그림 (a)는 전계 E가 가해진 아래에서의, 전자의 불규칙 운동을 실선으로 나타내고 있다. 그리고 전자의 실질적인 변위를 점선으로 내타내고 있다. 마찬가지로 그림 (b)는 정공의 불규칙 운동을 실선으로 나타내고 그 실질적인 변위를 점선으로 나타내고 있다. 일반적으로 반도체는 이와 같은 두 종의 전도기구를 가질 수 있기 때문에 이것을 **양극성 전도**(ambipolar conduction)라고 한다. 또이런 전도기구를 반도체의 **진성전도**(intrinsic semiconduction)라고 하고 이와 같은 전도기구를 가진 반도체를 **진성 반도체**(intrinsic semiconductor)라고 한다.

전도대에 있는 전자농도를 n, 충만대에 있는 정공농도를 p라고 하면 그림 7.7에 나타낸 것처럼 진성 반도체에서는 n과 p가 반드시 같아지기 때문에 다음과 같이 된다.

$$n = p \tag{7.1.1}$$

지금 전자와 정공의 이동도의 크기와 도전율의 크기를 각각 μ_e, μ_p와 σ_e, σ_p라고 하면 식 (5.4.20)으로부터

$$\sigma_e = nq\mu_e \tag{7.1.2}$$

$$\sigma_p = pq\mu_p \tag{7.1.3}$$

가 된다.

열에너지를 얻어 전자가 여기된다.

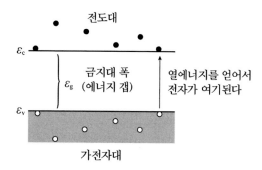

그림 7.7 열에너지를 얻어 전자가 충만대로부터 전도대에 여기된다(진성전도의 기구)

진성 반도체일 때는 전자와 정공 둘 다 전도에 기여하기 때문에 이 경우의 도전율의 크기를 σ_i라고 하고 진성농도를 $n_i (\equiv n = p)$라고 두면 다음과 같이 된다.

$$\sigma_i = \sigma_e + \sigma_p = nq\mu_e + pq\mu_p = n_i q(\mu_e + \mu_p) \tag{7.1.4}$$

7.1.2 진성 반도체의 캐리어 농도

캐리어의 단위 체적당 농도 n은 식 (6.8.29)로부터

$$n = \int f(\varepsilon) g(\varepsilon) \, d\varepsilon \qquad (7.1.5)$$

였다. 여기서 $f(\varepsilon)$는 캐리어가 에너지 ε를 가지는 확률을 나타내는 페르미 분포함수이며, $g(\varepsilon)$는 상태밀도, 즉 단위 체적당, 단위 에너지당 에너지 ε를 가지는 **상태수**이다. 여기서 $f(\varepsilon)$는 식 (6.8.8)에 의해

$$f(\varepsilon) = \frac{1}{e^{(\varepsilon - \varepsilon_{\mathrm{F}})/k_{\mathrm{B}} T} + 1} \qquad (7.1.6)$$

이다. 또 $g(\varepsilon)$는 캐리어가 실효(유효)질량 m^*를 가지는 자유전자와 동등하게 행동하는 것으로 가정하면 6장 8절의 자유전자모형의 이론을 사용할 수 있으므로 식 (6.8.25)에 의해 다음과 같이 된다.

$$g(\varepsilon) = 4\pi \left(\frac{2m^*}{h^2} \right)^{3/2} \varepsilon^{1/2} \qquad (7.1.7)$$

지금은 캐리어의 농도를 구체적으로 계산하기 때문에 캐리어를 전자와 정공으로 나누어 각각에 대해 계산한다. 이 때문에 페르미 분포함수와 상태밀도함수를 전자와 정공으로 나누어 각각을 그림 7.8에 나타낸다.

전자의 유효질량을 m_{e}^*, **전도대**(conduction band)의 상태밀도를 $g_c(\varepsilon)$, 전도대의 하단을 ε_c라고 하면 $\varepsilon = \varepsilon_c$를 기점으로 하여 $g_c(\varepsilon)$는

$$g_c(\varepsilon) = 4\pi \left(\frac{2m_e^*}{h^2} \right)^{3/2} (\varepsilon - \varepsilon_c)^{1/2} \quad (\varepsilon \geq \varepsilon_c) \tag{7.1.8}$$

로 나타낸다. 또 정공의 유효질량을 m_p^*, **가전자대**(valence band)의 상태밀도를 $g_v(\varepsilon)$, 가전자대의 상단을 ε_v로 하고 $\varepsilon = \varepsilon_v$을 기점으로 하여 $g_v(\varepsilon)$는

$$g_v(\varepsilon) = 4\pi \left(\frac{2m_p^*}{h^2} \right)^{3/2} (\varepsilon_v - \varepsilon)^{1/2} \quad (\varepsilon < \varepsilon_v) \tag{7.1.9}$$

로 나타내어진다. 이것들을 그림 7.8(b)의 위와 아래에 나타냈다. 전자의 페르미 분포함수를 $f_e(\varepsilon)$로 쓰면 정공의 분포함수 $f_p(\varepsilon)$는 각 에너지 준위에서의 전자 가 빠진 구멍의 수와 같으므로

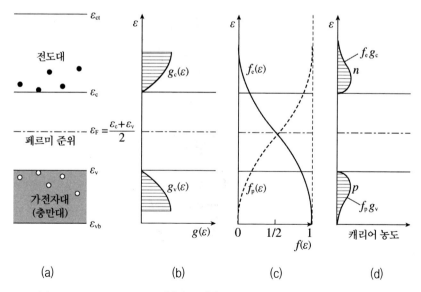

그림 7.8 (a) 에너지 밴드 그림, (b) $g_c(\varepsilon)$와 $g_v(\varepsilon)$는 전도대와 가전자대의 상태밀도, (c) $f_e(\varepsilon)$와 $f_p(\varepsilon)$는 전자와 정공의 페르미 분포함수, (d) n과 p는 전자와 정공의 농도

$$f_p(\varepsilon) = 1 - f_e(\varepsilon) \tag{7.1.10}$$

가 된다. 이것들을 그림 (c)의 실선과 점선으로 나타냈다. 그래서 전도대의 전자 농도 n은 $g_c(\varepsilon)$와 $f_e(\varepsilon)$의 곱을 전도대의 하단 ε_c로부터 그 상단 ε_{ct}(top of conduction band)까지 적분하면 된다. 즉

$$
\begin{aligned}
n &= \int_{\varepsilon_c}^{\varepsilon_{ct}} g_c(\varepsilon) f_e(\varepsilon) d\varepsilon \\
&= \int_{\varepsilon_c}^{\varepsilon_{ct}} 4\pi \left(\frac{2m_e^*}{h^2} \right)^{3/2} (\varepsilon - \varepsilon_c)^{1/2} \frac{1}{e^{(\varepsilon - \varepsilon_F)/k_B T} + 1} d\varepsilon
\end{aligned}
\tag{7.1.11}
$$

가 된다. 또 정공농도는 $g_v(\varepsilon)$와 $f_p(\varepsilon)$의 곱을 가전자대의 바닥 $\varepsilon = \varepsilon_{vb}$(bottom of valence band)로부터 상단 $\varepsilon = \varepsilon_v$까지 적분하면

$$
\begin{aligned}
p &= \int_{\varepsilon_{vb}}^{\varepsilon_v} g_v(\varepsilon) f_p(\varepsilon) d\varepsilon \\
&= \int_{\varepsilon_{vb}}^{\varepsilon_v} g_v(\varepsilon) \left[1 - f_e(\varepsilon) \right] d\varepsilon \\
&= \int_{\varepsilon_{vb}}^{\varepsilon_v} 4\pi \left(\frac{2m_p^*}{h^2} \right)^{3/2} (\varepsilon_v - \varepsilon)^{1/2} \left\{ 1 - \frac{1}{e^{(\varepsilon - \varepsilon_F)/k_B T} + 1} \right\} d\varepsilon \\
&= \int_{\varepsilon_{vb}}^{\varepsilon_v} 4\pi \left(\frac{2m_p^*}{h^2} \right)^{3/2} (\varepsilon_v - \varepsilon)^{1/2} \frac{1}{e^{-(\varepsilon - \varepsilon_F)/k_B T} + 1} d\varepsilon
\end{aligned}
\tag{7.1.12}
$$

가 된다. 단 $\varepsilon_{vb} > 0$이다.

나중에 기술하겠지만 페르미 에너지 ε_F는 진성 반도체일 때는 금지대의 거의 중앙으로 오기 때문에$(\varepsilon_F \doteqdot \varepsilon_g / 2)$, 전도대의 적분범위$(\varepsilon_{ct} \geq \varepsilon \geq \varepsilon_c)$에서는

$\varepsilon - \varepsilon_{\mathrm{F}} \geq \varepsilon_{\mathrm{g}}/2$ 이다. 이것의 한 예로 Ge, Si에서는 ε_{g} 가 각각 약 0.67 eV, 1.1 eV 이기 때문에 실온의 경우, $k_{\mathrm{B}} T \fallingdotseq 0.0259\,\mathrm{eV} \fallingdotseq 1/40\,\mathrm{eV}$ 와 비교하면

$$\varepsilon - \varepsilon_{\mathrm{F}} \geq \varepsilon_{\mathrm{g}}/2 \gg k_{\mathrm{B}} T \tag{7.1.13}$$

가 된다. 그래서 식 (7.1.13)이 성립할 때는 식 (7.1.11)의 분포함수의 분모 1은 무시할 수 있다. 이것은 $f_{\mathrm{e}}(\varepsilon)$ 가 그렇게 크지 않고, 전도대의 전자농도 n 이 그렇게 크지 않다는 것을 의미하고 있다. 그 결과, 페르미 분포함수는 고전적인 맥스웰 분포함수와 같은 모양이 되어

$$f_{\mathrm{e}}(\varepsilon) = \frac{1}{e^{(\varepsilon - \varepsilon_{\mathrm{F}})/k_{\mathrm{B}}T} + 1} \fallingdotseq e^{-(\varepsilon - \varepsilon_{\mathrm{F}})/k_{\mathrm{B}}T} \tag{7.1.14}$$

가 된다. 이 근사식이 성립하기 위해서는 $\varepsilon_{\mathrm{c}} - \varepsilon_{\mathrm{F}} > 3k_{\mathrm{B}} T$ 이면 된다(부록 L 참조).

마찬가지로 $f_{\mathrm{p}}(\varepsilon)$ 의 ε 는 $\varepsilon = \varepsilon_{\mathrm{v}}$ 이하에서 음의 값을 취하는 것에 주의하여 $(\varepsilon_{\mathrm{F}} - \varepsilon) \geq \varepsilon_{\mathrm{g}}/2 \gg k_{\mathrm{B}} T$ 가 되기 때문에 f_{p} 의 분모 1을 무시하여 다음과 같이 된다.

$$f_{\mathrm{p}}(\varepsilon) = \frac{1}{e^{-(\varepsilon - \varepsilon_{\mathrm{F}})/k_{\mathrm{B}}T} + 1} \fallingdotseq e^{(\varepsilon - \varepsilon_{\mathrm{F}})k_{\mathrm{B}}T} \tag{7.1.15}$$

그리고 $\varepsilon - \varepsilon_{\mathrm{F}} > 3k_{\mathrm{B}} T$ 에서는 $f_{\mathrm{e}}(\varepsilon)$ 의 값은 $f_{\mathrm{e}}(\varepsilon_{\mathrm{F}} + 3k_{\mathrm{B}} T) < 0.05$ 처럼 매우 작기 때문에 식 (7.1.11)의 적분상한을 ∞ 로 하여도 적분값은 좋은 근사로 되어 있다(부록 L참조). 마찬가지로 $(\varepsilon_{\mathrm{F}} - \varepsilon) > 3k_{\mathrm{B}} T$ 일 때는 $f_{\mathrm{p}}(\varepsilon)$ 의 값은 $f_{\mathrm{p}}(\varepsilon_{\mathrm{F}} - 3k_{\mathrm{B}} T) < 0.05$ 와 같이 매우 작아지기 때문에 식 (7.1.12)의 적분하한을 $-\infty$ 로

하여도 적분값은 좋은 근사로 되어 있다. 이것들의 조건을 대입하면 식 (7.1.11) 과 (7.1.12)는 각각

$$n = 4\pi \left(\frac{2m_e^*}{h^2} \right)^{3/2} \int_{\varepsilon_c}^{\infty} (\varepsilon - \varepsilon_c)^{1/2} e^{-(\varepsilon - \varepsilon_F)/k_B T} d\varepsilon \qquad (7.1.16)$$

$$p = 4\pi \left(\frac{2m_p^*}{h^2} \right)^{3/2} \int_{-\infty}^{\varepsilon_v} (\varepsilon_v - \varepsilon)^{1/2} e^{(\varepsilon - \varepsilon_F)/k_B T} d\varepsilon \qquad (7.1.17)$$

이 된다. 이것들을 각각 적분하면(부록 M 참조)

$$n = N_c e^{-(\varepsilon_c - \varepsilon_F)/k_B T} \doteqdot N_c f_e(\varepsilon_c) \qquad (7.1.18)$$

$$N_c \equiv 2 \left(\frac{2\pi m_e^* k_B T}{h^2} \right)^{3/2} \qquad (7.1.19)$$

또 마찬가지로

$$p = N_v e^{-(\varepsilon_F - \varepsilon_v)/k_B T} \doteqdot N_v f_p(\varepsilon_v) \qquad (7.1.20)$$

$$N_v \equiv 2 \left(\frac{2\pi m_p^* k_B T}{h^2} \right)^{3/2} \qquad (7.1.21)$$

이 되어 전자와 정공의 농도가 구해진다. 이 식을 보면 캐리어 농도는 온도 T와 페르미 에너지 ε_F에 의해 변한다는 것을 알 수 있다. 전자 또는 정공의 유효질량이 전자의 정지질량 m_0와 같다면 $m_e^* = m_0$, $m_p^* = m_0$로서 식 (7.1.19)와 (7.1.21)은 다음과 같이 된다.

$$N_c = N_v = 4.83 \times 10^{21} \, T^{3/2} \, [\text{m}^{-3} \text{K}^{3/2}], \quad (m_e^* = m_p^* = m_0) \qquad (7.1.22)$$

식 (7.1.18)은 전도대의 전자농도를, 또 식 (7.1.20)은 가전자대의 정공농도를 나타내는 식이지만 이것들을 다음과 같이 해석하는 것도 가능하다. 식 (7.1.18) 에서 분포함수의 항과 식 (7.1.14)를 비교하면 $\varepsilon = \varepsilon_c$에서의 분포함수 $f_e(\varepsilon_c)$의 형으로 되어 있기 때문에 식 (7.1.18)에서 N_c를, 전도대의 전자의 상태밀도 $g_c(\varepsilon)$를 전부 $\varepsilon = \varepsilon_c$라는 전도대의 바닥에 압축했다고 가정하였을 때의 상태밀 도라고 생각하기로 한다. 이 의미에서 N_c를 **전도대의 등가상태밀도**(equivalent density-of-states) 또는 **유효상태밀도**(effective density-of-states)라고 한다. 마찬 가지로 식 (7.1.20)과 (7.1.15)를 비교하면 식 (7.1.20)에서 분포함수가 $\varepsilon = \varepsilon_v$에 서의 분포함수 $f_p(\varepsilon_v)$의 형으로 되어 있기 때문에 가전자대의 상태밀도 $g_v(\varepsilon)$를 전부 가전자대의 상단 $\varepsilon = \varepsilon_v$으로 압축했다고 가정하여 N_v를 **가전자대의 등가 상태밀도**라고 한다. 이것을 그림 7.9에 나타내었다.

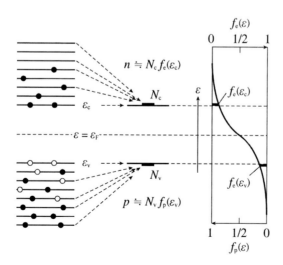

그림 7.9 등가상태밀도(유효상태밀도) N_c와 N_v의 설명도. $f_e(\varepsilon)$와 $f_p(\varepsilon)$는 각각 역방향으로 잰다.

7.1.3 진성 반도체의 페르미 준위

여기서 진성 반도체의 페르미 준위 ε_F 를 계산해 본다. 진성 반도체에서는 식 (7.1.1)에 나타냈던 것처럼 n 과 p 는 동등하므로 이것을 n_i 로 두면

$$n = p \equiv n_i \tag{7.1.23}$$

가 되고, 식 (7.1.18)과 (7.1.20)을 동등하게 두면

$$N_c e^{-(\varepsilon_c - \varepsilon_F)k_B T} = N_v e^{-(\varepsilon_F - \varepsilon_v)/k_B T} \quad (\equiv n_i) \tag{7.1.24}$$

가 된다. 식 (7.1.19)와 (7.1.21)을 이용하여 위식을 ε_F 에 대해 풀면

$$= \frac{\varepsilon_c + \varepsilon_v}{2} + \frac{3}{4} k_B T \ln\left(\frac{m_p^*}{m_e^*}\right) \tag{7.1.25}$$

가 된다. 이것이 진성 반도체의 페르미 준위이다. 만약

$$m_e^* = m_p^* = m^* \tag{7.1.26}$$

으로 가정해도 좋을 때는

$$\varepsilon_F = \frac{\varepsilon_c + \varepsilon_v}{2} = \varepsilon_g \quad (m_e^* = m_p^* \text{일 때}) \tag{7.1.27}$$

이 된다. 즉 진성 반도체의 페르미 준위 ε_F 는 $m_e^* = m_p^*$ 일 때는 온도에 관계없이 금지대의 중앙에 위치한다. 하지만 $m_p^* > m_e^*$ 라면 ε_F 는 중앙보다 위에 위치하고

식 (7.1.25)에 의해 ε_F 는 온도의 영향도 받게 된다.

여기서 식 (7.1.18)과 (7.1.20)으로 부터 n과 p의 곱을 구해 보면

$$np = n_i^2 = N_c N_v e^{-\varepsilon_g/k_B T} = 4(2\pi k_B T/h^2)^3 (m_e^* m_p^*)^{3/2} e^{-\varepsilon_g/k_B T} \tag{7.1.28}$$

가 된다. 이 관계식은 전자와 정공이 맥스웰 분포를 하고 있어(다시 말해 ε_F 가 전도대의 바닥부터도, 가전자대의 상단부터도 $3k_B T$ 이상 떨어져 있어서[부록 L 참조]), n_i가 작을 때 성립한다. 게다가 이식은 다음의 7.2절에서 기술할 불순물 반도체일 때도 그대로 성립한다. 어느 쪽이든 온도 T에서 물질이 정해지면 ($\varepsilon_g, m_e^*, m_p^*$가 주어지므로) np인 곱은 일정하게 된다. 이것을 **np 곱의 일정성**이라 한다. $300\,[\mathrm{K}]$에서의 Ge에서는 진성농도는 $2.4\times10^{13}\,[\mathrm{cm}^{-3}]$, Si에서는 $1.5\times10^{10}\,[\mathrm{cm}^{-3}]$정도이다.

식 (7.1.28)로부터 진성 반도체의 캐리어 농도 $n_i(= n = p)$를 구하면

$$n_i = 2\left(\frac{2\pi k_B T}{h^2}\right)^{3/2} (m_e^* m_p^*)^{3/4} e^{-\varepsilon_g/2k_B T} \tag{7.1.29}$$

가 된다.

진성 반도체의 도전율 σ_i는 식 (7.1.4)와 (7.1.29)로부터

$$\sigma_i = 2q\left(\frac{2\pi k_B T}{h^2}\right)^{3/2} (m_e^* m_p^*)^{3/4} e^{-\varepsilon_g/2k_B T}(\mu_e + \mu_p) \tag{7.1.30}$$

으로 구해진다. 이 식으로부터 온도의 상승에 따라 캐리어가 증가하고 σ_i도 증가하는 상태를 잘 알 수 있다. 양변에 상용대수를 취하면

$$\log\left(\frac{\sigma_{\mathrm{i}}}{T^{3/2}}\right) = \log\left\{2q\left(\frac{2\pi k_{\mathrm{B}}}{h^2}\right)^{3/2}(m_{\mathrm{e}}^* m_{\mathrm{p}}^*)^{3/4}(\mu_{\mathrm{e}} + \mu_{\mathrm{p}})\right\} - \frac{0.434\varepsilon_{\mathrm{g}}}{2k_{\mathrm{B}}}\frac{1}{T} \quad (7.1.31)$$

이 된다. 전자, 정공의 이동도 μ_{e}, μ_{p}는 온도에 의해 변화하지만 이것들이 온도에 의해 너무 변화하지 않는 온도범위에서는 $\log(\sigma_{\mathrm{i}}/T^{3/2})$와 $1/T$의 관계를 나타내는 그래프는 거의 직선이 된다. 이 기울기로부터 $0.434\varepsilon_{\mathrm{g}}/2k_{\mathrm{B}}$가 구해지므로 진성 반도체의 금지대 폭 (밴드 갭) ε_{g}를 구할 수 있다(그림 7.10 참조). 저항률 ρ로부터도 ε_{g}가 구해지지만 $\log(\rho T^{3/2})$와 $1/T$의 그래프는 그림 7.10과는 반대로 오른쪽 위를 향하는 직선이 되고 그 기울기로부터도 ε_{g}가 계산된다.

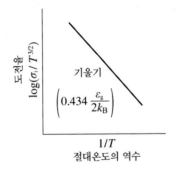

그림 7.10 진성 반도체의 금지대 폭 ε_{g}를 구한다.

절대영도에서의 금지대 폭을 $\varepsilon_{\mathrm{g}0}$이라 하고, 비례상수를 $\alpha\,(>0)$라고 하면 $T\,[\mathrm{K}]$에서의 ε_{g}는 일반적으로

$$\varepsilon_{\mathrm{g}} = \varepsilon_{\mathrm{g}0} - \alpha T \quad\quad\quad (7.1.32)$$

로 나타내어진다. 이 식을 식 (7.1.31)에 대입하면 $\varepsilon_{\mathrm{g}0}$가 구해진다. 여러 가지 반도체의 금지대 폭을 표 7.2에 나타내었다.

7.2 불순물 반도체

공유결합을 하고 있는 4가의 원소 반도체, 예를 들면 Si, Ge 중에 극미량의 5가 또는 3가의 원소를 넣으면 원소 반도체와는 전기적 성질이 매우 다른 재료가 된다. 넣은 극미량의 원소, 즉 **불순물**(impurity)을 도판트(dopant)라고 하며, 불순물을 넣는 것을 **도핑**(doping)이라고 한다.

7.2.1 n형 불순물 반도체

n형 Si 반도체는 Si에 V족의 5가인 인(P), 비소(As), 안티몬(Sb) 등을 극미량 넣은 것이다. 예를 들면 As를 넣으면 Si가 있어야 할 곳에 As가 **치환**하여 들어가서 그림 7.11 (a)에 나타내는 것처럼 As의 5개의 결합수 중에 1개가 남는다. 다시 말해 결합용인 전자가 1개 남는다. 이 과잉된 1개의 전자는 작은 열에너지에서도 As로부터 쉽게 유리하고 자유전자로 될 수 있다. 이때 중성이었던 As는 As$^+$ 양이온이 된다. 저온에서는 과잉전자는 쿨롱 인력에 의해 As$^+$ 이온에 느슨하게 붙잡혀 있고 그 주위를 주회운동하고 있다. 하지만 아주 작은 열에너지가 주어지면 자유전자가 되어 전기전도에 기여할 수 있다.

이것들을 에너지 밴드로 나타내면 그림 7.11(b), (c)가 된다. As의 외각의 5개의 전자 중에 4개의 전자까지는 충만대로 수용되고 있다. 하지만 나머지 1개는 남았기 때문에 저온일 때는 As$^+$ 이온이 가지는 전하 $+q$에 의한 쿨롱힘에 의해서 붙잡힌다. 이때는 전도대로부터 정말 조금 아래에 얕은 속박준위가 생긴 것과 똑같다. 저온에서는 여기에 전자가 위치하고 있다(그림 (b) 참조). 온도가 올라가 작은 열에너지가 주어지면, (가전자대 내에 정공을 만들지 않고)전도대로

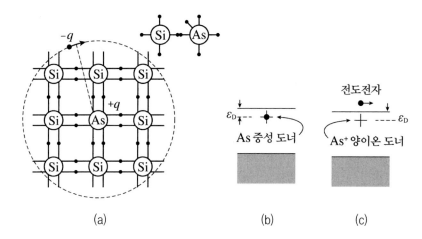

그림 7.11 (a) As의 5번째 전자(−q)가 As⁺ 이온의 전하(+q)의 주위를 주회운동하고 있다. 이 경우 전자는 As⁺에 속박되어 있어 As는 중성인 도너이다.

(b) 그림 (a)를 에너지 밴드 그림으로 나타낸 것. ε_D는 도너 준위라 불리우며, 전자의 속박 준위이다. 여기에 중성 도너가 있다.

(c) 조금의 열에너지로 전자는 이온화되어 전도대로 올라간다. 남은 As는 As⁺ 양이온 도너(+)로 되어 있다. 그림 (b)는 양이온(+)에 전자(•)가 묶여져 있기 때문에 (⊕)의 기호를 하고 있다. 이것이 As 중성 도너이다.

전자가 공급된다. 이 전자는 전도전자가 되고 전기전도에 기여한다(그림 (c) 참조).

5가의 불순물 원소는 이와 같이 전도대로 **전자**를 **공급**(donate)할 수 있기 때문에 이 불순물을 **전자의 공급자(도너**, donor)라고 하고, 공급할 수 있는 전자가 위치하고 있는 에너지 준위를 도너 에너지 준위(donor lovel) ε_D 라고 한다. 도너 준위로부터 전도대의 하단 ε_c까지의 에너지 차를 **이온화 에너지** ε_D 라고도 한다. 이 경우의 전류의 수송자, 즉 캐리어는 음전하(negative charge)인 전자이기 때문에 **negative**의 머릿글자 **n**을 떼서 이 반도체를 **n형**(불순물)**반도체**(n-type impurity semiconductor)라고 한다. 도너 양이온의 주위를 주회하는 전자의 원 궤도 반경 a_D 와 전자의 이온화 에너지, 즉 **도너 준위** ε_D 와는 수소원자에서의 양성자와 전자와의 사이에 궤도반경 a_H 와 그 전자의(기저상태로부터의) 이온화 에너지 ε_H 와의 관계와 많이 닮아 있다. 부록 N의 계산에서 나타내듯이 a_D 와 ε_D 의 어림셈은 식 (N.4, 5)와 (N.8, 9)로부터

$$\text{Si 내} \ : \ a_D \doteqdot 13 \left[\text{Å}\right], \quad \varepsilon_D \doteqdot 0.047 \left[\text{eV}\right]$$
$$\text{Ge 내} : \ a_D \doteqdot 42 \left[\text{Å}\right], \quad \varepsilon_D \doteqdot 0.011 \left[\text{eV}\right]$$

(7.2.1)

로 구해진다. 그림 7.11에서 과잉전자의 궤도반경은 식 (7.2.1)에 의한 것이고, a_D 가 원자 간 거리(Si의 최단 원자 간의 거리는 $2.35\,\text{Å}$, 격자상수는 $5.43\,\text{Å}$ 이고 Ge 는 $2.45\,\text{Å}$ 와 $5.66\,\text{Å}$ 이다)보다 크기 때문에 도너 이온과 전자 사이의 인력으로서 고전적 쿨롱인력을 사용할 수 있다. 도너 준위의 실측값을 표 7.3에 나타내었다. 이것들의 값이 계산값의 식 (7.2.1)과 오더(order)에서 잘 일치하고 있다.

표 7.3 5가 원소의 도너 준위 ε_D 실측값 [eV]

반도체 \ 도너	P	As	Sb
Si	0.045	0.049	0.039
Ge	0.0120	0.0127	0.0096

이것들의 ε_D 의 값은 금지대 폭 ε_g 에 비해 매우 작고 또 300 [K]에서의 열에 너지 $k_B T = 0.025 \left[\text{eV}\right]$ 에 비해서도 거의 같거나 작은 것도 있다. 따라서 상온 에서도 쉽게 전자는 이온화되어 전도대로 올라가 전도에 기여한다. 이것을 6 장의 그림 6.9에 나타낸 것처럼 포텐셜 에너지의 그림으로 나타내면 그림 7.12 와 같이 된다.

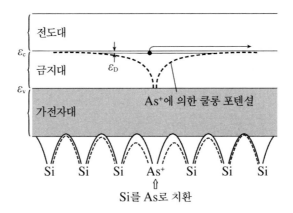

그림 7.12 1개의 Si 원자가 5가 원자인 As와 치환되어 공유결합을 완성했을 때 5번째 전자를 제거시킨 As 원자는 정전하를 가진다. 그 때문에 As$^+$의 존재에 의해서 결정의 포텐셜에는 차폐된 쿨롱 포텐셜이 가해진다. 정전하에 의한 쿨롱 포텐셜에 의해서 전도전자가 불순물 주변에 속박된다.

7.2.2 p형 불순물 반도체

Si에 Ⅲ족인 3가 원소 갈륨(Ga), 알루미늄(Al), 붕소(b), 인듐(In) 등을 극미량 넣었다고 하자. 예를 들면 B를 넣으면 Si의 있어야 할 곳에 B가 치환되어 들어가 그림 7.13(a)에 나타내는 것처럼 B의 3개의 결합수는 Si의 4개에 비해 1개 부족하다. 즉 결합용 전자가 1개 부족하다. 부족전자의 부분이 1개의 **정공**이 된다. 정공 부분에 근처의 전자가 이동해 와서 이것을 채우면 그 전자가 전에 있던 곳에 새로운 구멍이 생긴다. 이것은 거기에 정공이 이동했다고 봐도 좋다. 이와 같이 해서 정공은 차례차례 그 위치를 이동한다.

3가 원자 B의 결합수에 전자가 부족해 있을 때에는, B는 중성인 불순물이지만 여기에 전자가 채워지면 B$^-$라는 1가인 음이온 불순물이 된다. 이와 같이 해서 불순물은 **전자를 받기**(accept) 때문에 **전자의 수령자(억셉터**, acceptor)라고 한

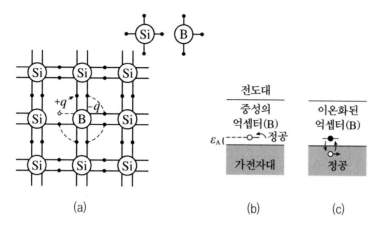

그림 7.13 (a) 3가 불순물 원소 붕소(B)의 억셉터인 B⁻ 음이온에 정공이 붙잡혀 중성 억셉터로 되어 있다. (b) 그림 (a)를 에너지 밴드로 나타낸 것. 정공이 억셉터인 B⁻ 음이온에 붙잡혀 중성이 되어 있다. (c) 중성 B의 억셉터 부분에 전자는 올라가고 중성의 B는 B⁻가 되어 정공은 가전자대로 내려가 자유롭게 움직이기 시작한다.

다. 억셉터 불순물이 전자로 채워지면 B⁻ 이온이 되고, 방출된 정공(전하 $+q$)을 쿨롱인력으로 붙잡고 있다. 이것이 그림 7.13(a)이다. 하지만 이 인력은 그다지 강하지 않으므로 조금 온도가 올라가면 열에너지 $k_B T$를 얻고 정공은 결정 내를 이리저리 돌아다닌다. 자유로워진 정공이 전기전도에 기여한다. 이것들을 에너지 밴드 그림으로 나타내면 그림 7.13(b), (c)가 된다. 그림 (b)는 가전자대의 아주 조금 위의 준위 ε_A (**억셉터 준위**, accepter level)에 3가 원소 B의 중성 억셉터가 정공을 붙잡고 있다. 여기에 억셉터 준위로부터 가전자대 상단 ε_V 까지의 이온화 에너지 ε_A (억셉터 준위와 같은 기호)를 가하면 가전자대의 전자가 억셉터 준위로 올라가 가전자대에 구멍(정공)을 남긴다. 그리고 억셉터 준위의 B 원소는 전자를 붙잡아 B⁻ 음이온이 된다. 이것을 정공을 주역으로 하여 다시 말하면, 억셉터 준위의 정공이 가전자대에 들어가(내려가서)[6] 가전자대에서 이리저리 돌아다니면서 전도에 기여하고 있다고도 할 수 있다.

이 경우의 전류의 수송자(캐리어)는 전하가 양(positive charge)인 정공이기 때문에 positive의 머릿글자 p를 취해 이와 같은 반도체를 **p형(불순물) 반도체**(p-type impurity semiconductor)라고 한다. p형 반도체의 **억셉터 준위**의 값(또는 이온화 에너지) ε_A의 실측값을 표 7.4에 나타내었다.

표 7.4 3가 원소의 억셉터 준위 ε_A 실측값 [eV]

억셉터 반도체	B	Al	Ga	In
Si	0.045	0.057	0.065	0.16
Ge	0.0104	0.0102	0.0108	0.0112

이것들의 ε_A의 값은 ε_D의 값과 마찬가지로 작기 때문에 상온에서도 쉽게 억셉터는 음이온이 되고 정공은 가전자대로 내려가 전도에 기여한다. 이것을 포텐셜 에너지의 그림으로 나타내면 그림 7.14와 같이 된다.

7.2.3 도너와 억셉터를 포함하는 불순물 반도체

도너 또는 억셉터만을 포함하는 불순물 반도체를 만드는 것은 실제로는 쉽지 않고 보통은 둘 다를 포함하고 있다. 도너의 불순물 농도를 N_D, 억셉터의 불순물 농도를 N_A, 전자의 전하를 $-q$라고 할 때 **화학적 전하 밀도** ρ_c를(N_D 중 도너

---

6 에너지 준위도는 전자에 대해 그려져 있다. 따라서 양의 전하인 정공에 대한 에너지 준위 그림은 전자에 대한 것과는 상하가 거꾸로 된다. 그래서 전자에 대한 준위도 중에서는 정공은 아래로 내려갈 정도로 에너지는 올라가 있다라는 것이 된다.

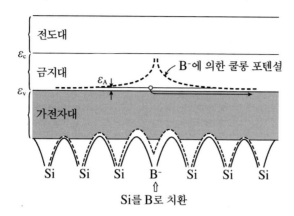

그림 7.14 3가 원자가 Si과 치환되어 공유결합을 완성했을 때 3가 원자는 음의 전하를 가진다. 이때 결정 포텐셜에 차폐된 쿨롱 포텐셜이 가해진다. 음전하에 의한 쿨롱 포텐셜은 전자에 대해 척력을, 정공에 대해서는 인력을 미치기 때문에 정공이 불순물 주변에 속박된다.

가 양이온화한 것을 N_D^+, N_A 중 억셉터가 음이온화한 것을 N_A^-라고 하여)

$$\rho_c = -q(N_D^+ - N_A^-) \quad (q > 0) \tag{7.2.2}$$

라고 가정하자. 여기서 $N_D^+ > N_A^-$ 라면 ρ_c는 음이고 n형 반도체이며, 역으로 $N_D^+ < N_A^-$ 라면 ρ_c는 양으로 p형 반도체이다. 만약 $N_D^+ = N_A^-$ 이면 $\rho_c = 0$이고 이 반도체는 전기적으로는 불순물이 없는 순수한 반도체, 즉 진성 반도체의 특성을 나타낸다. 순수한 결정이 얻어지지 않을 때에 이처럼 도너와 억셉터의 상쇄에 의해 외관상 순도가 높은 결정을 만드는 것을 **보상**(compensation)이라 한다. 보상법에 의해 n형으로부터 p형으로 또 거꾸로 p형으로부터 n형으로 불순물 반도체의 전도형을 변화시킨다든지 또는 불순물 농도를 조정한다든지 하는 것은 반도체 재료에 있어서 매우 중요한 기술이다.

그림 7.15(a)에는 $N_D > N_A$ 인 경우를 나타낸다. 도너의 불순물 준위는 억셉터의 준위보다 높기 때문에 ε_D 에 붙잡혀 있는 전자 중 N_A^- 의 수와 같은 전자는 일단 전도대로 여기 되어진 후에 ε_A 인 준위로 내려간다. 따라서 단위 체적당 N_A^- 개인 억셉터는 도너로부터 전자를 보급받아 음이온이 되고 보상된다. 또 도너는 N_D 개 중 N_A^- 개가 전자를 방출해서 양이온이 된다. 더욱더 도너 준위에 남아 있는 $(N_D - N_A^-)$개의 도너에서 n개의 전자가 전도대로 올라간다고 하면 더욱더 n개의 양이온이 생긴다. 그래서 결국 $(N_A^- + n) = N_D^+$ 개의 양이온, N_A^- 개의 음이온, $(N_D - N_D^+)$개의 중성인 도너, $(N_A - N_A^-)$개의 중성 억셉터와 n개의 전도전자가 단위체적 중에 있다.

다시 말해 $N_D^+ > N_A^-$ 일 때는 전도대로 올라간 n개의 전자가 캐리어가 되므로 n형 반도체가 된다. 거꾸로 $N_D^+ < N_A^-$ 일 때는 위에서 설명한 것과는 반대의 일이 일어나 정공이 캐리어가 되고 p형 반도체로 된다.

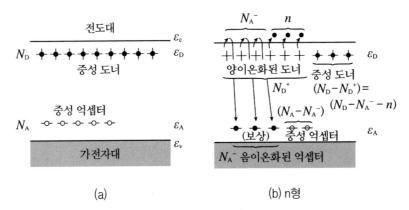

(a)   (b) n형

그림 7.15 (a) 모든 중성인 도너(N_D개 [cm^{-3}])와 중성인 억셉터 (N_A개 [cm^{-3}]), (b) ◆ : 음이온은 N_A^-개, ＋ : 양이온은 $(N_A^- + n) = N_D^+$개, ＋ : 중성 도너는 $(N_D - N_D^+)$개, ● : 전도전자는 n개, 중성 억셉터는 $(N_A - N_A^-)$개

7.3 불순물 반도체의 캐리어 농도

p형 반도체에 대해 계산해 본다. p형 반도체의 에너지 준위, 유효상태밀도, 페르미 분포의 각 그림을 그림 7.16에 나타낸다. 지금부터는 단위체적에 대한 것으로 하면 캐리어수와 그 농도는 같다.

가전자대로부터 전도대에 여기된 전자수를 n(그림에서는 2개) 또 **억셉터 준위**(ε_A)로 **여기된 전자수**를 n_A(그림에서는 3개. 이것은 중성 억셉터의 농도 N_A 중에서 전자가 ε_A로 들어가 중성 억셉터가 음이온화된 것의 수 N_A^- 중의 대부분이며, $n_A \fallingdotseq N_A^-$로 근사하고 있다)라고 하면, $(n + n_A)$개의 전자수는 가전자대에 있는 정공의 수 p(그림에서는 5개)와 같지 않으면 안 된다. 이것을 **전자와 정공의 전하중성조건**(electroneutrality rule)이라고도 한다. 즉

$$p = n + n_A \tag{7.3.1}$$

이다. 그런데 p, n은 진성 반도체일 때 의 조건, 즉 $\varepsilon_c - \varepsilon_F > 3k_B T$, $(\varepsilon_F - \varepsilon) > 3k_B T$가 성립하면 식 (7.1.20)을 사용할 수 있어서

$$p = N_v f_p(\varepsilon_v) \fallingdotseq N_v e^{-(\varepsilon_F - \varepsilon_v)/k_B T} \tag{7.3.2}$$

이 된다.

또 식 (7.1.18)도 사용할 수 있어서

$$n = N_c f_e(\varepsilon_c) \fallingdotseq N_c e^{-(\varepsilon_c - \varepsilon_F)/k_B T} \tag{7.3.3}$$

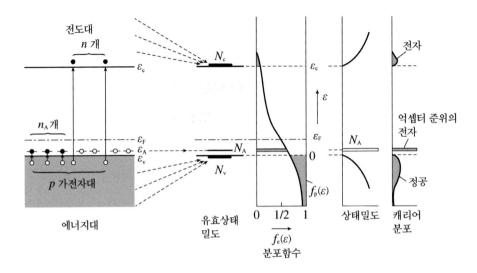

그림 7.16 p형 반도체의 에너지 준위, 상태밀도, 유효상태밀도, 페르미 분포, 캐리어 분포 등
$(p = n + n_A)$

이 된다. 다음으로 n_A를 구한다. 우선 N_A개의 중성 억셉터가 있다고 하면 억셉터 준위로 여기된 전자수 n_A [$\fallingdotseq N_A^-$ (중성 억셉터에 전자가 결합하여 음이온화한 억셉터의 수)]는 부록 O의 식 (O. 3)으로부터

$$n_A = \frac{N_A}{1 + 2e^{(\varepsilon_A - \varepsilon_F)/k_B T}} \tag{7.3.4 a}$$

가 된다. 만약 $\varepsilon_A - \varepsilon_F > k_B T$라고 간주해도 좋을 때는 분모의 1을 생략하여

$$n_A \fallingdotseq \frac{N_A}{2} e^{-(\varepsilon_A - \varepsilon_F)/k_B T} \quad (\varepsilon_A - \varepsilon_F > k_B T) \tag{7.3.4 b}$$

가 된다. 하지만 또 $\varepsilon_F - \varepsilon_A > k_B T$일 때는 식 (7.3.4 a)의 분모인 지수함수는 생

략되어

$$n_A \doteqdot N_A \, (\doteqdot N_A^-) \qquad (\varepsilon_F - \varepsilon_A > k_B T) \tag{7.3.4 c}$$

가 된다.

지금 $\varepsilon_F - \varepsilon_A > k_B T$(그림 7.16에서 왼쪽 그림 참조)가 성립하고 있다고 하면 식 (7.3.4 c)와 식 (7.3.2), (7.3.3)을 식 (7.3.1)에 대입하면 식 (7.3.5)가 된다.

$$N_v e^{-(\varepsilon_F - \varepsilon_v)/k_B T} \doteqdot N_c e^{-(\varepsilon_c - \varepsilon_F)k_B T} + N_A \tag{7.3.5}$$

가 된다. 여기서 근사식 (7.3.5)의 근사를 하기 전의 식을 구해 두면 다음과 같이 된다(부록 O 참조).

$$N_v \left\{ 1 - \frac{1}{1 + e^{(\varepsilon_v - \varepsilon_F)/k_B T}} \right\} = N_c \left\{ \frac{1}{1 + e^{(\varepsilon_c - \varepsilon_F)/k_B T}} \right\} + N_A \left\{ \frac{1}{1 + 2e^{(\varepsilon_A - \varepsilon_F)/k_B T}} \right\} \tag{7.3.6}$$

7.3.1 저온인 경우

지금 온도가 낮고, $p \gg n$라고 하면 식 (7.3.1)로부터

$$p \approx n_A \tag{7.3.7}$$

이 된다. 저온이기 때문에 억셉터 준위에 있는 전자농도 n_A는 작으므로 $\varepsilon_A > \varepsilon_F$이고, $\varepsilon_A - \varepsilon_F > k_B T$가 성립한다고 간주할 때 식 (7.3.5)는 [식 (7.3.4 c)대신에] 식 (7.3.4 b)를 사용하여

$$N_v e^{-(\varepsilon_F - \varepsilon_v)/k_B T} \doteqdot \frac{N_A}{2} e^{-(\varepsilon_A - \varepsilon_F)/k_B T} \tag{7.3.8}$$

이 된다. 이것으로부터 $\exp[-\varepsilon_F/k_B T]$를 구하면

$$e^{-\varepsilon_F/k_B T} \doteqdot \left(\frac{N_A}{2N_v}\right)^{1/2} e^{-(\varepsilon_A + \varepsilon_v)/2k_B T} \tag{7.3.9}$$

이 된다. 그래서 페르미 에너지 ε_F를 구하여 식 (7.1.21)을 대입하면

$$\varepsilon_F \doteqdot \frac{k_B T}{2} \ln \frac{2N_v}{N_A} + \frac{\varepsilon_A + \varepsilon_v}{2} \quad (\text{저온}, \ p \approx n_A) \tag{7.3.10}$$

이 된다. 이때 정공의 농도 p는 식 (7.3.2), (7.3.9)로부터

$$p \doteqdot \left(\frac{N_A N_v}{2}\right)^{1/2} e^{-(\varepsilon_A - \varepsilon_v)/2k_B T} \quad (\text{저온}, \ p \approx n_A) \tag{7.3.11}$$

로 구해진다.

또 $T \doteqdot 0$인 경우에는 식 (7.3.10)으로부터

$$\varepsilon_F \doteqdot \frac{\varepsilon_A + \varepsilon_v}{2} \quad (T \doteqdot 0) \tag{7.3.12}$$

이 되어 페르미 에너지 준위는 억셉터 준위와 가전자대의 한가운데로 온다. 또 p는 식 (7.3.2), (7.3.12)로부터 다음과 같이 얻어진다.

$$p \doteqdot N_v e^{-(\varepsilon_A - \varepsilon_v)/2k_B T} \quad (T \doteqdot 0) \tag{7.3.13}$$

도전율 σ는 정공농도에 비례하기 때문에 7.1절에서 언급했던 것과 같은 방법으로, 저온에서의 $\log \sigma$와 $1/T$의 그래프의 경사로부터 $(\varepsilon_A - \varepsilon_v)/2k_B$가 구해지고 이로부터 억셉터 준위 ε_A가 구해진다.

7.3.2 고온인 경우

고온이 되어 억셉터 준위가 모든 가전자대로부터의 전자로 채워졌을 때는, 식 (7.3.4)의 n_A는 $\varepsilon_F > \varepsilon_A$, $\varepsilon_F - \varepsilon_A > k_B T$이기 때문에 식 (7.3.4 c), 즉 $n_A = N_A$가 된다. 다시 말해 억셉터 준위로부터 가전자대로 공급되는 정공은 다 나가 버리고 온도를 올려도 억셉터 준위로 부터는 정공은 공급되지 않는다. 더욱더 고온으로 하면 가전자대로부터 직접 전도대로 전자가 여기하고 이때 동시에 생기는 정공농도 p가 n_A보다도 매우 많아진다. 따라서 전도대로 여기된 전자농도 n은 $n \gg n_A$, 즉

$$p \approx n$$

이 된다. 이것은 진성 반도체일 때와 같은 조건이므로 $m_e^* = m_p^*$일 때는 식 (7.1.27)과 마찬가지로

$$\varepsilon_F = \frac{\varepsilon_g}{2} \tag{7.3.15}$$

가 되어 식 (7.1.21)과 식 (7.1.29)로부터 p는 다음과 같이 구해진다.

$$p \doteq n_i = N_v e^{-\varepsilon_g/2k_B T} \tag{7.3.16}$$

지금까지 설명한 것 이외의 여러 가지 조건에 의해 ε_F와 p는 온도와 함께 여러 가지로 변화해 간다. 이것을 그림 7.17에 나타내었다. 온도가 낮은 곳에서는 불순물 반도체의 성질을 나타내므로 **불순물 영역**(impurity range)이라고 하고 이 영역에서 $\varepsilon_A - \varepsilon_v$ 값이 구해진다. 온도가 높아져 억셉터에 전자가 채워져 억셉터가 전자로 전부 포화한 영역 또는 정공이 다 나가고 없는 영역을 **고갈영역**(exhaustion range)(또는 포화영역; saturation range)이라고 한다. 더욱더 고온에서는 진성 반도체의 성질을 나타내는 **진성영역**(intrinsic range)이 되고 이 영역에서 ε_g의 값이

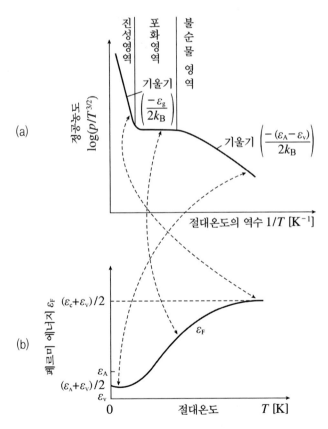

그림 7.17 (a) 정공농도와 $1/T$의 관계, (b) 페르미 에너지와 T의 관계

구해진다. 불순물 농도와 페르미 에너지의 관계를 n형, p형에 대해 나타낸 것이
그림 7.18이다.

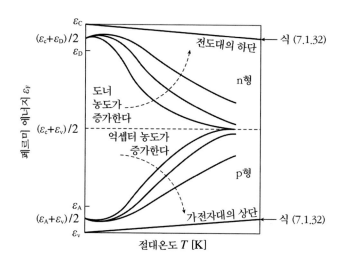

그림 7.18 페르미 에너지와 절대온도의 관계. 불순물 농도에 따라서 ε_F의 곡선은 변한다. 금지대 폭
은 온도와 함께 점차 좁아진다.

7.4 뜨거운 전자(핫 일렉트론)

라이더(Ryder)와 쇼클리(shockely)[7]는 Ge에 큰 전계를 가하면 그림 7.19에 나타
내는 것처럼 전류-전계 특성이 선형(즉 오믹; ohmic)이 아닌 것을 발견하였다. 이
것은 대전류를 흘렸을 때 나타나는 단순한 줄열의 발생이 그 원인이 아니었다.

---

7 W. B. Shockley (1910-), 미국, 1951년(41세), 노벨상 수상(1956).

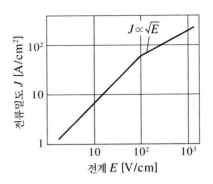

그림 7.19 77 [K]에 있어서의 n형 Ge의 전류밀도–전계의 특성. 고전압에서는 $J \propto \sqrt{E}$ 이다.

왜냐하면 줄열에 의한 영향을 없애기 위해 $1\mu s$ 정도의 펄스 전압을 수십 헤르츠 정도로 천천히 반복으로 가하였지만 역시 그 특성은 옴의 법칙으로부터 벗어난 결과가 되었기 때문이다. 줄열에 의한 효과라면 전압증가에 따라 전류는 직선적 이상으로 급격하게 증가해야 할 텐데 선형의 증가보다도 오히려 완만하게 식 (7.4.1)과 같이 전류밀도가 전계의 제곱근에 비례하여 증가한 것이다.

$$J \propto \sqrt{E} \tag{7.4.1}$$

이 현상은 다음과 같이 설명된다. 결정 내의 전자는 랜덤하게 열운동을 하면서 격자원자와 충돌하고 있다. 이때 열운동을 하고 있는 전자의 운동에너지와 격자진동(포논) 에너지는 같고 서로 열평형 상태에 있다. 이때 약한 전계가 가해지면 전계로부터 얻은 전자의 에너지는 바로 격자진동에 주어져 열평형 상태로부터 벗어나게 된다. 하지만 강한 전계가 가해지면 전자는 전계로부터 얻은 에너지를 격자로 다 전달하지 못하게 되고 전자계(電子系)가 가지는 에너지는 격자계가 가지는 에너지보다 훨씬 커진다. 다시 말해 전자계의 온도(이것을 **전자온도**라고도 한다) T_e는 격자계의 온도 T_L보다도 높아지고 비평형인 상태가 된다. 이처럼 결정격자의 온도보다도 높은 온도인 상태가 된 전자를 쇼클리는 **뜨거운 전자**(hot-electron)라고 이름지었다.

보통의 약한 전계 E 아래에서의 전류밀도 J는 5장의 식 (5.3.6)에 나타낸 것처럼

$$J = - qnv_{d} = q^2 \frac{n}{m} E\tau \propto E \tag{7.4.2}$$

이다. 여기에 m, $-q$, n은 전자의 질량과 전하와 농도, v_{d}와 τ는 전자의 유동(드리프트)속도와 완화시간(충돌시간)이다.

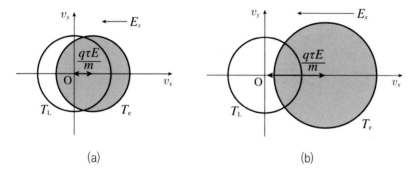

그림 7.20 전자의 속도분포. (a) 전계가 약할 때는 페르미 구의 중심이 조금 틀어지지만 오믹 특성이 된다. (b) 전계가 강해지고 "뜨거운 전자"인 상태가 되면 구의 중심이 크게 틀어지는 것 외에도 전자분포가 넓어져 오믹 특성이 아니게 된다.

다시 말해 J와 E는 선형인 관계에 있는 옴의 법칙을 따른다. 또 이때 v_{d}는 식 (5.3.5)로부터

$$v_{d} = - \frac{q\tau}{m} E \tag{7.4.3}$$

이다. 이것을 간단하게 하기 위해 2차원의 속도공간 내의 전자분포로 나타내면 그림 7.20(a)와 같이 된다. 이것은 그림 6.24(b')의 그림과 같은 의미를 가지는 그림이며 원은 페르미 구를 나타낸다. 즉 전계가 없을 때는 x 방향의 양의 방향과 음의 방향의 전자수가 똑같고 또 y 방향의 양의 방향과 음의 방향의 전자수가 똑같으므로 페르미 구는 원점에 관하여 대칭이고(전자는 열운동하고 있음에도 불구하고) 전류는 흐르지 않는다. 이 상태에 대응하는 격자온도가 T_L 이다. 하지만 전계 E가 x 축의 음의 방향으로 가해지면 x의 양의 방향으로 나아가려는 전자수 쪽이 많아져 평균 유동속도 v_d로 전체의 전자가 움직인다. 다시 말해 페르미 구의 중심이 식 (7.4.3)에서 나타내는 만큼 x의 양의 방향으로 이동하여 정상상태가 된다. 이것이 열평형 상태에서의 페르미 구이고 이 상태에 대응하는 전자온도가 T_e로 T_L과 거의 같다. 하지만 강한 전계가 가해져 뜨거운 전자인 상태가 되면 그림 7.20(b)에서처럼 페르미 구는 크게 원점으로부터 벗어남과 동시에 구의 반경이 커진다. 그 결과, 격자와 열평형에 있을 때보다도 속도가 큰 전자가 증가하고 전자의 운동에너지 $mv^2/2$가 증대한다. 그 결과, 전자온도 T_e가 격자온도 T_L보다 훨씬 커지고 열적으로 비평형인 상태가 된다. 이때 전자와 포논의 충돌의 완화시간 τ를 이론적으로 계산하면 전자 에너지 ε와 τ의 관계는(증명은 생략하지만)

$$\tau \propto \varepsilon^{-1/2} \tag{7.4.4}$$

가 되어 전계 E와 τ의 관계는 부록 P의 식 (P.26)으로부터

$$\tau \propto E^{-1/2} \tag{7.4.5}$$

가 된다. 이 식 (7.4.5)를 (7.4.2)에 대입하면

$$J \propto \sqrt{E} \tag{7.4.6}$$

이 된다. 즉 $J \propto E$ 라는 옴의 법칙은 깨지고 E의 증가에 따라 직선관계인 경우보다도 전류밀도 J의 증가는 감소한다.

  이 "뜨거운 전자"의 현상에 의한 비평형 상태를 만들어 내어 이것을 이용한 소자로서는 마이크로파 발진에 이용되는 건 다이오드(Gunn diode)[8] 등이 있다. 이처럼 반도체에서 비평형 상태를 만들어 내는 것은 새로운 소자를 만들어 내는 데 매우 중요한 일이다.

---

8 J.B Gunn, 1963년 발표. 영국에서 미국의 IBM사로 건너가 건 효과(Gunn effect)라고 불리우는 반도체 발진 현상을 발견했다.

반도체 접합

- **구성**

　8.1 일함수

　8.2 금속과 금속의 접합

　8.3 금속과 반도체의 접합

　8.4 아인슈타인의 관계식

　8.5 쇼트키 다이오드의 정류작용

　8.6 금속과 반도체의 다양한 접합

　8.7 pn 접합

- **개요**

금속과 금속, 금속과 반도체, 반도체와 반도체를 접합한 것은 각각이 개별로 있을 때는 완전히 다른 특별한 성질을 가진다. 이것들의 **접합**(junction)을 연구하는 것은 **소자**(디바이스 device)와 그 작용, 예를 들면 정류 작용 등을 이해하는 데 기초가 된다.

여기서 접합이라는 것은 간단히 2개의 것을 기계적으로 "붙인다"라는 것이 아니라 정말로 원자적인 의미로의 접합이다. 따라서 pn 접합은 화로 내에서 반도체의 단결정을 만들 때 그 도중에 p형과 n형의 반도체 접합이 만들어진다. 또 반도체의 단결정에 금속과 진공 중에서 증착하고 적당히 가열하여 금속과 반도체의 접합이 만들어진다. 이와 같이 **원자적인 의미로 접합된 재료**가 가지는 성질에 대해서 기술한다.

8.1 일함수

가열된 액체로부터 기체가 증발하는 것처럼 가열 또는 빛을 받은 금속이나 반도체로부터는 전자가 외부로 튀어 나간다. 전자가 금속으로부터 멀어져 가기 위해서는 금속의 표면에서 전자를 금속 내로 다시 끌어 당기도록 작용하는 힘을 이기기 위한 충분한 에너지를 가지지 않으면 안 된다. 이것을 전자 볼트로 나타낸 것이 **일함수**(work function)이다. 바꿔 말하면 이것은 전자를 외부로 옮기기 위해 가해야만 하는 일에 상당한다.

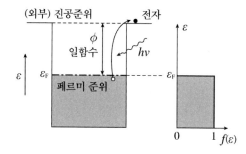

그림 8.1 0 [K]에 있어서의 페르미 준위 ε_F와 일함수 ϕ와 페르미 분포함수 $f(\varepsilon)$의 관계

이것을 더욱더 엄밀히 말하면, 그림 8.1에서 금속 또는 반도체의 결정에 있어서 외부(진공준위)와 페르미 준위의 차 ϕ를 일함수라 한다.

지금 금속에 진동수 ν인 빛(광자, 에너지 $h\nu$)을 조사하여 다음과 같이

$$h\nu \geq \phi \tag{8.1.1}$$

이면 전자(**광전자**, photoelectron)가 튀어 나온다. 이것을 **외부광전효과**(external photoelectric effect)이라 한다. 다양한 진동수의 빛을 금속에 조사하여 광전자

를 튀어 나오게 하는 최소의 진동수 ν_0를 실험적으로 구하고(ν_0는 **문턱 진동수**)

$$h\nu_0 = \phi \tag{8.1.2}$$

의 조건으로부터 각종 금속의 일함수 ϕ를 구한다.

또 가열된 금속에서 나오는 전자(**열전자**, thermoelectron)에 의한 전류밀도 J 와 온도 T와의 관계는 이론적으로(증명은 생략)

$$J = AT^2 e^{-\phi/k_B T} \tag{8.1.3}$$

로 구해진다. 이것은 **리차드슨-드쉬만**(Richardson-Dushman)**의 식**이라고 부른 다. 여기에 A는 금속에 관계하지 않는 상수로 $A \doteqdot 120\,[\mathrm{A\,cm^{-2}deg^{-2}}]$이지만 실제로는 금속마다 다르다. 실험에 의해 $\ln(J/T^2)$와 $1/T$의 그래프의 경사로부 터 일함수 ϕ를 측정할 수 있다. 측정된 일함수를 표 8.1에 나타내었다.

표 8.1 일함수 ϕ [ev]

물질	Pt	Ni	W	Cu	Ca	Ba	Cs	BaO
ϕ [eV]	5.3	5.0	4.5	4.3	3.2	2.5	1.8	1.1

8.2 금속과 금속의 접합

금속의 페르미 에너지 ε_F는 $T\,[\mathrm{K}]$인 경우와 $0\,[\mathrm{K}]$인 경우에서 조금 다르기 때 문에 일함수 ϕ도 다르다. 하지만 그 차는 작기 때문에 $0\,[\mathrm{K}]$인 경우의 ε_F와 ϕ를

이용한다. 단 전자의 분포는 그림 8.2에 나타내는 것처럼 ε_F를 중심으로 하여 흐릿해져 ε_F보다 위쪽에도 전자가 올라가고 있다.

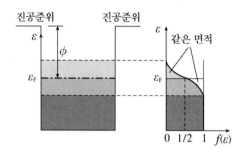

그림 8.2 $T\,[\mathrm{K}]$에 있어서의 페르미 준위 ε_F와 일함수 ϕ. 진공준위와 ε_F의 차가 일함수

하지만 어떤 온도에서도 페르미 분포함수 $f(\varepsilon)$[식 (6.8.8)]의 $\varepsilon = \varepsilon_F$에 있어서의 값은 $f(\varepsilon_F) = 1/2$이며 ε_F를 전자가 차지하고 있는 확률은 1/2이다. 이와 같은 $T\,[\mathrm{K}]$아래에 있는 2개의 금속 A, B의 일함수를 각각 ϕ_A, ϕ_B라고 하고, 페르미 에너지를 각각 ε_{FA}, ε_{FB}라고 하자. A와 B를 마주 보게 둔 그림이 그림 8.3 (a)이다. 금속 A, B를 전기적으로(또는 원자적 거리에서)접합한 순간을 그림 (b)에 나타내었다. 이때 극히 얇은 절연막이 있다고 가정한다. 이때 페르미 에너지의 차는 일함수의 차가 되어

$$\varepsilon_{FB} - \varepsilon_{FA} = \phi_A - \phi_B = 일함수의\ 차 \tag{8.2.1}$$

이다.

접합이 더욱더 진행하면 페르미 준위가 높은 B 금속 쪽에서 준위가 낮은 A 금속으로 향해 전자가(절연막을 빠져나가서)[1] 이동한다. 그 결과, A는 음으로 B는 양으로 대전되고 A와 B의 경계에 전계가 형성된다. 전자는 형성된 전계에 의해

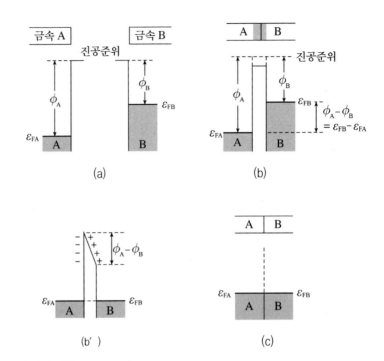

그림 8.3 금속끼리 접합.
(a) 금속 A, B의 접합 전의 상태, (b) A, B를 접합한 순간(얇은 절연막이 있다고 가정),
(b') 접합 후 $\varepsilon_{FA} = \varepsilon_{FB}$이 되기까지 절연막을 통해서 전자가 B에서 A로 이동한다. (c) 절연막이 없을 때의 완전한 접합

B에서 A로 이동해지기 어렵게 되고 페르미 에너지가 똑같아지는 부분, 즉

$$\varepsilon_{FA} = \varepsilon_{FB} \tag{8.2.2}$$

의 부분에서 마침내 전자의 이동은 멈춘다. 이때 A에서 B로도 전자가 이동하고, B에서 A로 또는 A에서 B로 이동하는 전자수는 똑같아지고 외관상 전자의 이동이

---

1 절연막에 마치 터널을 만들어 빠져나가는 것처럼 행동하기 때문에 이것을 **터널효과**라고도 한다.

없는 것처럼 보여진다. 단 경계층 부분에는 그림 (b')를 보는 것처럼 일함수의 차 $\phi_A - \phi_B$와 동등한 전위차가 나타나 있다. 이것을 **접촉 전위차**(contact potential) 라고 한다.

$$\text{접촉 전위차 } V = (\phi_A - \phi_B)/q = (\text{일함수의 차})/q \tag{8.2.3}$$

이다. 그림 (b')의 A, B 금속의 중간에 있는 절연층 부분에 형성된 좌우비대칭인 칼날형의 포텐셜의 산은 전자의 이동에 대한 장애물이고 **장벽**(barrier)이라고 불려진다. 이 산의 비대칭의 정도는 $\phi_A - \phi_B$, 즉 일함수의 차로 나타난다. 절연층이 없을 때는 완전한 접합이 이루어져 장벽은 없어진다. 이것을 그림 (c)에 나타내었다.

8.3 금속과 반도체의 접합

n형 반도체의 에너지 그림을 그림 8.4(a)의 오른쪽에 나타내었다. 여기서 전도대의 바닥에서 진공준위까지의 에너지 χ_s를 전자친화력이라 한다. **전자친화력**(electron affinity)이란 「일반적으로는 진공 중에서 무한히 서로 떨어져 있던 중성원자와 전자가 접근하여 접합할 때에 방출된 에너지인 것으로, 이것은 또 음이온으로부터 전자를 떼어 놓는 데 필요한 일과 똑같다.」 반도체인 경우의 전자친화력은 전도대의 바닥에서 전자를 진공준위로 옮기는 데 필요한 일이다. 이 값은 Si에서는 4.0 [eV], Ge에서는 4.1 [eV], GaAs에서는 4.0 [eV] 정도이다. 지금 반도체의 일함수를 ϕ_s, 페르미 에너지를 ε_{FS}, 도너 준위를 ε_D 라고 하자. 또 그림 (a)의 왼쪽에 있는 금속 M의 일함수를 ϕ_M, 페르미 에너지를 ε_{FM}이라 하자.

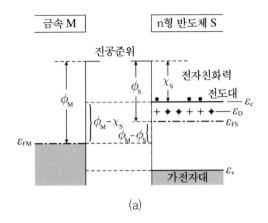

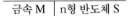

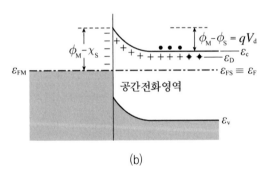

그림 8.4 쇼트키 장벽의 형성(금속과 반도체의 접합)의 예.
(a) 금속 M과 n형 반도체 S의 접합전, (b) M과 S의 접합 후. 공간전하영역과 $\phi_M - \phi_S$의 장벽이 생긴다, $\phi_B \equiv \phi_M - \chi_S = qV_d + (\varepsilon_c - \varepsilon_F)$라 둔다.

그리고 n형 반도체와 금속이 접합한 후의 그림은 그림 (b)에 나타내져 있다. 금속끼리의 접합일 때와 마찬가지로 페르미 에너지의 차는

$$\varepsilon_{FS} - \varepsilon_{FM} = \phi_M - \phi_S = 일함수의\ 차 \tag{8.3.1}$$

가 된다. 페르미 에너지가 일치하기까지 n형 반도체의 전도대에서 금속 안으로

전자가 이동한다. 따라서 접합 부근에서 반도체의 전도대에 있던 전자는 점차 공핍한다. 전자가 공핍한 부분은 도너의 양이온이 많이 남겨져 있으므로 양의 전하를 띠고 금속 측은 이동해 온 전자에 의해 음의 전하를 띤다. 반도체에 남겨진 과잉된 양전하의 층을 **공간전하층**(space charge layer) 또는 전자가 공핍해 있기 때문에 **공핍층**(depletion layer) 또는 **결핍층**이라고도 불려진다. 그리고 금속 측에서 본 전자에 대한 에너지의 산은 $\phi_M - \chi_S$이고 반도체 측에서 본 산 혹은 **장벽**(barrier)은 $\phi_M - \phi_S$이다. 이것을

$$\text{장벽높이} = q\,V_d = \phi_M - \phi_S = \text{일함수의 차} \tag{8.3.2}$$

라고 둔다. V_d는 **확산전위**(diffusion potentail)[2]라고 하며, q는 전자의 전하의 절댓값이다. 이 장벽을 **쇼트키 장벽**(Schottky barrier)이라고도 한다.

이와 같은 장벽이 생김으로써 전류를 어떤 방향으로는 잘 흘리고 그 역방향으로는 거의 흘리지 않는다는 이른바 **정류**(rectification)라는 현상이 일어난다. 장벽의 두께가 $1\,[\mu m]$ 이상인 경우, 전자는 확산과 전계의 작용에 의한 유동(드리프트)에 의해 흐른다. 확산을 고려한 정류이론을 **쇼트키 이론**이라고도 하고 **확산이론**(diffusion theory)이라고도 한다. 또 장벽의 두께가 $0.1\,[\mu m]$ 전후에서 캐리어의 평균자유행정이 장벽의 두께 정도가 되고 그 운동에너지가 장벽높이에 가까워지면 전자는 장벽을 가로 질러 통과하게 된다. 소위 전자의 터널링이다. 이것은 진공관의 경우인 이극관 이론과 같은 것이므로 **이극관 이론**(diode theory)

---

2 금속과 반도체를 단순히 접합시키는 것만으로는 외부에 전류는 흐르지 않는다. 그것은 접합부분을 서로 반대 방향으로 흐르는 확산전류가 똑같이 되도록 장벽이 생기기 때문이다. 이 장벽에 의한 전압을 확산전위라고 한다.

또는 **베데**(Bethe)**의 이론**이라고도 한다.

여기서는 쇼트키 이론에 대해서 설명하지만 그 전에 확산전류에 관련하여 아인슈타인의 관계식에 대해서도 기술한다.

8.4 아인슈타인 관계식

n형 반도체에서 도너인 양이온과 전자와의 분포가 한쪽으로 치우쳐 있어 농도에 기울기가 있다고 하자. 농도는 수밀도라고 해도 좋다. 이것을 그림 8.5(a), (a')에 나타내었다. 양이온과 전자는 x 축의 오른쪽일수록 농도가 높고 농도 기울기는 양이다. 따라서 전자는 농도가 높은 오른쪽에서 낮은 왼쪽으로, 다시 말해 x 축의 음의 방향으로 확산한다. 전자가 왼쪽으로 확산하면 좌측에 음의 공간전하가 생기고 우측에는 양의 공간전하가 생긴다(이것은 양이온은 왼쪽으로 이동하지 않고 멈춰 있으므로 그 양전하가 우측에 남기 때문에). 공간전하의 전계를 그림 (b)의 경사진 전도대와 가전자대에 나타내었다. 공간전하는 전자가 왼쪽으로 확산해 가는 것을 방해하므로 농도 기울기에 의한 전자에 가해지는 좌향의 힘과 공간전하의 전계에 의한 우향의 힘이 서로 균형을 이루게 된다. 균형이 이루어졌을 때의 정상상태인 모습을 그림 (b)에 나타냈다. 그런데 n형 반도체의 페르미 준위 ε_F 는 그림 7.18에 나타낸 것처럼 어떤 온도 T에서 도너 농도가 커질수록 전도대의 하단 ε_c에 가깝다.

또 역으로 도너 농도가 작을수록 똑같은 온도 T에서 ε_c에서 멀어진다. 따라서 도너 농도가 큰 오른쪽에서는 ε_F 는 ε_c에 가깝고 농도가 작은 왼쪽에서는 ε_F 는 ε_c로부터 멀리 있다. 시작 상태를 그림 (a')에 나타내었다.

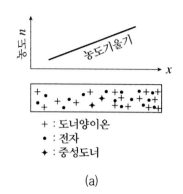

(a)

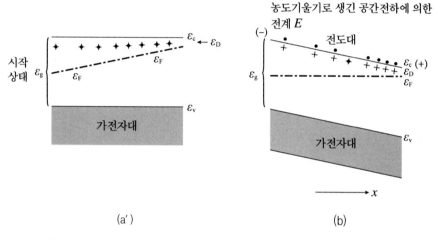

그림 8.5 불순물의 농도 기울기가 있을 때 캐리어의 확산과 공간전하.
(a) n형 불순물의 농도 기울기, (b) 정상상태가 되면 ε_F가 일정(수평)해진다. 에너지 준위의 경사도는 공간전하의 전계 E 크기를 나타낸다.

농도 기울기에 의해 전자가 왼쪽으로 이동하고, 열평형 상태에서 ε_F는 일정한 값을 취한다. 즉 페르미 준위는 수평이여야만 한다. 이 때문에 ε_F는 그림 (b)에 나타내는 것처럼 수평이고, 반대로 전도대와 가전자대는 농도 기울기와는 반대인 음의 기울기가 된다. 에너지 준위의 x 축에 대한 기울기의 크기가 공간전하에 의한 전계 E가 된다.

그래서 전자농도 n의 x 방향의 양의 기울기는 (dn/dx) $[\text{cm}^{-4}]$이 된다. 전자의 확산 속도를 규정하는 **확산계수**(diffusion coefficient)를 D_e $[\text{cm}^2/\text{sec}]$라고 하면 단위면적을 통해서 단위시간에 x 축의 음의 방향으로 확산하는 전자의 수(전자속)는

$$-D_e \frac{dn}{dx} \quad \text{(음의 방향으로)} \tag{8.4.1}$$

이 된다. 또 이동도가 μ_e인 전자가 전계 E 하에서 유동하는 유동속도 v_d는 식 (5.4.17)로부터 일반적으로

$$v_d = -\mu_e E \tag{8.4.2}$$

가 된다. 전계 E에 의해 단위면적을 통해서 단위시간에 x 축의 양의 방향으로 유동하는 전자의 수(전자속)는

$$n v_d = -\mu_e n E \quad \text{(양의 방향으로)} \tag{8.4.3}$$

가 된다. 지금 문제에서는, E는 페르미 준위 ε_F에 대한 전도대의 바닥 ε_c의 기울기, 반대로 말하면 ε_c에 대한 ε_F의 기울기에 의해 형성된 전계이므로 그 결과의 방향은 x 축의 음의 방향이고 이 때문에 E는 음이 되고, 따라서 v_d는 x의 양의 방향이다. 열평형 상태에서는 x 축의 양의 방향으로 가는 전자수[식 (8.4.3)]와 음의 방향으로 가는 전자수[식 (8.4.1)]의 합, 다시 말해 실직적인 전자의 개수의 흐름밀도[3] $\Phi^e =$ [식 (8.4.3) + 식 (8.4.1)]이 0이 되기 때문에

---

3 전자의 개수의 흐름밀도 Φ^e는 전류밀도 J_n과는 반대로 $J_n = -q\Phi^e$이다.

$$\Phi^{\mathrm{e}} = -E\mu_{\mathrm{e}}n - D_{\mathrm{e}}\frac{dn}{dx} = 0 \tag{8.4.4}$$

이 된다. 여기서 에너지 갭의 크기 ε_{g}는 그림 8.5(b)에서 알 수 있는 바와 같이

$$\varepsilon_{\mathrm{g}} = \varepsilon_{\mathrm{c}} - \varepsilon_{\mathrm{v}} \tag{8.4.5}$$

로 나타내진다. 전자농도 n은 식 (7.1.18)에서 나타낸 바와 같이

$$n = N_{\mathrm{c}}e^{-(\varepsilon_{\mathrm{c}} - \varepsilon_{\mathrm{F}})/k_{\mathrm{B}}T} \tag{8.4.6}$$

전자에 대한 $\varepsilon_{\mathrm{c}} - \varepsilon_{\mathrm{F}}$를 공간전하의 전계에 의한 전압 $V_{\mathrm{cF}} \equiv V_{\mathrm{c}} - V_{\mathrm{F}}$ [볼트]로 나타내면

$$\varepsilon_{\mathrm{c}} - \varepsilon_{\mathrm{v}} = -qV_{\mathrm{cF}} = -q(V_{\mathrm{c}} - V_{\mathrm{F}}) \tag{8.4.7}$$

가 된다. 따라서 그 결과인 크기 E는

$$E = -\frac{dV_{\mathrm{cF}}}{dx} = \frac{1}{q}\frac{d(\varepsilon_{\mathrm{c}} - \varepsilon_{\mathrm{F}})}{dx} \tag{8.4.8}$$

로 나타내어진다. 식 (8.4.8)을 고려하여 식 (8.4.6)을 x로 미분하면

$$\begin{aligned}
\frac{dn}{dx} &= \frac{dn}{d(\varepsilon_{\mathrm{c}} - \varepsilon_{\mathrm{F}})} \cdot \frac{d(\varepsilon_{\mathrm{c}} - \varepsilon_{\mathrm{F}})}{dx} \\
&= -\frac{1}{k_{\mathrm{B}}T}n \cdot \frac{d(\varepsilon_{\mathrm{c}} - \varepsilon_{\mathrm{F}})}{dx} = -\frac{1}{k_{\mathrm{B}}T}n \cdot qE
\end{aligned} \tag{8.4.9}$$

가 된다. 이 식을 식 (8.4.4)에 대입하면

$$\mu_e n E = D_e \frac{nqE}{k_B T} \tag{8.4.10}$$

가 되므로 D_e를 구해 보면

$$D_e = \mu_e \frac{k_B T}{q} \tag{8.4.11}$$

가 된다. 이것을 **아인슈타인[4]의 관계식**(Einstein relationship)이라고 한다. 여기서 D는 전하입자의 확산계수, μ는 전하입자의 이동도, q는 전자의 전하의 절댓값, k_B는 볼츠만 상수, T는 절대온도이다. 이 식은 일반적으로 전하입자에 대해서 성립하는 식으로 매우 널리 사용된다. 정공의 경우에는 정공의 이동도를 μ_p, 확산계수를 D_p라고 하면

$$D_p = \mu_p \frac{k_B T}{q} \tag{8.4.12}$$

가 된다.

8.5 쇼트키 다이오드의 정류작용

금속과 반도체의 접합(junction)에서 정류작용하는 것이 **쇼트키 다이오드**(Schottky diode)이다. 여기서 도너 농도 N_D, 전자친화력 χ_s인 n형 반도체와 일함수가 $\phi_M (> \chi_S)$인 금속의 접합을 생각하자. 그림 8.4(b)처럼 장벽(쇼트키 장벽,

---

4 A. Einstein (1879-1955), 너무나도 유명한 대물리학자로 남독일 Ulm에서 태어나 미국에서 생을 마감했다. 1921년(42세)에 노벨 물리학상을 수상.

Schottky barrier)의 확산전위를 V_d라고 하고 그림 8.6(a)처럼 전원의 양(정)극 측을 금속에, 음(부)극 측을 n형 반도체에 접속한다. 가해지고 있는 전압을 V라고 하면 반도체에는 $-V$의 전압이 가해져 반도체 내의 전자는 금속 측으로 밀려난다. 다시 말해 반도체 측에서 금속 측으로 전자가 움직이기 쉽게 된 것으로 이것은 반도체 측의 장벽높이가 qV_d에서 $q(V_d - V)$로 감소했다는 것에 해당한다. 하지만 금속 측에서 본 장벽높이는 $\phi_M - \chi_S$로서 그대로 있게 됨으로 금속에서 반도체로 흐르는 전자류는 V에 관계가 없다. 이 결과, 장벽이 낮아진 반도체에서의 전자류 쪽이 금속에서 반도체로 흐르는 전자류보다 매우 많아진다. 바꿔 말하면 $-V$를 n형 반도체에 가하면 전자류와는 반대인 전류(그 방향은 전원양극 → 금속 → n형 반도체 → 전원음극)가 잘 흐른다. 이처럼 전류가 잘 흐르는 전압을 가했을 때를 **"정방향 전압"** 또는 **"순(방향) 바이어스"**(forward bias)를 가했다라고 한다. 반대로 n형 반도체에 전원인 양극을 접촉하여 $+V$ 전압을 가하고 금속에 음극을 접촉하면 반도체 측의 전자는 음극으로 끌어당기게 되어 금속 측으로 흐르는 전자류는 매우 작아진다.

이것은 그림 8.6(b)를 보는 것처럼 장벽높이가 qV_d에서 $q(V_d + V)$로 증가했다는 것과 같은 결과가 된다. 금속 측에서 본 장벽은 $\phi_M - \chi_S$ 그대로 이므로 차감하여 금속에서 반도체로는 아주 적은 전자의 흐름이 있을 뿐이다. 따라서 이 때는 순방향 바이어스일 때와는 반대로 전류는 n형 반도체에서 금속 쪽으로 아주 조금 흐른다. 이처럼 n형 반도체에 $+V$ 전압을 가했을 때 **"역방향 전압"** 또는 **"역(방향) 바이어스"**(reverse bias)를 가했다라고 한다.

지금 그림 8.6(a)에서와 같이 n형 반도체에 전원의 음극을 접속하고 $-V$의 전압을 가한 순방향 바이어스 상태에서 전류를 계산해 보자. 전자류에는 8.4절에서 설명한 것처럼 두 가지로 생각되어진다. 하나는 n형 반도체의 장벽 내 전자

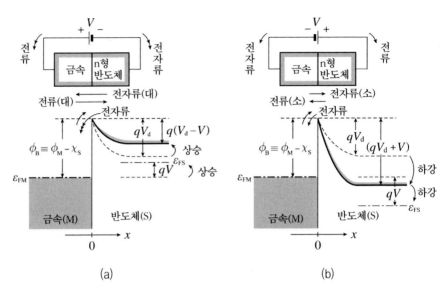

그림 8.6 금속-n형 반도체 접합에 전압 V를 가한다.

(a) 순방향 바이어스. 반도체에서 금속으로 본 전자의 장벽높이가 $q(V_d - V)$로 감소하여 전류는 잘 흐른다.

(b) 역방향 바이어스. 장벽높이가 $q(V_d + V)$로 증대하여 전류가 거의 흐르지 않는다.

농도 분포가 경계면에서 가장 적고 반도체 내부(x 축의 양방향)로 감에 따라 그림 8.7(c)와 같이 증가하고 있기 때문에, 전자농도의 양의 기울기에 의해서 높은 에너지 준위의 전자가 반도체(S)에서 금속(M)(x 축의 음방향)으로 이동하는 전자의 개수의 흐름인 $\Phi_{M \leftarrow S}^{e}$ 는

$$\Phi_{M \leftarrow S}^{e} = -D_e \frac{dn}{dx} \quad \text{(음의 방향으로)} \tag{8.5.1}$$

이다. 또 하나는 그림 8.7(a)에 나타낸 것과 같이 장벽 내의 전계(금속 측이 음, 반도체 측이 양)에 의해 자유롭게 움직일 수 있는 전자가 금속(M)에서 반도체 (S)(x 축의 양방향)로 움직이는 유동전자의 개수의 흐름이다.

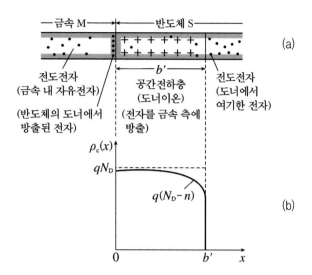

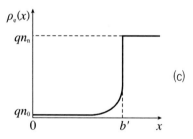

$$\begin{pmatrix} V_{\mathrm{d}} : \text{확산전위},\ V : \text{순바이어스 전압} \\ V_x : \text{반도체 내의 } x \text{ 방향의 전위} \end{pmatrix}$$

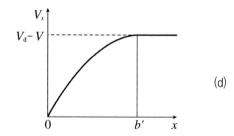

그림 8.7 장벽 내의 공간전하.

(a) 공간전하층과 장벽두께 b' (b' 는 $V_x = V_{\mathrm{d}} - V$일 때의 두께)

(b) 실질적인 공간전하 ρ_c와 장벽두께(N_{D}: 도너 이온 농도, n: 전자농도)

(c) 전자 농도의 전하분포 $\rho_e(x)$. 장벽두께 b' 보다 두꺼운 부분의 전자농도를 qn_{n} 이라 하

고 b' 보다 얇은 부분은 qn_0라고 한다.

(d) 장벽 내의 전위분포 V_x와 장벽두께

x 방향의 전계를 E라고 하면 장벽에 의해 생긴 전계는 그림 8.7(d)의 V_x인 기울기에 음의 부호를 붙인 것이기 때문에 x 축의 음의 방향을 향하고 있다. 따라서 전자에 의한 유동전자 개수의 흐름밀도는

$$\Phi_{M \to S}^e = -n\mu_e E \quad \text{(양의 방향으로)} \tag{8.5.2}$$

가 되고 전자의 흐름은 x 축의 양의 방향이 된다. 그래서 실질적인 전자의 개수의 흐름밀도는 x 축의 양의 방향으로 나아가는 것[식 (8.5.2)]과 음의 방향으로 나아가는 것[식 (8.5.1)]의 합이 되고 이것을 Φ^e라고 하면

$$\Phi^e = \Phi_{M \to S}^e + \Phi_{M \leftarrow S}^e = -n\mu_e E - D_e \frac{dn}{dx} \tag{8.5.3}$$

이 된다. 전류밀도 J_n은 전자의 개수의 흐름밀도 Φ^e와 반대 방향으로 전하 q를 가한 것이기 때문에

$$J_n = -q\Phi^e = qn\mu_e E + qD_e \frac{dn}{dx} \tag{8.5.4}$$

이 된다. 여기서 $E = -dV_x/dx$와 아인슈타인의 관계식 (8.4.11) $\mu_e = qD_e/k_B T$를 식 (8.5.4)에 대입하면

$$J_n = qD_e \left(-\frac{qn}{k_B T} \cdot \frac{dV_x}{dx} + \frac{dn}{dx} \right) \tag{8.5.5}$$

이 된다. 이 식을 풀면(유도과정은 생략하지만 부록 Q 참조)

$$J_n = B\left(e^{-q(V_d - V)/k_B T} - e^{-qV_d/k_B T} \right) \tag{8.5.6}$$

가 된다. 여기에 B는 계수이다.

식 (8.5.6)에 대해서 다시 두 항의 전류성분에 대해서 의미를 살펴보자. 열평형 상태에서는 그림 8.4(b)에 나타낸 것과 같이 확산전위 V_d는 금속 M과 n형 반도체 S의 일함수의 차이며 이것은 식 (8.3.2)에서

$$q V_d = \phi_M - \phi_S \tag{8.5.7}$$

로 나타냈다. 이 경우 M → S인 전류와 S → M인 전류는 동등하고 각각

$$J_0 = B e^{-q V_d / k_B T} \tag{8.5.8}$$

라고 생각되어진다. 하지만 그림 8.6(a)처럼 순방향 바이어스 전압 V를 가했을 때는 S → M으로의 전류 J_{SM}(즉 M → S로의 전자류)은 장벽높이 $\phi_M - \chi_s$가 변하지 않으므로 식 (8.5.8)과 같기 때문에

$$J_{SM} = J_0 = B e^{-q V_d / k_B T} \tag{8.5.9}$$

이지만 M → S로의 전류 J_{MS}(S → M으로의 전자류)는 장벽높이가 $q(V_d - V)$로 낮아지므로 열평형일 때보다 많아져

$$J_{MS} = B e^{-q(V_d - V)/k_B T} \tag{8.5.10}$$

가 된다고 생각되어진다. 그래서 순방향 바이어스일 때의 실질적인 전류 J_F는

$$J_F = J_{MS} - J_{SM} = B \left(e^{-q(V_d - V)/k_B T} - e^{-q V_d / k_B T} \right) \tag{8.5.11}$$

가 된다. 이것이 식 (8.5.6)의 의미이다. 이것을 정리하면

$$J_{\mathrm{F}} = J_0 (e^{+\,qV/k_{\mathrm{B}}T} - 1) \tag{8.5.12}$$

가 되고 V 가 클 때는 식 (8.5.12)의 괄호 내의 1은 생략할 수 있기 때문에

$$J_{\mathrm{F}} \fallingdotseq J_0 e^{qV/k_{\mathrm{B}}T} \tag{8.5.13}$$

가 되어 전류는 V 의 증가에 따라 지수 함수적으로 증가한다(그림 8.8).

다음으로 그림 8.6(b)처럼 역방향 바이어스 전압 V 를 가하면 S→M인 전류 J_{SM}(M→S의 전자류)은 장벽높이가 변하지 않으므로 식 (8.5.8)과 마찬가지로 J_0 이지만 M→S인 전류 $J_{\mathrm{MS(R)}}$(S→M으로의 전자류)은 장벽높이가 $q(V_{\mathrm{d}} + V)$ 로 높아지기 때문에 열평형일 때보다 작아져

$$J_{\mathrm{MS(R)}} = Be^{-q(V_{\mathrm{d}}+V)/k_{\mathrm{B}}T} = J_0 e^{-qV/k_{\mathrm{B}}T} \tag{8.5.14}$$

가 된다. 그래서 역방향 바이어스일 때의 실질적인 전류 J_{R} 은

$$J_{\mathrm{R}} = J_{\mathrm{MS(R)}} - J_{\mathrm{SM}} = J_0 e^{-qV/k_{\mathrm{B}}T} - J_0 \tag{8.5.15}$$

이 된다. 이것을 정리하면

$$J_{\mathrm{R}} = J_0 (e^{-qV/k_{\mathrm{B}}T} - 1) \tag{8.5.16}$$

가 된다. 역방향 바이어스 V 가 크면 식 (8.5.16)의 괄호 내의 지수 함수는 1에 비해 생략되어

$$J_{\mathrm{R}} \fallingdotseq -J_0 \tag{8.5.17}$$

이 되어 거의 일정한 포화값에 가까워지고 매우 적은 전류 밖에 흐르지 않는다[5]. 그림 8.8은 전형적인 쇼트키 다이오드 전류-전압 특성 곡선을 보여준다. 이상의 것을 정리하면 n형 반도체에 전원의 음극을 연결하고 $-V$인 전압을 가한 순방향 바이어스일 때는 큰 전류가 흐르고, 반대로 n형 반도체에 전원인 양극을 연결해 $+V$의 전압을 가한 역방향 바이어스일 때는 거의 전류는 흐르지 않는다. 이것이 이른바 **정류작용**의 원리이다.

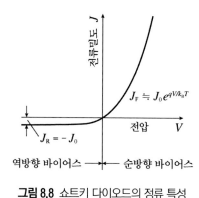

그림 8.8 쇼트키 다이오드의 정류 특성

8.6 금속과 반도체의 다양한 접합

앞 절에서는 금속의 일함수 ϕ_M이 n형 반도체의 일함수 ϕ_S보다도 큰 경우, 즉

$$\phi_M > \phi_S \quad \text{(정류 접합)} \tag{8.6.1}$$

일 때에 정류작용이 가능하다고 설명하였다. 하지만

---

5 사실은 이 설명은 이극관 이론의 열전자 방출에 의한 설명과 같은 것으로 되어 있다.

$$\phi_M < \phi_S \quad \text{(오믹 접합)} \tag{8.6.2}$$

의 경우에는 정류작용이 없다.

식 (8.6.2)일 때에는 그림 8.9(a)에서처럼 접합하기 전의 반도체의 페르미 준위는 금속의 페르미 준위보다 $\phi_S - \phi_M$만큼 아래에 있다. 접합이 완료된 후에는 금속 측에서 반도체 쪽으로 전자가 이동하고 그림 8.9(b)에서와 같이 둘 다 페르미 에너지가 일치하는 부분에서 평형상태에 도달한다. 이때 접합부 부근의 금속 측은 양의 전하를, 또 n형 반도체 측은 음의 전하를 가진다. 이와 같은 상태에서 외부(바이어스)전압 V를 가하면 8.5절에서 나타낸 것과 같은 전위차는 접합부에 생기지 않고 모체(벌크, bulk)에 생긴다. 이때는, 전자는 쉽게 장벽을 지나고 **오믹 접합**(ohmic junction)[6]으로 되어 있어 정류작용은 없다. 특히 $\chi_S - \phi_M$가 작을 때는 그렇다.

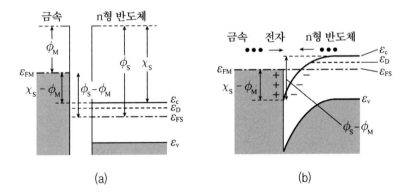

(a)   (b)

그림 8.9 (a) 금속의 일함수 ϕ_M, n형 반도체의 일함수 ϕ_S, $\phi_M < \phi_S$일 때, (b) 접합을 만든 후는 오믹이 된다.

---

6 보통의 저항률로 되어 있다.

p형 반도체와 금속의 접합인 경우는 n형 반도체와는 반대가 되어

$\phi_M < \phi_S$ (정류 접합)

$\phi_M > \phi_S$ (오믹 접합)

이 된다. 캐리어는 전자가 정공으로 치환되는 것만으로 n형일 때와는 반대가 된다.

8.7 pn 접합

8.7.1 pn 접합 만드는 방법

pn 접합(pn junction)을 만들기 위해서는 모든 진공 중 또는 불활성 가스 중에서 가열조작을 한다. 그 방법으로써는 먼저 단결정의 성장과정으로 불순물 분포를 n(또는 p)형 불순물에서 p(또는 n)형 불순물로 갑자기 변화시켜 만드는 **단결정 인상법**으로 그림 8.10에 개략도를 나타내었다. 혹은 n(또는 p)형 반도체에 p(또는 n)형 불순물을 합금시키는 **합금법**으로 그림 8.11에 개략도를 나타내었다. 혹은 n(또는 p)형 반도체의 표면에서 p(또는 n)형 불순물을 확산시키는 **확산법** 등이 있다.

Ge는 40℃를 넘으면 거의 진성 반도체에 가까워지고 좁은 금지대 폭(0.67 eV)을 뛰어넘어 가전자대에서 전도대로 전자가 여기되고, 전도율이 갑자기 증가한다. 이때문에 본래의 불순물 반도체의 기능을 수행하지 않게 된다. 그래서 금지대 폭이 넓은 Si(1.1 eV)이 지금은 많이 이용되어진다. Si의 pn 접합은 합금법이 아니고 확산법이 이용되어진다. 이것은 정밀한 마무리가 가능하고 IC(집적회로,

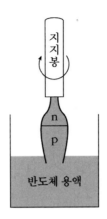

그림 8.10 단결정을 끌어올리는 도중에 첨가 불순물을 갑자기 변화시켜 pn 접합을 만든다.

그림 8.11 pn 접합을 합금법으로 만든다. (a) III족인 In을 Ge의 웨이퍼 위에 올리고 진공로 내에서 가열, (b) In과 Ge는 합금을 만들고 이것을 냉각할 때 In이 석출하고 p형 Ge 층이 남는다.

integrated circuit) 기술의 기초를 이루고 있다.

확산법(diffusion method)에서도 p형으로 하기 위해서는 B(붕소)를, n형으로 하기 위해서는 P(인)을 사용하는 것에 변화는 없지만 실제로는 고체인 B_2O_3(붕산)이나 고체인 P_2O_5(인산)을 Si 표면상에 얇게 붙여서 이것을 불활성 가스(아르곤 가스)중에서 가열(열처리)한다. Si과 이것들의 산화물은 반응하고 그 표면에 붕산유리나 인산유리를 만든다. 이 유리 중의 B나 P가 Si 중을 확산하여 p형이나 n형의 Si 불순물 반도체가 되고 이로부터 pn 접합을 만든다. 이외의 확산법으로는 액체인 BBr_3와 PCl_3을 이용하여 이것을 기화시킨 불활성인(아르곤, 수소,

질소 등의) 가스 중에 조금 혼합하여 Si의 얇은 판(웨이퍼, wafer)을 둔 화로 안을 통하게 하는 액체법이나 또 B_2H_6, PH_3 가스를 Si 웨이퍼와 같이 석영관 안에 밀봉하는 기체법 등이 있다.

이외에 **에피택시**(Epitaxy)라는 방법이 있다. 이 말의 의미는 epi는 on, taxy는 arrangement로 "arrangement on" 또는 "oriented overgrowth"라는 것으로 "배향 중복성장"이라고도 한다. 이것은 반도체 기판 웨이퍼와 동일한 결정축 방향으로 기판과 반대인 형의 단결정 박막을 성장시켜 pn 접합을 만드는 방법이다. 예를 들면 SiH_4(실란)를 가열된 Si 기판 위에서 열분해하여 Si의 단결정막을 만드는 수소화합물 열분해법이 있다. 또 기체인 $SiCl_4$(사염화규소)에 수소를 가하여 가열된 Si 기판 위에 Si의 단결정 박막을 환원하여 만드는 수소환원법도 있다. 이것들의 경우, p형의 단결정 박막을 성장시키고자 한다면 BBr_3을, n형을 성장시키고자 한다면 PCl_3을 적당량 가해 두면 된다.

8.7.2 pn 접합의 정류작용

접합되기 전의 p형과 n형의 반도체를 그림 8.12(a)에 나타내었다. 가전자대 정상을 에너지의 기준으로 취하고($\varepsilon_v = 0$), p형과 n형의 페르미 준위를 ε_{Fp}, ε_{Fn} 이라고 하자. 접합 전 페르미 준위의 차는 $\varepsilon_{Fn} - \varepsilon_{Fp}$이다. 실온에서 억셉터의 대부분은 억셉터 음이온이 되고 정공을 가전자대로 여기시킨다. 또 도너의 대부분은 도너 양이온이 되고 대부분의 전자를 전도대로 여기시킨다.

pn 접합을 8.7.1항에서 설명했던 방법으로 만들면 에너지가 높은 n형 측의 전도대의 전자가 p형 내로 확산하고 ε_{Fn}과 ε_{Fp}가 같아졌을 때 열평형 상태가 된다. 열평형 상태에서는 n형에서 p형으로 또는 p형에서 n형으로 서로 확산하는 전자류는 똑같아져 실질적인 차감전류는 흐르지 않는다. 이 경우에 n형 측에서 보면 접합부에 만들어진 전위의 장벽은 확산전위 V_d이고 이것은 접합전의 페르미 준위의 차 $\varepsilon_\mathrm{Fn} - \varepsilon_\mathrm{Fp}$에 비례하고 있어

$$q V_\mathrm{d} = \varepsilon_\mathrm{Fn} - \varepsilon_\mathrm{Fp} \tag{8.7.1}$$

가 된다. 확산전위, 즉 **내부전위**(built in potential)에 의한 전계가 n → p로의 전자흐름을 약하게 하고 p → n으로의 전자흐름과 같아져 균형이 유지된다. 열평형 상태에 있어서 **전자의 흐름에 의한 전류**를 $J_0(e)$라고 한다.

p형 반도체에는 정공이 많이 있다. p형의 정공을 **다수 캐리어**(majority carrier)라고 한다. 또 p형의 전자는 적으므로 p형의 전자를 **소수 캐리어**(minority carrier)라고 한다. 만찬가지로 n형의 전자는 다수 캐리어이고 정공은 소수 캐리어이다. 그래서

$J_1(e)$ =p형의 소수 캐리어인 전자가 n형의 다수 캐리어로 주입되는 것에 의한 전류밀도(전류의 방향은 p ← n)

$J_2(e)$ =n형에서의 다수 캐리어인 전자가 p형의 소수 캐리어로 주입되는 것에 의한 전류밀도(전류의 방향은 p → n)

라고 하면 그림 8.12(b), (c), (d)에서 p → n의 방향을 x축의 양의 방향으로 하고 있으므로

$$-J_1(e) = J_2(e) \equiv J_0(e) \tag{8.7.2}$$

가 된다. 이 $J_0(e)$의 값은 식 (8.5.8)과 닮아 있어 A를 비례상수로 하면

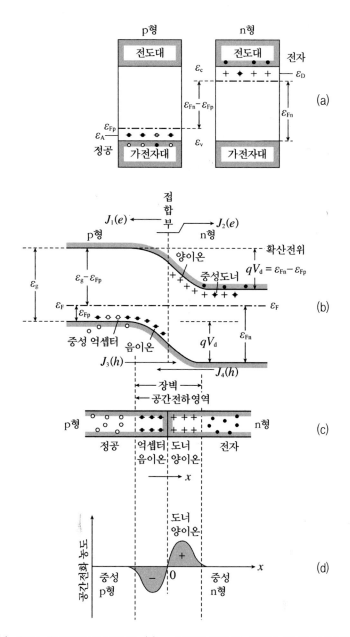

그림 8.12 (a) p형과 n형 반도체의 접합 전, (b) pn 접합을 만든 후. 페르미 에너지가 일치한다. (c) pn 접합부의 장벽과 공간전하 영역의 실체도, (d) 접합부 부근의 공간전하 밀도

$$J_0(e) = Ae^{-qV_d/k_BT} \tag{8.7.3}$$

가 된다. 마찬가지로

> $J_3(e) =$ p형에서 다수 캐리어인 정공이 n형의 소수 캐리어로 주입되는 것에
> 의한 전류밀도(전류의 방향은 p → n)
>
> $J_4(e) =$ n형에서 소수 캐리어인 정공이 p형의 다수 캐리어로 주입되는 것에
> 의한 전류밀도(전류의 방향은 p ← n)

라고 하면 $J_3(e)$와 $J_4(e)$는 역방향으로 서로 동등한 값이기 때문에 이것을 $J_0(h)$로 취해 비례상수를 A'라고 하면

$$J_3(h) = -J_4(h) \equiv J_0(h) = A'e^{-qV_d/k_BT} \tag{8.7.4}$$

가 된다.

  이제 외부로부터 전압 V를 가한다. p형 측을 $+V$, n형 측을 $-V$, 즉 순방향 바이어스를 가하면 n형 측의 페르미 준위는 8.6절에서 설명했던 것과 마찬가지로 qV만큼 위로 올라가고 따라서 전자에 대해서 n형 측에서의 다수 캐리어인 전자에 대한 장벽높이는 그림 8.13(a)에서 나타낸 바와 같이 $q(V_d - V)$로 감소한다. 그래서 이때의 전자에 의한 전류밀도 $J_2'(e)$는

$$J_2'(e) = Ae^{-q(V_d - V)/k_BT} = J_0(e)e^{+qV/k_BT} \tag{8.7.5}$$

가 된다. 하지만 p형 측에서의 소수 캐리어인 전자에 대한 장벽높이는 변화하지 않으므로 전압 V를 가했을 때의 $J_1(e)$을 $J_1'(e)$라고 하면 식 (8.7.2)로부터

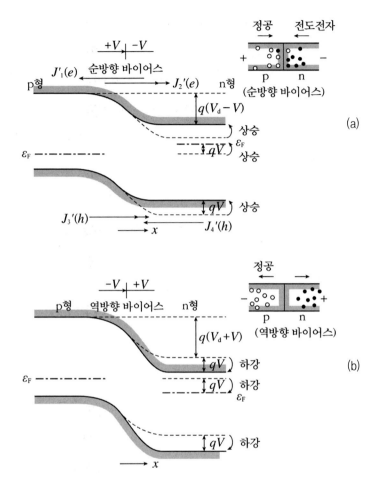

그림 8.13 (a) 순방향 바이어스(p형에 + V, n형에 − V)를 걸면 확산전압은 (V_d − V)로 감소하고 전류는 커진다. (b) 역방향 바이어스(p형에 − V, n형에 + V)를 걸면 확산전압이 (V_d + V)로 증가하고 전류는 작아진다.

$$J_1'(e) = -J_0(e) \tag{8.7.6}$$

그대로이다.

　그러므로 전자에 의한 실질적인 전류밀도는 다음 식과 같이 된다.

$$J_1'(e) + J_2'(e) = J_0(e)(e^{+qV/k_BT} - 1) \tag{8.7.7}$$

마찬가지로 순방향 바이어스 전압 V를 가했을 때 정공에 의한 전류밀도 $J_3'(h)$는, p형 측에서의 다수 캐리어인 정공에 대한 장벽높이는 $q(V_d - V)$로 감소하므로 식 (8.7.4)의 qV_d를 $q(V_d - V)$로 하여

$$J_3'(h) = A'e^{-q(V_d - V)/k_BT} = J_0(h)e^{+qV/k_BT} \tag{8.7.8}$$

가 된다.

또 n형 측에서의 소수 캐리어인 정공에 대한 장벽높이는 변화하지 않으므로

$$J_4'(h) = -J_0(h) \tag{8.7.9}$$

가 된다. 그러므로 정공에 의한 실질적인 전류밀도는

$$J_3'(h) + J_4'(h) = J_0(h)(e^{+qV/k_BT} - 1) \tag{8.7.10}$$

이 된다. 그래서 순방향 바이어스일 때의 전자, 정공에 의한 총 전류밀도 J_F는 식 (8.7.7, 10)으로부터

$$\begin{aligned} J_F &= J_1' + J_2' + J_3' + J_4' \\ &= (J_0(e) + J_0(h))(e^{+qV/k_BT} - 1) \end{aligned} \tag{8.7.11}$$

이 된다. 외부로부터 가한 전압 V가 클수록 식 (8.7.11)의 지수함수는 1에 비해 커지기 때문에 1을 생략하면

$$J_F \fallingdotseq (J_0(e) + J_0(h))e^{qV/k_B T} \tag{8.7.12}$$

가 된다. 즉 순방향 바이어스일 때의 전류밀도 J_F는 양의 값을 가지고 x 축의 양의 방향을 향하여 V의 증가와 함께 지수 함수적으로 증대한다. 순방향 바이어스인 경우의 $V - J_F$ 특성은 그림 8.8의 순방향 바이어스일 때와 같은 경향의 곡선이 된다.

다음으로 그림 8.13(b)에 나타내는 것처럼 외부전압을 p형에 $-V$, n형에 $+V$를 가한다. 즉 **역방향 바이어스**로 하면 n형 측의 전자로서도 p형 측의 정공으로서도 장벽높이는 $q(V_d + V)$로 높아져

$$J_2'(e) = Ae^{-q(V_d + V)/k_B T} = J_0(e)e^{-qV/k_B T} \tag{8.7.13}$$

$$J_3'(h) = A'e^{-q(V_d + V)/k_B T} = J_0(h)e^{-qV/k_B T} \tag{8.7.14}$$

가 된다. 하지만 전자에 대해 p형 측에서 본 장벽높이도, 정공에 대해서 n형 측에서 본 장벽높이도 변화하지 않으므로

$$J_1'(e) = -J_0(e) \tag{8.7.15}$$

$$J_4'(e) = -J_0(h) \tag{8.7.16}$$

이기 때문에 역방향 바이어스일 때의 총전류밀도 J_R은 식 (8.7.13), (8.7.14), (8.7.15), (8.7.16)으로부터

$$J_R = J_1' + J_2' + J_3' + J_4'$$
$$= (J_0(e) + J_0(h))(e^{-qV/k_B T} - 1) \tag{8.7.17}$$

이 된다. 외부전압이 커지면 식 (8.7.17)의 지수함수는 1에 비해 작아지므로 이 것을 생략하면

$$J_{RS} = -\left\{ J_0(e) + J_0(h) \right\} \tag{8.7.18}$$

가 된다. 식 (8.7.18)은 **역방향 포화 전류밀도**(saturation current density)이고 매우 작은 일정 값이 된다. 역방향 바이어스의 경우, 거의 전류는 흐르지 않고 $V - J_R$ 특성은 그림 8.8의 역방향 바이어스일 때와 같은 경향이 된다. 이상에 의해 pn 접합인 경우의 **정류작용**이 설명되었다. 즉 식 (8.7.11), (8.7.18)로부터

$$J_F = -J_{RS}(e^{qV/k_BT} - 1) \fallingdotseq -J_{RS}\,e^{qV/k_BT} \tag{8.7.19}$$

로 나타난다.

pn 접합에서 중요한 것은 **소수 캐리어가 주입**되면 **비평형 상태**가 되어 이것에 의해서 유용한 소자가 된다는 점이다. 7.4절에서 설명한 "**뜨거운 전자**"도 반도체에서 비평형 상태를 만들어 내기 위해 유효하며 편리한 방법이다.

자성체

- **구성**
  9.1 전기자기 현상과 단위
  9.2 자기의 근원
  9.3 자성체의 분류
  9.4 자성체
  9.5 강자성

- **개요**

자석은 일상생활 속에서도 쉽게 발견할 수 있는 것으로 어렸을 적부터 익숙해 있다. 또 역사적으로도 고대 중국에서는 자철광(Fe_3O_4)을 방향 지시기로 여행에서 이용했다라고 전해진다. 하지만 이와 같이 일상생활 속의 자석의 본성, 즉 자성 혹은 자기에 대해 원자·전자의 단계에서부터 이해되어 내놓은 것은 비교적 최근의 일이며, 이것은 학문적으로도 난해한 부류에 속하므로 여기서는 간단히 설명하는 것으로 하겠다.

자기의 경우는 전기의 경우와 같이 양의 전하, 음의 전하라는 단극자를 가진 자기적 입자가 발견되어지지 않고 항상 양, 음 또는 북, 남과 같은 자극이 한 쌍으로 되어 자기 쌍극자로써 존재한다.

그렇다면 자성은 무엇에 의한 것인가라고 하면 사실은 자성과는 전혀 관계가 없다고 생각되는 전자의 운동이나 전자 자신에 내재하는 본성에 의한 것으로 볼 때 이것은 분명 놀라운 것이다. 게다가 자성은 다양하고 반자성, 상자성, 강자성, 반강자성, 페리자성 등으로 분류된다. 자기의 단위계는 복잡 다양하지만 단극자가 아닌 자기 쌍극자가 자기의 기본적 실재다라는 입장에서, 여기서는 MKSA 단위계 내에서도 쌍극자에 중점을 둔 단위계를 사용한다.

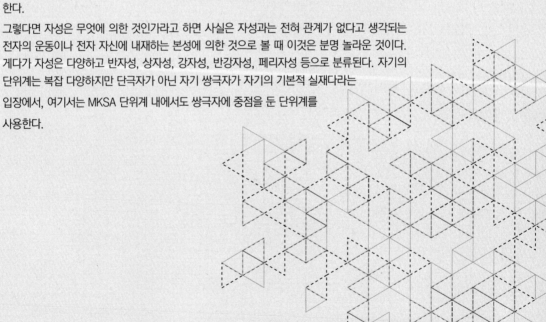

9.1 전기자기 현상과 단위

9.1.1 자화와 자기 쌍극자 모멘트(능률)

자석에 붙은 바늘은 그 바늘 자신이 다른 바늘을 끌어당겨 붙게 한다. 이때 바늘은 자화되었다라고 한다. 하지만 여기서 말하는 "자화"는 조금 엄밀한 정의를 하고 있다.

자기(magnetism)[1]에는 전기와는 다른 **자기 단극자**(magnetic monopole)가 아직 발견되지 않았다. 그리고 현시점의 물리학에서는 자기는 항상 **자기 쌍극자**(magnetic dipole)라는 양과 음의 **자극**(magnetic pole)이 "쌍(pair)"으로서 항상 나타나는 것으로 하고 있다. 그러므로 자기인 경우에는 자극보다도 쌍극자 또는 작용 그 자체가 중요한 것이다. 지금 전기 쌍극자에서처럼 그림 9.1와 같이 편의상 기호가 다른 두 **자극**(magnetic pole), 즉 양(N)극, 음(S)극 사이 거리가 l인 자기 쌍극자를 생각하자. 자극을 $+q_m$ (양극), $-q_m$ (음극)이라 할 때 두 극간의 거리 l과 자극의 크기 q_m의 곱을 **자기 쌍극자 모멘트**(magnetic dipole moment) 또는 단지 **자기 모멘트**(magnetic moment) μ_m이라 한다[2]. 벡터 μ_m의 크기는 $q_m l$이고, 방향은 쌍극자의 음(남)극에서 양(북)극으로 향하여 이것을

$$\mu_m = q_m l, \quad |\mu_m| \equiv \mu_m = q_m l \tag{9.1.1}$$

---

1 자기를 띠는 광석 loadstone을 예전부터 마케도니아의 Magnesia지방에서 생산했기 때문에 이 지명에 의한 명사이다.

2 μ_m의 첨자는 magnetic의 두문자. 첨자를 생략하기도 한다.

로 나타낸다. 여기에 μ_m 은 μ_m 의 절댓값, 즉 자기 쌍극자 모멘트의 크기를 나타 낸다. l은 μ_m 과 같은 방향을 가지고 크기는 l이다. 이와 같은 자기 쌍극자가 많 이 모인 것이 **자성체**(magnetic materials)이고, **단위 체적당 자기 쌍극자 모멘트 의 벡터 합**을 "**자화**(magnetization)" M이라고 한다.

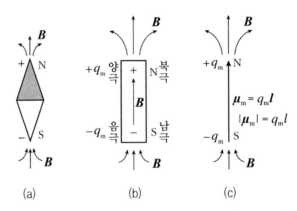

그림 9.1 자기 쌍극자 모멘트. (a) 작은 자침, (b) 작은 자석의 자극의 크기 $+q_m$(양극; 북극), $-q_m$ (음극; 남극), (c) 자기 쌍극자 모멘트 μ_m의 방향은 l의 방향과 같고 $-q_m$에서 $+q_m$으로 향한다. B는 자속밀도 벡터

9.1.2 자속밀도, 투자율, 자계

전류가 흐르고 있는 도선은 그 주변에 자기의 장(**자계** 또는 **자장**, magnetic field)를 만든다. 도선에 전류가 흐를 때 자장의 방향은 그림 9.2(a)에 나타낸 바 와 같이 전류가 흐르는 방향으로 나아가는 "**오른나사**"가 도는 방향으로 되어 있 다. 전류가 흐르고 있는 평행인 2개의 도선은 각각이 만드는 자계에 의해 서로 힘을 미친다. 서로 힘을 미치고 있는 장을 **자속밀도**(magnetic flux density) B 라 고 하며 그 크기를 B라고 한다[3].

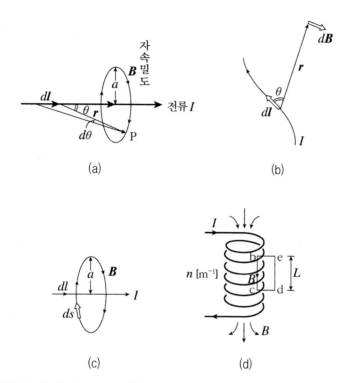

그림 9.2 (a) 전류와 자속밀도의 방향, (b) 비오 · 사바르의 법칙, (c) 자속밀도의 그 방향으로 한 바
퀴 도는 선적분, (d) n [권/m]의 솔레노이드

그림 9.2(b)에서 전류 $I\,[A]$가 흐르고 있는 도선의 미소선소를 벡터 $dl\,[\mathrm{m}]$로
하고, 이 선소로부터 $r\,[\mathrm{m}]$인 거리의 점에 만들어진 미소 자속밀도 $d\boldsymbol{B}\,[\mathrm{Wb/m^2}]$
(이 단위를 테슬라 $[\mathrm{T}]$라고도 나타낸다)는 dl과 r이 이루는 각을 θ라고 하면

$$dB = \frac{\mu_0 I}{4\pi}\frac{dl}{r^2}\sin\theta \quad\quad (dB,\,dl,\,r\text{은 크기}) \tag{9.1.2}$$

$$\mu_0 = 4\pi \times 10^{-7}\,[\mathrm{H/m}] \tag{9.1.3}$$

3　전계 $\boldsymbol{E}$와 자속밀도 $\boldsymbol{B}$를 대응시키고 있으므로 $\boldsymbol{EB}$ 대응 단위계라고 한다.

로 나타내어진다. 여기에 μ_0는 진공의 **투자율**(permeability)이고, 단위는 헨리 (Henry)[H]/미터[m]이다. r 방향의 단위벡터를 r/r이라 하고, 식 (9.1.2)를 벡터 곱으로 나타내면

$$dB = \frac{\mu_0 I}{4\pi} \frac{dl}{r^2} \times \frac{r}{r} \tag{9.1.4}$$

이 된다.

식 (9.1.2)와 (9.1.4)는 **비오 · 사바르**(Biot[4] -Savart[5])의 법칙이라 불리우며, dB 의 방향은 dl과 r을 포함하는 면에 수직으로 dl에서 r로 돌리는 오른나사가 나 아가는 방향이다. 이 법칙을 이용하여 그림 9.2(c)에서 직선전류 I에서 a의 거 리에 있는(반경 a인 원주상의) 점 P에 생기는 자계 B를 계산해 본다. 그림 9.2(a)를 참조하여 $rd\theta = dl \cdot \sin\theta$, $r = a/\sin\theta$를 식 (9.1.2)에 대입하여 θ의 적 분범위를 $0 \sim \pi$로하여 적분하면

$$B = \frac{\mu_0}{4\pi} \frac{I}{a} \int_0^\pi \sin\theta \, d\theta = \frac{\mu_0}{2\pi} \frac{I}{a} \tag{9.1.5}$$

가 된다. 다음으로 이 B를 B의 방향으로 한 바퀴 도는 선적분은 그림 (c)에서 보는 것처럼 반경 a인 원주상의 선소를 ds라고 하면 원주의 길이가 $2\pi a$이므로

$$\oint B ds = \left(\frac{\mu_0}{2\pi} \frac{I}{a} \right) \cdot 2\pi a = \mu_0 I \tag{9.1.6}$$

---

4   J. B. Biot (1774-1862), 프랑스, 1820년(46세).
5   F. Savart (1791-1841), 프랑스, 1820년(29세).

로 구해진다. 이것을 **암페어**(Ampère)**[6]의 법칙**이라고 한다. 이 식 (9.1.6)은 직선 전류가 아니라 일반적인 곡선 전류일 때에도 성립하며, 전류가 나아가는 방향을 오른나사가 나아가는 방향으로 하여 오른나사가 도는 방향을 B의 방향으로 한다. 이 예에서는 도선이 1개이지만 그림 9.2(d)에서처럼 도선을 단위 길이당 n 권 $[m^{-1}]$(턴/m, turn/m라고 읽는다)감은 솔레노이드일 때의 자속밀도 B를 구해본다. 식 (9.1.6)의 선적분로를 폐곡선 bcdeb로 취하면 자속이 있는 것은 솔레노이드 내부만으로, 적분로상에서는 bc에 평행하는 부분만이 있고 다른 적분로상에서는 0이다. $\overline{bc} = L$이라 하면 식 (9.1.6)의 좌변은

$$\text{식 (9.1.6)의 좌변} = \oint B ds = BL \tag{9.1.7}$$

이 된다. 또 식 (9.1.6)의 우변은 L의 길이 사이에서, 선로는 nL 감겨 있고 이것은 도선이 nL개 있는 것과 동등하기 때문에(도선 1개당 $\mu_0 I$이므로) 전체에서는 $(nL)(\mu_0 I)$이다. 이것을 식 (9.1.7)과 동등하게 두면

$$B = n\mu_0 I \, [\mathrm{Wb/m^2}] \quad \text{또는} \quad [\mathrm{T}] \tag{9.1.8}$$

가 된다. 이것은 솔레노이드 안이 진공(공기라도 거의 괜찮다)일 때에 성립하는 식이다.

지금

$$H \equiv nI \, [\mathrm{A/m}] \quad (\text{암페어·턴/m라고 읽는다}) \tag{9.1.9}$$

---

6 A. M. Ampère (1775-1836) 프랑스.

이라 두고 이것을 **자계강도**(intensity of magnetic field)라고 한다. 이 식을 식 (9.1.8)에 대입하면

$$B = \mu_0 H, \text{ 벡터 표시로 } \boldsymbol{B} = \mu_0 \boldsymbol{H} \, [\text{Wb/m}^2] \tag{9.1.10}$$

가 된다. 여기서 $\mu_0 \, [\text{H/m}] \cdot H \, [\text{A/m}] = \mu_0 H \, [\text{HA/m}^2]$이 되고 이것이 $B \, [\text{Wb/m}^2]$과 동등하기 때문에 헨리의 차원 $[\text{H}]$는

$$[\text{H}] = [\text{Wb/A}] \tag{9.1.11}$$

인 것을 알 수 있다.

그런데 솔레노이드 안에 자성체가 있을 때는 그것이 가지는 자화 M에 기인하는 자속밀도가 진공인 경우의 자속밀도 $\mu_0 H$에 가해지기 때문에 $\mu_0 M$을 식 (9.1.10)의 $\mu_0 H$에 더해진다. 즉 자성체를 포함하는 솔레노이드의 자속밀도는

$$B = \mu_0 H + \mu_0 M \tag{9.1.12}$$

이 된다. 이것을 벡터 표시로 하면

$$\boldsymbol{B} = \mu_0 (\boldsymbol{H} + \boldsymbol{M}) \text{ 또는 } \boldsymbol{H} = \frac{1}{\mu_0} \boldsymbol{B} - \boldsymbol{M} \tag{9.1.13}$$

이 되고, 이것은 기본적인 식이다[7]. 그런데 등방적인 자성체의 경우는 자화 $\boldsymbol{M}$과 자계 $\boldsymbol{H}$의 비를 χ_m이라고 두면

---

7 식 (9.1.13)은 MKSA 단위계에서도 $\boldsymbol{EH}$ 대응 단위계일 때는 $\boldsymbol{B} = \mu_0 \boldsymbol{H} + \boldsymbol{M}$이 된다.

$$M = \chi_m H \quad \text{또는} \quad \chi_m = M/H \tag{9.1.14}$$

가 된다. χ_m 을 **자화율**(magnetic susceptibility), **대자율** 또는 **자기 감수율**이라고
도 한다. χ_m 의 단위는 무차원이다. 식 (9.1.14)을 식(9.1.13)에 대입하면 자성체
의 등방성을 가정하여

$$B = \mu_0(1 + \chi_m)H \equiv \mu H \quad \text{또는} \quad B = \mu H \tag{9.1.15}$$

가 된다. 여기서

$$\mu \equiv \mu_0(1 + \chi_m) \; [\text{H/m}] \tag{9.1.16}$$

이고, μ 는 **자성체의 투자율**이라고 한다(자기 쌍극자 모멘트와 혼동하지 말 것).
μ 과 μ_0 의 비를 μ_r 이라 두면

$$\mu_r \equiv \mu/\mu_0 = 1 + \chi_m \quad \text{또는} \quad \chi_m = \mu_r - 1 \tag{9.1.17}$$

이 되고, μ_r 을 **비투자율**(relative permeability)이라고 한다.

9.1.3 자속밀도가 전류에 미치는 힘, 자기 쌍극자 모멘트

그림 9.3(a)에 나타낸 바와 같이 자속밀도 B 가 전류 I 와 α 인 각을 이루고 있
을 때 I 를 흘리는 도선의 미소선소 dl 에 B 가 미치는 미소의 힘 dF [N]는, 각각
의 크기를 B, I, dF 라고 하면

$$dF = (Idl)B\sin\alpha \tag{9.1.18}$$

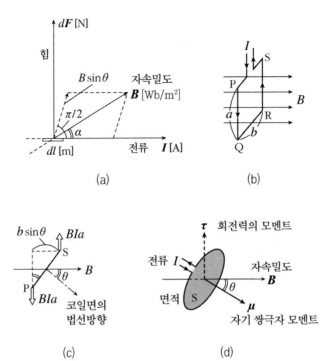

(a)   (b)

(c)   (d)

그림 9.3 (a) 자속밀도 B가 전류 I의 미소선소 dl에 미치는 미소의 힘 dF, (b) 자속밀도가 코일 PQRS에 미치는 힘, (c) 그림 (b)를 위에서 보았을 때. $\pm BIa$인 회전력이 작용하고 있다. (d) 그림 (c)를 일반화한 것. 자기 쌍극자 모멘트 μ, 자속밀도 B, 회전력의 모멘트 τ의 각 벡터의 관계를 나타냄

가 된다. dF의 방향은 I, B에 직각이고 I에서 B쪽으로 돌리는 오른나사가 나 아가는 방향으로 일치한다. 식 (9.1.18)을 벡터 곱으로 표시하면

$$dF = (I \times B)dl \tag{9.1.19}$$

이 된다. 이것은 이른바 **플레밍(Fleming)의 왼손법칙**이다. 단위를 보면 $[N] = [A][Wb/m^2][m]$이므로 $[Wb/m^2] = [N/Am]$이 된다. 이 관계로부터 자속밀도의 단위는 전류 $[A]$와 힘 $[N]$과 길이 $[m]$로부터 정해진다.

그림 9.3(b)처럼 자속밀도 B 중에 각 변의 길이 a, b인 장방형 코일을 넣어 전류 I를 흘린다. 코일면의 법선과 B 사이의 각을 θ라고 하자. PQ, RS에 작용하는 힘은 식 (9.1.18)에 의해 각각 BIa로, 그림 9.3(c)에서 보듯이 B에 직교하고 서로 반대 방향이다. PS, QR에 작용하는 힘은 각각 BIb로 서로 반대 방향으로 상쇄된다. 따라서 코일에는 BIa에 의한 **우력**(couple of forces, 짝힘의 한자말, 일종의 회전력)이 작용하고, 전류환선에 작용하는 토크의 크기 τ는 회전력의 팔의 길이가 $b\sin\theta$이므로

$$\tau = (BIa)(b\sin\theta) = B \cdot Iab \cdot \sin\theta \tag{9.1.20}$$

가 된다. 여기서 ab는 코일이 둘러싸는 면적이고, 이것을 S라고 하면 IS는 코일에 고유한 것으로 **코일의 자기 쌍극자 모멘트** μ라고 불리우며(자속밀도 B가 있든 없든)

$$\mu = Iab = IS \ [\mathrm{Am}^2] \tag{9.1.21}$$

이 된다. 또 크기가 IS이고, 코일 면의 법선 방향에서 전류 I의 방향으로 오른나사를 돌렸을 때에 그것이 나아가는 방향과 일치하도록 방향을 가지는 벡터 μ를 코일의 자기 쌍극자 모멘트 벡터라고 한다. 코일이 n번 감았을 때는 식 (9.1.21)의 n배가 되어

$$\mu = nIS \tag{9.1.22}$$

가 된다. 그래서 B가 코일에 미치는 회전력은 식 (9.1.20)과 (9.1.21)로부터

$$\tau = \mu B \sin\theta \ [\mathrm{Nm}] \tag{9.1.23}$$

가 된다. 코일의 모양은 장방형뿐만 아니라 어떤 모양이여도 위의 관계식은 성립한다. 식 (9.1.23)에 의하면 $\theta = \pi/2$일 때 회전력의 모멘트 τ는 최대이며 또 $\theta = 0$, 즉 면적 S가 B에 수직일 때 $\tau = 0$이 된다. 코일에 작용하는 회전력의 모멘트 벡터를 τ라고 하면 식 (9.1.23)은 μ과 B의 벡터 곱으로 나타내져 다음과 같이 된다.

$$\tau = \mu \times B \tag{9.1.24}$$

회전력은 자신을 최소화하도록, 즉 자기 쌍극자 모멘트 μ가 자속밀도 B와 평행이 되도록 작용한다. 이것들의 관계를 그림 9.3(d)에 나타낸다.

9.2 자기의 근원

전기의 근원은 전자라는 입자에 있다. 그러면 자기의 근원은 무엇일까? 자기 단극자가 발견되어 있지 않으므로 이것을 떠맡는 입자도 발견되어 있지 않다. 단자기 쌍극자 또는 그 기능의 존재는 분명하기 때문에 쌍극자의 근원은 무엇인가를 알아보자. 이것은 사실 전자의 운동에 의한 것과 전자 자신의 내부자유도에 의한 것이다.

9.2.1 원자 내 전자의 궤도 자기 쌍극자 모멘트

그림 9.4(a)에 나타낸 폐회로에 흐르는 전류를 I [A], 회로가 둘러싸는 면적을 S [m^2]라고 하면 식 (9.1.21)에서 나타난 코일의 자기 쌍극자 모멘트 μ는 그

림 9.4(b)에서처럼 폐회로와 같은 모양의 선으로 둘러싸인 면적 S인 판상자석이

가지는 자기 쌍극자 모멘트와 같고 식 (9.1.21)로부터

$$\mu = IS \ [\mathrm{Am}^2] \tag{9.2.1}$$

이 된다. 그림 9.4(a)와 같은 원형의 회로가 아니더라도 임의의 모양의 폐회로에

서도 이 식은 성립한다.

　지금 원자핵 주변을 도는 1개의 전자를 생각하자. 그림 9.4(c)에 나타낸 바와

같이 원형 궤도의 반경을 r이라 하고 궤도가 둘러싸는 면적을 $S = \pi r^2$이라 하

자. 회전의 각속도를 ω라고 하면 궤도상의 한 점 P를 전자는 1초간 $\omega/2\pi$회 통

과한다. 전자의 전하를 $-q$라고 하면 점 P에서 1초간 운반되어지는 전하량은

$-q\omega/2\pi \ [\mathrm{C}/\mathrm{S}]$가 되고 이것과 동등한 양의 원형전류 $I \ [\mathrm{A}]$가 전자의 회전방향

과 역방향으로 흐르게 된다. 그래서 원형전류가 가지는 궤도 자기 쌍극자 모멘

트를 μ_l이라고 하면 식 (9.2.1)로부터

$$\mu_l = IS = \left(-\frac{q\omega}{2\pi}\right)\pi r^2 = -\frac{1}{2}q\omega r^2 \tag{9.2.2}$$

이 된다. 한편 전자의 궤도운동에 의한 궤도 각운동량 $\boldsymbol{L}_l$은 전자의 질량을 m,

운동량을 $\boldsymbol{p} = m\boldsymbol{v}$ ($\boldsymbol{v}$는 전자의 속도), 위치벡터를 $\boldsymbol{r}$이라 하면 이것들의 벡터 곱

으로 나타내져 $\boldsymbol{L}_l = \boldsymbol{r} \times \boldsymbol{p}$가 된다. 그림 9.4(d)처럼 $\boldsymbol{v}$와 $\boldsymbol{r}$이 직교하고 게다가

$v = r\omega$일 때의 $\boldsymbol{L}$의 크기 L은

$$L_l = mvr = m\omega r^2 \tag{9.2.3}$$

이 되므로 이 식의 ωr^2을 식 (9.2.2)에 대입하면

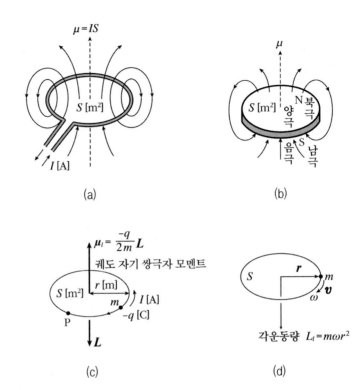

그림 9.4 (a) 원전류 I [A]가 둘러싸는 면적 S [m²]. 자기 쌍극자 모멘트 μ를 생기게 한다.
(b) 원전류와 등가인 원판자석, (c) 전자 1개에 의한 원전류(반경 r), (d) 전자의 궤도회전에 의해 생기는 각운동량 $L_l = m\omega r^2$

$$\mu_l = -\frac{q}{2m}L_l \tag{9.2.4}$$

이 된다. 궤도 각운동량 벡터 $\boldsymbol{L}_l$의 방향은 전자의 회전 궤도면에 수직이고 향하는 쪽은 전자의 회전 방향에 오른나사를 돌릴 때 나아가는 방향이다. 그림 9.4(d)에서는 질량 m인 전자가 오른쪽으로 회전함에 따라 오른나사가 나아가는 방향(그림에서는 하향)으로 각운동량의 방향이 결정된다. 또 궤도 각운동량이 동반하는 자기 쌍극자 모멘트는 그림 9.1에 나타낸 μ와 마찬가지로 벡터양이고 이것을

μ_l이라 한다. 크기는 식 (9.2.4)로 주어지고 방향은 전자의 흐름에 오른나사를 돌릴 때 나아가는 방향에 역방향이다(그림 9.4(a), 9.4(c)에서는 상향). 그림 9.4(c)와 9.4(d)에서 알 수 있듯이 전류의 일주에 의한 μ_l과 전자의 일주에 의한 $\boldsymbol{L}_l$은 역방향이고 식 (9.2.4)를 벡터로 나타내면 다음과 같이 된다.

$$\boldsymbol{\mu}_l = -\frac{q}{2m}\boldsymbol{L}_l \tag{9.2.5}$$

한편 양자역학에 의하면(증명은 생략하지만) 궤도 각운동량 $\boldsymbol{L}_l = \boldsymbol{r} \times \boldsymbol{p}$의 크기 L_l 및 z 방향의 성분 L_{lz}는 불연속인 양이 되고(양자화되어 있다라는) 6.1절의 부양자수 l을 사용하면 그것은

$$L_l = \sqrt{l(l+1)}\,\hbar \quad (l = 0,\,1,\,2,\,\cdots,\,n-1) \tag{9.2.6}$$

으로 주어진다[8]. 여기에 n은 주양자수이다. 다음으로 6.1절의 자기양자수를 m_l로 나타내면 L_{lz}는

$$L_{lz} = m_l\hbar \quad (-l < m_l < +l) \tag{9.2.7}$$

로 주어진다. 이것들을 식 (9.2.4)에 대입하여 z 방향의 성분을 μ_{lz}라고 하면

$$\mu_l = -\frac{q}{2m}L_l = -\frac{q\hbar}{2m}\sqrt{l(l+1)} \equiv -\mu_B\sqrt{l(l+1)}$$

$$\boldsymbol{\mu}_l = -\mu_B l \quad (l = 0,\,1,\,\cdots,\,n-1) \tag{9.2.8}$$

8　N. H. D. Bohr (1885-1962), 덴마크, 노벨상 수상(1922).

$$\mu_{lz} = -\mu_{\mathrm{B}} m_l \quad (-l < m_l < +l) \tag{9.2.9}$$

이 된다. 여기에 l은 $\hbar$를 단위로 하여 잰 궤도 각운동량 벡터($\boldsymbol{L}_l/\hbar$)이고, μ_{B}는 보어 자자(Bohr[9] magneton)라고 하며 그 크기는

$$\mu_{\mathrm{B}} \equiv \frac{q\hbar}{2m} = 9.27 \times 10^{-24} \ [\mathrm{Am}^2] \tag{9.2.10}$$

이다.

다시 말해서 원자 내 전자의 궤도운동에 의한 자기 쌍극자 모멘트 μ_l은 궤도 자기 쌍극자 모멘트(orbital magnetic dipole moment)라고 불리우며 식 (9.2.8)에 나타낸 것처럼 불연속적인 값을 취한다.

자기 쌍극자 모멘트 $\boldsymbol{\mu}$를 자속밀도 $\boldsymbol{B}$인 자계 안에 넣었을 때 상호작용에 의한 에너지 U는

$$U = -\boldsymbol{\mu} \cdot \boldsymbol{B} = -\mu B \cos \theta \ [\mathrm{Nm}] \tag{9.2.11}$$

이 된다. 여기에 θ는 $\boldsymbol{\mu}$과 $\boldsymbol{B}$가 이루는 각이다. 지금 z 방향의 자속밀도 B_z 중에 궤도 자기 쌍극자 모멘트의 z 방향의 성분 μ_{lz}를 가지는 전자를 넣으면 전자가 원래 가지고 있던 에너지 ε_0 외에 U_l, 즉

$$U_l = -\mu_{lz} B_z = +\mu_{\mathrm{B}} m_l B_z \quad (-l < m_l < +l) \tag{9.2.12}$$

라는 크기의 에너지 U_l을 가진다. 예를 들면 그림 9.5에 나타낸 것처럼 p 궤도 상태의 전자이면 부양자수 $l = 1$이므로 자기양자수 $m_l = 1, 0, -1$이 되고 에너지는

---

9 N. H. D. Bohr(1885-1962), 덴마크, 노벨상수상(1922).

$U_l = +\mu_B B_z$, 0, $-\mu_B B_z$와 같이 3개로 나뉜다. $\varepsilon_0 = h\nu$인 에너지가 자계에 의해 분리되고 진동수 ν가 $\nu - \Delta\nu$, ν, $\nu + \Delta\nu$인 3개의 스펙트럼선으로 나뉜다. 다시 말해서 스펙트럼선의 수는 m_l의 첨자 l에 의해 결정되고 일반적으로 $(2l + 1)$개로 나뉜다. 예를 들면 $l = 1$이면 3개, $l = 2$이면 5개로 나뉜다.

이상으로 원자 내의 전자의 궤도운동이 궤도 자기 쌍극자 모멘트를 가지는 것을 알 수 있다. 그리고 이것이 작은 자석과 같은 작용을 하기 때문에 **원자자석**이라고도 불려진다. 이것이야말로 원자가 가지는 자기의 근원의 하나이다. 그리고 원자에 의해 구성된 모든 물질의 자성 원인의 하나가 원자 내 전자의 궤도운동에 의한 것이라고도 할 수 있다.

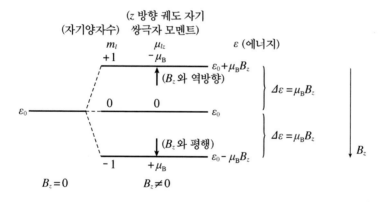

그림 9.5 궤도 자기 쌍극자 모멘트에 의한 자계 중의 에너지 분열(제만 효과). 낮은 에너지 상태에서는 자기 쌍극자 모멘트는 자속밀도와 같은 방향(평행)이다.

9.2.2 전자의 스핀 자기 쌍극자 모멘트

물질의 자성은 궤도 자기 쌍극자 모멘트 이상으로 중요한 근원이 우렌벡(Uhlenbeck)[10]과 가우스미트(Goudsmit)[11] 두 사람에 의해 확인되었다. 그것은 전하를 가지는 전자 자신의 자전(스핀, spin)에 의한 각운동량과 그것에 부수하여 생기는 **스핀 자기 쌍극자 모멘트**라고 불려지는 것이다. 하지만 이것을 보다 정확히 말하면 전자에는 3차원 공간에서의 중심좌표에 대응하는 운동인 3개의 자유도 외에 **내부 운동의 자유도**로써 "**스핀**"이라는 자유도가 있다고 한다. 이것은 파울리(Pauli)[12]에 의해 발견되었다. 다시 말해서 전자의 상태는, 예를 들면 원자의 각 전자에 대해 말하면 (n, l, m_l)인 양자수 외에 스핀 자기양자수 m_s에 의해 정해지는 것이다.

지금 수소의 기저상태에서는 1s 상태에 전자가 1개 배치되어 있다. 1s 상태는 부양자수가 $l = 0$이고, 식 (9.2.6, 8, 9)로부터 $L_l = 0$, $\mu_l = 0$, $\mu_{lz} = 0$이므로 자기 쌍극자 모멘트를 가지지 않고 자계의 영향을 받지 않는다. 하지만 이 수소원자를 자속밀도 B 중에서 발광시켜 분광기로 보면 그림 9.6에서처럼 스펙트럼선이 분열하고(**제만 효과**, Zeeman effect)[13], 1s 상태의 에너지 ε_0가 ε_0로부터 위아래 2개로 나뉜다. 실험에 의하면 상하 2개의 준위로 분리한 에너지 차는 $\Delta \varepsilon = 2\mu_B B$였다. 또 나트륨의 D 선이 2개로 분리한다든지 전자선을 불균일한 자계 중을 통과시키면 선이 위아래로 분리하는 등의 실험결과가 나왔다. 이것들은 모두 자계 내에서 전자의 상태를 2개로 나누는 무언가의 원인이 전자 자신의 내에 포함되어 있는 결과임에 틀림없다.

궤도 자기 쌍극자 모멘트의 경우는 자계에 의해 분열하는 준위의 수는 $(2l + 1)$

---

10 G. F Uhlenbeck(1900-), 네덜란드-미국. 1925년(25세). 원자 스펙트럼의 다중항을 설명하기 위해 전자스핀의 개념도입.

11 S. A. Goudsmit(1902-), 네덜란드-미국. 1925년(23세). 우렌벡와 함께 전자스핀의 개념도입.

12 W. Pauli(1900-1958), 스위스. 1924년(24세)에 스핀을 처음으로 도입하여 파울리의 원리를 발견했다. 노벨상 수상(1945).

13 P. Zeeman(1865-1943), 네덜란드. 1896년(31세). 노벨상 수상(1902).

개였다. 지금 스핀양자수의 크기를 s라고 하면 스핀에 의한 분열은 $(2s+1)$개가 된다고 예상된다. 분열수 다양한 실험에 의해 2개이기 때문에

$$2s+1 = 2, \quad 즉 \quad s = 1/2 \tag{9.2.13}$$

이 될 것이다.

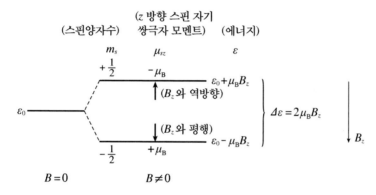

그림 9.6 스핀 자기 쌍극자 모멘트에 의한 자계 중 에너지 분열(제만 효과). 낮은 에너지 상태에서는 자기 쌍극자 모멘트는 자속밀도와 같은 방향(평행)이다.

그래서 식 (9.2.7)일 때와 마찬가지로 l에 대한 m_l에 해당하는 것은 s에 대해서는 m_s이므로 이것은

$$m_s = \pm s, \quad 단 \ s = \frac{1}{2} \tag{9.2.14}$$

이 된다. 따라서 스핀 각운동량 L_s(그 벡터는 $\boldsymbol{L}_s$)와 그 z 성분 L_{sz}는 식 (9.2.6, 7)에 따라서

$$L_s = \sqrt{s(s+1)}\,\hbar \tag{9.2.15}$$

$$L_{sz} = m_s \hbar, \quad \text{즉} \ L_{sz} = +\frac{1}{2}\hbar, \ -\frac{1}{2}\hbar \tag{9.2.16}$$

가 된다. 하지만 **스핀 자기 쌍극자 모멘트** μ_s(그 벡터는 $\boldsymbol{\mu}_s$) 및 z 성분인 μ_{sz}는 식 (9.2.8, 9)와는 달리 2배로 되어

$$\mu_s = -\frac{q}{m}L_s = -\frac{q\hbar}{2m}2\sqrt{s(s+1)} = -2\mu_B\sqrt{s(s+1)}$$
$$\tag{9.2.17}$$
$$\text{또는} \ \boldsymbol{\mu}_s = -\frac{q}{m}\boldsymbol{L}_s = -2\mu_B\boldsymbol{s}$$

$$\mu_{sz} = -2\mu_B m_s, \text{즉} \ \mu_{sz} = -\mu_B, +\mu_B \tag{9.2.18}$$

가 된다. 여기서 $\boldsymbol{s}$는 $\hbar$를 단위로 하여 잰 **스핀 각운동량 벡터**($\boldsymbol{L}_s/\hbar$)이다. 단 μ_B 가 아닌 $2\mu_B$로 되어 있는 것은 양자역학의 이론계산의 결과에 의한다. 스핀에 의해 가해진 에너지 U_s는 식 (9.2.11)에 의해

$$U_s = -\mu_{sz}B_z = +2\mu_B m_s B_z \quad \left(m_s = +\frac{1}{2}, -\frac{1}{2}\right) \tag{9.2.19}$$

이 된다. 위의 에너지 준위($m_s = +1/2$)와 아래의 에너지 준위 ($m_s = -1/2$) 와의 에너지 차는 $\Delta\varepsilon = 2\mu_B B_z$가 되고 실험과 잘 일치한다.

자유원자의 자기 쌍극자 모멘트는 원자를 구성하는 각 전자의 자기 쌍극자 모멘트 μ의 합성으로 결정된다. 식 (9.2.8)과 (9.2.17)을 기초로 하여 원자의 자기 쌍극자 모멘트 벡터 $\boldsymbol{\mu}^A \equiv \sum_{(\text{전자})} \boldsymbol{\mu}$ 를

$$\boldsymbol{\mu}^A \equiv \sum_{(\text{전자})} \boldsymbol{\mu} = -g\mu_B\boldsymbol{J} \tag{9.2.20}$$

로 나타낸다. 여기에 첨자인 A는 원자(atom)의 머릿글자를 나타낸다. g는 g인자(g-factor)라고 불리우는 것으로 궤도운동에 대해서는 J에 궤도 각운동량 양자수의 벡터 표시 l을 이용하여 $g = 1$이라고 하자. 또 스핀에 대해서는 J는 스핀 각운동량 양자수의 벡터 표시 s를 이용하여 $g = 2$로 하면 된다. 하지만 자기 쌍극자 모멘트는 일반적으로 궤도와 스핀 둘 다가 섞인 것이므로 g는 어중간한 수치가 된다.

그런데 일반적으로는 $\hbar$를 단위로 하여 잰 각 전자의 궤도 각운동량 벡터 l의 합 L과 $\hbar$를 단위로 하여 잰 각 전자의 스핀 각운동량 벡터 s의 합 S와의 총 합을

$$J = L + S, \quad \text{단} \ L = \sum_{(\text{전자})} l, \ S = \sum_{(\text{전자})} s \tag{9.2.21}$$

라고 두면 1개의 자유원자의 합성 총 자기 쌍극자 모멘트 μ^{A}는, 또 식 (9.2.20) 과는 별개로,

$$\text{합성 총 자기 쌍극자 모멘트} = \mu^{A} = -\mu_{B}(L + 2S) = -\mu_{B}(J + S) \tag{9.2.22}$$

로 나타내어진다. $L + 2S$를 J방향으로 사영해서 J방향의 합성 자기 쌍극자 쌍극자 모멘트 μ_{J}^{A}를 구하면

$$\mu_{J}^{A} = -g_{J}\mu_{B}J \tag{9.2.23}$$

가 된다. 여기서 g_{J}도 g인자로 불리며 또 유효 자기 쌍극자 모멘트(effective magnetic dipole moment)$(\mu_{J}^{A})_{\text{eff}}$는 다음 식으로 나타내어진다.

$$(\mu_{J}^{A})_{\text{eff}} = g_{J}\mu_{B}\sqrt{J(J+1)} \tag{9.2.24}$$

9.3 자성체의 분류

많은 궤도 자기 쌍극자 모멘트의(벡터)합과 많은 스핀 자기 쌍극자 모멘트의 합 그리고 이것들 전체의 합이 원자의 총 자기 쌍극자 모멘트이다. 자계가 없어도 이것들 전체의 합이 서로를 지워 0이 되었을 때 유한한 크기로 남는 경우가 있다. 후자의 경우는 **영구 자기 쌍극자**(permanent magnetic dipole) 또는 영구 자기 모멘트를 가진다라고 한다. 식 (9.1.14)에서 자화율은

$$\chi_{\mathrm{m}} = \frac{M}{H} \tag{9.3.1}$$

이였다. χ_{m}은 말할 것도 없이 자계 중에 놓여진 물질이 어느 정도 자화되는가를 나타내는 것으로 자성체에 있어서 중요한 물성값이다. 이것들 영구 자기 쌍극자 모멘트와 자화율을 이용하여 자성체를 대충 파악해 분류하여 표 9.1에 나타낸다.

표 9.1 영구 자기 쌍극자 모멘트의 유무, 그 사이의 상호작용, χ_{m}에 의한 분류

물질의 자성		χ_{m} 값과 부호	영구 쌍극자	인접 영구 쌍극자 간의 상호작용
반자성		-10^{-6}	무	(유도 자기 모멘트에 의한)
약자성	상자성	$+10^{-3} \sim$ $+10^{-5}$	유	무시할 수 있다. 보통은 무질서한 분포
	반강자성			같은 쌍극자의 역평행 배열
강자성	페리자성		유	다른 쌍극자의 교호 역평행 배열
	페로자성			같은 쌍극자의 평행배열

다음으로 이것들을 그림 9.7에 나타낸다. 그림 (a)는 **상자성**(paramagnetism)으로 영구 쌍극자가 제멋대로인 열운동을 하고 자기 쌍극자 간의 상호작용은 0 또는 무시할 수 있다. χ_m 은 매우 작다. 그림 (d)는 **페로 자성**(ferrimagnetism, **강자성**이라고도 한다)으로 쌍극자가 서로 평행으로 정렬하여 χ_m 의 값은 매우 크고 또 큰 잔류자화를 생기게 한다. 그림 (b)는 **반강자성**(anti-ferromagnetism)으로 인접하는 쌍극자가 서로 역평행으로 정렬하여 자성을 거의 없애 버려 χ_m 은 매우 작다.

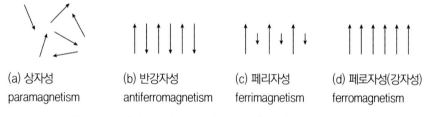

(a) 상자성
paramagnetism

(b) 반강자성
antiferromagnetism

(c) 페리자성
ferrimagnetism

(d) 페로자성(강자성)
ferromagnetism

그림 9.7 영구 자기 쌍극자 모멘트의 상호작용(1차원)에 의한 자성의 분류

그림 (c)는 **페리 자성**으로 크기가 다른 쌍극자가 번갈아 인접하여 역평행으로 정렬해서 차감이 큰 자기 모멘트를 가져 χ_m 이 커진다. 표 9.1에 있는 **반자성**(diamagnetism)은 영구 쌍극자를 가지지 않는 경우로 자계 중에 넣으면 자계와 반대 방향으로 자화되어 χ_m 의 값은 매우 작고 부호는 음이다. 예를 들면 비스무스(Bi)나 구리 등(그림 9.8)이다. 반자성은 자계에 의해 야기되는 자기 쌍극자 모멘트로 영구 쌍극자의 유무에 관계없이 모든 물질에 야기된다. 이런 의미로 모든 물질은 **반자성**을 가지고 있다. 하지만 **영구 쌍극자**를 가지는 것은 영구 자기 쌍극자 모멘트가 보통은 크고 반자성을 없애 버리므로 위에서 말한 분류는 의미가 있다.

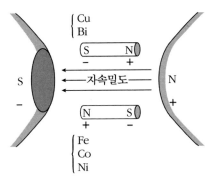

그림 9.8 철, 코발트, 니켈 등의 강자성과 구리, 비스무트 등의 반자성. 같은 극은 반발하고 다른 극은 서로 끌어당기기 때문에 구리는 자극에 반발되고 철은 끌어당겨 진다.

그러면 여기서 원소의 주기율표를 보면서 기저상태의 자유로운 중성원자의 자성을 대충 살펴보자. 우선 0 족을 보자. He^2의 전자배치는 $1s^2$(1은 주양자수 n, s는 부양자수 $l = 0$에 해당하는 궤도, s의 위첨자 2는 전자수)이고 $l = 0$, $m_l = 0$이므로 궤도 자기 쌍극자 모멘트는 $\mu_l = 0$이 된다. 또 2개 있는 전자는 파울리의 원리에 의해 스핀이 역평행이 되고 **"대"**를 만든 전자(paired electron)가 되기 때문에 스핀 자기 쌍극자 모멘트 μ_s의 합 $\sum \mu_s = 0$이다. 그러므로 He 는 항상 자성을 가지지 않고 자계 내에 놓여지면 유도 자기 쌍극자 모멘트에 의한 반자성만을 나타낸다.

Ne^{10}의 전자배치는 $2s^2 2p^6$이다. s 궤도에 대해서는 He와 똑같고 자기 쌍극자 모멘트는 없다. p 궤도는 $l = 1$이므로 부양자수 m_l은 $+1$, 0, -1이다. 그래서 z방향의 자기 쌍극자 모멘트 μ_{lz}는 식 (9.2.9)에 의해 순차적으로 $-\mu_B$, 0, $+\mu_B$가 된다. 이 3개의 상태를 각 2개씩의 전자가 잡기 때문에 총 전자의 μ_{lz}의 합계는 $\sum \mu_{lz} = 0$이 되고 p 궤도의 궤도 자기 쌍극자 모멘트의 합계는 0이 된다. 다음으로 스핀은 그림 9.9에 나타내는 것처럼 3개의 준위에 각 2개씩 스핀

자기 쌍극자 모멘트를 역평행으로 하면서 전자가 들어가기 때문에 총 스핀 자기 쌍극자 모멘트 $\sum \mu_{sz} = 0$이 된다. 이 때문에 완전 껍질(각)을 만드는 Ne는 자기 쌍극자 모멘트의 합계가 0이므로 유도 자성인 반자성만을 나타낸다.

마찬가지로 완전 껍질(각)을 만드는 원소의 최외각 전자배치를 보면 Ar^{18} ($3s^2 3p^6$), Kr^{36} ($4s^2 4p^6$), Xe^{54} ($5s^2 5p^6$) 등이 되고 모든 자기 쌍극자 모멘트의 총합은 0이므로 반자성만을 나타낸다.

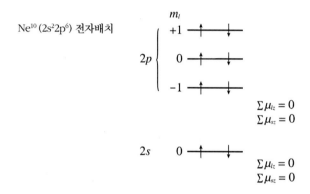

그림 9.9 완전 껍질(각)을 가지는 Ne^{10} ($2s^2 2p^6$)의 자기 쌍극자 모멘트의 합은 모두 0이고 반자성을 나타낸다.

다음으로 Ia 족의 H^1 (1s), Li^3 (2s), Na^{11} (3s),···등은 $l = 0$이므로 궤도 자기 쌍극자 모멘트는 0이다. 하지만 스핀의 상태는 $m_s = \pm 1/2$ 중에 항상 한쪽만이 전자로 채워진다. 이와 같은 전자를 **불대전자**(unpaired electron)라고 한다. 이 불대전자가 있기 때문에 스핀 자기 쌍극자 모멘트가 남고 이것이 **상자성**의 원인이 된다. 이처럼 불대전자의 존재는 상자성, 강자성의 원인이 된다. 그런데 Na처럼 1개의 가전자를 가지는 원자는 합성 자기 쌍극자 모멘트를 가진다는 것을 알았지만 만약 나트륨·이온 Na^+이 된다면 어떻게 될까? Na^+는 전자각이 완전각으로 되어 있어 합성 스핀 자기 쌍극자 모멘트는 0이 된다. 따라서 반자성을 나타낸다. 이처럼 이온화한 원자도 지금까지의 사고방식으로 원칙적으로 설명할 수 있다.

그러면 불완전 껍질(각) 또는 불대전자가 있는 것이 자성에 크게 영향을 미치는 것을 알았기 때문에 천이원소에 주목하자. 우선 철 그룹이라고 불리우는 Sc^{21} $(3d4s^2)$ ~ Ni^{28} $(3d^8 4s^2)$ 사이에 있는 자유원자는 최외각보다 내측의 3d가 불완전각이 되어 합성 궤도 자기 쌍극자 모멘트가 0이 아니고 **영구 쌍극자**를 나타낸다. 다음으로 $Y^{39}(4d5s^2)$ ~ $Rn^{45}(4d^8 5s)$ 사이의 자유원자는 4d가 불완전각이고, 또 $Ce^{58}(4f^2 6s^2)$ ~ $Lu^{71}(4f^{14} 5d6s^2)$ 사이(희토류 원소)의 자유원자는 4f가 불완전 껍질(각)으로, 역시 합성 궤도 자기 쌍극자 모멘트가 0이 아니고 영구 쌍극자를 나타낸다.

이와 같은 불완전 껍질(각)을 가지는 원자의 기저상태에 대해서 합성 자기 쌍극자 모멘트를 계산하는 데는 경험칙인 **훈드의 법칙**(Hund rule)에 따른다. 그것은

(i) 각 전자의 합성 스핀 각운동량 S($\hbar$를 단위로 하여)를 파울리 배타원리에 모순하지 않는 최대 가능한 값으로 한다.

(ii) 각 전자의 합성 궤도 각운동량을 (i)와 모순하지 않는 최댓값 L($\hbar$을 단위로 하여)로 한다.

(iii) 껍질(각)이 전자에 의해 반이하 밖에 채워지지 않았을 때는 총 각운동량 $J = |L - S|$, 반 이상 채워져 있을 때는 $J = L + S$가 된다.

하나의 예로서, $Nd^{60}(4f^4 5d^0 6s^2)$의 3가 양이온 $Nd^{3+}(4f^3 5d^0 6s^0)$에 대해 계산해본다. 법칙 (i)에 따라 S를 최대로 하도록 4f의 3개의 전자는 $+1/2$인 값을 취하기 때문에 $S = \frac{1}{2} \times 3 = 3/2$가 된다. 다음으로 f 껍질(각)은 부양자수 $l = 3$이

므로 자기양자수 $m_l = 3, 2, 1, 0, -1, -2, -3$이다. 법칙 (ii)에 의해 L을 최대로 하도록 하기 위해 3개의 전자는 $m_l = 3, 2, 1$인 3개의 궤도를 취하면 $L = 3 + 2 + 1 = 6$이 된다. f 껍질(각)은 $2(2l+1) = 2(2 \times 3 + 1) = 14$개까지 전자를 수용할 수 있으므로 그 반, 즉 7보다 $4f^3$의 전자수 3은 작기 때문에 법칙 (iii)에 의해 합성 각운동량 $L = |L - S| = 6 - 3/2 = 9/2$가 되므로 **영구 쌍극자**를 나타내는 것을 알 수 있다. 또 하나의 예로서, Fe^{26} $(3d^6 4s^2)$의 2가 양이온 $Fe^{2+}(3d^6 4s^0)$의 계산을 해본다. (i) d 각에는 $l = 2$이므로 $2 \times (2 \times 2 + 1) = 10$개의 전자를 수용할 수 있다. 전자는 6개 있으므로 10개의 반인 5개 보다도 많다. 그러므로 5개까지는 전부 $+\frac{1}{2}$인 값을 취하지만 6개째는 $-\frac{1}{2}$이 된다. 합성 스핀은 $S = \frac{1}{2} \times 5 - \frac{1}{2} \times 1 = 2$가 된다. (ii) 6개의 전자 중 5개는 자기양자수 $m_l = 2, 1, 0, -1, -2$의 값을 취하고 그 합계인 $L = 0$이 되고 남은 1개가 m_l의 최댓값 2를 취하므로 $L = 2$가 된다. (iii) 6개의 전자수는 수용할 수 있는 수의 반보다 많으므로 $J = L + S = 2 + 2 = 4$가 되므로 **영구 쌍극자**를 가지는 것을 알 수 있다.

그런데 식 (9.2.24)를 이용해서 유효 자기 쌍극자 모멘트 $(\mu_J^A)_{eff}$를 계산하면 고체상태의 희토류 원소에 대해서는 실험값과 잘 일치하지만 철족에 대해서는 전혀 맞지가 않다. 이 이유는 희토류 원소에서는 불완전 껍질(각)이 원자의 내부 깊은 곳에 있기 때문에 결정격자의 인접원자와의 상호작용은 작고, 영구 궤도 자기 쌍극자 모멘트가 외부자계의 방향에 잘 배향해서 원자와 똑같은 크기를 유지하여 고체상태의 자기특성에 기여하기 때문이다. 하지만 철족에서는 불완전 껍질(각)이 원자의 외각 근처에 있기 때문에 결정에 인접한 원자로부터의 상호작용을 받기 쉽다. 이 상호작용 때문에 자기 쌍극자 모멘트는 외부자계의 방향으로 배향되지 않는다. 이런 이유로 철족의 고체상태의 원소 혹은 화합물은, 자유원자일 때의 합성 궤도 자기 쌍극자 모멘트의 일부 또는 전부가 **동결**(quenching) 또는 소실되어 있어 고체상태의 자기특성에 그다지 기여하지 않으므로 식 (9.2.24)와 실험값이 일치하지 않는다. 따라서 이와 같은 경우의 유효 자기 쌍극자 모멘트는 이 식에서 J대신에 L을 생략한 S만의 식, 즉

$$\left(\mu_{\mathrm{J}}^{\mathrm{A}}\right)_{\mathrm{eff}} = 2\mu_{\mathrm{B}}\sqrt{S(S+1)} \tag{9.3.2}$$

가 실험값과 잘 일치한다. 하지만 금속상태가 되면 이 식도 일치하지 않게 된다. 그것은 3d 궤도도 에너지띠를 형성하기 때문으로 금속에서 원자당 스핀 자기 쌍극자 모멘트의 실험값도 훈드의 법칙으로부터 크게 벗어나게 된다.

9.4 자성체

9.4.1 퀴리의 법칙

자속밀도의 방향을 z 축으로 취하고 그 크기를 B_z하고 하자. 원자의 총 자기 쌍극자 모멘트의 z 방향의 성분을 μ_z라고 하자. 이것은 식 (9.2.23), 즉

$$\mu_{\mathrm{J}}^{\mathrm{A}} = -g_{\mathrm{J}}\mu_{\mathrm{B}}\boldsymbol{J} \tag{9.4.1}$$

의 z 방향의 성분이다. z 방향의 $\boldsymbol{J}$의 성분은 양자화되어 J_z가 되고 이 값은 총 각운동량 양자수 J를 이용하여 다음의 $(2J+1)$개의 방향만이 허락된다(방향 양자화)

$$J_z = J,\, J-1,\, J-2,\, \cdots,\, 0,\, \cdots,\, -(J-1),\, -J \tag{9.4.2}$$

따라서 μ_z는 식 (9.4.1)로부터

$$\mu_z = -g_J \mu_B J_z \tag{9.4.3}$$

가 된다. 그래서 z 방향의 자속밀도 B_z의 외부자계 중에 놓여진 원자의 자기 쌍극자 모멘트 μ_z에는 다음의 에너지 U_J가 가해진다. 그것은 식 (9.2.11)로부터 다음 식이 된다.

$$U_J = -\mu_z B_z = +g_J \mu_B B_z J_z \tag{9.4.4}$$

여기서 식 (9.4.3, 4)를 더욱더 구체적으로 나타내 보자.

$$-g\mu_B J,\, -g\mu_B(J-1),\, \cdots,\, 0,\, \cdots,\, +g\mu_B(J-1),\, +g\mu_B J \tag{9.4.5}$$

$$+g\mu_B B_z J,\, +g\mu_B B_z(J-1),\, \cdots,\, 0,\, \cdots,\, -g\mu_B B_z(J-1),\, -g\mu_B B_z J \tag{9.4.6}$$

외부자계가 없을 때, 온도 T의 상태에 놓여졌을 때 원자의 자기 쌍극자 모멘트는 열운동 때문에 그림 9.10(a)에서처럼 제각각 다른 방향을 향하고 다수의 원자에 대한 자기 쌍극자 모멘트의 합은 0이 된다.

그림 9.10(b)에서처럼 자속밀도 B 중에 놓여지면 자기 쌍극자 모멘트는 그 방향으로 정렬하려고 한다. 하지만 열운동은 이것을 방해하고 제각기 다른 방향을 향하려고 한다. 이 두 개의 힘이 평형을 이룬 상태에서 쌍극자는 열평형인 상태가 된다. 그림 9.10(c)에서처럼 온도가 내려가든지, B를 크게 하면 보다 좋게 B의

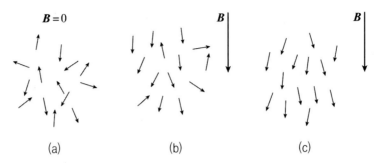

그림 9.10 상자성체의 온도와 자속밀도의 관계. (a) 고온; 쌍극자는 무질서한 방향을 향한다. (b) 고온; 자계 중에서 쌍극자는 자속밀도 B의 방향으로 정렬하기 시작한다. (c) 저온; 자계 중에서 B의 방향으로 잘 정렬한다.

방향으로 정렬하게끔 된다. 쌍극자의 방향의 분포는 기체분자의 속도분포와 마찬가지로 맥스웰 분포가 된다. 즉 에너지를 U, 그 에너지를 가지는 쌍극자의 수를 n, 볼츠만 상수를 k_B, 비례상수를 A라고 하면 n은 다음 식이 된다.

$$n = Ae^{-U/k_B T} \qquad (9.4.7)$$

지금 단위체적에 N개의 쌍극자가 있다고 하자. 각 J_z인 값을 취하는 쌍극자의 수를 각각 n_J라고 하면 각 n_J의 합은 N이 된다. 에너지 U는 식 (9.4.6)에서 $+J_z$를 $+J$, $+(J-1)$에서 $-J$까지 바뀌기 때문에 N은 다음과 같은 식이 된다.

$$N = \sum_{J_z=-J}^{J} n_J = \sum_{-J}^{J} A \exp(-g_J \mu_B B_z J_z / k_B T)$$

$$\equiv A \sum_{-J}^{J} \exp(-x J_z) \qquad (9.4.8)$$

단 여기서 x는 다음 식처럼 두었다.

$$x \equiv \frac{g_{\mathrm{J}}\mu_{\mathrm{B}}B_z}{k_{\mathrm{B}}T} \tag{9.4.9}$$

이 결과, 비례상수 A는 식 (9.4.8)로부터

$$A = N \Big/ \sum_{J_z = -J}^{J} \exp(-xJ_z) \tag{9.4.10}$$

가 된다. z 방향의 자화의 크기 M은 단위체적에서의 각 $n_{\mathrm{J}}\mu_z$의 합이기 때문에

$$M = \sum_{J_z = -J}^{J} n_{\mathrm{J}}\mu_z = \sum -g_{\mathrm{J}}\mu_{\mathrm{B}}J_z A \exp(-xJ_z) \tag{9.4.11}$$

가 된다. 이 식에 식 (9.4.10)의 A를 대입하면

$$M = \frac{Ng_{\mathrm{J}}\mu_{\mathrm{B}} \displaystyle\sum_{-J}^{J} J_z \exp(xJ_z)}{\displaystyle\sum_{-J}^{J} \exp(xJ_z)} \tag{9.4.12}$$

가 된다. 여기서 J_z의 합을 $-J$에서 J까지 취할 때에 J_z의 부호를 바꿔도 합의 값은 변화하지 않는 것을 이용하였다. 매우 저온이지 않은 이상

$$|g_{\mathrm{J}}\mu_{\mathrm{B}}B_zJ_z| \ll k_{\mathrm{B}}T, \quad \text{즉} \ |xJ_z| \ll 1 \tag{9.4.13}$$

이기 때문에 지수함수를 전개하여

$$\exp(xJ_z) = 1 + xJ_z + \cdots \tag{9.4.14}$$

가 되면 식 (9.4.12)는

$$M = \frac{Ng_J\mu_B \sum\limits_{-J}^{J} (J_z + J_z^2 x)}{\sum\limits_{-J}^{J} (1 + J_z x)} \tag{9.4.15}$$

가 된다. 이것을 계산하여 식 (9.4.9)를 이용하고 상자성체인 M은 작기 때문에 식 (9.1.13) 중의 M을 생략하여 $B_z \doteqdot \mu_0 H$로써 B_z를 대입하면 자화 M은(도중의 계산은 생략한다)

$$M = \frac{Ng_J^{\,2}\mu_B^{\,2}\mu_0 HJ(J+1)}{3k_B T} \tag{9.4.16}$$

이 된다. 식 (9.1.4)를 사용해서 식 (9.4.16)으로부터 자화율 χ_m 을 구하면

$$\chi_m = \frac{M}{H} \equiv \frac{C}{T} \tag{9.4.17}$$

$$C = \frac{Ng_J^{\,2}\mu_B^{\,2}\mu_0 J(J+1)}{3k_B} \tag{9.4.18}$$

이 된다. 다시 말해서 상자성체의 자화율 χ_m 은 T에 반비례한다. 이것은 피에르·퀴리(Curie)[14] 가 발견했다. 그래서 이것을 **퀴리의 법칙**이라고 부르며 비례상수 C를 **퀴**

---

14 Pierre Cuie(1859-1906), 프랑스. 1895년(36세). 노벨상 수상(1903).

리상수라고 한다. 이 관계를 그림 9.11에 나타내었다. 상자성체인 χ_m은 실온에서 거의 $10^{-3} \sim 10^{-5}$ 정도로, 식 (9.4.17, 18)에서 계산한 값도 대체로 이 정도가 된다.

철이나 니켈 등의 강자성체도 어떤 온도를 넘으면 상자성이 된다. 이 **임계온도**는 발견자의 이름을 따서 **퀴리온도** T_C라고 불린다. 임계온도 이상의 상자성 영역에서는 자화율 χ_m은

$$\chi_m = \frac{C}{T - T_C} \tag{9.4.19}$$

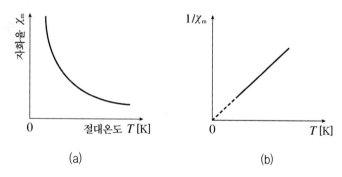

(a)   (b)

그림 9.11 (a) 상자성 물질의 자화율 χ_m과 온도 T의 관계, (b) $1/\chi_m$과 T의 관계

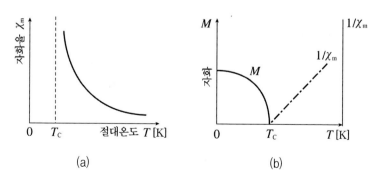

(a)   (b)

그림 9.12 (a) 강자성체의 고온에 있어서의 상자성 영역의 자화율, (b) 고온에 있어서의 $1/\chi_m$과 T의 관계와 저온에 있어서의 자화 M과 T의 관계

가 된다. 강자성체가 고온에서 상자성이 되어 자화율이 저온의 역수에 비례하는 성질은 퀴리 · 바이스(Weiss)[15]의 법칙(후술)이라고도 불린다. 이것을 그림 9.12 에 나타내었다.

9.4.2 금속의 상자성(파울리 상자성)

금속 중의 전도전자가 가지는 스핀에 의한 자기 쌍극자 모멘트를 생각하자. 식 (9.4.16)의 N이 전도전자 밀도라고 해도 금속의 자화율이 되지 않는다. 그것은 금속의 스핀이 자유롭게 그 방향을 바꿀 수 없기 때문이다. 그림 9.13에 상태밀도와 에너지의 관계를 정성적으로 나타내고 있다. 그림 9.13(a)는 자계가 없을 때의 전자의 평형상태 분포이다. 파울리의 원리에 의해 전자의 스핀은 1개의 준위에 하향($\mu_z = +\mu_B$)과 상향($\mu_z = -\mu_B$)의 두 개씩 들어가 페르미 준위 ε_F 까지 꽉 채워져 있다. 따라서 하향과 상향의 스핀의 합계는 같으므로 자화 $M = 0$ 이다. 자속밀도 B가 하향으로 작용하고 있다고 하면 그림 9.6에 나타낸 것처럼 B와 평행인 하향의 스핀(자기 쌍극자 모멘트 ; 이하 같음)의 에너지는 $-\mu_B B$만큼 내려가고 역평행인 상향의 스핀 에너지는 $+\mu_B B$만큼 올라간다. 이러한 상태를 그림 9.13(b)에 나타내었다. 그런데 차감 $2\mu_B B$의 에너지 차가 생기므로 그림 9.13(c)와 같이 높은 쪽에서 낮은 쪽으로 전자가 이동하고 같은 에너지의 높이로 모인다. 그 결과, 하향스핀($+\mu_B$)의 전자수 쪽이 많아지고 B의 방향으로 자화한다. 이것이 **금속 전도전자**에 의한 **상자성**으로 파울리에 의해 연구되었기 때문에 **파울리 상자성**이라고도 한다.

---

15 P. Weiss(1865-1940). 프랑스-독일. 1907년(42세).

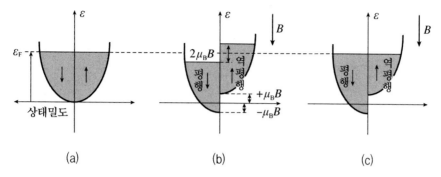

그림 9.13 금속의 상자성. (a) 자계가 없는 평형상태에서 전자분포, (b) 자속밀도 B의 자계에 의해 B와 평행인 스핀은 밑으로, 역평행인 스핀은 위로 이동한다. (c) 높은 에너지의 전자가 낮은 쪽으로 옮겨가 평행인 스핀이 많아진다. 상자성이 나타난다.

이 경우의 자화의 크기를 정성적으로 계산해 보자. 에너지가 높아진 상단에서 $\mu_B B$의 에너지 범위의 전자가 에너지가 낮은 쪽으로 이동하므로 역평행인 스핀 전체 중 $\mu_B B/\varepsilon_F$인 비율의 전자가 이동한다고 생각하자. 단위 체적당 전자수를 n이라 하면 처음 역평행인 전자수는 $n/2$였기 때문에 이동한 전자수는 대략 $n\mu_B B/2\varepsilon_F$이다. 역평행$(\mu_z = -\mu_B)$인 전자는 이것만큼 똑같이 적어지고 평행 $(\mu_z = +\mu_B)$인 전자는 이것과 같은 수로 증가하기 때문에 자화 M은

$$M \propto \mu_B\left(\frac{n\mu_B B}{2\varepsilon_F} - \left(-\frac{n\mu_B B}{2\varepsilon_F}\right)\right) = \frac{n\mu_B^2 B}{\varepsilon_F} \tag{9.4.20}$$

가 된다. 여기서 다시 $B \fallingdotseq \mu_0 H$라고 두고, 페르미 온도 T_F를 사용하면 $\varepsilon_F = k_B T_F$ 이므로 자화율 χ_m은

$$\chi_m = \frac{M}{H} \propto \frac{n\mu_B^2 \mu_0}{k_B T_F} \tag{9.4.21}$$

이 된다. 이것을 조금 더 정확히 계산하면

$$\chi_m = \frac{3}{2} \frac{n \mu_B^2 \mu_0}{k_B T_F}$$ (9.4.22)

가 된다. 퀴리의 법칙에 따르는 상자성은 식 (9.4.17, 19)의 분모에 온도 T(변수) 가 들어가 있었지만 파울리 상자성에서는 T_F 라는 일정값이 들어가 있어 온도에 무관하다. 또 전자의 분모가 $k_B T$ 인데, 후자에서는 $(2/3)k_B T_F$ 이고 보통은 $T_F \gg T$ 이므로 식 (9.4.22)의 값 χ_m 은 작고 매우 자화되기 어려운 것임을 알 수 있다.

9.5 강자성

9.5.1 강자성체의 퀴리온도

Fe, Co, Ni 등은 자화율이 비정상적으로 크고 또 약한 자계에서도 자화가 포화 한다. 또 어떤 특성 온도 T_C 이상에서는 그 이하의 온도일 때와 자성이 완전히 바뀌어 상자성이 되어 버린다. 이처럼 T_C 이하인 온도에서 강한 자화를 나타내 는 물질은 **강자성체**(ferromagnetic materials) 또는 **페로자성체**라고 불려진다. 또 T_C 는 **강자성 퀴리온도**(ferromagnetic Curie temperature)라고 불려진다. T_C 보 다 고온에서는 상자성과 같으므로 식 (9.4.19)의 식이 성립하고 $1/\chi_m$ 과 T 와는 직선관계가 된다. 강자성체의 T_C 를 표 9.3에 나타내었다.

표 9.3 강자성체의 퀴리온도 T_C [K]

물질	T_C [K]	물질	T_C [K]	물질	T_C [K]	물질	T_C [K]
Co	1400	$FeOFe_2O_3$	858	MnBi	630	CrO_2	392
Fe	1043	$NiOFe_2O_3$	858	MnSb	587	CrTe	339
Ni	631	$CoOFe_2O_3$	793	MnB	578	MnAs	318
Gd	292	Mn_4N	743	$MnOFe_2O_3$	573	UH_3	180
Dy	85	$CuOFe_2O_3$	710	$Gd_3Fe_5O_{12}$	564	EuO	69
		Cu_2MnAl	710	$Y_3Fe_5O_{12}$	560	$CrBr_3$	37

9.5.2 자화곡선

자화해 있지 않은 강자성체를 자계 H 중에 넣으면 그림 9.14와 같은 **자화곡선**(magnetization curve)이 얻어진다. 강자성체는 곡선 $0\,A\,C$를 따라 자화된다. 종축은 자화 M보다도 자속밀도 $B = \mu_0(H + M)$을 취한다. 물질의 투자율 $\mu_m = B/H$는 일정 값이 아니고 H의 함수가 된다. 0점 부근의 접선은 첫 투자율 μ_i이고 최대 경사인 A 부근의 μ_m은 최대 미분 투자율 μ_{max}이다. 또 B_{sat}는 **포화자속밀도**(saturation flux density)(포화자화 M_{sat}), B_r은 **잔류자속밀도**(remanent flux density)(또 M은 잔류 자화 M_r)로 $H = 0$에서도 자발적으로 자화되어 있어(자발자화) 자속밀도가 남아 있다.

크기 H_c는 **보자력**(coercive force)이고 자속밀도를 0으로 돌리기 위해 필요한 자계이다. 보자력의 크기가 강자성체의 용도를 결정하는 한 가지가 된다. 가하고 있는 자계의 크기를 바꿈에 따라 자화곡선은 $0\,ACB_rH_cGCB_r\cdots$로 원래로 돌아오고 일주한다. 이 일주 곡선을 **이력곡선**(hysteresis curve)라고 하며 이것은 강자성체의 특징이다. H_c가 큰 것은 **경자성**, 투자율이 큰 것은 **연자성**이라고 한

다(그림 9.15). 투자율이 큰 고투자율 강자성체와 H_c가 큰 영구자석 자성체의
예를 표 9.4에 나타내었다.

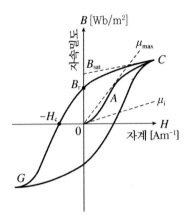

그림 9.14 강자성체의 **$B-H$** 곡선(히스
테리시스 곡선)

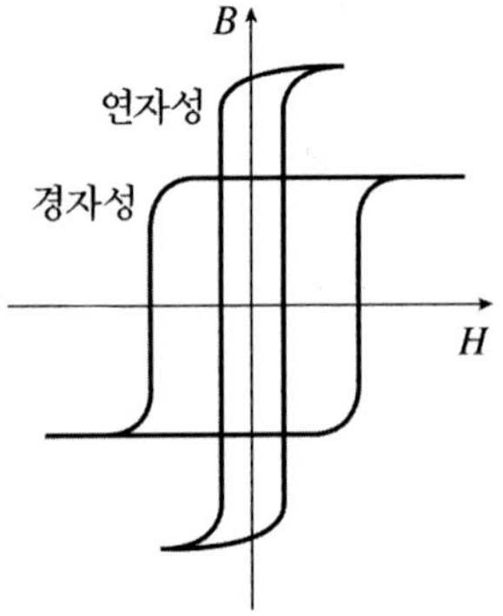

그림 9.15 경자성체(H_c가 크다)와
연자성체(B_r이 크다)

표 9.4 고투자율과 영구자석 자성체

고투자율자성체	최대미분투자율 $(\mu_r)_{max}$	보 자 력 H_c [A/m]	포화자속밀도 B_{sat} [Wb/m²]
슈퍼멀로이	$\approx 10^6$	0.2	1
4% Si-Fe	$\approx 10^4$	40	2
Fe	5×10^3	80	2
영구자석자성체	H_c [A/m]	B_r [Wb/m²]	
백금-코발트	$\approx 10^5$	0.5	
알 리 코	$\approx 4 \times 10^4$	1	
탄 소 강	$\approx 4 \times 10^3$	1	

9.5.3 자발자화

강자성체에 다양한 것이 있다는 것을 표, 그림을 통해서 알아봤다. 그럼 왜 외부자계를 제거하여도 자화가 남는(**자발자화**, spontaneous magnetization) 것일까? 왜 자화가 **포화**(saturation)하는 걸까? 온도를 바꾸면 왜 강자성에서 상자성으로 변화(**상전이**, phase transition)하는 것일까?

그런데 전자 간이나 원자 간의 상호작용이 강해지면 그것들의 협력에 의해 **질서**(order)가 있는 **상**(phase)이 출현한다. 이것을 **협력현상**(cooperative phenomena)이라고 한다. 또 **무질서**(disorder)의 상에서 질서 있는 상이 출현(또는 그 반대가 출현)한다고 해서 **질서-무질서 전이**(order-disorder transition)라고도 한다. 지금의 상전이는 강자성-상자성 전이이지만 이외에 액상-고상, 초전도의 전이가 있다.

9.4.1항에서 조금 언급했던 바이스가 **분자장 근사**라는 교묘한 방법을 1907년에 제안했다. 이것을 이해하기 위해 우선 영구자석의 잔류자속밀도를 계산해 두자. 그림 9.14에서 자속밀도가 잔류자속밀도 B_r에 다다를 때 $H = 0$이므로 식 (9.1.2)에 이 조건을 넣어 M을 M_r로 두면

$$M_r = B_r/\mu_0 \qquad\qquad (9.5.1)$$

이 된다. 식 (9.1.3)에서 $\mu_0 \fallingdotseq 10^{-6}\,[\mathrm{H/m}]$, 표 9.4의 $B_r \approx 1\,[\mathrm{Wb/m^2}]$ 등을 식 (9.5.1)에 대입하면 $M_r \approx 10^6\,[\mathrm{Wb/Hm}] = 10^6\,[\mathrm{A/m}]$정도로 생각되어진다. 또 원자의 자기 쌍극자 모멘트는 식 (9.2.10)으로부터 $1\mu_B \fallingdotseq 10^{-23}\,[\mathrm{Am^2}]$정도이다. 결정격자 간격을 약 $2\,[\text{Å}]$정도라고 하면 $1\,[\mathrm{m^3}]$인 결정 중에 포함되는 원자수는 약 $1\,[\mathrm{m^3}]/(2 \times 2 \times 2) \times 10^{-30}\,[\mathrm{m^3}] \fallingdotseq 10^{29}$이다. 총원자수가 전부 자계쪽

으로 정렬하면 그때의 자화는 $M \doteqdot 10^{29}\,[\mathrm{m}^{-3}] \times 10^{-23}\,[\mathrm{Am}^2] = 10^6\,[\mathrm{A/m}]$이 된다. 다시 말해서 잔류자속밀도가 $B_\mathrm{r} \approx 1\,[\mathrm{Wb/m^2}]$라는 것은 자기 쌍극자 모멘트 거의 대부분이 자계 쪽의 방향을 향하고 있다는 것에 필적한다.

그렇다면 지금 외부자계 H가 가해져 자성체 내에서 자화 $M = \chi_\mathrm{m} H$가 생겼다고 하자. 그림 9.16에 나타낸 바와 같이 어떤 하나의 쌍극자에 주목하여 그 쌍극자 주변의 평균 자화 M에 의해 이 쌍극자를 M과 같은 방향으로 향하게 하도록 하는 힘이 주변의 쌍극자로부터 작용한다(이것을 협력현상이라 한다).

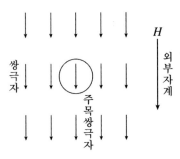

그림 9. 16 바이스의 분자장 모형. 원으로 둘러싼 주목하고 있는 쌍극자에 주변의 많은 쌍극자가 협력하여 힘을 미친다.

이 힘을 M에 비례하는 **유효자계**(effective magnetic field), 즉 $H_\mathrm{eff} = \lambda M$으로 나타낼 수 있다고 하자. 여기에 λ는 **내부자계상수**(internal field constant) 또는 **분자자계상수**(molecular field constant) 등으로 불리우는 상수이다. 또 이 H_eff를 **분자장**(molecular field)라고도 한다. 주목하고 있는 쌍극자가, 이때 느끼는 국소자계는 처음부터 가해져 있는 외부자계 H와 협력현상에 의한 유효자계 H_eff의 합계이므로 이것을 H_i라 두고, **내부자계**(internal field)라고 하면 그것은

$$H_\mathrm{i} = H + H_\mathrm{eff} = H + \lambda M \tag{9.5.2}$$

로 나타낼 수 있다. 우선 지금은 간단히 이 H_i에 의해 생기는 자화 M은

$$M = \chi_m H_i = \chi_m (H + \lambda M) \tag{9.5.3}$$

이라고 하자. M을 왼쪽에 모아 정리하면

$$M(1 - \lambda \chi_m) = \chi_m H \tag{9.5.4}$$

가 된다. 지금 잔류자속밀도 또는 잔류자화를 구하기 위해 외부자계 H를 0에 가까이 하면 $\chi_m H \rightarrow 0$으로서, 식 (9.5.4)는 다음과 같이 된다.

$$M(1 - \lambda \chi_m) = 0 \tag{9.5.5}$$

만약 $\lambda \chi_m = 1$이 되면 $H = 0$이라도 M은 유한한 값으로 자화가 존재하게 된다. 즉 이것으로 자발자화가 일어날 수 있다는 것을 알 수 있다.

퀴리온도 T_C 이상이 되면 쌍극자는 뿔뿔이 흩어져 버린다. 하지만 그림 9.10에 나타낸 것처럼 외부자계를 가하면 여기에 비례하여 작은 자화가 나타난다. 이것을 나타내기 위해 식 (9.4.17)의 χ_m을 식 (9.5.3)에 대입하면

$$M = \frac{C}{T}(H + \lambda M) \tag{9.5.6}$$

이 된다. 이것을 M에 대해 풀면

$$M = \frac{C}{T - T_C} H \tag{9.5.7}$$

$$T_C \equiv C \lambda \tag{9.5.8}$$

가 된다. 따라서 $\chi_m = M/H$이므로 식 (9.5.7)은

$$\chi_m = \frac{C}{T - T_C} \tag{9.5.9}$$

가 되고 식 (9.4.19)에 나타낸 **퀴리-바이스의 법칙**이 여기에서도 얻어졌다.

바이스는 쌍극자 간에 작용하는 상호작용으로서 자기적 상호작용을 생각했지만 이것으로는 λ가 10 정도밖에 되지 않는다. χ_m은 10^{-5} 정도이므로 $\chi_m \lambda$가 1이 되기 위해서는 더욱더 λ의 값으로써 10^4정도 부족했다. 이와 같은 강한 상호작용은 무엇에 의한 것인지 오랫동안 불분명한 상태로 남아 있었다.

그런데 수소가 분자를 만들기 위해서는 서로의 스핀이 "**역평행**"이 되어야 한다는 것을 이미 6.2절에서 설명했다. Fe, Co, Ni 등의 불완전 껍질(각)에 있는 3d 전자의 스핀은 수소분자일 때와는 반대로 스핀이 "**평행**"으로 정렬한 쪽이 에너지가 낮아질 것이라고 하이젠베르그(Heisenberg)[16]가 말하기 시작했다. 게다가 이 상호작용의 근원은 자기적인 것이 아니고 전자나 이온 사이의 전기적인 결합력에 의한 것으로, 강자성의 협력현상을 설명함에 있어서 충분한 크기의 상호작용에 의해서 이 문제는 해결된다.

9.5.4 자기구역, 자기구역 벽

바이스는 자발자화를 제안한 후 또 **자기구역**(magnetic domain)이라는 사고방식을 제안했다(1907년). 자성체는 작은 자기구역으로 나눠져 있어 각 부분에서

---

[16] W. K Heisenberg (1901-1976), 독일. 1928년(27세). 노벨상 수상(1932).

는 자발자화가 있지만 그것들이 제각기 다른 방향으로 정렬해 있어 전체로써는
자성을 밖으로 나타내지 않는다. 그림 9.17(a)가 그것에 해당한다. 외부자계 H를
가하면 그림 9.17(b)처럼 자계와 반대의 방향으로 자화되는 것은 줄어들고 자계
쪽으로 향하는 자기구역이 많아진다. 그리고 결국은 1개의 자기구역으로 통일되
어 **포화**에 달한다. 자기구역 구조는 윌리엄스(Williams), 보조스(Bozorth), 쇼클
리에 의해 발견되었다.

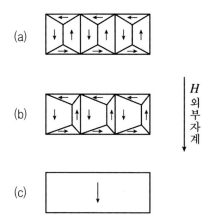

그림 9.17 자기구역의 모형도. (a) 자발자화가 서로를 지워 밖으로 나타나지 않는다.
(b) 자계방향으로의 자기구역이 증가해 간다. (c) 모든 자기구역이 H 방향으로 정렬한다.

그로 인해 자철광 분말을 콜로이드 상으로 하여 강자성체의 표면에 발라서 자기
구역을 관찰했다. 자기구역과 자기구역의 경계가 **자기구역 벽**(magnetic domain
wall)이고 자기구역 벽이 자계에 의해 이동하여 자기구역의 크기가 변한다.

지금까지의 자기구역의 설명을 이용하여 자화곡선을 설명한 것이 그림 9.18
이다. 그림 (a)는 자계 $H = 0$일 때로 자기구역은 뿔뿔이 흩어져 있어 자화는 나
타나지 않는다. 그림 (b)에서처럼 자계 H중에 놓여지면 자기구역을 확장하기
쉬운 것이 순차적으로 H 방향의 자기구역을 확장시켜 자화도 증가한다.

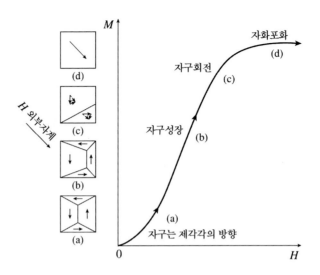

그림 9.18 강자성체의 자화 곡선에 있어서의 변화. (a) ~ (c)로 차례로 자기구역이 확장하고, 결국 회전하여 자화의 포화에 달한다(d).

그리고 그림 (c)에서처럼 대부분의 자기구역이 H 방향을 향하여 성장해 버려 **포화자화**의 단계에 들어가면 **성장**이 멈춘다. 그 후는 그림 (d)에서처럼 H 방향으로 향하기 어려웠던 자기구역이 마지막에 **회전**한다. 자기구역의 회전에 필요한 에너지는 자기구역의 성장보다도 많이 필요하므로 자화곡선의 경사는 작아진다. 이렇게 해서 자화는 **포화**에 달한다. 다음으로 자계를 없애도 큰 자기구역으로 성장한 것은 원래의 뿔뿔이 흩어진 상태로는 쉽게 돌아가지 않는다. 이것이 잔류자화와 영구자석이 생기는 이유이다. 지금까지와 반대 방향의 자장 H_c를 가했을 때 자화는 다시 0이 된다. H_c가 보자력이 된다. 강자성체를 가열하면 열 에너지가 바이스의 분자장보다도 커지고 어떤 온도 이상에서는 상자성체로 전이한다. 이 온도가 퀴리온도이고 이 현상이 상전이기도 하다.

9.5.5 반강자성체와 페리 자성체

그림 9.7(b)에서 나타낸 바와 같이 서로 이웃인 쌍극자가 서로 역평행으로 자발자화를 가지고 있는 것이 **반강자성체**(antiferomagnetic materials)이다. 이것도 어떤 임계온도를 넘으면 상자성체가 된다. 이 특성온도는 넬(Neèl)[17]온도 T_N으로 불려지고 있다. 상자성체가 되었을 때의 자화율은

$$\chi_m = \frac{C}{T + T_C} \tag{9.5.10}$$

가 된다. 퀴리온도는 $-T_C$가 되지만 이 T_C는 실제로 있는 것이 아니라 수식에서만 있는 것이다. χ_m과 온도 T의 관계를 그림 9.19에 나타낸다. 여기에 속하는 것으로 MnFe, $FeCl_2$, $CoCl_2$, $NiCl_2$, MnO, Cr 등이 있다.

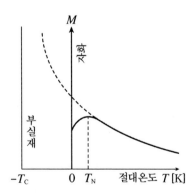

그림 9.19 반강자성체의 자화와 온도의 관계. 넬 온도 T_N, 퀴리온도 $-T_C$(불완전)를 나타낸다.

---

17 L. Neèl(1904-), 프랑스. 1936년(32세). 노벨상 수상(1970).

그림 9.7(c)에서 나타낸 바와 같이 서로 이웃한 역평행의 크기에 차가 있을 때 미시적으로 보면 반강자성이지만 결정 전체를 보면 자발자화를 가지고 있어 강자성이다. 이것을 **페리 자성체**(ferrimagnetic materials)라고 한다. 페리 자성을 나타내는 물질의 대표로 페라이트(ferrite)가 있고 카토, 타케이가 발견했지만 개발은 네덜란드에서 시작되었다. 여기에는 $MnOFe_2O_3$ 등 많은 것이 있고 MFe_2O_4(M으로는 Fe, Co, Ni, Cu, Zn, Mn, Mg 등)의 모양을 하고 있어 스피넬이라는 특수한 결정형을 취한다. 페라이트는 큰 자화율을 가지고 철 등의 양도체와 달리 절연체이므로 와전류에 의한 손실이 없기 때문에 고주파용의 자심이나 테이프 레코더용 테이프 등에 많은 용도를 가진다.

고체의 광학적 성질

– 구성

10.1 광흡수

10.2 광학적 격자진동에 의한 광흡수

10.3 F 중심에 의한 광흡수

10.4 기초흡수와 여기자에 의한 광흡수

10.5 직접천이 · 간접천이에 의한 광흡수

10.6 광전도 현상(내부광전효과)

10.7 광기전력 효과

10.8 형광, 인광

– 개요

고체의 광학적 성질은 광범위에 걸쳐 있다. 그 대상으로는 금속, 반도체, 절연체(유전체), 자성체이며, 광흡수 기구로써는 다양한 에너지 준위 간의 천이에 관계하는 것이다. 이것들은 너무나도 여러 방면에 걸치므로 그 일부만을 정성적으로 다룬다.

10.1 광흡수

10.1.1 투과율

어떤 파장 λ에 대해 물질의 **흡수율**(fraction absorbed) A_λ, **반사율**(fraction reflected) R_λ, **투과율**(fraction transmitted) T_λ의 사이에는

$$A_\lambda + R_\lambda + T_\lambda = 1 \tag{10.1.1}$$

인 관계가 있다. 그림 10.1에서 두께가 L인 시료의 표면에 수직 입사시킨 빛의 강도를 I_0라고 하면, 반사광의 강도는 $I_0 R$(첨자 λ 생략)이다. 나머지 $I_0 - RI_0 = (1-R)I_0$이 시료 내에 들어가고 그리고 흡수된다. 시료 내 x부분의 빛의 강도 I는 dx만큼 나아가는 사이에 $I - dI$가 된다. $-dI$는 I와 dx와의 곱에 비례한다. 비례상수를 α $[\text{m}^{-1}]$라고 하고 이것을 **흡수계수**(absorption coefficient)라고 하면

$$-dI = \alpha I dx \tag{10.1.2}$$

가 된다. $x = 0$에서 $I = (1-R)I_0$인 조건 하에서 위의 식을 적분하면

$$I = (1-R)I_0 \exp(-\alpha x) \tag{10.1.3}$$

가 된다. 시료의 다른 한 쪽의 끝, $x = L$에서 빛의 강도는 $(1-R)I_0 e^{-\alpha L}$이 되고, 그 일부분인 $R(1-R)I_0 e^{-\alpha L}$은 반사되고, 나머지 $(1-R)I_0 e^{-\alpha L} - R(1-R) I_0 e^{-\alpha L}$이 투과광의 강도 I_T가 되므로 그것은 다음 식과 같이 된다.

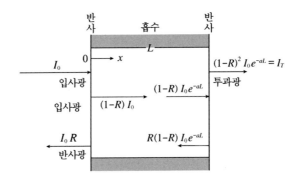

그림 10.1 시료 내부에서의 흡수와 양 표면에서의 반사 후의 투과광. R: 반사율, α: 흡수계수, L: 시료의 두께

$$I_T = (1 - R_\lambda)^2 I_0 e^{-\alpha L} \tag{10.1.4}$$

투과율 T_λ는 다음 식으로 정의되고[1] 이것은 반사율 R_λ, 흡수계수 α로 결정된다.

$$T_\lambda = \frac{I_T}{I_0} = (1 - R_\lambda)^2 e^{-\alpha L} \tag{10.1.5}$$

T_λ, R_λ, L을 측정하면 흡수율 A_λ와 흡수계수 α가 식 (10.1.1, 5)로부터 구해진다.

10.1.2 흡수기구의 개관(槪觀)

고체가 광(전자파)을 흡수하는 기구는 여러 가지 있지만 그 몇 가지를 나타내면 (i) 격자진동에 따른 흡수, (ii) 격자결함(불순물도 포함)에 기인하는 에너지

---

1   식 (10.1.5)는 근사식이다.

준위가 관여하는 흡수, (iii) 불연속인 준위 간 또는 에너지띠 간의 천이에 따른

흡수, (iv) 캐리어(전도전자, 정공)에 의한 흡수(거의 연속적인 준위 간의 천이에

따른), (v) 자기공명에 의한 흡수 등이 있다.

그림 10.2에 반도체 또는 유전체를 예를 들어 이것들의 흡수기구 중에 몇 개

를 나타내었는데 (a)는 흡수계수 α와 파장 λ의 관계를, (b)는 에너지띠를 서로

대응해서 모식적으로 나타낸 것이다.

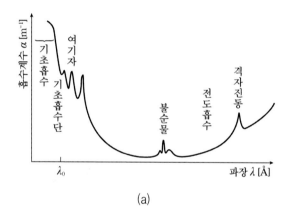

(a)

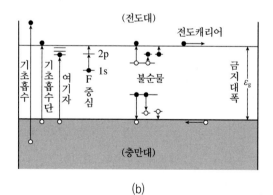

(b)

그림 10.2 각종 광흡수 기구(금지대 폭 ε_g를 가지는 반도체 또는 유전체를 예로 한다). (a) 파장 λ와
흡수계수 α의 관계, (b) λ와 α에 대응하는 흡수기구; (전부 설명용의 모식도로 엄밀한
것은 아니다)

우선 조사광의 에너지 $h\nu$가 금지대 폭 ε_g보다도 크면 충만대 안의 전자는 이 에너지를 흡수하여 전도대로 여기되고 나중에 정공을 남긴다. 이것을 **기초흡수**(fundamental absorption) 혹은 **진성** 또는 **고유흡수**(intrinsic absorption)라고 한다. 흡수를 받는 빛 중에 최장 파장(최소 에너지 $h\nu_0$)를 **흡수단**(absorption edge)λ_0라고 한다. 광속을 c라고 하면 $\lambda_0 \nu_0 = c$의 관계를 사용하여

$$h\nu_0 \doteqdot \varepsilon_g \tag{10.1.6}$$

이므로 흡수단은 다음 식이 된다.

$$\lambda_0 \left[\text{Å}\right] = hc/\varepsilon_g \doteqdot 12400/(\varepsilon_g [\text{eV}]) \tag{10.1.7}$$

기초흡수에 속하는 파장은 이 λ_0보다도 짧아진다.

다음으로 전도대 바닥 바로 밑에 있는 **여기자 준위**(exciton level)로 충만대로부터 여기될 때의 광흡수를 **여기자 흡수**(엑시톤 흡수)라고 한다. 또 도너, 억셉터 그 외의 전자, 정공의 **포획 준위**(trap level)에 잡혀 있는 전자가 전도대나 충만대로 옮겨질 때의 광흡수를 **불순물에 의한 흡수**라고 한다.

그리고 전도대의 자유전자나 충만대의 정공과 격자와의 충돌에서 완화진동수(완화시간의 역수)가 빛의 진동수보다 클 경우, 빛의 전계가 방향을 바꾸는 사이에 전자는 격자와 충돌하고 빛으로부터의 에너지를 격자에 준다. 이때 전도전자에 의한 광흡수를 **전도흡수**라고 하고 금속에 있어서 흔히 있는 흡수이다.

그 외에 3.6절에서 설명한 결정기가 2개인 원자를 포함하는 **광학적 격자진동**에 의한 흡수를 **격자진동에 의한 광흡수**라고 한다. 이상의 개관은 그림 10.2의 파장이 짧은 순으로 설명하였다. 이것들을 또 다른 각도에서 설명해 나간다.

10.2 광학적 격자진동에 의한 광흡수

3.6절의 결정기가 2개인 이온(예를 들면 Na^+와 Cl^-)을 포함하는 1차원 격자진동을 생각하자. 이온결정의 광학적 진동에서는 부호가 반대인 이온이 완전히 역위상(식 (3.6.10) 참조)으로 진동하기 때문에 결정 중에 **전기적 분극**(electric polarization)을 발생시킨다. 분극상태가 진동하는 것에 의해 만들어지는 분극파의 진동수와 완전히 똑같은 전자파(빛)가 결정에 수직입사되면 분극파와 전파의 공명에 의해 빛은 강하게 흡수된다. 또 반대로 흡수한 것은 강하게 방사 또는 반사된다. 지금 NaCl 박막의 적외선 투과율의 실험결과를 그림 10.3에 나타내었다.

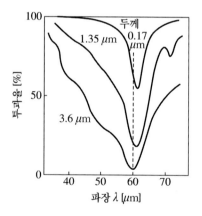

그림 10.3 NaCl 박막의 적외선 투과율. 박막의 두께를 바꾸어도 투과율 극소는 $61[\mu m]$

박막의 두께에 관계없이 입사 적외선의 파장이 거의 $61[\mu m]$일 때에 투과율은 극소, 즉 흡수율 극대가 된다. 흡수파장 λ를 흡수 진동수 ν로 환산하면 광속도를 $c = 3 \times 10^8 [m]$로 하여 $\nu = c/\lambda = 3 \times 10^8/60 \times 10^{-6} = 5 \times 10^{12} [s^{-1}]$이 된다. 또 흡수파수 k로 고치면 $k = 2\pi/\lambda = 2\pi/60 \times 10^{-6} \doteqdot 1 \times 10^5 [m^{-1}]$이 된

다. 하지만 NaCl의 격자상수[2]를 a라고 할 때 격자진동의 제1 브릴루앙 영역단 파수는 $k_{max} = \pi/a \fallingdotseq 5.6 \times 10^9 \, [\text{m}^{-1}]$이며 이것에 비해 흡수파수는 매우 작다. 그래서 NaCl의 적외선 흡수에 관계하는 진동모드는 그림 3.12에 있어서의 $k \fallingdotseq 0$의 근처로 광학적 횡파(TO)곡선의 평평한 부분에 해당한다. 이때의 격자 진동수는 식 (3.6.7)의 $k \fallingdotseq 0$에 상당하는 ω_+이고 이것을 ω_0로 두면 다음 식으로 근사할 수 있다.

$$\omega_0 = \left\{ 2b\left(\frac{1}{M} + \frac{1}{m} \right) \right\}^{1/2} \tag{10.2.1}$$

결정에 입사된 전자파의 전계를 $E = E_0 e^{i\omega t}$라고 하면 Na^+의 전하 $+q$(q는 전자의 전하 크기)와 Cl^-의 전하 $-q$에 작용하는 힘은 $\pm q E_0 e^{i\omega t}$이다. 전계 아래에 있는 광학적 진동의 $k \fallingdotseq 0$에 있어서의 2종의 원자의 각 진폭을 구해 보자. Cl^-과 Na^+의 각 질량을 M, m으로 하고($M > m$) 외력 $-q E_0 e^{i\omega t}$를 식 (3.6.1)의 우변(위의 식)에 더하고 또 $+q E_0 e^{i\omega t}$를 우변(아래의 식)에 더한다. 여기에 식 (3.6.2)를 대입하면($k = 0$으로 하여)

$$-M\omega^2 A = 2b(B - A) - qE_0$$
$$-m\omega^2 A = -2b(B - A) + qE_0 \tag{10.2.2}$$

이 된다. 이것을 A, B에 대해서 풀어 식 (10.2.1)의 ω_0를 이용하면 다음 식이 된다.

---

2 NaCl 단위격자의 결정축상의 각 Na^+ 이온 간의 간격은 $a \fallingdotseq 5.62 \, [\text{Å}]$이고 Na^+과 Cl^- 간의 간격은 $a/2 \fallingdotseq 2.81 \, [\text{Å}]$이다.

$$A = -\frac{qE_0/M}{\omega_0^2 - \omega^2}, \qquad B = \frac{qE_0/m}{\omega_0^2 - \omega^2} \tag{10.2.3}$$

이 식으로부터 입사광의 진동수 ω가 광학적 격자진동의 진동수 ω_0와 같을 때는 Cl^-의 진폭 A도, Na^+의 진폭 B도 ∞가 되고 **공명흡수**를 일으키게 된다. 또 빛의 흡수에 의해 여기된 광학적 진동모드는 같은 진동수 ω_0인 빛을 방사하여 감쇠한다.

10.3 F 중심에 의한 광흡수

I족의 알카리 금속(Li, Na, K, Rb, Cs 등)과 VII족의 할로겐(F, Cl, Br 등)과의 화합물, 즉 할로겐화 알카리(alkali-halide) 예를 들면 NaCl, KCl, LiF, RbBr 등의 이온결정은 **유전체**(dielectric substance)[3]이고 독특한 광흡수를 한다.

투명한 할로겐화 알카리, 즉 Nacl, KCl을 예로 들어 보자. NaCl을 Na 증기 중에서 가열하여 급냉시키면 황색으로 착색한다. 또한 KCl을 K증기 중에서 가열하여 급냉하면 진홍색으로 착색한다. 이것은 착색을 일으키는 **색중심**(colour center)이라 불려지는 중심이 결정 내에 생기기 때문으로, "색"이라는 말의 독일어 "Farbe"의 머릿글자를 떼어 F 중심(F-center)이라 한다. KCl의 흡수곡선(흡수스펙트럼이 선이 아닌 상태가 되므로 흡수대라고도 한다)을 그림 10.4(a)에 나타내었다.

---

3 전기적 절연체와 같다.

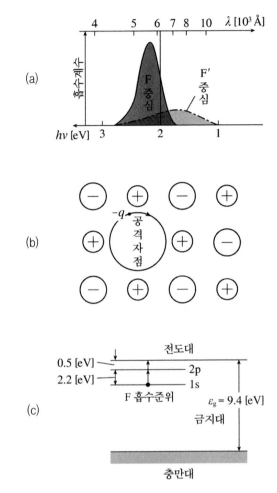

그림 10.4 KCl의 F 중심흡수. (a) 흡수곡선(개략도), (b) F 중심 모식도(음이온의 공격자점에 전자 1 개가 속박된다), (c) 에너지띠 그림(개략도)

그런데 Na 증기 중의 가열에 의해 NaCl 결정 표면에 Na 원자가 부착하고 결정의 내부로부터 이동해 온 Cl⁻ 이온과 결합한다. 이때 결정 중에는 음이온이 빠진 구멍, 즉 **공격자점**이 남는다. 결정 표면에서 Na와 Cl⁻가 결합하면 그림 10.4(b)에 서처럼 Cl⁻ 이온에 부수해 있던 전자는 여분이 되고 방금 전의 공격자점에(음이온의 대신으로)붙잡는다. 이 결과, 결정 전체의 전하는 양음 균형이 잡혀 **전기적 중성의 법칙**(또는 **조건**)(electroneutrality rule) 또는 **전하보존의 법칙**[4]이 성립한다. 이처럼 여분의 알카리 원자를 알카리·할라이드 결정에 가하면 그것과 같은 수의 음이온의 공격자점이 만들어진다. 이 결과, 착색결정의 밀도는 무착색의 밀도보다 작아진다.

따라서 1개의 전자가 음이온이 빠진 공격자점을 에워싸는 6개의 양이온에 붙잡히고 공유되고 있는 상태는 수소원자의 전자상태와 유사하다. 그림 10.4(c)에 나타낸 바와 같이 KCl의 경우, $\varepsilon_g = 9.4\,[\mathrm{eV}]$이지만 전도대의 바닥에서 아래로 약 $2.7\,[\mathrm{eV}]$인 부분에 수소유사 전자의(즉 F 중심의) 1s 준위상태가 있다. 1s 상태(바닥상태)에서 2p 상태(들뜬상태)로 빛을 흡수해서 전자가 천이할 때 F 중심에 의한 빛의 흡수가 행해진다.

착색한 할로겐화 알카리에 F 흡수를 시켰을 때의 파장과 똑같은 파장의 빛을 가하면 점차 색이 바랜다(**퇴색**, bleach). 이때 시료의 광흡수를 재면 종형 곡선이었던 F 중심흡수는 감소하고, 그림 10.4(a)와 같이 적(색)에서 근적외($2 \sim 1.5\,[\mathrm{eV}]$)로 넓어진 F′대라고 불려지는 완만한 흡수대 곡선이 나타난다. 변화 도중에서 시료에 전압을 가하면 전류가 흐른다. 이것을 **광전도 현상**(photoconductivity)라고 한다. 다시 말해서 빛을 흡수하여 여기상태로 올라간 전자는 더욱더 열에너지 $k_B T$ (300 [K]에서 약 $0.025\,[\mathrm{eV}]$)를 얻어 전도대로 올라가고 결정 중을 여기저기 돌아다니기 때문에 전류가 흐른다. 전자는 어떤 거리를 움직인 후 다시 F 중심에 붙잡는다. 이때 음이온이 빠진 공격자점에 2개의 전자가 붙잡힌 것이 된다. 이것을 F′중심이

---

4 발전기는 전하를 어떤 점에서 다른 점으로 옮기는 기계이고 전하를 만들어 내는 것은 아니다. 공간의 어딘가에서 양의 전하를 모으면 같은 량의 음의 전하가 다른 어딘가에 나타난다. 따라서 전하의 전량을 증감시키는 것은 불가능하다.

표 10.1 F 중심의 흡수 에너지

알카리 · 할라이드	LiCl	NaCl	KCl	RbBr	LiF
흡수 에너지 [eV]	3.1	2.7	2.2	1.8	5.0

라 한다. 이것은 수소원자에 2개의 전자가 붙잡힌 수소의 음이온(H^-)과 유사한 작용을 한다. F′대의 빛의 흡수 에너지 값이 약 2 ~ 1.5 [eV]이기 때문이다. F 중심의 광흡수 에너지를 표 10.1에 나타내었다. 따라서 격자결함(공격자점 등)이 광흡수에 큰 역할을 하는 것을 알 수 있다.

10.4 기초흡수와 여기자에 의한 광흡수

그림 10.5(b)에 나타낸 바와 같이 빛 에너지 $h\nu$를 전자가 흡수하여 충만대(가전자대)에서 전도대로 전자가 여기될 때 연속적인 스펙트럼이 나타난다. 이것은 **기초흡수대**라고 불려진다. 흡수대는 이미 언급한 바로 스펙트럼이 선이 아니고 연속적 대상(帶狀)이다. 흡수하는 빛 에너지와 금지대 폭 ε_g가 같을 때 이 흡수를 **흡수단**이라 하고 그 흡수 파장은 식 (10.1.7)로 계산된다. 그림 10.5(a)를 참고로 하면 NaCl의 9.4 [eV]에 상당한다.

　이것들의 기초흡수에서는 자유전자와 자유정공이 발생하므로 전압을 가하면 전류가 흐른다(**광도전**). 하지만 7.8 [eV]에 해당하는 빛의 흡수는 전압을 가하여도 전도현상을 타나내지 않는다. 이것은 전자가 **여기자 준위**라는 준위에 올라가면서 남긴 정공과 그 전자가 쿨롱힘으로 "**대**"를 형성하고 전기적으로는 중성으로서 전기전도에는 기여하지 않는 경우이다. 다시 말해서 빛에 의한 전기 전도가 일어나지 않는다. 이처럼 여기된 전자와 거기에 동반된 정공과의 "**대**"를 **여**

기자(**엑시톤**, exciton)라고 한다. 이것은 전자와 정공의 질량으로 정해지는 환원
유효질량(식 (10.4.1))을 가진 중성의 입자로 취급되어지고 이 입자는 결정 중을
이리저리 움직일 수 있다.

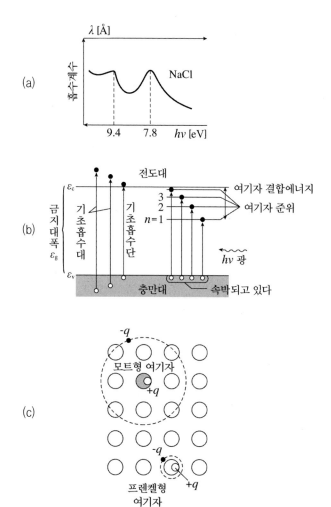

그림 10.5 기초흡수단과 여기자(엑시톤)흡수. (a) NaCl의 흡수곡선(흡수단과 여기자), (b) 에너지
대 그림, (c) 여기자 모식도(전자와 정공의 대, 큰 원은 속박이 약하다(모트형), 작은 원은
속박이 강하다(프렌켈형)).

　　그림 10.5(c)에 나타낸 바와 같이 여기자에는 전자와 정공과의 속박이 강한 "프렌켈형"과 속박이 약한 "모트형"이 있다. 그리고 여기자의 움직은 전류를 운반하지 않지만 에너지와 운동량을 운반하므로 고체·액체·생체·고분자 중에서 에너지의 전도에 중요한 역할을 맡고 있다고 생각되어진다. 여기자의 에너지 준위 E_n을 다음 식으로 나타낸다.

$$E_n = \varepsilon_g - \frac{m^* q_e^2}{2\hbar^2 \varepsilon_f^2 \varepsilon_0^2 n^2}, \qquad \frac{1}{m^*} = \frac{1}{m_e^*} + \frac{1}{m_h^*} \tag{10.4.1}$$

여기에 n = 주양자수, m^* = 환원유효질량, m_e^*, m_h^* = 전자와 정공의 유효질량, q_e = 전자의 전하의 크기, ε_0 = 진공의 유전율, ε_f = 고주파 영역에서의 상대 유전율이다.

10.5 직접천이 · 간접천이에 의한 광흡수

반도체나 유전체의 금지대 폭 ε_g는 그림 10.2(b) 등과 같이 2개의 수평인 선으로 나타내지만 이것은 정확한 표현이 아니며, 횡축에 결정 내 전자의 파수 벡터 k를 취해 이것과 에너지 ε와의 관계를 나타내는 것이 좋다. 그 예로써 대표적인 반도체인 Ge, Si, GaAs의 에너지대를 개략적으로 그림 10.6에 나타내었다. 횡축은 k의 [111] 방향과 [100] 방향을 좌우로 반씩 나눠져 있다. k를 어느 방향으로 취하는가에 따라서 다른 그래프가 된다. 이 그림을 간단화한 것이 그림 10.7이다. 전자와 정공이 직접 **재결합**(recombination)할 때 빛이 나오고 자유전자와 정공은 소멸한다. 이것과 반대의 과정으로 빛 또는 광자 에너지를 흡수하면 가전자대에서 전도대로 전자가 여기된다. 가전자대 상단을 ε_v, 전도대의 바닥을 ε_c라고 하면 빛 에너지 $\hbar\omega$와의 사이에는 에너지 보존 법칙으로서

$$\varepsilon_c - \varepsilon_v = \hbar\omega \qquad\qquad (10.5.1)$$

인 관계가 있다.

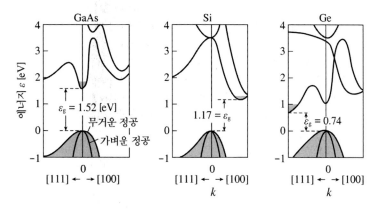

그림 10.6 에너지대 그림(개략도). GaAs는 직접천이. Si, Ge는 간접천이. ε_g는 0 [K]에 있어서의 값. 300 [K]에서의 ε_g는 GaAs(1.43), Si(1.14), Ge(0.67), 각 [eV]이다.

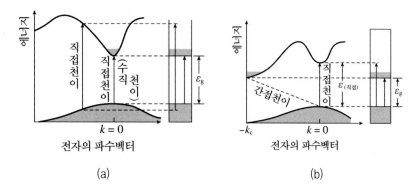

그림 10.7 파수 벡터와 에너지의 관계(광흡수 과정). (a) 직접천이(GaAs 등), 운동량이 보존된다, (b) 간접천이(Si, Ge 등), 포논의 운동량을 고려해야 비로소 운동량이 보존된다.

k_c, k_v를 전도대와 가전자대에 있어서의 전자의 파수 또는 k'를 광자의 파수라고 하면 운동량 보존의 법칙으로는

$$\hbar \boldsymbol{k}_\mathrm{c} - \hbar \boldsymbol{k}_\mathrm{v} = \hbar \boldsymbol{k}' \quad \text{또는} \quad \boldsymbol{k}_\mathrm{c} - \boldsymbol{k}_\mathrm{v} = \boldsymbol{k}' \tag{10.5.2}$$

의 관계가 있다. 빛의 속도를 c라고 하면

$$\omega = c|\boldsymbol{k}'| \tag{10.5.3}$$

가 된다. $\hbar\omega$는 금지대 폭 ε_g정도로써 이것을 약 1 [eV]로 하고 식 (10.1.7)을 이용하여 k'를 구하면 $|\boldsymbol{k}'| = 2\pi/\lambda \doteqdot 2\pi/(12400\,[\text{Å}]) \doteqdot 5 \times 10^6\,[\mathrm{m}^{-1}]$정도가 된다. 이것은 어느 정도의 크기일까? 결정격자 면간격을 $a \doteqdot 3\,[\text{Å}]$정도로 하고 브릴루앙 영역의 크기를 계산하면 식 (6.6.3)으로부터 $\pi/a = k \doteqdot 10^{10}\,[\mathrm{m}^{-1}]$이다. 따라서 빛의 파수 $|\boldsymbol{k}'|$는 무시될 수 있기 때문에

$$\boldsymbol{k}_\mathrm{c} = \boldsymbol{k}_\mathrm{v} \tag{10.5.4}$$

가 된다. 다시 말해서 전자가 천이(여기)하는 전후의 전자의 파수는 불변이고 에너지대에서의 전자의 천이는 그림 10.7(a)같이 수직선으로 나타낼 수 있다. 이것을 **수직** 또는 **수직천이**(direct transition)이라 한다. 따라서 그림 10.7(a)같은 에너지 대에서 최소의 에너지(최대의 파장)를 흡수하여 전자가 천이를 시작하기 위해서는 금지대 폭 ε_g에 상당하는 $\hbar\omega_\mathrm{g}$의 광자 에너지가 있으면 된다. 즉

$$\hbar\omega_\mathrm{g} = \varepsilon_\mathrm{g} \equiv \varepsilon_\mathrm{c} - \varepsilon_\mathrm{v}$$

이고 밴드 간의 광학천이의 장파장단 또는 기초흡수단은 ε_g와 같다. 이 모양을

흡수곡선으로 나타내면 그림 10.8(a)가 된다. 이것을 또 그림 10.9의 GaAs의 곡선으로 나타내면 $\varepsilon_g = 1.43 \, [\mathrm{eV}] \, (0 \, [\mathrm{K}]$에서)로 구해진다.

지금까지는 직접 재결합에 대한 설명이었다. 다음으로는 그림 10.7(b)에서 가전자대의 상단은 $k = (0, 0, 0)$인 점에 있지만 전도대의 바닥이 예를 들면 Ge(그림 10.6)처럼 $k_c = \left(\frac{1}{2}, \frac{1}{2}, \frac{1}{2} \right)$에 있을 때 이 양자의 에너지 간격(그림 10.6, 7(b) 참조)이 ε_g가 된다. 이 경우에 전자는 광자의 흡수만으로 에너지 갭을 직접천이하기에는 운동량 보존의 법칙을 만족시키지 않기 때문에 불가능하다. 그것은 광자의 파수 벡터가 지금의 에너지 범위(약 $1 \, [\mathrm{eV}]$)에서 k_c에 비해 무시되기 때문이다.

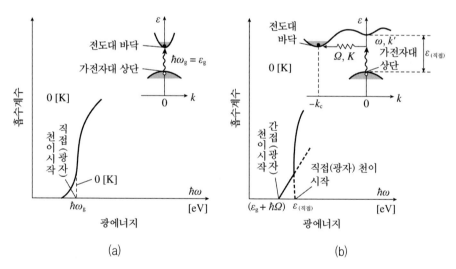

그림 10.8 (a) 직접(수직)천이의 흡수곡선과 그 $\varepsilon - k$ 곡선, (b) 간접천이의 흡수곡선과 그 $\varepsilon - k$ 곡선. Ω, K는 포논의 진동수와 파수. ω, k'는 빛의 진동수와 파수. (a), (b) 모두 0 [K]에서의 관계이다.

그래서 운동량 보존과 에너지 보존이 성립하기 위해서는 파수 벡터 K, 진동수 Ω의 1개의 포논(음자)이 이 과정으로 만들어진다(또는 방출된다). 이때 $\hbar k'$,

$\hbar\omega$는 빛에, $\hbar k_c$, ε_g는 전자에 관계하는 운동량과 에너지이므로 이것들의 보존 법칙에서

$$0 \doteqdot k' = k_c + K \tag{10.5.5}$$

$$\hbar\omega = \varepsilon_g + \hbar\Omega \tag{10.5.6}$$

가 된다. ε_g에 비해 포논의 에너지 $\hbar\Omega (\approx 0.01\,[\mathrm{eV}])$는 작고, $\hbar\Omega \ll \varepsilon_g$이다. 그래서 식 (10.5.6)은 $\hbar\omega \approx \varepsilon_g$이므로 포논은 에너지의 출입을 동반하지 않고 단지 결정 운동량 $\hbar K$의 공급원에 불과하다. 그리고 운동량은 조금 전에 언급했듯이 $k' \ll k_c$ 이기 때문에 $K \doteqdot -k_c$가 된다. 따라서 간접천이 흡수가 시작하는 광자의 에너지는 $\varepsilon_g + \hbar\Omega \doteqdot \varepsilon_g$이다. 또 직접천이 흡수가 시작하는 에너지는 $\varepsilon_g + \hbar\Omega$ 보다도 크고(그림 10.7(b) 참조), $\varepsilon_{(직접)}$에 해당하는 에너지가 필요하게 된다. 이 흡수곡선과 에너지를 그림 10.8(b)에 나타내었고, 그림 10.9의 Ge의 예에서 $\varepsilon_{(간접)} = \varepsilon_g = 0.67\,[\mathrm{eV}]$와 $\varepsilon_{(직접)} = 0.82\,[\mathrm{eV}]$가 구해진다. 이와 같이 해서 광흡수 측정만이 에너지·갭이 직접 혹은 간접인지를 결정할 수 있다.

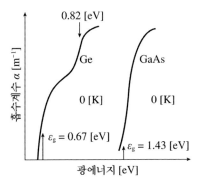

그림 10.9 직접천이 (GaAs)와 간접천이 (Ge)의 흡수계수. (GaAs)의 $\varepsilon_{(직접)} = 1.43\,[\mathrm{eV}] = \varepsilon_g$, Ge 의 $\varepsilon_{(간접)} = 0.67\,[\mathrm{eV}] = \varepsilon_g$, 또 $\varepsilon_{(직접)} = 0.82\,[\mathrm{eV}]$

10.6 광도전 현상(내부광전효과)

그림 10.10(a)에서와 같이 반도체의 ε_g보다도 큰 빛 에너지 $h\nu$를 주면 전자 – 정공쌍이 생겨(**내부광전효과**) 도전율이 증가한다. 이 효과를 **광도전효과**(photoconductive effect) 또는 **광전도효과**라고 한다. 여기된 전자나 정공에 의한 전류를 외부로 **빼내기** 위해서는 그림 10.10(b), (c)처럼 외부로부터 전압을 인가하면 된다. 이 결과, 전자는 양극 측으로(그림 (b)에서 비탈길을 내려가는 방향으로) 또 정공은 음극 측으로(그림 (b)에서 물 안의 거품이 위의 비스듬히 놓인 판을 따라 떠오르는 방향으로)흘러 전체 광전류 ΔI가 흐른다.

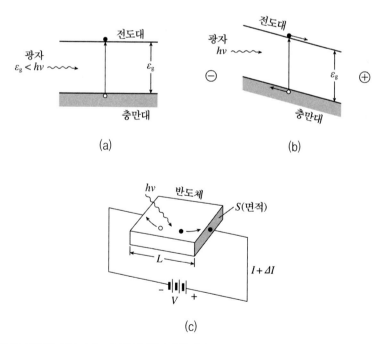

그림 10.10 광전도 현상. (a) ε_g보다 큰 에너지의 광자 $h\nu$를 조사시켜 전자 – 정공쌍 생성, (b) 전압 V를 인가해서 밴드를 기울게 하여 전자와 정공 각각의 방향으로 유동시킨다(광전류). (c) 시료에 전원을 연결한 회로도

이와 같은 광전도체는 사실은 빛을 조사시키지 않아도 전압을 가하면 전류가 흐른다. 이것을 **암전류**(dark current)라고 한다. 7장의 식 (7.1.2, 3)으로부터 진성반도체의 도전율 σ가

$$\sigma = \sigma_e + \sigma_p = q(n\mu_e + p\mu_p) \tag{10.6.1}$$

로 나타내어진 것처럼 결정 내에 조금이라도 전자와 정공이 있으면[5] 전압을 가하면 조금씩 전류가 흐른다. 이것이 암전류이다. 지금 빛을 조사시켜 전자와 정공의 농도가 Δn, Δp만 증가했다고 하면 도전율의 증가분 $\Delta\sigma$는 다음 식이 된다.

$$\Delta\sigma = q(\mu_e \Delta n + \mu_p \Delta p) \tag{10.6.2}$$

그런데 광여기되어 증가한 캐리어는 여러 가지 원인으로 소멸하고 원래의 열평형 상태에 다가가려고 한다. 전자가 소멸하기까지의 **수명시간**(life time)[6]을 t_{le}라고 하면 광조사에 의해 발생한 전자가 발생 후 t'초간 후에는 $\exp(-t'/t_{le})$배로 된다(즉 감소한다). 단위 체적당 매초 g개의 전자 – 정공쌍이 발생(generation)한다고 하자. 현시점 t'에 있어서의 전자수는 현시점의 Δt초 간에 발생한 전자수 $g\Delta t$와 그 이전에 발생하여 아직 소멸하지 않고 남아 있는 전자수와의 합이 된다. 그래서 t'에서 t_1초 전의 Δt초간에 $g\Delta t$개 발생한 전자는 t'에서는 $g\Delta t \cdot \exp(-t_1/t_{le})$개로 감소하고 있다. 마찬가지로 t'에서 t_2, t_3전의 각 Δt초간에 각 $g\Delta t$개 발생한 전자는 현시점 t'에는 각각 감소하여

---

5 300 [K]의 실온이라면 0.025 [eV]의 에너지에 상응하는 만큼의 전자-정공대가 생기고 있다.
6 캐리어의 수가 $1/e$로 줄어들 때까지의 시간을 수명이라 한다.

$$g\Delta t \cdot \exp(-t_2/t_{le}), \quad g\Delta t \cdot \exp(-t_3/t_{le}), \cdots\cdots$$

로 되어 있다. 이것들 전부가 살아 남아 있는 전자수의 합은 다음 식이 된다.

$$g\left\{e^{-t_1/t_{le}} + e^{-t_2/t_{le}} + \cdots\right\}\Delta t \equiv g\int_0^\infty e^{-t/t_{le}}dt \tag{10.6.3}$$

이것이 광조사에 의한 단위 체적당 전자수 증가 Δn이고, 이것은

$$\Delta n = g\int_0^\infty e^{-t/t_{le}}dt = gt_{le} \tag{10.6.4}$$

로 구해진다. 마찬가지로 정공의 증가 수 Δp도 정공의 수명시간을 t_{lp}라고 하면

$$\Delta p = gt_{lp} \tag{10.6.5}$$

로 구해진다. 식 (10.6.2)에 (10.6.4, 5)를 대입하면 $\Delta\sigma$는 다음 식이 된다.

$$\Delta\sigma = qg(\mu_e t_{le} + \mu_p t_{lp}) \tag{10.6.6}$$

그림 10.10(c)와 같이 광전도체의 단면적을 S, 길이 L, 가하는 전압을 V, 전계의 크기를 $E = V/L$이라고 하면 전도율의 증가분 $\Delta\sigma$에 의한 전류의 증가분 **(광전류)** ΔI는

$$\Delta I = \Delta\sigma \cdot S \cdot \frac{V}{L} = qgLS(\mu_e t_{le} + \mu_p t_{lp})\frac{E}{L} \tag{10.6.7}$$

가 된다. 여기서 광전도체 전체에서 단위 시간당 발생하는 전자 – 정공쌍의 수를

G라고 하면 다음과 같은 식이 된다.

$$G = gLS \tag{10.6.8}$$

이것은 단위시간에 광도전 전체에서 흡수되는 광자의 수와 같다. 또 L/E_{μ_e}인 항을 계산하면 식 (5.4.17)을 용하여 전자의 유동속도의 크기가 $v_{de} = \mu_e E$이므로 다음 식이 된다.

$$\frac{L}{E\mu_e} = \frac{L}{v_{de}} \equiv T_{re} \tag{10.6.9}$$

여기에 T_{re}는 전자가 전극 사이를 통과하기 위해 필요한 시간으로 **통과시간**(transit time)이라고 한다. 마찬가지로 정공의 통과시간을 T_{rp}라고 하면 식 (10.6.7)은

$$광전류 = \Delta I = qG\left(\frac{t_{le}}{T_{re}} + \frac{t_{lp}}{T_{rp}}\right) \equiv qGF_{gain} \tag{10.6.10}$$

이 된다. 여기서 F_{gain}은 광도전의 이득계수(gain factor)라고 불려지는 것으로

$$F_{gain} \equiv \left(\frac{t_{le}}{T_{re}} + \frac{t_{lp}}{T_{rp}}\right) = \frac{(\Delta I/q)}{G}$$

$$= \frac{1초간\ 전극\ 간을\ 통과하는\ 캐리어\ 수}{1초간\ 흡수되는\ 광자수} \tag{10.6.11}$$

라는 내용을 가지고 이 F_{gain}이 클수록 큰 광전류를 얻을 수 있다.

10.7 광기전력 효과

앞 절의 광도전 현상에서는, 발생한 전자 – 정공쌍은 가만히 내버려 두면 재결합해 버리기 때문에 외부에서 전압을 가하여(그림 10.10(b)) 밴드에 경사를 주어 광전류를 얻었다. 밖에서 전압을 가하지 않아도 밴드가 경사져 있는 것이 있으면 이대로 광전류를 얻을 수 있다. 그렇게 광전류를 만들 수 있는 것은 없을까? 그것은 이미 그림 8.12의 pn 접합의 접합부에 이와 같은 밴드의 경사가 있다 것을 알고 있다. 이것을 이용하는 것이 **광기전력효과**이고, 이와 같은 pn 접합을 **광다이오드**(photo diode)라고 한다. 특히 빛으로 태양광을 이용하는 것을 **태양전지**(solar battery)라고 한다.

그림 10.11(a)와 같이 pn 접합의 접합부(공핍층)에 빛 ($h\nu > \varepsilon_g$)을 조사한다. 실제로는 그림 10.11(b)처럼 n형 Si의 위에 p층을 얇게 붙여 p층 너머로 pn 접합부에 빛을 조사한다. 발생한 전자 – 정공쌍 중 전자는 접합부의 밴드 경사를 내려가서 n형 쪽으로 흐르고 정공은 경사를 따라 떠올라 p형 쪽으로 흐른다. n형, p형에 각각 옴 접촉인 전극을 붙여 두어 양자를 단락시키면 p형 측 전극에서 n형 측 전극을 향하여 **광전류**가 흐른다. 이것을 **단락광전류**라고 한다. 다시 말해서 외부전압을 가하지 않아도 광전류가 외부로 흐를 수 있다. 또 pn 접합의 양단에 외부(부하)저항 R을 접속하면 저항에 전류 I가 흘러 I^2R의 전력을 얻을 수 있다. 이것은 빛 에너지를 전기 에너지로 **직접변환**(direct energy conversion)할 수 있었기 때문에 이와 같은 소자를 일반적으로 **태양전지**라고 한다. 이것은 깨끗한 에너지를 얻을 수 있는 소자이므로 매우 주목받고 있다.

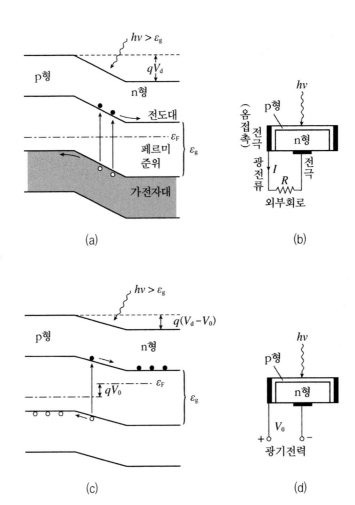

(a)

(b)

(c)

(d)

그림 10.11 광기전력효과.

(a) pn 접합의 접합부(공핍층)에 광자($h\nu$)를 조사한다.

(b) 밴드도 (a)에 대응하는 실체회로도. R은 외부저항. 광전류는 p형 측 전극에서 n형 측 전극으로 흐른다.

(c) p형과 n형을 단락시키지 않고 개방해 두면 페르미 준위에 차가 나타난다. 이 차에 해당하는 개방단 전압이 나타난다.

(d) 밴드도 (c)에 대응하는 실체회로도. V_0는 개방단 전압이고 또 광기전력이기도 하다. p형 측 전극이 양, n형 측 전극이 음이 된다.

그래서 그림 10.11(d)에 나타내는 것처럼 전극을 닫지 않고 개방시켜 두면 광여기된 전자는 n형 영역으로 또 정공은 p형 영역으로 축적되고 n영역에 음의, p영역에는 양의 공간전하가 형성된다. 그 결과, n영역의 페르미 준위가 p영역의 페르미 준위보다도 위로 올라가 두 페르미 준위 사이에 qV_0의 차가 생긴다. 이때 그림 8.12에서 나타내었던 **확산전압** V_d는 그림 10.11(c)에서와 같이 $(V_d - V_0)$로 감소한다. 그리고 n형, p형 양전극 간에는 V_0인 **개방단 광기전력** 또는 **개방단 광전압**이 발생한다. 기전력의 방향은 p형 측이 양극이 되고 n형 측이 음극이 된다. 개방단 전압의 극댓값은 확산전압 V_d이고 이 값에서 V_0는 포화한다.

10.8 형광, 인광

물질이 빛, 방사선, 전기 등의 에너지를 흡수하여 여기상태가 되어 다시 빛으로 에너지를 방사하여 기저상태로 돌아올 때의 광방사를 **루미네센스**(luminescence)라고 한다. 외부 에너지로부터 물질을 여기하고 있는 사이만 빛을 발휘하고 있을 때 이것을 **형광**(fluorescence)이라 하고, 외부에서의 에너지 공급을 멈추어도 빛을 발휘하고 있을 때 이것을 **인광**(phosphorescence)이라고 한다.

발광기구로써는 전도전자와 정공의 직접 재결합에 의한 것도 있다. 하지만 일반적으로 형광체에서는 그 안에 포함되어 있는 많은 격자결함에 기인하는 에너지 준위를 통해 재결합이 일어날 때 발광한다. 이 발광의 기인이 되는 격자결함을 **발광중심**(luminescence centre)이라고 하고 다음의 배치좌표[7](configurational

---

[7] 엄밀한 정의가 있지만 생략한다.

coordinate)모형을 이용하여 설명된다. 특히 그림 10.12에 나타낸 바와 같이 불순물을 넣어 에너지의 국재준위를 만들어 국재준위로 전자의 천이에 의해 발광하는 것도 있다. 발광을 위한 불순물을 **활성화제**(activator)라고 한다.

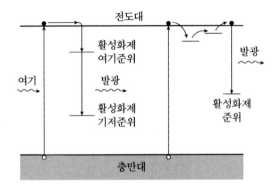

그림 10.12 활성화제 준위에 의한 발광

절연물의 판에 인광체를 발라 여기에 전압을 가하여 발광시키는 것을 이른바 **전계발광**(electroluminescence, EL)이라 한다.

일반적으로 다수의 원자, 즉 원자핵과 전자로 된 결정의 경우, 원자핵의 배치(핵간거리)와 원자의 위치에너지를 그림 10.13처럼 나타낼 수 있다. 그림에는 발광중심의(전자의) 기저상태와 여기상태를 그리고 있다. 여기서 횡축은 원자핵의 배치를 나타내므로 이 그림을 **배치좌표 곡선**이라 한다. 기저상태와 여기상태에서는 전자와 그 주변의 원자와의 상호작용이 다르다. 따라서 전자가 기저상태에 있을 때와 여기상태에 있을 때에는 원자핵 배치가 다르다.

그러면 기저상태에 있는 발광중심의 원자핵은 r_A를 중심으로 하여 열진동하고 있다. 지금 기저상태의 최저에너지 위치 A에 있는 전자가 외부 에너지를 흡수하여 B 상태로 여기했다고 하자. A → B의 천이는 매우 단시간에 일어나므로

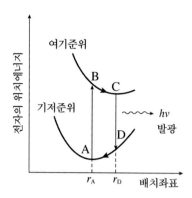

그림 10.13 원자핵의 배치와 원자의 위치에너지 개략도

이 사이에 원자핵의 배치는 변하지 않을 것이라고 생각되어진다. 이것은 **프랑크-콘돈**(Franck–Condon)**의 원리**라고 한다. B 상태에 전자가 있을 때 원자핵은 r_D 를 중심으로 하여 열진동하고 있다고 하자. 일반적으로는 전자의 여기상태에 있는 시간, 즉 **여기상태의 수명**보다 격자진동의 완화시간, 즉 핵의 배치를 바꾸는 시간 쪽이 짧기 때문에 발광이 일어나기 전에 발광중심은 B보다도 낮은 에너지 상태인 C로 이동한다. 이때 발광중심은 그 주변에 열진동 에너지를 방출한다. 그 후 C에서 D로 전자가 이동하고 C, D 간의 에너지 차에 상당하는 빛을 발광한다. D에서 A로는 다시 열진동 에너지를 방출하고 이동한다. 이상으로 전자는 빛의 흡수, 방출의 사이클을 일주한다. 이처럼 외부에서의 에너지 흡수는 A → B 간이었고, 이것은 C → D 간 발광 에너지보다 크다. 반대로 말하면 발광 에너지는 흡수 에너지보다 항상 작다. 이것은 **스톡스**(Stokes)**의 법칙**이라 한다. B → C, D → A의 천이일 때 핵의 재배치에 의한 에너지는 열로써 없어진다. 즉 열에너지에 해당하는 포논을 물질은 흡수한다.

유전체

구성

11.1 유전체의 분극

11.2 분극의 종류

11.3 고체의 유전율

11.4 유전분산

11.5 강유전체

개요

도체에 전계를 가하면 전류가 흐른다는 것은 이미 제5 장에서 배웠다. 이것에 대하여 절연체(유전체)에 전계를 가하였을 경우에는 전류가 흐르지 않은 채 전기분극이라는 현상이 일어난다. 그리고 분극에는 전기 쌍극자 모멘트가 깊이 관련되어 있다. 그래서 이 장에서는 물질의 분극이 생기는 기구에 대해서 우선 기술한다.

다음으로 여러 가지 분극과 그것이 발생하는 이유에 대해 설명하고, 국소전계라는 중요한 개념에 대해서 기술한다. 그 다음으로 교류전계(빛도 포함한다) 하에서의 분극이나 유전율의 주파수 변화, 즉 유전분극에 대해서 설명한 후, 마지막으로 강유전체 중 주로 페로브스카이트형 강유전체를 기술한다.

11.1 유전체의 분극

11.1.1 분극과 전기 쌍극자 모멘트(능률)

물질은 원자, 분자, 이온 등으로 이루어져 있다. 또 원자는 원자핵, 전자 등으로 이루어져 있다. 따라서 물질은 양전하 입자(원자핵이나 양이온)와 음전하 입자(전자나 음이온)로 구성되어 있다고도 할 수 있다. 만약 물질이 **절연체**(insulator)라면 여기에 전계를 가한 경우, 이것들 양전하와 음전하는 극소수만이 이동하고 멈춘다. 전하의 분포가 변화하여 나중에 다룰 전기 쌍극자 모멘트(능률)가 생성 또는 증대하는 현상을 **전기분극** 또는 단순히 **분극**(polarization)이라 한다. 도체에서는 하전 입자가 유동하여 전류가 흐른다. 절연체에서 분극은 생기지만 정상 전류는 흐르지 않는다(단 변위전류가 흐른다). 이때 절연체 내의 **전하의 중성조건**은 유지되고 있다.

그러면 9장의 자기 쌍극자 모멘트에 따라서 전기 쌍극자 모멘트(electric dipole moment)를 다음과 같이 정의한다. 그림 11.1에 나타낸 바와 같이 양전하 $+Q$ 와 음전하 $-Q$가 얼마 안 되는 거리 l만큼 떨어져 있을 때 이것을 **전기 쌍극자**라

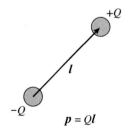

그림 11.1 전기 쌍극자 모멘트 p. Q는 전하의 크기, l은 $-Q$에서 $+Q$로 향하는 거리를 나타내는 벡터.

고 한다. 이때 음전하에서 양전하로의 방향 벡터 l(크기 l)에 전하 Q를 곱한 벡터량 Ql을 **전기 쌍극자 모멘트** p라고 정의한다. 즉

$$p = Ql \tag{11.1.1}$$

이다. 따라서 벡터 p의 방향은 음전하에서 양전하로 향하고, l의 방향과 같으며, 크기 p는

$$p = |\boldsymbol{p}| = Ql \tag{11.1.2}$$

이다. p와 전기분극과의 관계를 다음과 같이 생각해 보자.

그림 11.2(a)에서와 같이 간단히 하기 위해 1차원에 $+Q$와 $-Q$인 전하가 번갈아 가면서 정렬된 열을 생각한다. 그림 11.2(b)와 같이 이 열에 직각방향으로 전계 $\boldsymbol{E}$를 가하면 양전하는 $\boldsymbol{E}$와 같은 방향으로 l만큼만 변위하고, 음전하는 $\boldsymbol{E}$와 역방향으로 l만큼만 변위하여 멈춘다. 그러면 $\boldsymbol{E}$가 가해진 경우에 생기는 분극은 그림 11.3(b)의 1차원 파선(3) 위에 나타내는 전기 쌍극자가 발생한 분극과 등가라고 하자. 그러기 위해서는 우선 그림 11.2(b)의 1차원 파선(2) 위에 $+Q$와 $-Q$를 겹친 것과 같은 ⊕를 두었다고 가정한다. 이것을 그림 11.3(a)에 나타내었다. 그림 11.3(a)에 나타낸 전하의 배치는 그림 11.2(b)에 나타낸 것과 엄밀히 등가이다. 다음에 그림 11.3(a)에서 ⊕ 중의 ⊖와 오른쪽 옆의 ⊕를 ⊖–⊕처럼 결합하면 ⊕ 내의 나머지 ⊕인 양전하와 ⊖–⊕인 쌍극자로 분리된다.

마찬가지로 ⊕ 중의 ⊕와 왼쪽 옆의 ⊖를 결합하면 ⊕ 내의 나머지 ⊖인 음전하와 ⊖–⊕인 쌍극자로 분리된다. 그 후에 ⊕ 내에서 남겨진 각 단독의 ⊕와 ⊖는 그림 11.3(b)의 1차원 파선(1) 위에, ⊖–⊕인 전기 쌍극자는 1차원 파선(3) 위에 일렬로 배열하게 된다.

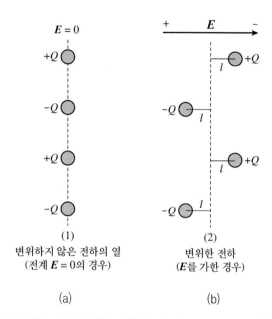

그림 11.2 분극. (a) 전계 $E = 0$에서 전하는 대칭성을 유지하고 변위가 없다. (b) 전계 E하에서 정전하와 음전하가 제각기 l만큼만 변위하고 분극을 생기게 한다.

그리고 이것들 파선(1)과 파선(3)을 더한 그림 11.3(b)는 원래의 그림 11.3(a)와 완전히 등가이며 또 그림 11.2(b)와도 등가이다. 다시 말해서 전계 E가 가해진 그림 11.2(b)에서 생긴 분극은 그림 11.3(b)의 파선(1) 상에 있는 변위하지 않을 때 $(E = 0)$의 ⊕와 ⊖의 전하열 외에 전계 E를 가함으로서 새롭게 생긴 파선(3) 위의 전기 쌍극자 $p = Ql$의 1차원 열을 더한 것과 등가이다. $E = 0$일 때의 그림 11.2(a)와 전계 E를 가했을 때의 그림 11.3(b)와의 차는 파선(3) 위의 전기 쌍극자 열의 발생으로 나타난다. 이것은 일반적으로 말할 수 있는 것으로 결국 절연체에 전계 E가 가해지면 양, 음의 각 전하 Q가 l만큼만 변위하고 분극을 일으키며 각 전하가 있던 위치에 제각기 $p = Ql$인 전기 쌍극자 모멘트가 유도되게 된다.

이상의 것을 거시적으로 보면 그림 11.4(a)와 같이 절연체에서 전계를 가하지

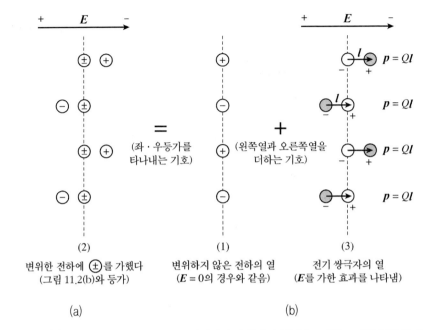

(a)   (b)

그림 11.3 (a) E를 가하여 변위한 전하에, 변위하기 전 원래의 위치에 $+Q$와 $-Q$를 겹친 것 ⊕를 둔다. 이것은 그림 11.2(b)와 등가.
(b) (1)은 그림 (a)를 재분해하여 $E=0$일 때 변위하지 않는 전하와 완전히 같은 위치에 전하를 둔다. (3)은 E를 가한 분극의 효과를 나타내는 전기 쌍극자의 1차원 열. [그림 (b)의 (1)+(3)]=[그림 (a)]

않을 때는 양전하와 음전하가 같은 밀도로 똑같이 분포하고 있지만, 그림 11.4(b)와 같이 E가 가해지면 양, 음 각각 전하가 서로 번갈아 조금씩 변위하여 절연체의 표면(양단)에는 양 혹은 음만의 전하가 유도된다. 이 현상을 거시적인 분극 또는 **유전분극**(dielectric polarization)이라고 하는데 유전분극을 일으키는 물질이라는 의미에서의 절연체를 **유전체**(dielectrics)라고 한다. 그래서 이 장의 표제도 유전체라고 하였다. 즉 그림 11.4(b)의 유전체의 어느 부분을 잘라 내어도 이 그림과 마찬가지로 분극한 상태로 되어 있어서 새로운 단면의 양단에 양음의 전하가 분극하고 있다. 이와 같은 의미에서 나타난 양단의 전하를 **분극전하**(分極

電荷)라고도 한다. 이것은 자석을 아무리 잘라도 N극과 S극이 그 양단에 나타나는 현상과 비슷하고, 분극전하를 양음으로 나누어 **빼내는** 것은 불가능하다. 분극전하에 대비되는 전하로서, 도체에 대전된 전하나 절연체 표면에서 마찰에 의해 생긴 전하를 **진전하**(眞電荷)라고 한다.

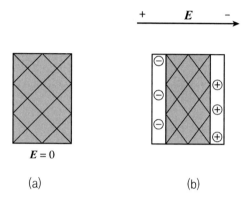

그림 11.4 (a) 절연체 내에서 양음전하가 똑같이 분포.
(b) 전하 **E**가 가해지면 우단에는 양전하가 좌단에서는 음전하가 유도된다.

이것은 자유롭게 단독으로 이리 저리 돌아다닐 수 있고 또 단독으로 **빼내는** 것도 가능하다.

그러면 유전체 중에 다수의 전기 쌍극자 모멘트가 있을 때 이것들을 단위체적 내에서 전부 벡터적으로 더한 것을(정전기학적인) **분극벡터 P의 제1의 정의**라고 한다. P는 단순히 **분극**이라고도 불리지만 체적을 V라고 하면 다음 식으로 정의된다.

$$P = \sum_i p_i / V = \sum_i Q l_i / V \quad [\text{C/m}^2] \tag{11.1.3}$$

이것은 다음의 **제2의 정의**에서도 나타난다. 유전체 중의 한 점에서 전하의 변위에 수직인 단위면적을 생각하고 그 면적을 통과한 전하의 양을 크기로 하여 양전하 변위의 방향을 그 방향으로 하는 벡터 P [C/m^2]를 **분극**이라 정의하는 것도 가능하다.

여기서 제1의 정의와 제2의 정의가 같다는 것을 알아두자. 그림 11.5(a)와 같이 유전체를 전계 E 중에 두면 유전체 내부에서는 양, 음의 전하는 서로를 상쇄시켜 E에 직각인 유전체의 표면에만 단위 면적당 $-P$와 $+P$(표면 분극전하 밀도)의 전하가 나타난다(제2의 정의). E에 직각으로 면적 S, 평행으로 길이 L인 유전체를 생각하면 양단면에는 $\pm PS$인 전하가 나타난다.

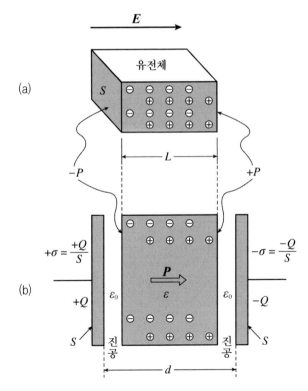

그림 11.5 유전체에 외부전계 E를 가했을 때 생기는 유전분극 P

전기 쌍극자 모멘트를 M이라 하고 유전체 내의 전기 쌍극자 모멘트를 p_i라고 하면

$$M = \sum_i p_i \tag{11.1.4}$$

가 된다. M은 거시적으로 보면 길이 L의 양단에 전하 $\pm PS$가 있기 때문에 [(전기 쌍극자 모멘트)＝(전하)×(길이)로부터]

$$M = (PS)L = P(SL) = PV \tag{11.1.5}$$

가 된다. 여기에 $SL = V$는 유전체의 체적이므로 P는

$$P = \frac{M}{V} = \frac{\sum_i p_i}{V} \tag{11.1.6}$$

가 된다. 이것은 P가 단위 체적당 전기 쌍극자 모멘트의 벡터 합인 것을 나타내고 제1의 정의와 일치한다. 다시 말해서 제1과 제2의 정의는 일치한다.

11.1.2 유전율

정전유도는 도체나 절연체에서도 생긴다. 그림 11.6과 같이 진공 중에 양전하 Q_1을 띠는 작은 구를 유전체 내에 넣으면 여기에 접하는 유전체의 표면에 정전유도에 의해 어떤 양의 음전하 $-q_1''$를 생기게 한다. 이 때문에 대전구가 외부로 자유롭게 전기작용을 미칠 수 있는 전하량은 적어져 $Q_1'(= Q_1 - q_1'')$가 된다. Q_1에서 r의 거리에 있고 진공 중에서 양전하 Q_2를 띠는 작은 구도 유전체 중에

서는 그 주위에 생긴 음전하 $-q_2''$ 때문에 유전체 내에서 자유롭게 외부로 전기 작용을 미칠 수 있는 전하량은 적어져 $Q_2'(= Q_2 - q_2'')$가 된다.

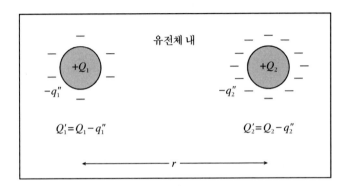

그림 11.6 유전체 내에 있는 양전하 Q_1, Q_2를 띠는 2개의 작은 구 사이에 작용하는 쿨롱힘

따라서 유전체 중에서 이 두 작은 구간에 작용하는 쿨롱힘 F_d는 진공 중에서의 쿨롱힘의 크기 F_0, 즉

$$F_0 = \frac{Q_1 Q_2}{4\pi\varepsilon_0 r^2}, \quad \varepsilon_0 = 8.854 \times 10^{-12} \ [\mathrm{C^2/N \cdot m^2}] \ \text{또는} \ [\mathrm{F/m}] \tag{11.1.7}$$

보다도 작아져 다음 식이 된다. 여기서 ε_0은 **진공의 유전율**이라 한다.

$$F_d = \frac{Q_1' Q_2'}{4\pi\varepsilon_0 r^2} = \frac{(Q_1 - q_1'')(Q_2 - q_2'')}{4\pi\varepsilon_0 r^2} \equiv \frac{Q_1 Q_2}{4\pi\varepsilon_0 \varepsilon_r r^2} \equiv \frac{Q_1 Q_2}{4\pi\varepsilon r^2} = \frac{F_0}{\varepsilon_r} \tag{11.1.8}$$

여기서 왼쪽으로부터 제3 식, 제4 식, 제5 식이 제각기 같다고 정의했다. 또한 제5 식과 식 (11.1.8)로부터

$$\varepsilon \equiv \varepsilon_0 \varepsilon_r \quad \text{또는} \quad \varepsilon_r \equiv \frac{\varepsilon}{\varepsilon_0} > 1 \tag{11.1.9}$$

이 도출된다. 그리고 $Q_1 > q_1''$, $Q_2 > q_2''$이고, $\varepsilon_r\,[= Q_1 Q_2/(Q_1 - q_1'')(Q_2 - q_2'')] > 1$이 된다. 여기서 ε을 유전체의 **유전율**(permittivity), ε_r을 **비유전율** (relative permittivity) 또는 **유전상수**(dielectric constant)라고 한다. ε_r은 식 (11.1.8)의 처음과 마지막 항으로부터 알 수 있듯이 유전체 내에서의 쿨롱힘 F_d 가 진공 중에서 쿨롱힘 F_0에 비해 어느 정도 약해지는가를 나타내는 물리량이므 로 ε를 **유전율**이라고 이름붙였다. 또 진공의 비유전율 ε_r은 $\varepsilon_r = 1$이다.

지금 그림 11.5(b)에서 면적 S인 2장의 평행 도체 전극판(간격 d)으로 만든 평행판 콘덴서의 전기용량을 C_0라고 하면 다음 식이 성립한다(평행판 사이는 진공이라 생각한다).

$$C_0 = \frac{S \varepsilon_0}{d}$$

이 평행판 사이에 유전율 ε인 유전체를 삽입하면 전기용량은 커지고 C가 되어

$$C = \frac{S \varepsilon}{d} = \frac{S \varepsilon_0 \varepsilon_r}{d} = \varepsilon_r C_0 \tag{11.1.11}$$

이 된다. $\varepsilon_r > 1$이므로 유전체를 삽입한 콘덴서의 용량은 평행판 사이가 진공인 경우의 용량 C_0의 ε_r배가 된다.

그림 11.4(b)에서와 같이 유전체 내부에서는 양음의 전하는 서로를 상쇄되고 유전체의 표면에만 단위 면적당 $-P$ 및 $+P$의 전하가 나타난다. 따라서 그림 11.5(b)의 전극판상의 단위 체적당 전하는 외부에서 주어진 전하 $\pm Q$를 면적 S

로 나눈 단위 면적당 전하(표면전하밀도) $\sigma = Q/S$의 일부는 소실되고, $(\sigma - P)$ 라고 하는 겉보기 전하가 된다. 전극판 표면 S를 밑면으로 하여 이것에 수직으로 유전체 표면에 밑면 S를 가지는 주상체적을 생각하여 이 체적의 전표면, 즉 폐곡면 A에 가우스 법칙에 따라

$$\int_A E_n dA = \frac{\text{주상체적 내 전하}}{\varepsilon_0} = \frac{\sigma S - PS}{\varepsilon_0} \tag{11.1.12}$$

를 적용한다. 주상체의 측면에는 그 면에 수직인 전계는 없으므로 적분은 양 밑면에 대해서만 풀면 된다. 도체 내에서는 전계는 0이다. 유전체 표면을 주상체의 밑면으로 하는 전계 E는 주상체의 외측(유전체 내측)을 향하여 밑면에 수직이므로 $E_n = E$이 된다. 따라서 위 식의 좌변의 적분은 ES가 되고 식 (11.1.12)는

$$E = \frac{\sigma - P}{\varepsilon_0} \tag{11.1.13}$$

이 된다. 이 전계 E가 유전체 내에 가해진다. 그런데 거시적으로 본 콘덴서에서 극판 사이가 진공일 때의 전계 E_0는

$$E_0 = \frac{\sigma}{\varepsilon_0} \tag{11.1.14}$$

가 된다. 유전율 ε의 유전체를 극판 사이에 넣은 콘덴서의 전계 E는

$$E = \frac{\sigma}{\varepsilon} = \left(\frac{\sigma}{\varepsilon_0}\right)\frac{1}{\varepsilon_r} = \frac{E_0}{\varepsilon_r} \tag{11.1.15}$$

이 되고 진공일 때의 E_0의 값의 $1/\varepsilon_{\mathrm{r}}$이 된다. 식 (11.1.13)과 식 (11.1.15)로부터

$$P = \sigma - \varepsilon_0 E = \varepsilon E - \varepsilon_0 E = \varepsilon_0(\varepsilon_{\mathrm{r}} - 1)E \equiv \varepsilon_0 \chi_{\mathrm{e}} E \tag{11.1.16}$$

이 된다. 일반적으로 벡터로 위 식을 쓰면

$$\boldsymbol{P} = \varepsilon_0(\varepsilon_{\mathrm{r}} - 1)\boldsymbol{E} \equiv \varepsilon_0 \chi_{\mathrm{e}} \boldsymbol{E} \tag{11.1.17}$$

가 된다. 여기서 χ_{e}는 전기 감수율(electric susceptibility)이라 하고 다음 식으로 정의한다.

$$\chi_{\mathrm{e}} = \varepsilon_{\mathrm{r}} - 1 \tag{11.1.18}$$

전속선은 각 양의 단위 진전하에서 1개씩 나오는 선으로 음의 단위 진전하로 끝난다. 단위 면적당 전속선, 즉 **전속밀도**(electric flux density) D [C/m²]는 콘덴서의 경우는 σ이므로

$$D = \sigma \tag{11.1.19}$$

가 된다. 따라서 식 (11.1.15)로부터 전속밀도 벡터 $\boldsymbol{D}$는

$$\boldsymbol{D} = \varepsilon \boldsymbol{E} = \varepsilon_{\mathrm{r}} \varepsilon_0 \boldsymbol{E} \tag{11.1.20}$$

가 된다. 식 (11.1.17), (11.1.20)으로부터 다음 식을 얻는다.

$$\boldsymbol{D} = \varepsilon_0 \boldsymbol{E} + \boldsymbol{P} \tag{11.1.21}$$

11.1.3 분극률과 국소전계

분극(원자)에 실제로 가해지는 전계를(분자가 있는 그곳에서의 전계라는 의미로) **국소전계**(local field) 또는 **내부전계**(internal field)라고 하여 E_l 또는 E_i로 나타낸다. E_l에 의해 전기 쌍극자 모멘트 p가 생겼다고 했을 때 전계가 그렇게 크지 않은 범위 내에서는 p는 E_l에 비례하여

$$p = \alpha E_l \tag{11.1.22}$$

이 된다. 여기서 α는 **분극률**(polarizability)이라고 하고 분자(원자)에 관한 상수이다. E_l은 외부전계 E_0와 유전체 내에 가해진 전계 E와도 다르다.

지금 만약에 유전체가 단위 체적당 n개의 분자(원자)로 되어 있다고 하고 제각기 p의 방향과 크기가 같다고 하면 식 (11.1.3)은

$$P = np \tag{11.1.23}$$

가 되고 식 (11.1.22)를 이용하면

$$P = n\alpha E_l \tag{11.1.24}$$

이 된다. 이 식과 식 (11.1.17)로부터 제각기의 크기에 주목하여

$$\chi_e = \varepsilon_r - 1 = \frac{n\alpha}{\varepsilon_0} \frac{E_l}{E} \tag{11.1.25}$$

이 되기 때문에 E, E_l, α 등의 관계로부터 유전체의 전기 감수율 χ_e, 다시 말해

서 비유전율 ε_r 이 계산된다. 그래서 E와 E_l과의 관계를 우선 구해 두자. 유전체에 외부전계 E_0을 가하여 분극시키는 것은 그 구성분자(원자)가 제각기 전기 쌍극자가 되는 것이기 때문에 관심의 대상이 되는 분자(주목분자)에는 E_0 외에 그 주위의 쌍극자에 의한 전계가 더욱더 보태어져 이것들의 총합전계가 국소전계 E_l이 된다.

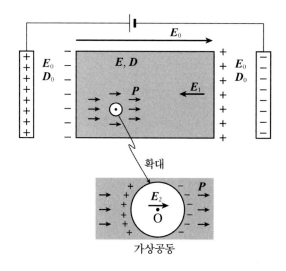

그림 11.7 외부전계 E_0에 의해 유전체 내의 주목분자(O 점)에 생긴 국소전계 E_l

그림 11.7에서 외부전계 E_0 중에 놓인 유전체 중 주목하고 있는 분자(원자)의 O 점을 포함하는 구형의 공동을 생각하자. 이 분자에 작용하는 국소전계 E_l은 대략 다음의 3개의 전계로 이루어진다.

(1) E_0 : 외부전계

(2) E_1 : 유전체의 외부표면에 유도되는 전하에 의한 전계(반전계 또는 반분극장)

(3) E_2 : 유전체로부터 도려낸 가상의 공동표면에 어떤 분극전하에 의한 전계 (로렌츠 전계). E_2는 공동 안에 생기고 있다.

이 외에 공동 내의 영구 전기 쌍극자에 의한 전계 등이 있지만 생략한다.

반전계 E_1는 유전체의 형상에 의존한다. 그림 11.7과 같은 주상체의 유전체일 때는 유전체의 내외의 전속밀도 D, D_0, 내외의 전계 E, E_0은 식 (11.1.21)로부터

$$D = \varepsilon_0 E + P \quad \text{(유전체 내)} \tag{11.1.26}$$

$$D_0 = \varepsilon_0 E \quad \text{(진공 내)} \tag{11.1.27}$$

이 된다. 그런데 2개의 매질의 접촉면에 수직인 전속밀도의 각각의 법선성분 D_n, D_{0n}은 연속한다. 지금은 $D_n = D$, $D_{0n} = D_0$이므로(D, D_0도 면에 수직)

$$D = D_0 \tag{11.1.28}$$

이므로 식 (11.1.26), (11.1.27)을 위 식에 넣으면

$$E = (D - P)/\varepsilon_0 = (D_0 - P)/\varepsilon_0 = E_0 - (P/\varepsilon_0) \tag{11.1.29}$$

가 된다. 다시 말해서 유전체 내의 거시적 전계 E는 외부전계 E_0보다 P/ε_0만큼 작아진다. 이때 반전계 E_1은

$$E_1 \equiv -N_d P/\varepsilon_0 \tag{11.1.30}$$

라고 하자. 여기서 N_d는 **반전계 계수**라고 불려지며 유전체의 형상에 의해 정해지는 계수이고 식 (11.1.29)에서는 $N_d = 1$이다.

다음으로 E_2를 구한다. 구의 반경 a는 분자에 비하면 충분히 크지만 거시적으로는 충분히 작다고 하면 그 외부는 연속체라고 간주할 수 있다. 연속체에 생긴 많은 쌍극자의 합성 벡터인 분극 P가 가진 전하가 공동구의 내면에 만드는 전계가 E_2이다. 유전체가 등방적이라고 하면 E_2, P, E는 같은 방향이다. 그림 11.8에서 분극의 방향을 z축으로 하고 이 축에서 각 θ와 $\theta + d\theta$의 사이의 환상의 면적을 ds라고 하자. 이 구의 미소표면 ds에 나타나는 전하는 공동표면의 전하밀도, 즉 ds면에 대한 분극 P의 수직성분 $- P\cos\theta$와 ds와의 곱 $- P\cos\theta\, ds$이다.

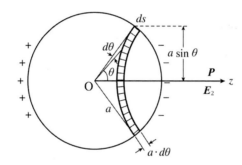

그림 11.8 구형공동 내에 생긴 로렌츠 전계의 도출

이 전하가 반경 a인 공동의 중심 O에 만드는 전계 dE는 반경 방향(ds에 수직)으로 다음식이 된다.

$$dE = \frac{P\cos\theta\, ds}{4\pi\varepsilon_0 a^2} \tag{11.1.31}$$

그러면 구의 표면에 생긴 전하의 대칭성을 생각하면 E와 수직 방향으로 크기가 똑같이 방향이 역방향인 전계가 반드시 존재하여 서로 없애기 때문에 E와 같은 방향인 dE의 성분, 즉 $dE\cos\theta$만을 합성하면 된다. 환상의 면적 ds는

$$ds = 2\pi(a\sin\theta)\cdot a\,d\theta$$

이므로 이것을 식 (11.1.31)에 넣어 $\cos\theta$를 곱한 것을 구면 전체에 대해 적분하면 **로렌츠**(Lorentz)**전계** E_2의 크기가 다음 식으로 구해진다.

$$E_2 = \int_0^\pi \frac{1}{4\pi\varepsilon_0 a^2} P\cos^2\theta\cdot 2\pi a^2 \sin\theta\,d\theta = \frac{P}{2\varepsilon_0}\int_0^\pi \cos^2\theta\sin\theta\,d\theta$$

$$= \frac{P}{2\varepsilon_0}\left[-\frac{\cos^{2+1}\theta}{2+1}\right]_0^\pi = \frac{P}{3\varepsilon_0} \tag{11.1.32}$$

공동 내의 전기 쌍극자에 의한 전계를 고려하고 **국소전계 계수** γ를 사용해서 윗식을 벡터 식으로 나타내면

$$\boldsymbol{E}_2 = \gamma\boldsymbol{P}/\varepsilon_0 \tag{11.1.33}$$

으로 쓸 수 있다. $\gamma = 1/3$인 경우가 로렌츠 전계이다. 이상으로 **주목하는 분자에 가해지는 국소전계** $\boldsymbol{E}_l$은 다음식이 된다.

$$\boldsymbol{E}_l = \boldsymbol{E}_0 + \boldsymbol{E}_1 + \boldsymbol{E}_2 = \boldsymbol{E}_0 - N_\mathrm{d}\boldsymbol{P}/\varepsilon_0 + \gamma\boldsymbol{P}/\varepsilon_0 \tag{11.1.34}$$

여기서 식 (11.1.29)를 식 (11.1.30)에 의해 수정한 다음 식을 유전체 내의 **거시적 전계** $\boldsymbol{E}$라고 하자.

$$\boldsymbol{E} = \boldsymbol{E}_0 - N_\mathrm{d}\frac{\boldsymbol{P}}{\varepsilon_0} \tag{11.1.35}$$

이 식으로부터 식 (11.1.34)는 다음 식이 된다.

$$E_l = E + \gamma \frac{P}{\varepsilon_0} \tag{11.1.36}$$

지금 식 (11.1.36)에 있어서 $\gamma = 1/3$이라 했을 때 식 (11.1.36)에 식 (11.1.17)을 넣으면 **로렌츠의 국소전계**는

$$E_l = \frac{1}{3}(\varepsilon_r + 2)E \tag{11.1.37}$$

가 된다. $\varepsilon_r > 1$이기 때문에 $E_l > E$이고 국소전계 E_l은 거시적 전계 E보다 크다. 식 (11.1.37)에서 E_l/E을 식 (11.1.25)에 넣어 정리하면 다음 식이 된다.

$$\frac{\varepsilon_r - 1}{\varepsilon_r + 2} = \frac{n\alpha}{3\varepsilon_0} \tag{11.1.38}$$

이 식이 분자의 크기에서의 상수인 분극률 α와 거시적인 상수인 비유전율 ε_r을 이을 수 있는 관계식이다. 또 n 대신에 1몰당의 분자수, 즉 아보가드로 수 N_A를 이용하여 분자량 M, 밀도 ρ 사이에 $\rho = nM/N_A$인 관계식을 이용하면 위 식은

$$\frac{\varepsilon_r - 1}{\varepsilon_r + 2} \frac{M}{\rho} = \frac{N_A \alpha}{3\varepsilon_0} \equiv P_m \tag{11.1.39}$$

이 된다. 식 (11.1.38), (11.1.39)를 **클라우시우스-모소티**(Clausius-Mossotti)**의 식**, P_m을 **몰 분극**(molar polarization)이라고 한다. 이 식은 기체나 액체 같은 등방성의 물질에 대해서 성립한다. 특히 영구 전기 쌍극자 모멘트(후술)를 가지지 않는 분자로 이루어진 물질에서는 P_m은 온도, 압력, 집합상태에 관계하지 않는다.

11.2 분극의 종류

11.2.1 전자분극

고립 원자는 그림 11.9(a)에 나타낸 것처럼 통상의 상태에서는 중심에 양전하를 가진 원자핵을 가지고 그 주위에 등방적으로 전자구름이 분포하고 전기적으로 중성이다.

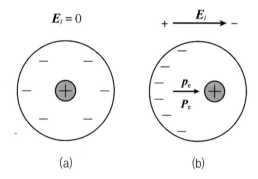

그림 11.9 전자분극. (a) $E = 0$인 경우의 전기적으로 중성인 원자, (b) 국소전계 E_l 내에서 전자분극 유도

그림 11.9(b)에 나타낸 것처럼 이 원자를 전계 E 내에 넣으면 가벼운 전자구름의 중심과 무거운 원자핵이 상대적으로 변위하여 분극이 생긴다. 이것을 **전자분극 P_e**라고 한다. 전자 분극률을 α_e, 국소전계를 E_l, 전기 쌍극자 모멘트를 p_e, 단위 체적당 원자수를 n_e라고 하면 식 (11.1.22), (11.1.24)로부터

$$p_e = \alpha_e E_l, \qquad P_e = n_e\, p_e = n_e \alpha_e E_l \qquad\qquad (11.2.1\,\text{a})$$

로 나타낼 수 있다. 전자분극은 모든 물질에 존재한다.

11.2.2 이온분극

그림 11.10(a)에 나타낸 바와 같이 이온결정(NaCl, KB, LiF 등)처럼 양, 음이온을 가지는 경우에는 국소전계 $E_l = 0$일 때 분극이 생기지 않는다. 국소전계 E_l이 가해지면 양, 음이온은 반대 방향으로 제각기 변위하기 때문에 쌍극자 모멘트를 생기게 한다. 이온 사이의 상대적 변위에 의해 유도되는 분극을 이온분극 P_i라고 하고, 이온 분극률을 α_i, 단위 체적당 이온쌍의 수를 n_i라고 하면 다음 식이 성립한다.

$$p_i = \alpha_i E_l, \quad P_i = n_i\, p_i = n_i\, \alpha_i E_l \tag{11.2.1 b}$$

이온결정만큼 분명히 이온화한 원자로 결합은 하고 있지 않지만 **전기음성도**[1] 의 차에 의해 상대적으로 음성과 양성이 된 원자가 분자를 만들고 있는 화합물 이 있다.

이산화탄소 CO_2 분자가 그 예이고 O 쪽이 C 보다도 전기음성도가 크기 때문에 $O^{\delta-}$ [$\delta-$는 일부분이 $-$로 하전하는 것을 나타낸다]가 되고 C 는 상대적으로 $C^{\delta+}$ [$\delta+$는 일부분이 $+$로 하전하는 것을 나타낸다]가 된다. 국소전계 $E_l = 0$ 일 때는 그림 11.11(a) 같이 일직선으로 정렬해 있어[2] 분자 전체의 전기 쌍극자 모멘트의 합은 0이다. 하지만 국소 전계 E_l이 가해지면 그림 11.11(b) 같이 분자가 구부러진다. 이처럼 분자 전체로 회전하는 것 없이 분자의 변형에 의해 유도

---

1 원자가 화학결합을 만들 때 전자를 끌어당기는 능력을 말한다. 이종의 2원자로 이루어진 화학 결합 A-B에서 A와 B의 전기음성도의 차가 클수록 전자는 전기음성도가 큰 원자 쪽으로 끌어 당겨져 A-B의 이온성은 증대한다. Pauling에 의한 몇 가지 원자의 음성도를 다음에 나타내면 O(3.5), N(3.0), Cl(3.0), C(2.5), H(2.1), Na(0.9)가 된다.

2 이 그림은 간단한 표현으로 자세히는 「공명현상」으로써의 표현이 필요하다.

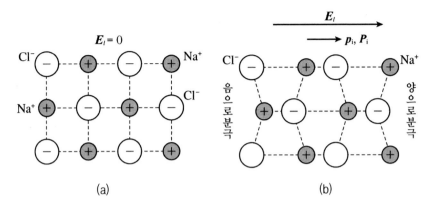

그림 11.10 이온분극. (a) $E_l = 0$일 때의 NaCl. (b) 국소전계 E_l 내에서 이온분극 유도. 격자가 비뚤어진다.

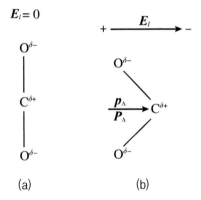

그림 11.11 원자분극. (a) $E_l = 0$일 때의 CO_2. (b) 국소전계 E_l 내에서 원자분극 유도

되는 분극을 **원자분극** P_A 라고 하고, 전기 쌍극자 모멘트를 p_A 로 나타낸다. CO_2 는 공유 결합성과 이온 결합성을 겸비하고 있기 때문이지만 이 분극을 이온 분극의 1종으로 간주하여 P_A, p_A 를 P_i, p_i 로 표현하기도 한다.

CO_2 분자와 닮은 분자로는 직선형인 Cl_2, H_2, O_2 등이 있고, 정사면체형으로는 CH_4, CCl_4 등이 있다. 이들 분자는 대칭의 중심을 가지며 국소전계가 가해지지

않으면 양전하의 중심과 음전하의 중심은 일치하고 분극을 일으키지 않기 때문에 **무극성 분자**라고 한다. 다음에 다룰 (유)극성 분자와 구별한다.

11.2.3 배향분극

그림 11.12(a), (b)에 나타낸 염화수소 HCl이나 물 H_2O 등의 분자는 H에 대해 Cl, O의 전기음성도가 크기 때문에 H는 일부분이 양으로 $H^{\delta+}$, 또 Cl, O는 일부분이 음으로 $Cl^{\delta-}$, $O^{\delta-}$ 대전하고 있어 Cl에서 H로 또는 O에서 H로 향하는 쌍극자 모멘트가 국소전계 $E_l = 0$인 경우에도 「항상」존재한다. 이와 같은 분자를 **(유)극성 분자**(polar molecule)라고 하고 쌍극자 모멘트를 **영구 쌍극자 모멘트**(permanent dipole moment) p_p라고 한다.

그림 11.12(c)에 나타낸 바와 같이 다수의 영구 전기 쌍극자는 국소전계 $E_l = 0$일 때는 열운동을 하여 무질서한 방향으로 향한다. 따라서 단위 체적당 영구 전기 쌍극자의 수를 n_p라고 하면 그것들의 합성 벡터는 0이 되고 분극을

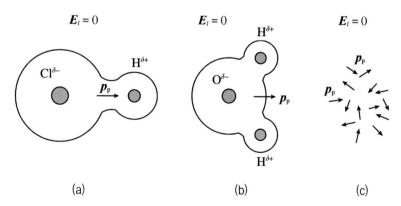

그림 11.12 배향분극. (a) HCl ($E_l = 0$), (b) H_2O ($E_l = 0$), (c) 열동요 하에 있는 쌍극자 모멘트 ($E_l = 0$).

나타내지 않는다. 국소전계 E_l을 가하면 p_p는 E_l의 방향으로 배향하려 하여 분극이 생기게 된다. 이 분극을 **배향분극**(orientational polarization)P_p라고 한다. 어느 정도 배향하는가는 열동요와 전계의 크기의 균형에 의해 결정된다. 지금 영구 전기 쌍극자의 배향의 분포가 볼츠만 분포를 하고 있다고 하면 그림 11.13 (a)에서 E_l과 쌍극자 p_p가 이루는 각이 θ와 $\theta + d\theta$의 사이에 있는 방향을 가지는 쌍극자의 수 dn은

$$dn = A \exp(-U/k_B T)d\Omega \tag{11.2.2}$$

로 나타낼 수 있다. 여기에 A는 비례상수, k_B는 볼츠만 상수, T는 절대온도, $d\Omega$는 $d\theta$에 대한 입체각, U는 쌍극자가 E_l과 θ인 각도에 있는 경우의 위치에너지이다. 그림 11.8의 구를 반경 $a = 1$인 단위구로 간주하고 구표면에서 θ와 $\theta + d\theta$로 삽입된 환상의 표면적이 $d\Omega$이다. 그림 11.8에서 환상표면에서 횡축 (E)으로 내려뜨린 수직선의 길이는 $a \sin \theta$이고 이것을 반경으로 하는 환상면적 주위의 원주의 길이는 $2\pi a \sin \theta$이다. 환상면적의 폭은 $ad\theta$이므로 이 둘을 곱한 것이 환상면적으로 $(ad\theta)(2\pi a \sin \theta) = 2\pi a^2 \sin \theta \, d\theta$가 된다. 여기서 $a = 1$인 값이 입체각 $d\Omega$이므로

$$d\Omega = 2\pi \sin\theta \, d\theta \tag{11.2.3}$$

가 된다[3].

---

3 극좌표(r, θ, ϕ)를 사용한 일반적인 입체각 $d\Omega$는 식 (11.2.3)의 2π대신에 $d\phi$를 사용하여 $d\Omega = \sin\theta \, d\theta \, d\phi$라고 하자. $d\phi$를 $0 \leq \phi \leq 2\pi$의 범위에서 적분한 값이 2π.

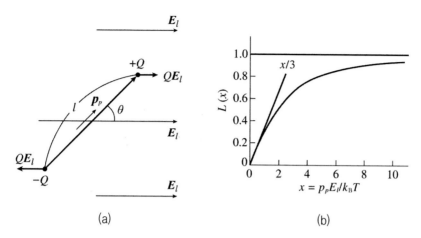

그림 11.13 영구 전기 쌍극자 모멘트 $p_p = Ql$. (a) 영구 전기 쌍극자가 국소전계 E_l로부터 받는 토크, (b) 랑제방 함수 $L(x)$

다음으로 전기 쌍극자가 E_l의 방향과 일치했을 때($\theta = 0$)가 전기 쌍극자가 가장 안정하고 위치에너지 U가 최소가 되고, 역방향일 때($\theta = \pi$)가 가장 불안정한 곳에서 U가 최고가 된다. U의 기준을 θ가 0과 π와의 중간, 즉 $\theta = \pi/2$인 부분(전기 쌍극자가 E_l에 수직인 부분)으로 한다. 그림 11.13 (a)에서 길이 l, 전하 $\pm Q$인 전기 쌍극자에 작용하는 벡터는 $(QE_l)l\sin\theta = p_pE_l\sin\theta$가 된다. $\theta = \pi/2$를 에너지의 기준으로 했기 때문에 임의의 각도 θ에 있을 때의 전기 쌍극자의 위치에너지는

$$U = \int_{\theta = \pi/2}^{\theta} p_p E_l \sin\theta \, d\theta = -p_p E_l \cos\theta = -\boldsymbol{p}_p \cdot \boldsymbol{E}_l \qquad (11.2.4\,\text{a})$$

로 구해진다[4]. 그러면 전기 쌍극자가 어떤 순간에 θ와 $\theta + d\theta$라는 방향을 취하는

---

4 U는 $\boldsymbol{p}_p$와 $\boldsymbol{E}_l$의 내적으로 $U = -\boldsymbol{p}_p \cdot \boldsymbol{E}_l$이라고 처음부터 두어도 된다.

확률 $p(\theta)d\theta$는 $dn_\mathrm{p}/n_\mathrm{p} = dn_\mathrm{p}/\int dn_\mathrm{p}$와 같으므로 그것은 식 (11.2.2), (11.2.3), (11.2.4 a)를 이용하여

$$p(\theta)d\theta = \frac{dn_\mathrm{p}}{n_\mathrm{p}} = \frac{dn_\mathrm{p}}{\displaystyle\int dn_\mathrm{p}} = \frac{A\exp(-U/k_\mathrm{B}T)d\Omega}{\displaystyle\int_0^\pi A\exp(-U/k_\mathrm{B}T)d\Omega}$$

$$= \frac{\exp(p_\mathrm{p}E_l\cos\theta/k_\mathrm{B}T)\cdot\sin\theta\,d\theta}{\displaystyle\int_0^\pi \exp(p_\mathrm{p}E_l\cos\theta/k_\mathrm{B}T)\cdot\sin\theta\,d\theta} \qquad (11.2.4\,\mathrm{b})$$

가 된다.

그러면 전기 쌍극자 모멘트 $\boldsymbol{p}_\mathrm{p}$의 국소전계 $\boldsymbol{E}_l$ 방향의 성분 $(\boldsymbol{p}_\mathrm{p})_E$는

$$(\boldsymbol{p}_\mathrm{p})_E = p_\mathrm{p}\cos\theta$$

이고, 그 평균값 $\langle (\boldsymbol{p}_\mathrm{p})_E \rangle$는

$$\langle (\boldsymbol{p}_\mathrm{p})_E \rangle = p_\mathrm{p}\int_0^\pi \cos\theta\,p(\theta)d\theta \qquad (11.2.5)$$

에서 구한다. 여기에 n_p배 한 $n_\mathrm{p}\langle (\boldsymbol{p}_\mathrm{p})_E \rangle$가 배향분극의 크기 P_p이다. 식 (11.2.4 b)를 식 (11.2.5)에 넣어 적분을 할 때 식 (11.2.4 b)의 분모는 n_p를 나타내는 식이고, 일정수(단위 체적 중의 쌍극자의 개수)이므로 적분 밖으로 꺼낼 수 있다. 이것들을 고려하여 P_p를 구하면 다음 식이 된다.

$$P_p = n_p p_p \int_0^\pi \cos\theta\, p(\theta) d\theta = \frac{n_p\, p_p \int_0^\pi \cos\theta \exp(p_p E_l \cos\theta / k_B T)\cdot\sin\theta\, d\theta}{\int_0^\pi \exp(p_p E_l \cos\theta / k_B T)\cdot\sin\theta\, d\theta}$$

$$(11.2.6)$$

여기서 $\cos\theta = y$, $p_p E_l / k_B T = x$ 라고 두면

$$P_p = n_p p_p \frac{\int_{-1}^1 y e^{xy} dy}{\int_{-1}^1 e^{xy} dy} = n_p p_p \frac{d}{dx} \log \int_{-1}^1 e^{xy} dy$$

$$= n_p p_p \left\{ \frac{d}{dx} \log(e^x - e^{-x}) - \frac{d}{dx} \log x \right\} = n_p p_p \left(\coth x - \frac{1}{x} \right)$$

$$\equiv n_p p_p L(x) \qquad (11.2.7)$$

가 된다. 단 $e^x = C$, $\int C^y dy = \dfrac{C^y}{\log C}$ 이고 $L(x)$는 다음 식으로 나타낸다.

$$L(x) = \coth x - \frac{1}{x} \qquad (11.2.8)$$

여기서 $\coth x$는 쌍곡선 함수 중 쌍곡 여절(코탄젠트)로서 다음 식으로 나타내어진다.

$$\coth x = \frac{e^x + e^{-x}}{e^x - e^{-x}} \left[= \frac{1}{x} + \frac{x}{3} - \frac{x^3}{45} + \cdots \quad (x \ll 1 \text{ 일 때}) \right] \qquad (11.2.9)$$

또 $L(x)$는 **랑제방 함수**라고 불리우며, 그림 11.13(b)와 같이 변화한다. 이것은 $x = p_p E_l / k_B T$가 클 때, 즉 온도가 낮은 때, 혹은 국소전계 $\boldsymbol{E}_l$이 클 때는

$\coth x$가 1에 끝없이 접근하므로 $L(x)$도 1에 접근한다. 이때 $P_\mathrm{p} \fallingdotseq n_\mathrm{p} p_\mathrm{p}$가 되어 전기 쌍극자 군이 국소전계 $\boldsymbol{E}_l$의 방향으로 완전히 정렬하는 경우이다. 하지만 보통의 전계나 온도에서는 $x \ll 1$이며, 이때는 식 (11.2.9)의 $x \ll 1$인 경우의 근사식으로부터

$$L(x) \fallingdotseq x/3 \tag{11.2.10}$$

가 되므로 배향분극의 크기 P_p는 다음 식이 된다.

$$P_\mathrm{p} = \frac{n_\mathrm{p} p_\mathrm{p} x}{3} = \frac{n_\mathrm{p} p_\mathrm{p}^2 E_l}{3 k_\mathrm{B} T} \tag{11.2.11}$$

식 (11.1.24)를 벡터가 아닌 스칼라로 나타낸 식, 즉 $P = n\alpha E_l$과 위 식을 비교하여 배향분극에 대한 분극률 α_p는 다음 식이 된다.

$$\alpha_\mathrm{p} = \frac{p_\mathrm{p}^2}{3 k_\mathrm{B} T} \tag{11.2.12}$$

배향 분극률은 온도에 역비례하여 변화한다. 이것은 다른 분극률에 비해 매우 특징적인 현상이다.

11.2.4 전분극

전자분극 P_e, 이온분극 P_i, 배향분극 P_p의 모든 것을 가지는 물질의 분극의 전분극 P_{total}은 전자 분극률 α_e, 이온 분극률 α_i, 배향 분극률 α_p를 이용하면

식 (11.1.24), (11.2.1 a, b), (11.2.11)로부터

$$P_{total} = P_e + P_i + P_p = \left(n_e\alpha_e + n_i\alpha_i + \frac{n_p\,p_p^2}{3k_B T}\right)E_l \fallingdotseq n\left(\alpha_e + \alpha_i + \frac{p_p^2}{3k_B T}\right)E_l$$

(11.2.13)

이 된다. 단 $n_e \fallingdotseq n_i \fallingdotseq n_p \equiv n$이라 하였을 때의 근사식이다.

여기서 로렌츠의 국소전계를 적용할 수 있다고 하면 식 (11.1.38)과 위 식을 비교하여 식 (11.1.38)의 $n\alpha$ 대신에 식 (11.2.13)의 $(n_e\alpha_e + n_i\alpha_i + n_p p_p^2/3k_B T)$를 넣으면

$$\frac{\varepsilon_r - 1}{\varepsilon_r + 2} = \frac{1}{3\varepsilon_0}\left(n_e\alpha_e + n_i\alpha_i + \frac{n_p p_p^2}{3k_B T}\right) \fallingdotseq \frac{n}{3\varepsilon_0}\left(\alpha_e + \alpha_i + \frac{p_p^2}{3k_B T}\right)$$

(11.2.14)

이라는 관계식이 구해진다. 이것을 **데바이의 식**이라고도 하고 **랑제방-데바이의 식** 이라고도 한다. 단위 체적당 분자수가 작은 기체나 분자 간의 상호작용이 약한 물질에서는 국소전계 E_l은 거의 거시적 전계 E와 같아지므로 식 (11.1.16)과 식 (11.2.13)을 비교하여 $E_l \fallingdotseq E$라고 하면 다음 식이 된다.

$$\varepsilon_0(\varepsilon_r - 1) = n_e\alpha_e + n_i\alpha_i + \frac{n_p p_p^2}{3k_B T} \fallingdotseq n\left(\alpha_e + \alpha_i + \frac{p_p^2}{3k_B T}\right)$$

(11.2.15)

즉

$$\varepsilon - \varepsilon_0 = n_e\alpha_e + n_i\alpha_i + \frac{n_p p_p^2}{3k_B T} \fallingdotseq n\left(\alpha_e + \alpha_i + \frac{p_p^2}{3k_B T}\right)$$

(11.2.16)

이 된다. 그래서 온도 T를 변화시키면서 유전율 ε를 측정해서 ε 대 $1/T$의 그래프를 그리면 직선이 된다. 직선의 기울기로부터 영구 전기 쌍극자 모멘트의 크기 p_p가 구해진다. 또 종축과의 교점에서 $(n_e \alpha_e + n_i \alpha_i)$를 구할 수 있다.

표 11.1 기체·액체분자의 영구 전기 쌍극자 모멘트 p_p
(단위 $[D] = 3.33 \times 10^{-30}$ [Cm])

분자	p_p	분자	p_p
CO_2	0	CH_4	0
CS_2	0	CCl_4	0
NO	0.1	HCl	1.04
NO_2	0.4	C_2H_5OH	1.69
SO_2	1.6	$C_6H_5NO_2$	4.27
NH_3	1.46		
H_2O	1.8		

따라서 분극률 $\alpha_e + \alpha_i$를 구할 수 있다. 이렇게 해서 구한 기체분자의 p_p의 값을 표 11.1에 나타낸다. 단위는 [D](데바이)라는 단위로

$$1 \text{ 데바이} = 1 \text{ } [D] = 3.33 \times 10^{-30} \text{ [Cm]} \tag{11.2.17}$$

이다[5].

---

[5] 1 [Å]인 거리에 있는 전자와 양자는 4.8 [D]와 같은 전기 쌍극자 모멘트를 가지고 있다. 또는 전자와 양자의 거리가 0.208 [Å]일 때의 전기 쌍극자 모멘트가 1 [D]라고 해도 좋다.

11.2.5 계면분극

　지금까지는 유전율이 1종류인 물질이었지만 유전율이 2종류 이상인 경우에는 계면분극이 생긴다. 간단히 하기 위해 유전율, 도전율과 정전용량이 각각 ε_1, σ_1, C_1과 ε_2, σ_2, C_2로 이루어진 두 물질이 층상으로 겹쳐져 있는 경우를 생각하자. 전압 V를 가하면 C_1, C_2에 따라 전계가 E_1, E_2로 분배되고, 그것에 의해 처음 $\sigma_1 E_1$, $\sigma_2 E_2$인 전류가 흐르기 시작한다. 하지만 이것들은 같지 않기 때문에 그 차에 상당하는 전하가 경계면에 쌓여 간다.

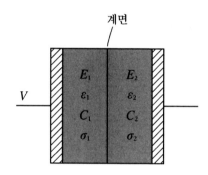

그림 11.14 계면분극을 생기게 하는 2층 유전체

　전하가 계면에 쌓임에 따라 각 층의 전계분포가 점점 변화해 가고 $\sigma_1 E_1 = \sigma_2 E_2$가 되었을 때 전하가 쌓이는 것은 멈추고 변위전류는 0이 된다. 그 결과, 계면에 분극이 유도된다. 다시 말해서 계면분극 P_s는 유전체가 불균질일 때에 생기고 보통의 유전체는 대체로 불균질인 것이 많기 때문에 어느 정도의 계면분극이 생기는 것이 통례이다.

11.3 고체의 유전율

11.3.1 단원자 유전체

1종류의 원소로 구성된 유전체에서는 전자분극 P_e만이 존재한다. 국소전계로써는 식 (11.1.36)을 이용하여 이것을 식 (11.2.1a)에 넣으면 분극 P는

$$P_e = n_e \alpha_e E_l = n_e \alpha_e \left(E + \frac{\gamma P_e}{\varepsilon_0} \right) \tag{11.3.1}$$

이 되고, 이것으로부터 1종류의 원소로 된 유전체(고체)의 분극 P는 P_e만으로

$$P = P_e = \frac{n_e \alpha_e E}{1 - (\gamma n_e \alpha_e / \varepsilon_0)} \tag{11.3.2}$$

가 된다. 식 (11.1.16)과 위 식을 비교하면 다음 식이 된다.

$$(\varepsilon_r - 1) = \frac{n_e \alpha_e}{\varepsilon_0 - \gamma n_e \alpha_e} \tag{11.3.3}$$

비유전율 ε_r은 n_e, α_e, γ에 의해 계산된다. α_e는 고체에서도 대체로 자유전자의 경우의 값을 사용할 수 있다. n_e, α_e, γ는 그다지 온도에 의존하지 않기 때문에 ε_r도 역시 그다지 온도에 의존하지 않고 전기 감수율 $\chi_e = \varepsilon_r - 1$은 $1 \sim 10$이다. 표 11.2에 나타낸 바와 같이 기체에서는 χ_e가 $10^{-3} \sim 10^{-4}$이 되지만 이것은 고체와 액체의 n_e의 차에 따른다.

11.3.2 이온적 유전체

이온적 유전체에서는 전자분극 P_e에 이온분극 P_i가 가해진다. 정전계에서 측정한 비유전율 ε_{rs}는 $P_{total} = P_e + P_i$, $p_p = 0$, $n_e \fallingdotseq n_i \equiv n$로 해서 식 (11.2.13), (11.2.15)로부터 다음 식으로 나타내어진다.

$$\varepsilon_0(\varepsilon_{rs} - 1)E_l = n(\alpha_e + \alpha_i)E_l = P_e + P_i \tag{11.3.4}$$

다음으로 빛의 주파수(전자기파의 교류전계)에서 측정한(후술) 비유전율을 $\varepsilon_{r\infty}$라고 하면 빠른 전계의 변화에 전자는 추종할 수 있어도 무거운 이온은 추종할 수 없으므로 P_e만이 $\varepsilon_{r\infty}$에 기여할 수 있기 때문에

$$\varepsilon_0(\varepsilon_{r\infty} - 1)E_l = P_e \tag{11.3.5}$$

가 된다. 따라서 ε_{rs}와 $\varepsilon_{r\infty}$를 비교하면 P_e와 P_i의 기여 비율을 알 수 있다.

그러면 물질 내에서의 광속도 v는 진공 중의 광속도 c에 대하여 $v = c / \sqrt{\varepsilon_{r\infty}}$ (단 물질의 투자율을 진공의 투자율과 같다고 한 식)이 되고 또 물질의 굴절률은 $n = c/v$이므로 $\varepsilon_{r\infty} = n^2$이 된다. 그래서 n의 측정에서 $\varepsilon_{r\infty}$이 구해진다. LiCl, NaCl, KCl의 $\varepsilon_{r\infty}$는 제각기 2.75, 2.25, 2.13인 것에 대하여 ε_{rs}는 제각기 11.1, 5.62, 4.68이다. 따라서 이들 알카리 할로겐 화합물에서는 P_i의 기여가 P_e의 기여보다 크다는 것을 알 수 있다.

11.4 유전분산

11.4.1 복소 유전율과 유전손

지금까지는 주로 정전계 하에서의 분극을 생각했지만 여기서 교류전계 하에서 분극을 생각하자. 지금 유전체에 주기적으로 변화하는 전계 E(외부전계 E_0, 유전체 내부에 가해지는 거시적 전계 E, 국소전계 E_l 가운데서 어떤 것이라도) 가 가해지면 이것에 의해 생기는 분극 P도 또 같은 주기로 변할 것이라 생각되어진다. 하지만 분극은 E를 가하는 즉시 생기는 것이 아니라 약간의 시간 지연이 생긴다. 지금 전계가 $E = E_0 e^{i\omega t}$로 변화하고 P에 따라서 전속밀도 D[식 (11.1.20), (11.1.21), (11.1.26) 참조]가 위상각 δ만큼만 늦게 변화한다고 하면

$$E = E_0 e^{i\omega t} \tag{11.4.1}$$

$$D = D_0 e^{i(\omega t - \delta)} \tag{11.4.2}$$

라고 쓸 수 있다. 여기에 E_0, D_0은 진폭, ω는 각주파수, i는 허수 단위이다. D를 E로 나눈 유전율은 다음에 나타내는 것처럼 복소수가 되므로 이것을 **복소 유전율** ε^*라고 나타내고 그 실수부를 ε', 허수부를 ε''라고 하자. 즉

$$\left.\begin{array}{l} \dfrac{D}{E} = \dfrac{D_0}{E_0} e^{-i\delta} = \dfrac{D_0}{E_0}\cos\delta - i\dfrac{D_0}{E_0}\sin\delta \\[3mm] D/E \equiv \varepsilon^* = \varepsilon' - i\varepsilon'' \end{array}\right\} \tag{11.4.3}$$

이 된다. ε', ε'', δ의 사이에는 다음의 관계가 있다.

$$\tan \delta = \varepsilon'' / \varepsilon' \qquad\qquad (11.4.4)$$

그래서 식 (11.4.3)으로부터

$$D = \varepsilon^* E \qquad\qquad (11.4.5)$$

라고 두면 변위전류밀도 J는

$$J = \frac{dD}{dt} = i\omega D = i\omega \varepsilon^* E = (i\omega\varepsilon' + \omega\varepsilon'')E \qquad\qquad (11.4.6)$$

으로 주어진다.

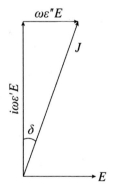

그림 11.15 변위전류밀도 J의 성분과 전계 E와의 관계

$\varepsilon'' = 0$이면 J는 E보다 위상이 $90\,°$ 빠르기 때문에 전력의 손실은 없다. 하지만 $\varepsilon'' > 0$이면 식 (11.4.6)의 우변 제2 항의 전류성분은 전계와 동위상이므로(그림 11.15를 보라) 이 성분은 줄열이 되고 에너지 손실이 된다. 줄열에 기여하는 도전율을 σ라고 두면

$$\sigma = J/E = \omega\varepsilon'' \tag{11.4.7}$$

이고, 단위 체적당 전계 E가 하는 일 w는

$$w = \sigma E^2 = \omega\varepsilon'' E^2 = \omega E^2 \varepsilon' \tan\delta \tag{11.4.8}$$

로 주어진다. 이것은 물질이 단위 체적당 단위시간 내에 흡수하는(소비되는)에 너지와 같고 **유전손**이라고 불린다. $\tan\delta$는 유전손을 나타내는 기준이 되므로 **손 실률** 또는 **탄젠트델타**라고 배워 왔고 δ를 **유전손각**이라고 한다. 일반적으로 $\varepsilon' \gg \varepsilon''$에서 δ는 작다. 식 (11.4.8)에서 유전손은 ε', ε'', ω, $\tan\delta$ 외에 E^2, 즉 E^2에 비례하여 증가하는 것을 알 수 있다.

11.4.2 각 분극에 의한 유전분산

교류전계 내에서 분극 P 등은 전계를 역전시켰을 때에 쌍극자가 어느 정도로 쉽게 반전할 수 있을까라는 것에 의존하고 있다. 전계의 변화가 느릴 경우에는 쌍극자의 변화도 전계변화에 잘 추종함으로써 평형상태에 다다른다. 평형상태 에 다다르기 위해 필요한 시간을 **완화시간**이라 하고 그 역수가 **완화 주파수**이다. 하지만 어느 정도 이상 전계변화가 빨라지면 쌍극자의 변화는 추종할 수 없게 된다. 그렇기 때문에 유전율이 교류의 각주파수 ω에 따라 변화하는 현상이 일어 난다. 이 현상(P, α, ε 대 ω의 관계)을 **유전분산**(dielectric dispersion)이라고 한다.

어느 정도의 ω에서 분산을 생기게 하는가는 분극이 추종할 수 있는 속도에 따 르지만 분산을 생기게 하는 각주파수(**분산 주파수** 또는 **공명 주파수**라고 한다)의

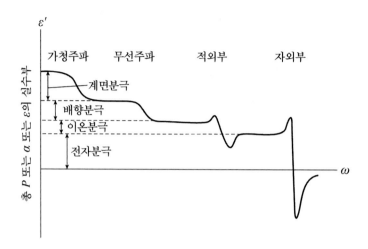

그림 11.16 (전)분극, (전)분극률 또는 유전율의 실수부와 각주파수와의 관계를 나타내는 개략도(모식도)

대략의 값은 다음과 같이 된다.

(1) 자유이온의 이동에 의한 계면분극은, 가청주파수의 영역, 10^4 [Hz]정도

(2) 배향분극은 단파에서 마이크로파 영역, $10^6 \sim 10^9$ [Hz]정도

(3) 이온분극은 적외선 영역, 10^3 [Hz]정도

(4) 전자분극은 자외선 영역, 10^{15} [Hz]정도

이것들의 개략의 분산곡선을 모식도로 나타낸 것이 그림 11.16이다. 또 저주파에서 측정한 다양한 물질의 비유전율의 실수부 $\varepsilon_r{'}$를 표 11.2에 나타내었다.

표 11.2 유전체의 비유전율의 실수부 $\varepsilon_r{'}$, (P)는 유극성 분자의 액체로, 주파
수에 따라서 $\varepsilon_r{'}$ 는 심하게 변한다.(온도 20℃ , 주파수는 저주파 영역)

물 질 명	비유전율 $\varepsilon_r{'}$	
(진공)	1.000000	
공기	1.000536	
물(P)	80.39	
에틸알콜(P)	24.3	
변압기유	2.2	
파라핀	2.2	
운모	7.0	
소다유리	7.5	
다이아몬드	5.68	
로셸염(강)[6]	4000	(a 축 방향)
티탄산바륨(강)	5000	(a 축 방향)

11.4.3 전자분극의 유전분산

전자분극은 전자구름의 중심이 원자핵으로부터 국소전계 E_l 에 의해서 상대적
으로 변위하는 것에 의해 유도되는 것이며, 전자구름은 원자핵에 쿨롱힘에 의해
탄성적으로 연결되어 있다. 지금 전자의 질량을 M, 전하를 $-q$, 전자구름 중심
의 원자핵에서의 변위를 x 라고 하자. 각 전자의 움직임에 주목하자. 전자가 변
위하면 쿨롱힘에 의해 원래의 위치로 돌아가려는 힘 $-kx$ (k는 힘 상수)가 전자
에 작용한다. 게다가 전자구름이 운동할 때 전자기파를 방사하기 때문에 전자구
름의 운동은 속도 dx/dt 에 비례하는 제동(damping)력 $-2b\,dx/dt$가 가해진

---

6 (강)은 강유전체

다[7]. 그래서 국소전계 E_l이 가해졌을 때의 전자에 대한 뉴턴의 운동방정식은 다음 식이 된다.

$$M\frac{d^2x}{dt^2} = -2b\frac{dx}{dt} - kx - qE_l \qquad (11.4.9)$$

전계와 제동이 없을 때 전자의 운동은 조화진동자의 진동이 되고, 그 식은

$$\frac{d^2x}{dt^2} = -\frac{k}{M}x \qquad (11.4.10)$$

가 된다. 이때 공진주파수 ω_0은 다음 식이 된다.

$$\omega_0 = (k/M)^2 \qquad (11.4.11)$$

전자농도 n_e를 n으로 나타내고 전자의 변위 x에 의해 생기는 전자분극 P_e를 P라고 나타내면(전자의 변위에 주목하고 있으므로 음의 부호를 붙여서)

$$P = -nqx \qquad (11.4.12)$$

가 된다. 국소전계가 로렌츠의 전계[식 (11.1.36)의 $\gamma = 1/3$이라고 한 것], 즉 $E_l = E + P/3\varepsilon_0$를 적용할 수 있다고 하고 이것을 식 (11.4.9)에 넣어서 정리하면 다음 식을 얻는다.

---

7 $2b$는 비례상수로 제동계수라고 하며, 2는 나중에 계산에서 편의를 위한 수치이다.

$$\frac{d^2P}{dt^2} + \frac{2b}{M}\frac{dP}{dt} + \left(\frac{k}{M} - \frac{nq^2}{3\varepsilon_0 M}\right)P = \frac{nq^2}{M}E \tag{11.4.13}$$

지금 $E = E_0 e^{i\omega t}$ 가 되는 교류전계를 인가할 때 분극 $P = P_0 e^{i(\omega t - \delta)}$ 가 유도되는 것으로 이것을 식 (11.4.13)에 넣어서 P_0를 구하면

$$P_0 = \frac{nq^2/M}{(\Omega_0^2 - \omega^2) + i(2b\omega/M)} E_0 e^{i\delta} \tag{11.4.14}$$

가 된다. 단 Ω_0는 다음 식으로 나타내어지는 것이다.

$$\Omega_0^2 = (k/M) - (nq^2/3\varepsilon_0 M) = \omega_0^2 - (nq^2/3\varepsilon_0 M) \tag{11.4.15}$$

그런데 복소 비유전율을 ε_r^*라고 하면 교류전계 하에서는 식 (11.1.16)의 ε_r을 또는 식 (11.3.5)의 $\varepsilon_{r\infty}$를 ε_r^*로 치환하면 P는

$$P = \varepsilon_0(\varepsilon_r^* - 1)E \tag{11.4.16}$$

가 된다. 이 식에 P와 E와 식 (11.4.14)의 P_0를 넣어 ε_r^*에 대해서 풀면

$$\varepsilon_r^* = 1 + \frac{P}{\varepsilon_0 E} = 1 + \frac{nq^2/M\varepsilon_0}{(\Omega_0^2 - \omega^2) + i2b\omega/M} \tag{11.4.17}$$

가 된다. 이것과 식 (11.4.3)의 $\varepsilon_r^* = \varepsilon_r' - i\varepsilon_r''$를 비교하여 실수부 ε_r'와 허수부 ε_r''를 구하면 다음 식이 된다.

$$\varepsilon_r' = 1 + \frac{nq^2}{\varepsilon_0 M}\frac{\Omega_0^2 - \omega^2}{(\Omega_0^2 - \omega^2)^2 + 4b^2\omega^2/M^2} \tag{11.4.18}$$

$$\varepsilon_r{}'' = \frac{nq^2}{\varepsilon_0 M} \frac{2b\omega/M}{(\Omega_0^2 - \omega^2)^2 + 4b^2\omega^2/M^2} \tag{11.4.19}$$

$\varepsilon_r{}'$, $\varepsilon_r{}''$ 로부터 유전분산의 개략을 알 수 있다. 우선 $\omega = 0$, 즉 정전계에서는 $\varepsilon_r{}'$ 를 $\varepsilon_{rs}{}'$ 라고 두면 식 (11.4.20)이 되어 $\varepsilon_{rs}{}'$ 가 일정 값을 가지는 것을 알 수 있다. 그림 11.17 (a)는 ω 에 따라 $\varepsilon_r{}'$ 의 거동을 나타낸 것이다. 식 (11.4.17)~(11.4.19) 를 ε_r^* 의 **유전분산식**이라고 한다.

$$\varepsilon_{rs}{}' = 1 + (nq^2/M\varepsilon_0\Omega_0^2) \tag{11.4.20}$$

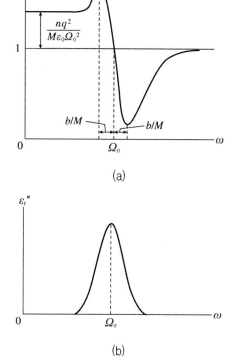

(a)

(b)

그림 11.17 분산(또는 공명) 각주파수 Ω_0 부근의 $\varepsilon_r{}'$ 와 $\varepsilon_r{}''$

식 (11.4.18)에서 $0 < \omega < \Omega_0$에서는 $\varepsilon_r' > 1$이고, 게다가 실제로는 $2b/M \ll \Omega_0$이므로 분산식의 분모 제2 항은 작고 ε_r'는 거의 일정한 값 ε_{rs}'이다. 또 $\omega > \Omega_0$에서는 $\varepsilon_r' < 1$이 되고 $\omega = \Omega_0$에서는 $\varepsilon_r' = 1$이 된다. 이 $\omega = \Omega_0$의 부근을 좀 더 자세히 살펴보자. 지금

$$\Delta\omega = \Omega_0 - \omega, \quad |\Delta\omega| \ll \Omega_0 \tag{11.4.21}$$

라고 두면

$$\Omega_0^2 - \omega^2 = (\Omega_0 + \omega)(\Omega_0 - \omega) \simeq 2\Omega_0\Delta\omega \tag{11.4.22}$$

가 되므로 이것을 식 (11.4.18)에 넣으면 다음 식이 된다.

$$\varepsilon_r' \simeq 1 + \frac{nq^2}{\varepsilon_0 M}\frac{2\Omega_0\Delta\omega}{4\Omega_0^2(\Delta\omega)^2 + (2b\Omega_0/M)^2} = 1 + \frac{nq^2}{\varepsilon_0 M}\frac{(\Delta\omega)/2\Omega_0}{(\Delta\omega)^2 + (b/M)^2}$$

$$\tag{11.4.23}$$

이것은 그림 11.17 (a)에 나타내지고 $\Delta\omega = b/M$에서 극대, $\Delta\omega = -b/M$에서 극소, $\Delta\omega = 0$에서 $\varepsilon_r' = 1$이 된다. 분산곡선이 그림 11.16 중의 공명 주파수(여기서의 Ω_0)의 부분에 나타나 있는 곡선이다. 다음에 허수부 ε_r''는 식 (11.4.19)로부터 $\omega = 0$와 $\omega \to \infty$에서 $\varepsilon_r'' = 0$이 된다. $\omega \doteqdot \Omega_0$의 부근에서는 식 (11.4.21)을 사용하면 ε_r''는

$$\varepsilon_r'' = \frac{nq^2}{\varepsilon_0 M}\frac{b/2M\Omega_0}{(\Delta\omega)^2 + (b/M)^2} \tag{11.4.24}$$

가 된다. $\Delta\omega = 0$, 즉 $\omega = \Omega_0$에서는 그림 11.17(b)와 같이 $\varepsilon_r{''}$는 극대가 된다.

이상으로부터, 식 (11.4.16)의 전자분극 P_e는 Ω_0부근에서 극대, 극소를 나타내어 이른바 **분산**을 생기게 하고 또 식 (11.4.8)로부터 에너지 흡수가 극대가 된다. 이와 같은 유전분산을 **공명형**이라고 한다. 일반적으로는 유전체는 힘 상수 k나 제동계수 $2b$가 다른 몇 가지의 전자를 포함하기 때문에 다른 많은 공명 주파수 Ω_0가 생기고, Ω_0마다 분산곡선의 극대, 극소가 나타난다. 전자분극의 Ω_0은 대체로 자외부의 각주파수가 된다.

11.5 강유전체

11.5.1 자발분극과 분역

지금까지는 분극 P는 국소전계 E_l에 직선적으로 비례하고 식 (11.1.16), 즉 $P = (\varepsilon - \varepsilon_0)E$로 나타내었다. 이 관계가 성립하는 것을 **상유전체**라고 한다. 여기에 대하여 P가 E에 비례하지 않고 $P-E$곡선이 그림 11.18(a)와 같이 이력(히스테리시스)곡선이 되는 것이 있다. 이와 같은 유전체를 **강유전체**(ferroelectric)라고 한다. 이 결정에 E를 가하면 P는 OABC 처럼 비직선적으로 증가하고, B에서 거의 포화에 다다른다. 다음으로 E를 줄이면 이력을 나타내어 BD와 같은 경로가 된다. E가 0이 되어도 D점에서 분극이 P_r만 남는다. 이 P_r을 **잔류분극**이라 한다. 다음으로 E를 반대로 하여 $E = -E_C$로 하면 $P = 0$이 된다. 이 E_C를 **항전계**라고 한다. 이후 FGBDF의 경로를 따라 분극 P는 폐곡선을 계속해서 그린다. 이것은 강자성체의 자화 M 과 자계 H와의 $M-H$ 곡선과 닮아 있다. 그림

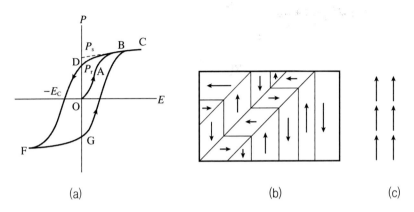

그림 11.18 (a) 강유전체의 분극 P와 전계 E의 이력곡선, (b) 강유전체의 분역 구조. (c) 영구 쌍극자가 같은 방향이 되고 자발분극을 생기게 한다.

11.18(b)와 같이 강유전체의 결정은 강자성체의 자기구역과 닮은 **분역**(domain)이라는 작은 영역으로 나뉘어 그 분역 내에서는 영구 쌍극자가 전부 같은 방향으로 배열하고 있어 전계를 가하지 않아도 분극을 생기게 하고 있다. 이 분극을 **자발분극**이라 하고 그림 11.18(a)의 종축 P는 자발분극을 나타내고 있다. 자계가 크게 됨에 따라 자계의 방향의 자기구역이 그 영역을 확대시켜 나가는 것과 마찬가지로 전계를 크게 함에 따라 전계 방향의 분극이 증가하고, 결국에는 그림 11.18(c)와 같이 모든 분역이 전계 방향으로 그 방향을 바꾸어 포화한다. 더욱더 전계를 늘리면 그림 11.18(a)에서 직선 BC를 따라 분극이 증가한다. 이것은 전자분극, 이온분극 등의 분극에 의한 것이므로 총분극에서 전자분극, 이온분극을 없앤 것(즉 BC 직선을 반대로 연장했을 때의 P 축과의 교점 P_s)이 자발분극의 크기가 된다. 하지만 자발분극을 가지는 결정도 온도를 올리면 열동요 때문에 영구 쌍극자의 방향이 무질서하게 되고 쌍극자 모멘트의 벡터 합이 0이 되므로 $P = 0$이 되고 상유전체가 된다. 자발분극을 소실하는 온도 T_C를 **퀴리온도**

라고 한다. 상유전체의 T_C 이상에서의 비유전율 ε_r 은 자성체의 식 (9.5.9)와 비슷해서 C를 퀴리상수라고 하면 다음 식으로 근사적으로 나타낼 수 있다.

$$\varepsilon_r \fallingdotseq C/(T - T_C) \tag{11.5.1}$$

이것을 상유전체에서의 **퀴리-바이스의 법칙**이라 한다.

상유전체에서의 유전율 ε는 식 (11.1.16)에 의해 다음 식으로 나타내진다.

$$\varepsilon = \varepsilon_0 + (P/E) \tag{11.5.2}$$

하지만 강유전체에서는 P와 E의 관계가 곡선이므로 P/E 대신에 미분 유전율 dP/dE를 사용한다. $P-E$ 곡선에서 원점 부근의 dP/dE의 값을 강유전체의 ε 이라고 하자. 이것을 $\varepsilon_{(ferro)}$라고 나타내면 다음과 같은 식이 된다.

$$\varepsilon_{(ferro)} = \varepsilon_0 + dP/dE \tag{11.5.3}$$

또 비유전율 $\varepsilon_{r(ferro)} = \varepsilon_{(ferro)}/\varepsilon_0$은

$$\varepsilon_{r(ferro)} = 1 + \frac{1}{\varepsilon_0}\frac{dP}{dE} \tag{11.5.4}$$

가 된다. 이 값은 표 11.2에 나타낸 것처럼 매우 큰 값이 된다.

11.5.2 페로브스카이트형 강유전체

강유전체는 다음의 4가지 형으로 크게 구별된다. (1) 로셸염형: 주석산나트

륨·칼륨[NaK(C$_4$H$_4$O$_6$)·4H$_2$O] 등. (2) KDP형: 제2 인산칼륨 [KH$_2$PO$_4$] 등. (3)

페로브스카이트형: 산소팔면체족이라고도 하는데, 티탄산바륨 [BaTiO$_3$] 등. (4)

TGS형: 황산(3)글리신 [(CH$_2$NH$_2$COOH)$_3$H$_2$SO$_4$] 등. 이것들의 P_s도 ε_r도 매우

크다.

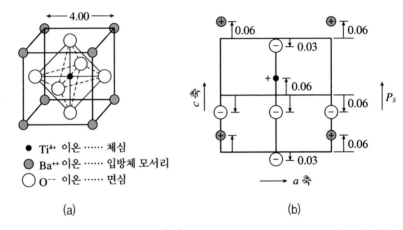

● Ti^{4+} 이온 …… 체심
● Ba^{++} 이온 …… 입방체 모서리
○ O^{--} 이온 …… 면심

(a)   (b)

그림 11.19 BaTiO$_3$의 결정구조, 수치는 [Å] 단위. (a) 퀴리점 이상의 상유전상(입방정), (b) 실온에
있어서의 강유전상(정방정), 이온 변위의 크기와 방향을 나타낸다. 이온 변위에 의해 자
발분극 P_s가 발생한다. 변위는 과장된 것이다.

여기서는 그중 1개 페로브스카이트(Perovskite)형에 속하는 BaTiO$_3$에 대해서

만 다룬다.

일반적으로 2가 또는 1가의 금속을 A, 4가 또는 5가의 금속을 B라고 할 때

ABO$_3$인 화학식에서 나타나는 것 중의 하나로 CaTiO$_3$가 있다. 이것을 일명 **페로**

브스카이트라고 불리우며 상유전상에서는 입방정을 하고 있어 자발자화는

$P_s = 0$이다. 이처럼 ABO$_3$인 화합물을 페로브스카이트형이라고 한다.

BaTiO$_3$는 Ba^{++}Ti^{4+}O$_3^{--}$이고 $T_C = 120$ [℃] 이상에서는 그림 11.19(a)에서

나타낸 바와 같이 입방정, 즉 Ba^{++}는 입방체의 모퉁이에, Ti^{4+}는 체심에, O^{--}는

면심에 있는 상유전상이므로 페로브스카이트형에 속한다. 이것을 퀴리온도 T_C 이하로 하면 그림 11.19(b)와 같이 **상전이**를 일으키고 강유전상이 되어 정방정이 된다. 상전이를 일으키는 온도를 **전이점**이라고도 한다. 그림 11.19(b)에서는 온도가 전이점에서 내려가는 사이에 Ti^{4+}, Ba^{++}, O^{--} 각 이온이 c 축 방향으로 변위한 거리를 [Å]단위로 또 그 변위의 방향을 화살표로 나타내고 있다. 단 그림에서의 변위의 크기는 알기 쉽게 하기 위해 과장하여 나타내었다. 이온군의 변위의 결과, (전계가 없어도) 자발분극 P_s가(그림 중에서 나타낸 방향으로) 발생하고 강유전상이 된다. 5 [℃]의 전이점을 지나 온도가 내려가면 Ti 이온은 면대각선의의 방향으로 변위하여 P_s가 그 방향으로 향함과 동시에 결정은 사방정이 된다. 더욱더 온도가 내려가 − 90 [℃]가 되면 P_s는 체대각선의 방향을 향하여 결정은 능면체정이 된다. 이것들의 결정구조의 변화와 비유전율 ε_r 과의 온도의존성을 그림 11.20에 나타내었다. 단 ε_r 의 온도변화는 각 결정축방향 (a 축, c 축)마다 나타내었다.

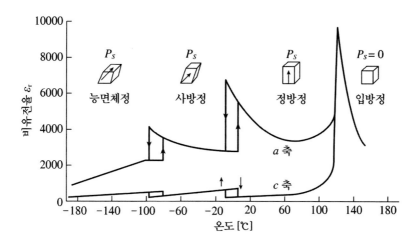

그림 11.20 BaTiO$_3$의 비유전율의 온도 의존성과 결정구조

11.5.3 자발분극의 발생

단위 체적당 분자수를 n, 분자 분극률을 α, 국소전계계수를 γ 라고 하고, 국소전계 E_l을 가했을 때 발생하는 분극 P는 식 (11.3.2)에 따라 다음 식으로 나타내어진다.

$$P = \frac{n\alpha E_l}{1-(\gamma n\alpha/\varepsilon_0)} \tag{11.5.5}$$

만약 이 식에서 분모 = 0이면 $E_l = 0$에서도 P는 유한의 값이 될 수 있다.

다시 말해서

$$\gamma n\alpha/\varepsilon_0 = 1 \tag{11.5.6}$$

이 성립하면 자발분극 P_s가 발생할 수 있다. 상유전체에서는 $\gamma n\alpha/\varepsilon_0 < 1$이라 생각되므로 $E_l = 0$에서 $P_s = 0$이지만 강유전체에서는 α와 γ가 커서 식 (11.5.6)이 성립할 수 있다. 예를 들면 $BaTiO_3$에서는 Ti^{4+}이온의 크기가 작아서 움직이기가 쉬워 α가 커지게 되고 P_s가 발생할 수 있다고 생각된다.

부록

구성

부록 A   면간격과 밀러 지수

부록 B   프렌켈형 결함과 쇼트키형 결함

부록 C   물리량의 평균치

부록 D   포논의 상태밀도

부록 E   포논의 정상과정과 반전과정

부록 F   수소원자의 에너지 준위

부록 G   2차원 정방격자의 브릴루앙 영역

부록 H   페르미-디락 통계

부록 I   슈뢰딩거의 파동방정식

부록 J   페르미 속도와 유동속도

부록 K   군속도

부록 L   페르미 분포와 맥스웰 분포 근사에 의한 전자농도

부록 M   진성 반도체의 전도대에서의 전자농도의 계산

부록 N   도너의 이온화 에너지

부록 O   불순물 준위에 있어서의 전자의 통계 분포함수의 계산

부록 P   뜨거운 전자의 전류-전압 특성

부록 Q   금속-반도체 접촉에 있어서의 전류 전압 특성

부록 R   원자의 전자 배치도

부록 A 면간격과 밀러 지수

공간격자의 원점 O를 원점으로 하는 단위격자의 S_1면(hkl)에 O에서 수직선을 긋는다. 이 수직선의 길이가 (hkl)면군의 면간격으로 이것을 d_{hkl}(간단히 d라고 줄여 쓰기도 한다)라고 하자. 여기에 h, k, l은 정수이고 (hkl)면은 결정축 a, b, c를 각 절편의 길이 a/h, b/k, c/l로 자른다. 각 절편을 나타내는 벡터를 P_1, Q_1, R_1이라 하면 이것들은

$$P_1 = a/h, \ \ Q_1 = b/k, \ \ R_1 = c/l \tag{A.1}$$

로 나타내어진다. P_1, Q_1, R_1은 S_1면상에 있는 어떤 각 절점의 위치를 나타내는 위치벡터이기도 하다(그림 A. 1 참조).

S_1면상의 임의의 점의 위치벡터를 r_1이라 하고, 면에 수직 방향의 단위벡터를 n이라 하자. r_1과 n이 이루는 각을 θ라고 하면 r_1의 n 방향의 사영 $r_1\cos\theta$는

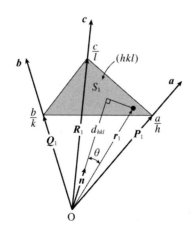

그림 A. 1 S_1면(hkl)과 면간격 d_{hkl}의 관계

면간격 d_{hkl}과 같고 이것은 또 $r_1 \cdot n$($\cdot$ 표시는 스칼라적)이라고도 쓸 수 있으므로

$$r_1 \cdot n = d_{hkl} \quad (S_1 \text{면의 방정식}) \tag{A. 2}$$

이 된다. 이것은 S_1면의 방정식이고 S_1면상에 있는 임의의 점의 위치벡터에 대해 성립하는 식이다. 당연히 이것은 S_1면과 결정축과의 절점에 대해서도 성립하는 식이기 때문에 식 (A. 1)의 P_1, Q_1, R_1을 식 (A. 2)의 r_1 대신에 대입하면

$$a \cdot n = h d_{hkl}, \ b \cdot n = k d_{hkl}, \ c \cdot n = l d_{hkl} \tag{A. 3}$$

이라는 식을 얻을 수 있다.

그런데 공간격자 중의 임의의 격자점의 위치벡터를 r이라 하고 u, v, w를 정수라고 하면 일반적으로 격자점의 위치벡터(또는 격자점 r이라고도 약칭한다)는

$$r = ua + vb + wc \tag{A. 4}$$

로 나타내어진다. 지금 격자점 r이 S_1면(hkl)상에 정확히 놓여 있는 조건을 구해보자. 이를 위해서는 우선 이 조건을 충족시킬 때는 어떻게 될까를 생각해본다. 격자점 r이 S_1면상에 있으면 식 (A. 4)의 r과 식 (A. 2)의 r_1은 동등하게 되므로 식 (A. 2)의 좌우양변을 바꿔 넣어 두고 r_1에 r을 대입하여 식 (A. 3)의 관계를 이용하면($d_{hkl} \equiv d$라고 두고)

$$d = r \cdot n = (ua + vb + wc) \cdot n = uhd + vkd + wld$$
$$\therefore \ uh + vk + wl = 1, \ (h, k, l, u, v, w \text{는 모두 } 0, \pm 1, \pm 2, \cdots) \tag{A. 5}$$

가 된다. 이 식이 격자점 r이 S_1 면상에 놓여 있는 조건식이다. 식 (A. 1) ~ (A. 5)의 관계식은 h, k, l의 공약수의 유무에 관계없이 성립한다. 그런데 "h, k, l이 공약수를 가지지 않는 정수"라고 하여도 식 (A. 5)를 만족하는 (u, v, w)의 정수 조는 무수히 많다(정수론에 의한). 따라서 "공약수를 가지지 않는 지수 hkl"로 된 S_1 면(hkl)상에는 식 (A. 5)를 만족시키는 무수한 격자점이 놓여 있다.

마찬가지로 S_1 면에 평행하고 원점에서 거리가 $md(m = 정수)$인 평면을 S_m 이라고 하자. 원점에서 S_m 상의 임의의 점의 위치벡터를 r_m 이라고 하면 S_m 면의 방정식은 식 (A. 5)를 구했을 때와 마찬가지로

$$r_m \cdot n = md_{hkl} \quad (S_m \text{ 면의 방정식}) \tag{A. 6}$$

이 된다. 이 식에서 m을 $2, 3, 4 \cdots$ 로 바꾸면 S_1 면(hkl)에 평행하고 등간격(d_{hkl})인 평행 평면군을 얻을 수 있다. S_m 면의 절편벡터 P_m, Q_m, R_m은 식 (A. 1)의 m배로

$$P_m = ma/h, \quad Q_m = mb/k, \quad R_m = mc/l \tag{A. 7}$$

로 나타내어지므로 P_m, Q_m, R_m을 식 (A. 6)의 r_m 대신에 제각각 대입하면 식 (A. 3)과 완전히 같은 관계식이 성립한다. 그래서 S_1 면일 때와 마찬가지로 일반적인 격자점 r이 S_m 면상에 정확히 놓여 있는 조건을 구하기 위해 식 (A. 4)의 r을 식 (A. 6)의 r_m 대신에 대입하고 식 (A. 3)을 이용하여 정리하면

$$uh + vk + wl = m \quad (h, k, l, u, v, w, m \text{은 모두 } 0, \pm1, \pm2, \cdots) \tag{A. 8}$$

라는 조건식을 얻는다. 즉 "h, k, l이 공약수를 가지지 않는 정수"인 이상 임의의

정수 m에 대하여 식 (A. 8)을 만족하는 (u, v, w)의 조는 무수히 많고, 따라서 S_m 면상에는 무수한 격자점이 놓여질 수 있게 된다. 반대로 말하면 "면간격이 d_{hkl}이고 지수 hkl에 공약수를 가지지 않는 (hkl)인 평행 평면군상에 임의의 격자점은 반드시 놓이게 되고, 이것들보다는 어긋난 평행 평면상에는 격자점은 놓이지 않는다" 라는 중요한 결과를 얻는다.

그러면 "면지수가 최대공약수 n을 가지고 nh, nk, nl인 경우"는 어떻게 되는 것일까? 이 지수의 경우, 면$(nh\ nk\ nl)$의 면간격을 $d_{nh\ nk\ nl}$이라고 하면 식 (A. 3)을 구한 것과 마찬가지로

$$\boldsymbol{a} \cdot \boldsymbol{n} = nhd_{nh\ nk\ nl},\ \ \boldsymbol{b} \cdot \boldsymbol{n} = nkd_{nh\ nk\ nl},\ \ \boldsymbol{c} \cdot \boldsymbol{n} = nld_{nh\ nk\ nl} \tag{A. 9}$$

이라는 관계식이 성립한다. 공약수를 가지지 않는 지수의 식 (A. 3)에 있어서의 첫 번째의 식에서의 d_{hkl}을 나중의 편의를 위해 d'_{hkl}로 바꿔 써서

$$(\boldsymbol{a} \cdot \boldsymbol{n})/h = d_{hkl} \equiv d'_{hkl} \tag{A. 10}$$

으로 나타낸 식을 식 (A. 9)의 첫 번째 식에 대입하여 정리하면

$$d_{nh\ nk\ nl} = d_{hkl}/n \equiv d'_{hkl}/n \tag{A. 11}$$

이라는 결과를 얻는다. 이 관계식은 식 (A. 9)와 (A. 3)의 제2, 3 식에서 시작해도 완전히 같은 결과가 된다. 여기서 d'_{hkl}로 점을 찍은 것은 $d_{nh\ nk\ nl}$과 d_{hkl}의 제각기의 아래 첨자의 면지수를 생략하였을 때 둘 다 d가 되어버리기 때문에 그 혼동을 피하기 위해서이다.

이상을 정리하면 "최대공약수 n을 가지는 면$(nh\ nk\ nl)$은 그것을 가지지 않는

면(hkl)에 평행이고 $(nh\,nk\,nl)$의 면간격은 (hkl)의 면간격의 $1/n$이다"가 된다. 반대로 말하자면 (hkl)평행 평면군은 $(nh\,nk\,nl)$평행 평면군의 n번째 마다 일치하고 그 면상에 격자점을 가지지만 $(nh\,nk\,nl)$면군의 중간에 있는 $(n-1)$번째의 면상에는 격자점을 가지지 않는다.

부록 B 프렌켈형 결함과 쇼트키형 결함

B.1 프렌켈형 결함

N을 격자점의 수 $[\text{cm}^{-3}]$, N'를 격자 간 틈의 수 $[\text{cm}^{-3}]$, n을 원자공공과 격자 간 원자쌍의 수 $[\text{cm}^{-3}]$, 즉 프렌켈형 결함수라고 하자.

N개의 격자점 중에 n개의 원자공공을 만드는 방법의 수 W_1은 N에서 n을 고르는 조합의 수와 같고 $_NC_n$이므로

$$W_1 = {}_NC_n = \frac{N!}{(N-n)!\,n!} \tag{B. 1}$$

이다. 다음으로 이동한 n개의 원자가 N'개의 틈에 들어가는 방법의 수 W_2는 N'에서 n을 고르는 조합의 수와 같고 $_{N'}C_n$이므로

$$W_2 = {}_{N'}C_n = \frac{N'!}{(N'-n)!\,n!} \tag{B. 2}$$

이다. n개의 원자가 N개의 격자점에서 멀어져 N'개의 격자 사이의 어떤 곳으

로 이동하여 "1개의 거시적 상태"를 만들기 위해서의 미시적인 방법("**미시적 상태**"라고도 한다)의 수 W 는 $W = W_1 W_2$ 이다.

일반적으로 "1개의 거시적 상태를 부여하는 미시적 상태의 수 W 와 그 상태를 만드는 것에 의한 엔트로피의 증가 S 와의 사이에는 볼츠만 상수를 k_B 라고 하면

$$S = k_B \log W \tag{B. 3}$$

인 관계가 있다. 이것은 통계역학에 있어서의 **볼츠만 법칙**(Boltzmann's law)이라고 하는 것이다. 따라서 프렌켈 결함의 생성에 따른 엔트로피 증가 S 는

$$S = k_B \log W_1 W_2 = k_B \left\{ \log \frac{N!}{(N-n)!n!} + \log \frac{N'!}{(N'-n)!n!} \right\} \tag{B. 4}$$

가 된다. 프렌켈 결함 1개를 생성하기 위한 에너지를 E_{Fr} 이라고 하면 이것은 1개의 원자를 격자점으로부터 꺼내어(1개의 원자공공을 만들어), 그 원자를 격자 사이로 옮기기 위해 필요한 에너지이다. n 개의 결함이 생기면 결정의 단위 체적당으로는 nE_{Fr} 인 내부에너지 E 의 증가가 필요하다. 즉

$$E = nE_{Fr} \tag{B. 5}$$

이다. 이처럼 결정의 내부에너지는 증가하지만 엔트로피 S 도 식 (B. 4)와 같이 증가하므로 어떤 절대온도 T 에 있어서의 열평형 상태에서는 자유에너지 F 는

$$F = E - TS = nE_{Fr} - TS \tag{B. 6}$$

이고, 이것은 n 의 변화에 대하여 극소가 된다. 즉 다음 식

$$\left(\frac{\partial F}{\partial n}\right)_T = 0 \tag{B. 7}$$

가 열평형 상태에 있어서의 n의 값을 부여하는 식이 된다. 또 식 (B. 7)은 내부 에너지 E가 커진다고 해도 엔트로피 S가 적당히 큰 상태의 쪽이 안정하게 되는 것을 의미하고 있다.

그런데 일반적으로 $N,\ N' \gg n \gg 1$이므로 식 (B. 4)에서의 대수는 스터링 (Stirling)의 공식, 즉

$$\log x! \doteqdot x \log x - x \qquad (x \gg 1) \tag{B. 8}$$

가 사용된다. 식 (B. 4)에 (B. 8)의 근사식을 적용하면

$$\begin{aligned} S = k_\text{B}\{ &N \log N - (N-n)\log(N-n) - n\log n \\ &+ N'\log N' - (N'-n)\log(N'-n) - n\log n \} \end{aligned} \tag{B. 9}$$

이 된다. 식 (B. 9)를 식 (B. 6)에 대입하여 식 (B. 7)을 이용하면

$$\left(\frac{\partial F}{\partial n}\right)_T = E_\text{Fr} - k_\text{B}\, T \log \frac{(N-n)(N'-n)}{n^2} = 0 \tag{B. 10}$$

이 된다. $(N-n)(N'-n) \doteqdot NN'$이므로 정리하면 식 (B. 10)은

$$n = \sqrt{NN'}\, e^{-E_\text{Fr}/2k_\text{B}T} \tag{B. 11}$$

로 구해진다. 이것이 절대온도 T에 있어서의 **프렌켈형 결함수**이다.

B.2 쇼트키형 결함

N을 격자점의 수 $[\mathrm{cm}^{-3}]$, n을 결정 표면(격자 사이가 아닌)으로 이동한 원자수 $[\mathrm{cm}^{-3}]$라고 하면 그때 결정 내에 n개의 원자공공이 만들어진다고 하자(n이 쇼트키형 결함수). 1개의 원자를 격자점에서 꺼내어(1개의 원자공공을 만들어) 그 원자를 결정 표면에 옮기기 위해 필요한 에너지를 쇼트키형 결함생성 에너지 E_S라고 하자. n개가 표면에 옮겨졌을 때의 내부에너지의 증가 E는 단위 체적당

$$E = nE_\mathrm{S} \tag{B. 12}$$

와 같다. 쇼트키형 결함의 경우, 프렌켈형 결함인 경우의 N'개의 틈(체적에 비례)에 해당하는 것은 결정 표면상에 있는 N'개의 격자점(면적에 비례)이므로 시료가 극단적으로 작지 않은 경우는 $N \gg N'$이 성립하고 $\log W_1 \gg \log W_2$가 되므로 엔트로피의 증가 S는 식 (B. 3)으로부터

$$S = k_\mathrm{B} \log W_1 = k_\mathrm{B} \log \frac{N!}{(N-n)!n!} \tag{B. 13}$$

이 된다. 여기에 식 (B. 8)을 사용하면

$$S = k_\mathrm{B} \{ N\log N - (N-n)\log(N-n) - n\log n \} \tag{B. 14}$$

이 된다. 자유에너지 F는

$$F = E - TS = nE_\mathrm{S} - TS \tag{B. 15}$$

이므로 이 식에 식 (B. 13)을 대입하여 식 (B. 7)을 이용하면

$$\left(\frac{\partial F}{\partial n}\right)_T = E_S - k_B T \log \frac{N-n}{n} = 0 \tag{B. 16}$$

이 된다. $N - n \fallingdotseq N$으로 하여 정리하면

$$n = N e^{-E_S/k_B T} \tag{B. 17}$$

가 된다. 이것이 절대온도 T에 있어서의 **쇼트키형 결함수**를 부여하는 식이다.

부록 C 물리량의 평균치

물리량으로써 신장 h를 취한다. 높이 h_1인 학생이 n_1명, h_2인 학생이 n_2명, $\cdots$, h_i인 학생이 n_i명, $\cdots$있을 때 학생 전체의 신장의 평균값을 $\langle h \rangle$라고 하면(그림 C. 1 참조)

$$\begin{aligned}
\langle h \rangle &= \frac{h_1 n_1 + h_2 n_2 + \cdots + h_i n_i + \cdots}{n_1 + n_2 + \cdots + n_i + \cdots} \\
&= h_1 \left(\frac{n_1}{\sum_i n_i}\right) + h_2 \left(\frac{n_2}{\sum_i n_i}\right) + \cdots + h_i \left(\frac{n_i}{\sum_i n_i}\right) + \cdots
\end{aligned} \tag{C. 1}$$

가 된다. 여기에 $n_i / \sum_i n_i$는 총 학생 $\sum_i n_i$ 중에서 h_i인 높이의 학생이 있는 비율이며, 이것을 총 학생 중에 h_i인 높이의 학생이 존재하는 **확률**이라고 하자. 그

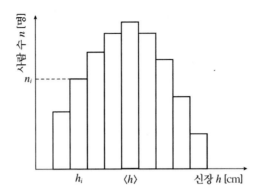

그림 C. 1 신장분포를 나타내는 히스토그램. h_i인 높이의 학생이 n_i명 있다. 실제로 h_i는 어떤 신장구간의 평균의 높이를 취한다.

러면 식 (C. 1)의 우변의 각 항은

$$(\text{평균값을 구하려고 하는 물리량}) \times (\text{물리량의 존재확률}) \tag{C. 2}$$

로 되어 있다. 이것들 각 항의 합(연속량으로 간주하여도 될 때는 적분)이 물리량의 평균값이 된다. 다시 말해서 다음과 같이 쓸 수 있다.

$$\langle h \rangle = \sum_i h_i \left(\frac{n_i}{\sum_i n_i} \right) = \frac{\sum_i h_i n_i}{\sum_i n_i} \tag{C. 3}$$

부록 D 포논의 상태밀도

3.5절에서 1차원 격자의 길이를 L이라 하면

$$L = Na \tag{D. 1}$$

이므로 식 (3.5.3), (3.5.4)의 탄성파 파수 k는

$$k = \frac{2\pi}{L}n \quad \left(n = 0, \pm 1, \pm 2, \cdots, \pm \frac{N}{2}\right) \tag{D. 2}$$

로 나타내어진다. 이것을 가령 x 방향에 대한 것이라면 3차원 결정에서는 y, z 방향으로 식 (D. 2)와 같은 식이 생긴다. 그 결과,

$$\left. \begin{array}{l} k_x = \dfrac{2\pi}{L}n_x, \ k_y = \dfrac{2\pi}{L}n_y, \ k_z = \dfrac{2\pi}{L}n_z \\[2mm] \left(n_x, n_y, n_z = 0, \pm 1, \pm 2, \cdots, \pm \dfrac{N}{2}\right) \end{array} \right\} \tag{D. 3}$$

이 된다. 여기에 n_x, n_y, n_z는 양자수[1]라고 불려진다. 파수 $k(k_x, k_y, k_z)$에 의해서 혹은 양자수 (n_x, n_y, n_z)의 한조 한조에 의해서 (양자)상태[2]가 정해진다고 한다. 지금 3차원 k 공간 내에서 파수 벡터를 나타내면 좌표축과 좌표점(또는 격자점)은 그림 D. 1(a)와 같은 격자상수가 $2\pi/L$의 단순입방격자가 된다. 이것들의 각 좌표점, 즉 격자점이 **가능한 (양자)상태** 또는 **가능한 격자진동의 모양의 수**, 즉 **포논이 취할 수 있는 가능한 상태의 수**[3]를 나타낸다. 지금 k 공간 안에서의 미소 체적 $\Delta k \equiv \Delta k_x \Delta k_y \Delta k_z$중에서 가능한 (양자)상태의 수를 세어 보자. 그것에는 그림 D. 1(b)의 주사위형 입방체의 한 모퉁이(격자점)에 그림에 나타낸 것

---

1   양자역학에서는 이것과 마찬가지로 불연속으로 띄엄 띄엄인 수가 나오기 때문에 이 이름이 있다. 양자역학계의 정상상태를 지정하는 정수 또는 반정수의 것.
2   양자역학계의 정상상태. 양자수와 짝을 이루는 말이 되므로 이 말을 사용하지만 여기서는 단지 상태라고 해도 좋다.
3   포논이 상태를 취할 수 있는 가능성이 있는 상태의 수라는 의미.

과 같은 흑점의 마크를 붙이면 이 마크와 주사위를 1대1로 대응시킬 수 있다. 그래서 Δk(이것은 그림 (b)의 주사위보다 큰 것이라고 하자) 내에 포함되는 가능한 상태의 수는 Δk를 주사위의 체적

$$(2\pi/L)^3 \equiv (2\pi)^3/V \tag{D. 4}$$

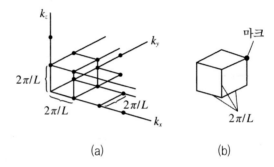

(a)   (b)

그림 D. 1 (a) k 공간에서의 격자상수 $2\pi/L$의 단순입방격자의 각 정점이 k가 가능한 값
(b) 격자상수 $2\pi/L$을 한 변으로 하는 주사위 상의 입방체를 단위포로 보고 판단하여, 각 단위포의 한 개 한 개의 각에 흑점을 마크한다.

으로 나누면 된다. 여기에 $V = L^3$은 3차원 결정의 체적이며 Δk를 식 (D. 4)로 나누면

$$\frac{\Delta k}{(2\pi/L)^3} = \frac{V\Delta k}{(2\pi)^3} \tag{D. 5}$$

가 된다. 만약 L이 커서 $2\pi/L$이 충분히 작으면 k 공간의 격자점은 연속적으로 똑같이 분포하고 있다고 간주할 수 있다. 이 경우는 Δk 대신에

$$\Delta k \rightarrow dk \equiv dk_x dk_y dk_z \tag{D. 6}$$

로 나타낼 수 있으므로 식 (D. 5)는 다음과 같이 된다.

$$Vd\boldsymbol{k}/(2\pi)^3 \tag{D. 7}$$

그러면 3차원 공간 내에서 $\boldsymbol{k}$의 절댓값 k가 k와 $k+dk$ 사이의 값을 취하는 영역 내에 포함되는 격자점의 수, 즉 k와 $k+dk$ 사이에 있는 포논상태의 수를 구하자.

$\boldsymbol{k}$ 공간 내의 미소체적 $d\boldsymbol{k} \equiv dk_x dk_y dk_z$에 포함되는 격자점의 수는 식 (D. 7)로부터 $\boldsymbol{k}$의 방향에 의존하지 않는다. 따라서 k와 $k+dk$ 사이, 다시 말해서 ω와 $\omega+d\omega$ 사이에 있는 포논상태의 수를 $g(\omega)d\omega$로 나타내면 $g(\omega)d\omega$는 $\boldsymbol{k}$ 공간에서 반경 k의 구와 반경 $k+dk$의 구 사이의 구각의 체적, 즉 $d\boldsymbol{k}=4\pi k^2 dk$ 중에 포함되는 격자점의 수와 같고 식 (D. 7)로부터

$$g(\omega)d\omega = \frac{V}{(2\pi)^3} 4\pi k^2 dk \tag{D. 8}$$

로 나타내어진다. 이것을 **포논 · 스펙트럼**이라 부르기도 한다.

부록 E 포논의 정상과정과 반전과정

온도가 높아지면 결정격자의 변위가 커지고 포논끼리의 충돌이 일어난다. 포논에 번호를 1과 2로 매겨 에너지를 각각 $\hbar\omega_1$, $\hbar\omega_2$, 파수벡터를 각각 $\boldsymbol{k}_1$, $\boldsymbol{k}_2$라고 하자. 이 2개의 포논이 충돌하고 결합하여 제3의 포논이 되고 그 에너지와 파수벡터가 $\hbar\omega_3$와 $\boldsymbol{k}_3$가 되었다고 하자. 이것들의 포논 간에는 에너지 보존 법칙으

로

$$\hbar\omega_1 + \hbar\omega_2 = \hbar\omega_3 \tag{E. 1}$$

이 성립하고 또 운동량 보존의 법칙으로

$$\hbar k_1 + \hbar k_2 = \hbar k_3 \tag{E. 2}$$

가 성립한다. 이것은 또 파수벡터 합성의 법칙, 즉

$$k_1 + k_2 = k_3 \tag{E. 3}$$

이라고도 쓸 수 있다. 그림 E. 1에 포논의 충돌을 나타내고 식 (E. 3)의 관계를 만족시킨다. 위와 같은 보존법칙이 성립할 때의 과정을 **정상과정**(normal process) 또는 **N 과정**이라고 한다. 이 과정은 포논의 상호작용 전후로 에너지 수송에 변화는 없지만 열평형을 만들어 내기 위해서는 중요한 역할을 한다.

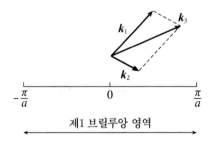

그림 E. 1 포논의 이동에 대응하는 파수벡터의 충돌과 결합. 이것을 정상과정(N 과정)이라고 한다.

제1 또는 제2의 포논의 파수벡터 k_1, k_2가 커지면 이것들이 충돌하여 결합한 제3의 포논의 파수벡터 k_3도 커진다. k_3의 크기 k_3가 제1 브릴루앙 영역의 길이

의 반, 즉 π/a와 비교하여

$$k_3 > \pi/a \tag{E. 4}$$

가 되면 k_3에 대응하는 파장 λ_3는 격자간격 a의 2배보다 짧아진다.

$$\lambda_3 = \frac{2\pi}{k_3} < \frac{2\pi}{\pi/a} = 2a \tag{E. 5}$$

그런데 격자 변위에 의해서 현실의 격자의 파동이 나타내어지기 때문에 파장이 $2a$보다 작은 파동은 물리적으로는 의미가 없다. 그러면 식 (E. 5)로 나타내어지는 파동은 어떻게 생각하면 좋을까? 지금 그림 E. 2에 $2a$보다 짧은 파장 $4a/5$인 파동을 실선으로 나타내면 이것과 같은 격자변위에 대하여 $2a$보다 파장이 긴 파장 $4a$인 파동이 점선으로 나타난다. 점선으로 나타낸 파동이 물리적으로 의미가 있는 파동이 된다. 다시 말해서 불연속인 결정격자에서는 항상 $2a$보다 짧은 파장의 파는 $2a$보다 길고 물리적으로도 의미가 있는 파와 완전히 똑같다고 간주할 수 있다.

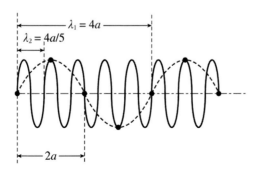

그림 E. 2 격자간격 a의 2배보다 짧은 파장인 파 $\lambda_2 = 4a/5$(실선)은 파장이 $2a$보다 긴 파장인 파 $\lambda_1 = 4a$(점선)에 의해 나타난다. 점선으로 나타낸 파가 물리적으로 의미가 있다.

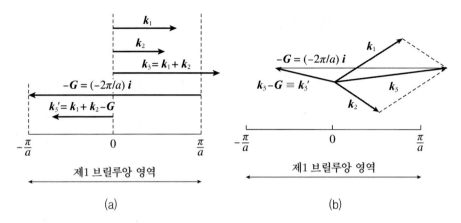

그림 E. 3 반전과정(U 과정). (a) 충돌 후 결합한 파수 k_3가 제1 브릴루앙 영역의 경계 π/a를 넘으면 $k_3 - (2\pi/a)i$가 k_3에 물리적으로 등가인 파수가 된다(i는 k_x방향의 단위벡터), (b) 일반적으로는 $k_3 - G$가 k_3에 등가인 파수가 된다(G는 역격자 벡터).

그래서 그림 E. 3(a)에 나타내는 것처럼 충돌 후에 결합하여 $k_3(> \pi/a)$가 된 파동에 1차원에서 등가인 파동은

$$k_3' = k_3 - 2\pi/a \tag{E. 6}$$

가 되지만 3차원에서는 G를 역격자의 기본벡터(식 (G. 6) 참조)라고 하면 k'_3는

$$k' = k - G \ \ \text{또는} \ \ k' = k + G \tag{E. 7}$$

가 된다. k_3가 x 축의 양의 방향으로 나아가는 파동벡터라고 하면 k'_3는 음의 방향으로 나아가는 파동벡터가 된다. 다시 말해서 k'_3로 나타나는 포논은 k_3로 나타나는 포논과 역방향으로 나아간다. 이 경우, 충돌 전후의 총에너지는 같지만 온도경사가 있는 x 방향으로의 열에너지의 이동은 감소한다. 즉 포논 k'는 열의 흐름에 역행하므로 열저항을 생기게 하고 있다고도 할 수 있다. 이 과정에서는 그림

E. 3(b)와 같이 k_3가 k'_3에 나타내는 것처럼 반전하여 나아가므로 이것을 **반전과정**이라고 한다. 독일어로는 포논이 umklappen(반전하다 또는 되돌아가다)이라고 하고 반전의 머릿글자 u를 따서 **U 과정**이라고도 한다. 이와 같은 반전과정이 일어나는 것은 조금 전에도 언급했지만 결정격자가 불연속적임과 동시에 주기적이기 때문이다. 완전히 연속적인 매질 중에서는 이 U 과정은 일어나지 않는다.

반전과정을 더욱더 알기 쉽게 그린 것이 그림 E. 4이다. 격자간격 a의 2배보다 조금 짧은 파장 $\lambda_1 (< 2a)$인 파를 실선으로 나타내고 반대로 조금 긴 파장 $\lambda_2 (> 2a)$의 파를 파선으로 나타냈다. 둘 다 등가인 파동이다. 그림 (a)는 시각 t에서의 격자점의 변위를 나타내고 그림 (b)는 시각 $t + \Delta t$에 있어서의 격자점의 변위를 나타내고 있다. Δt초 후에 λ_1의 파가 오른쪽으로 이동하는 것(A→A′)이라 하면 λ_2의 파는 이것과 같은 격자변위를 부여하기 위해서는 왼편으로 이동

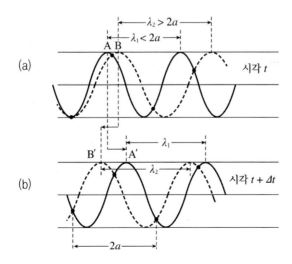

그림 E. 4 반전과정의 파동. 실선의 파는 파장이 $2a$보다 조금 짧고 파선의 파는 조금 길다. 그림 (b)는 그림 (a)보다 Δt초만큼 후의 격자점 변위를 나타낸다. 이때의 실선의 파(파장< $2a$)는 오른쪽으로, 파선의 파(파장> $2a$)는 왼쪽으로 이동한다.

(B→B')하지 않으면 안 된다. 이 그림에서 보는 것처럼 실선과 파선의 파는 물리적으로는 완전히 등가이지만 서로 반대 방향으로 나아가고 있다. 즉 격자진동으로써는 같아도 $2a$보다 짧은 파장의 파는 수학적으로 의미는 있어도 물리적으로 의미는 없고, 이것은 이것과 완전히 등가로 물리적으로도 의미가 있는 파장이 $2a$보다 긴 파로 나타내진다.

게다가 $2a$보다 긴 파장의 파는 (짧은 파장의 파의)역방향으로 나아가는 반전과정으로써 나타난다. 이상이 반전과정이 생기는 이유이다.

2개의 포논이 충돌하고 $k_3 \geq \pi/a$인 포논이 생기면 k_1아니면 k_2인 포논 중의 1개는 $k_1 \geq \pi/2a$이여야만 한다. 이것은 허용되는 파수의 최대인 π/a의 절반이다. 3장의 그림 3.8에서 알 수 있듯이 파수가 약 절반이면 이것에 대응하는 ω도 약 절반이므로 그 에너지 $\hbar\omega$도 절반이 된다. 데바이 온도를 Θ_D, 데바이 각진동수를 ω_D, 볼츠만 상수를 k_B라고 하면 4장의 식 (4.3.12)로부터

$$k_B\Theta_D = \hbar\omega_D \tag{E.8}$$

이므로 $\omega \approx \omega_D$라고 생각하면 $k_1 \geq \pi/2a$인 에너지는 약 $k_B\Theta_D/2$가 된다. 그래서 이와 같은 파수의 포논이 여기되는 확률은 저온($T < \Theta$)에서는 식 (4.2.7)의 플랑크 분포에서 $h\nu_E$를 $\hbar\omega_D/2 = k_B\Theta_D/2$로 치환한 후 분모인 1을 생략하면 식 (4.2.9)로부터 $\langle n \rangle \doteqdot \exp[-\Theta_D/2T]$가 되므로 $\exp[-\Theta_D/2T]$에 비례한다. 즉 위에서 언급한 것처럼 $k_1 \geq \pi/2a$인 포논의 충돌에 의한 $k_3 \geq \pi/a$인 포논의 생성, 다시 말해서 U 과정실현의 확률은 저온에서는 온도와 함께 지수함수적으로 증가한다.

하지만 고온($T > \Theta$)에서는 거의 모든 포논의 파수가 커져 U 과정을 일으킨다. 이 경우에는 U 과정실현의 확률은 존재하는 포논수에 비례한다. 고온에서의

포논의 수는 식 (4.2.8)에서 $\langle n \rangle \propto T$가 되므로 U 과정실현의 확률은 고온에서는 절대온도 T에 비례한다.

이상으로 U 과정에 따라 생기는 열저항은 저온에서는 지수함수적으로 증대하고 더욱더 고온이 되면 온도 T에 비례하여 증대한다는 것을 알 수 있다.

부록 F 수소원자의 에너지 준위

수소의 에너지 준위를 정공법으로 구하기 위해서는 양자역학적 기법을 써야만 한다. 하지만 여기서는 고전역학과 양자역학의 중간에 위치한 **보어**(N.Bohr)[4]**의 이론**에 따른다.

수소원자의 원자핵(양전하를 가지는 1개의 양자) 주위를 1개의 전자가 회전운동하고 있다고 하자. 회전궤도반경의 크기는 다양하게 있고, 반경이 커질수록 전자의 에너지는 커지지만 어떤 1개의 궤도상에서 회전하는 이상, 전자는 안정한 운동을 계속한다. 안정한 운동을 계속하는 것을 "전자는 어떤 1개의 **정상상태**(stationary state)에 있다"라고 한다. 정상상태에 있는 전자의 궤도반경은 어떤 값에서도 취할 수 있는 것이 아니라 어떤 한정된 이산적인(띄엄띄엄인)값 밖에 취할 수 없는 것이라 가정하자. 지금 전자의 질량을 m, 속도를 v, 회전원궤도의 반경을 r이라 할 때 쿨롱인력과 같은 중심력 하에서는(회전축 주변의 운동량의 모멘트, 즉) 각운동량 mvr은 일정하고 보어는 이것을 $\hbar(\equiv h/2\pi)$의 n배와 같은 것이라 가정했다. 다시 말해서

---

4   N. Bohr(1885-1962) 덴마크, 1913년(28세), 노벨상 수상(1922).

$$mvr = n\hbar \quad (n = 1, 2, 3, \cdots) \tag{F. 1}$$

이라 했다. 여기에 h는 플랭크 상수이고 n은 나중에 언급하게 될 **주양자수**라고 하는 양자수이다.

그림 F. 1에 나타낸 것처럼 등속원운동하는 전자에 작용하는 원심력의 크기 F_1은

$$F_1 = \frac{mv^2}{r} \tag{F. 2}$$

이다. 또 전하 $-q$인 전자와 전하 $+Zq$(Z는 원자번호)인 원자핵 사이에 작용하는 쿨롱인력 F_2는

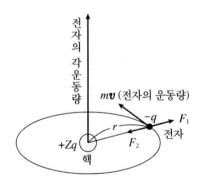

그림 F. 1 수소원자 중의 전자의 주회운동(고전역학적 모형도)

$$F_2 = \frac{-Zq^2}{4\pi\varepsilon_0 r^2} \text{ (MKSA 계)}, \qquad F_2 = \frac{-Zq^2}{r^2} \text{ (cgs 계)} \tag{F. 3}$$

이 된다. 여기에 ε_0는 진공의 유전율이다. 안정한 원운동을 하고 있을 때는

$|F_1| = |F_2|$이므로

$$\frac{mv^2}{r} = \frac{Zq^2}{4\pi\varepsilon_0 r^2} \tag{F. 4}$$

이 된다. 식(F. 4)에 식(F. 1)을 대입하여 r을 구하면

$$r = \frac{4\pi\varepsilon_0 \hbar^2}{mq^2} \cdot \frac{n^2}{Z} = 0.528 \times 10^{-10} \times \frac{n^2}{Z} \, [\text{m}] \tag{F. 5}$$

가 된다. 여기서 $n = 1$, $Z = 1$(후술의 수소의 기저상태)일 때 $r = r_\text{B}$라고 두면

$$r_\text{B} = \frac{4\pi\varepsilon_0 \hbar^2}{mq^2} = 0.529 \, [\text{Å}] \tag{F. 6}$$

이 된다. 이 r_B를 a_B라고도 쓰고 **보어 반경**(Bohr radius)이라고 한다. 이것은 수소원자의 기저상태에 있어서의 궤도반경의 실험값과 잘 일치한다.

다음으로 n번째의 안정한 궤도상에서 운동하고 있는 전자의 총에너지 E_n을 구해보자. 우선 운동에너지 K는 식 (F. 4)를 이용하여

$$K = \frac{1}{2}mv^2 = \frac{1}{2} \cdot \frac{Zq^2}{4\pi\varepsilon_0 r} \tag{F. 7}$$

이 된다. 그리고 위치에너지 V는 쿨롱 인력 F_2가 $-dV/dr = F_2$인 관계에 있기 때문에 이 식을 ($r = \infty$에서 $V = 0$이라 하여) 다음과 같이 적분하면

$$V = -\int_\infty^r F_2 dr = -\int_\infty^r \frac{-Zq^2}{4\pi\varepsilon_0 r^2} dr = \frac{-Zq^2}{4\pi\varepsilon_0 r} \tag{F. 8}$$

으로 구해진다. 그래서 원궤도상의 전자가 가지는 총에너지 E_n은

$$E_n = K + V = \frac{-Zq^2}{8\pi\varepsilon_0 r} = \frac{-mq^4}{2(4\pi\varepsilon_0)^2\hbar^2} \cdot \left(\frac{Z}{n}\right)^2 \quad \text{(MKSA 계)} \tag{F.9}$$

$$\text{또는} = \frac{-mq^4}{2\hbar^2} \cdot \left(\frac{Z}{n}\right)^2 \quad \text{(cgs 계)} \tag{F.10}$$

$$\text{또는} = -2.175 \times 10^{-18} \left(\frac{Z}{n}\right)^2 \;[\text{J}] \tag{F.11}$$

$$\text{또는} = -13.6 \left(\frac{Z}{n}\right)^2 \;[\text{eV}] \tag{F.12}$$

가 된다. 단 $n = 1, 2, 3, \cdots$ 이고 $1\,[\text{J}] = 0.624 \times 10^{19}\,[\text{eV}]$이다. $n = 1$인 상태는 **기저상태**(ground state)라고 하고 최저의 에너지 준위에 있다. $n \geq 2$인 상태를 **여기상태**(excited state)라고 하며 n이 커짐에 따라 에너지는 순차적으로 높아지고 띄엄띄엄에 높은 **이산값**(discrete value)을 취한다. $n = 1$, $Z = 1$인 수소의 기저준위는 $-13.6\,[\text{eV}]$로 이것은 또 양자역학적 수법에 의해 정확히 계산한 결과와 일치하고 또 실험값과도 잘 일치한다.

부록 G 2차원 정방격자의 브릴루앙 영역

6.7절의 식 (6.7.3), $k_n = n\pi/a(n = 1, 2, 3, \cdots)$을 일반적인 방법으로 구해 보자. 그러기 위해서는 그림 G.1을 참조하여 전자파의 입사 파수벡터를 k, 입사각을 θ, 또 브래그(Bragg) 반사한 후의 반사파의 파수벡터를 k'라고 하면 반사각

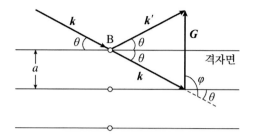

그림 G. 1 브래그 반사. k는 입사 파수벡터, k'는 반사 파수벡터, G는 역격자 벡터 또는 그 2π배,
a는 격자간격(면간격), φ는 k와 G가 이루는 각

은 입사각과 같고 θ가 된다. k와 k'의 절댓값 또는 그 크기 k, k'는 서로 같고 전
자파의 파장을 λ라고 할 때

$$\left. \begin{array}{l} |\boldsymbol{k}| = k = 2\pi/\lambda \\ |\boldsymbol{k}'| = k' = 2\pi/\lambda \end{array} \right\} \tag{G. 1}$$

가 된다. 지금 k와 k' 양 벡터의 시점을 그림에 나타낸 것처럼 점 B가 된다. 그리
고 k의 종점으로부터 k'의 종점을 향하는 벡터 G를 그으면 G는 격자면에 수직
으로 되어 있다. 벡터 G의 크기를 구해 보자. 우선 벡터의 합의 공식을 이용하면

$$\boldsymbol{k} + \boldsymbol{G} = \boldsymbol{k}' \tag{G. 2}$$

가 되고, 벡터의 제곱은 벡터 크기의 제곱과 같다는 것을 이용하여, 위 식의 양변
을 제곱하면

$$(\boldsymbol{k} + \boldsymbol{G})^2 = \boldsymbol{k}'^2 = k'^2$$

이 된다. 좌변을 분해하여 $\boldsymbol{k}^2 = k^2 = k'^2$, $\boldsymbol{G}^2 = G^2$을 이용하면

$$2\boldsymbol{k}\cdot\boldsymbol{G}+G^2=0$$
$$\therefore\ 2\boldsymbol{k}\cdot\boldsymbol{G}+G^2=0$$

(G. 3)

이 된다. 여기에 $\boldsymbol{k}\cdot\boldsymbol{G}$는 벡터의 스칼라 적을 나타낸다. 이 식은 2차원 결정에서도 3차원 결정에서도 성립하는 일반적인 식으로 $\boldsymbol{G}$를 **역격자 벡터**(reciprocal lattice vector)라고 한다. 지금 $\boldsymbol{k}$와 $\boldsymbol{G}$, 양 벡터가 이루는 각을 φ(그림 G.1 참조)라고 하면

$$\boldsymbol{k}\cdot\boldsymbol{G}=kG\cos\varphi$$

이므로 이것을 식 (G. 3)에 대입하여 이항하면

$$G^2=-2kG\cos\varphi$$

가 된다. 다시 말해서

$$G=-2k\cos\varphi$$

(G. 4)

가 된다. 하지만 φ와 θ의 관계는

$$\varphi=\theta+\pi/2$$

이므로 $\cos(\theta+\pi/2)=-\sin\theta$를 이용하면 G는

$$G=2k\sin\theta$$

(G. 5)

가 된다. 그런데 지금은 브래그 반사를 일으키고 있기 때문에 격자면 간격을 a 라고 하면

$$2a \sin \theta = n\lambda \quad (n = \text{양의 정수})$$

가 성립하고, 이 식과 식 (G. 1)의 k값을 이용하면 G는 식 (G. 5)로 부터

$$G = 2 \cdot \frac{2\pi}{\lambda} \cdot \frac{n\lambda}{2a} = \frac{2\pi}{a}n \qquad (G. 6)$$

이 된다. 결국 벡터 $\boldsymbol{G}$는 **면간격 a의 격자면에 수직인 방향을 가지고 그 크기는 $2\pi/a$인 정수배이다**[5]. 따라서 실재의 결정격자의 면간격 a의 역수의 크기를 단위로 하여 가지는 가상적인 격자를 생각하면 그 2배, 3배…로 한 가상적 격자점이 만들어진다. 이것은 매우 중요한 격자이고 실존의 격자에 대해 **역격자**라고 한다.

그렇다면 다시 1차원 결정을 생각해 보자. 지금 x 축 방향(원자가 1차원으로 정열한 방향)의 단위벡터를 $\boldsymbol{i}$라 하고 이 방향에서의 정수를 n_x라고 하면 $\boldsymbol{G}$의 정수를

$$\boldsymbol{G} = \frac{2\pi n_x}{a}\boldsymbol{i} \quad (n_x = \text{정수} = 0, \pm 1, \pm 2, \cdots) \qquad (G. 7)$$

라고 한다. 따라서 $\boldsymbol{G}$의 x 방향의 성분 $G_x = 2\pi n_x/a$와 $\boldsymbol{k}$의 x 방향의 성분 k_x 와의 내적은 $\boldsymbol{k} \cdot \boldsymbol{G} = k_x G_x$인 것에 주의하여 식 (G. 3)은

---

5 역격자 벡터 G의 크기를 $1/a$이라고 할 때는 식 (G. 6)의 2π를 생략하는 경우로, 결정학 방면에서는 $G = n/a$이라고 하는 관습이 있다.

$$2k_x \frac{2\pi n_x}{a} + \left(\frac{2\pi n_x}{a}\right)^2 = 0$$

$$\therefore \ k_x = -\frac{\pi}{a}n_x \quad (n_x = 정수) \tag{G. 8}$$

가 된다. k_x의 방향은 G_x와 역방향이다. n_x가 정수값을 취할 수 있는 것을 고려하면 이 결과는 식 (6.7.3)을 포함한다. 즉 일반적인 브래그 식과 역격자를 이용해서 브래그 반사를 일으키는 파수 k_x의 크기를 구하는 것이 가능했다.

그렇다면 다음으로 2차원 정방격자결정(x, y 양축 방향과도 같은 면간격 a를 가지는 결정)의 경우를 생각하자. y 축 방향의 단위벡터를 j라고 하고 정수를 n_x, n_y라고 하면 2차원 역격자 벡터는

$$\boldsymbol{G} = G_x \boldsymbol{i} + G_y \boldsymbol{j} = 2\pi\left(\frac{n_x}{a}\boldsymbol{i} + \frac{n_y}{a}\boldsymbol{j}\right) \quad (n_x, n_y = 정수) \tag{G. 9}$$

가 된다. 또 $\boldsymbol{k}$의 성분은 k_x, k_y이므로

$$\boldsymbol{k} = k_x \boldsymbol{i} + k_y \boldsymbol{j}$$

가 되고, 이것들을 식 (G. 3)에 대입하면 $\boldsymbol{i} \cdot \boldsymbol{j} = 0$, $\boldsymbol{i}^2 = \boldsymbol{j}^2 = 1$인 것에 주의하여

$$k_x n_x + k_y n_y = -\left(\frac{\pi}{a}\right)(n_x^2 + n_y^2) \quad (n_x, n_y = 정수) \tag{G. 10}$$

이 된다.

부록 H 페르미-디락 통계

H.1 페르미-디락 분포

양자수 n, l, m_l, m_s에 의해 정해지는 1개의 양자상태에 파울리(Pauli) 배타원리 때문에 입자가 1개밖에 들어갈 수 없는 경우에는 그 입자는 페르미-디락 통계(Fermi-Dirac statistics)에 따른다고 한다. 그리고 그런 입자의 에너지 분포를 **페르미-디락 분포**(Fermi-Dirac distribution)라고 한다. 전자, 양자, 중성자 등은 이 통계에 따르는 입자이다.

지금 양자상태(에너지 준위)를 거의 에너지가 같은 각 그룹으로 나눠 각 그룹에 에너지가 낮은 쪽에서 순차적으로 ε_1, ε_2, $\cdots$, ε_i, $\cdots$로 이름 붙인다. 각 에너지 준위에 대응하는 가능한 상태의 수를 g_1, g_2, $\cdots$, g_i, $\cdots$라고 하자(그림 H. 1 참조). 입자 간의 상호작용이 약하고, 각 입자가 가지는 에너지의 합이 계의 총 에너지 E와 같다고 하자.

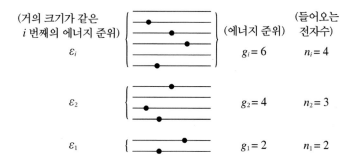

그림 H. 1 거의 같은 에너지를 그룹으로 나누어 각 에너지를 ε_i 등으로 이름 붙인다. 각 ε_i에는 상태 수 g_i와 입자수 n_i가 대응한다.

입자의 총 수 N과 총에너지 E를 일정하게 유지하고 각 에너지 준위로의 여기하기 쉬운 전자의 분포수(알기 쉽게 말하면 배포된 전자수) n_1, n_2, $\cdots$, n_i, $\cdots$를 구하는 것을 생각해 보자. 여기에 $n_i \leq g_i$이고

$$\sum_i n_i = N \tag{H. 1}$$

$$\sum_i n_i \varepsilon_i = E \tag{H. 2}$$

이다. 이 경우, 모든 에너지 준위는 E보다 작은 것들로서 준위 ε_i의 가능한 상태의 수를 g_i라고 하면 모든 가능한 상태수의 총수 G는 다음과 같이 된다.

$$G = g_1 + g_2 + \cdots + g_i + \cdots = \sum_i g_i \tag{H. 3}$$

1개의 전자가 어떤 상태를 차지하는 확률은 어떤 상태를 차지하든 완전히 같은 확률을 가진다고 하자. 이것은 **"선험적 확률이 같다"** 라고도 **"등중률의 원리"**라고도 불려 진다. 다시 말해서 1개의 전자가 어떤 상태를 차지하는 확률 p는

$$p = 1/G \tag{H. 4}$$

로 주어진다고 하자.

에너지 준위 ε_1, ε_2, $\cdots$를 차지하는 전자수 분포가 n_1, n_2, $\cdots$인 확률 $P(n_1, n_2, \cdots)$를 생각하자. 우선 g_i개인 상자에 구별할 수 없는 n_i개의 공을(1개의 상자에는 1개 이하의 공 밖에 넣지 못하는 제한 하에서) 넣어서 어떤 특정한 분포가 나타나는 확률을 구한다. 그것은 말할 필요도 없이 p^{n_i}이다. 지금 $g_i = 3$,

$n_i = 2$라고 하면(그림 H. 2 참조, 그림에서는 g_i를 3개의 상자 A, B, C로 나타내고 있다) 그림에서 (1), (2), (3)의 어느 쪽이든 넣는 방법에 있어서 공이 상자를 차지하는 확률은 p^2이다.

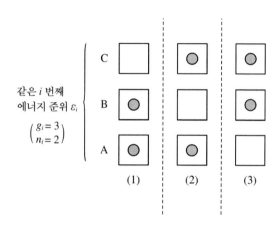

같은 i 번째
에너지 준위 ε_i
$\begin{pmatrix} g_i = 3 \\ n_i = 2 \end{pmatrix}$

그림 H. 2 i번째의 같은 에너지 준위 ε_i에 전자 n_i개를 넣는 방법의 수

게다가 일반적으로 공을 분배하는 방법을 W_i라고 하면 W_i는 n_i개가 채워진 상자와 $(g_i - n_i)$개의 빈 상자를 나열하는 방법의 수, 즉

$$W_i = {}_{g_i}C_{n_i} = \frac{g_i!}{n_i!(g_i - n_i)!} \tag{H. 5}$$

이다. 그림 H. 2 의 예에서는 ${}_3C_2 = 3!/[2!(3-2)!] = 3$가지, 이것을 (1), (2), (3) 의 3가지의 배포 방법으로 나타냈다. 따라서 g_i개의 에너지 준위 ε_i에 n_i개 전자가 들어갈 확률 $P(n_i)$는

$$P(n_i) = p^{n_i} W_i = \frac{p^{n_i} g_i!}{n_i!(g_i - n_i)!} \tag{H. 6}$$

이 된다. 그림 H. 2 예에서는 $P(2) = 3p^2$이 된다. ε_i이외의 나머지 준위에서도 마찬가지 이므로 $P(n_1,\ n_2,\ \cdots)$는

$$P(n_1,\ n_2,\ \cdots) = p^{n_1}p^{n_2} \cdots W_1 W_2 \cdots = p^N W \qquad \text{(H. 7)}$$

가 된다. 여기서 W는

$$W = \prod_i \frac{g_i!}{n_i!(g_i - n_i)!} \qquad \text{(H. 8)}$$

이다. 그래서 $n_1,\ n_2,\ \cdots$를 다양하게 바꿨을 때의 각 확률 $P(n_1,\ n_2,\ \cdots)$중에서 가장 큰 확률의 값을 취하는 전자분포가(어떤 일정온도에서) 가장 일어나기 쉬운 분포인 것이라 생각되어진다. 그런데 p^N은 정수이므로 식 (H. 8)의 W가 가장 큰 값일 때 가장 일어나기 쉬운 전자분포가 된다. W를 최대로 하는 대신에 $\log W$를 최대로 하는 쪽이 계산은 간편하다. 단 여기서 주의해야 할 점은 총 전자수 일정(식 (H. 1)), 총에너지가 일정 (식 (G. 2))이라는 조건부에서 $\log W$의 최댓값을 구해야만 한다는 것이다. 이를 위해서는 α, β를 미정계수로 한 **라그랑쥬**(Langrange)의 **미정계수법**을 적용하는 것이 편리하다.

우선 g_i, n_i가 충분히 클 때에는 **스터링**(Stirling)**의 근사식**

$$\log n! \fallingdotseq n \log n - n \qquad \text{(H. 9)}$$

이 이용되므로

$$\log W = \sum_i \left\{ g_i \log g_i - n_i \log n_i - (g_i - n_i) \log(g_i - n_i) \right\} \qquad \text{(H. 10)}$$

가 된다. n_i를 δn_i만큼 미소변화시켰을 때 $\log W$가 최대가 되기 위해서는

$$\delta \log W = \sum_i \left\{ -\log n_i + \log(g_i - n_i) \right\} \delta n_i \qquad \text{(H. 11)}$$

가 0이 되어야만 한다. 그런데 식 (H. 1, 2)의 변분은 ε_i를 일정하게 하면

$$\delta N = \sum_i \delta n_i = 0, \quad \delta E = \sum_i \varepsilon_i \delta n_i = 0 \qquad \text{(H. 12)}$$

이 되므로 이것들의 식에 미정계수 $-\alpha$, $-\beta$를 제각각 곱하여 (H. 11)의 좌변에 더하여 0과 같다고 두면

$$\delta \log W - \alpha \sum_i \delta n_i - \beta \sum_i \varepsilon_i \delta n_i = 0 \qquad \text{(H. 13)}$$

이 된다. δn_i은 식 (H. 12)를 만족시키지 않으면 안 되므로 δn_1, δn_2, ⋯의 전부를 임의로 취해서는 안 된다. 하지만 예를 들면 δn_1과 δn_2의 2개는 식 (H.13)의 $i = 1$, 2인 2개의 식을 만족시키는 것처럼 결정하면 나중의 나머지의 δn_3, δn_4, ⋯ 등은 임의로 취하는 것이 가능하다. 게다가 식 (H. 13)에서 $i = 1$, 2라고 한 2개의 식에서 α, β인 2개의 미지수도 원리적으로는 결정하는 것이 가능하다. 그 식은

$$\left.\begin{array}{l} \log(g_1 - n_1) - \log n_1 - \alpha - \beta \varepsilon_1 = 0 \\[4pt] \log(g_2 - n_2) - \log n_2 - \alpha - \beta \varepsilon_2 = 0 \end{array}\right\} \qquad \text{(H. 14)}$$

이 된다. 그래서 식 (H.13)에서 δn_3, δn_4, ⋯ 등은 임의로 취할 수 있기 때문에 δn_3, δn_4, ⋯ 의 계수를 0으로 둘 수 있다. 그래서

$$\left.\begin{array}{l} \log(g_3 - n_3) - \log n_3 - \alpha - \beta\varepsilon_3 = 0 \\ \cdots\cdots\cdots\cdots\cdots\cdots\cdots\cdots\cdots\cdots\cdots\cdots \\ \log(g_i - n_i) - \log n_i - \alpha - \beta\varepsilon_i = 0 \\ \cdots\cdots\cdots\cdots\cdots\cdots\cdots\cdots\cdots\cdots\cdots\cdots \end{array}\right\} \qquad \text{(H. 15)}$$

이 된다. 식 (H. 14, 15)로부터 모든 i에 대해

$$\log\left(\frac{g_i - n_i}{n_i}\right) = \alpha + \beta\varepsilon_i \qquad \text{(H. 16)}$$

가 되는 것을 알 수 있다. 이 식에서 n_i를 풀면

$$n_i = \frac{g_i}{e^{\alpha + \beta\varepsilon_i} + 1} \qquad (i = 1, 2, 3, \cdots) \qquad \text{(H. 17)}$$

가 된다. 이 식은 "구별할 수 없는 입자(예를 들면 전자)를 g_i개의 양자상태를 가지는 에너지 준위 ε_i에, 1상태에는 1개 이하의 입자 밖에 넣는 것을 허락하지 않는다고 했을 때의, 열평형상태에 있어서의 전자분포수 n_i를 부여하는 식" 이다. 이 식을 1개의 양자상태를 차지하는 평균 입자수의 모양, 즉 $n_i/g_i \equiv f_i(\leq 1)$인 모양으로 쓰면

$$f_i \equiv \frac{n_i}{g_i} = \frac{1}{e^{\alpha + \beta\varepsilon_i} + 1} \qquad \text{(H. 18)}$$

이 된다. 이 식을 **페르미-디락 분포함수**라고 하고 이 분포에 따르는 입자를 **페르미 입자**(Fermion)이라 한다.

  양자 상태수 g_i에 비해 전자수 n_i가 충분이 작으면 $n_i/g_i \ll 1$이기 때문에 식 (H. 18)의 분모는 충분히 커지고 분모의 1은 생략할 수 있다. 따라서

$$f_i \equiv \frac{n_i}{g_i} \doteqdot e^{-\alpha - \beta\varepsilon_i} \quad (f_i \ll 1) \tag{H. 19}$$

가 되어 이것은 고전통계 맥스웰-볼츠만 분포(Maxwell-Boltzmann distribution) 와 일치한다.

H.2 α와 β의 물리적 의미

미소열량 δQ가 계에 더해지면 열역학 제1 법칙에 의하면 계의 내부 에너지 E는 δE만 변화하고 p를 압력, V를 체적이라 하면

$$\delta E = \delta Q - p\delta V \tag{H. 20}$$

가 된다. 또 식 (H. 2)로부터

$$\delta E = \sum_i \varepsilon_i \delta n_i + \sum_i n_i \delta\varepsilon_i \tag{H. 21}$$

로 구해진다. 그런데 모서리의 길이가 L_x, L_y, L_z인 체적 V인 상자 안의 자유 전자의 운동을 생각하면 에너지 준위 ε_i는 전자의 질량을 m이라 할 때

$$\left. \begin{aligned} &\varepsilon_i \equiv \varepsilon_{n_x n_y n_z} = \frac{h^2}{2m}\left(\frac{n_x^2}{L_x^2} + \frac{n_y^2}{L_y^2} + \frac{n_z^2}{L_z^2}\right) \\ &n_x, n_y, n_z = 0, \pm 1, \pm 2, \cdots \end{aligned} \right\} \tag{H. 22}$$

로 구해진다 [식 (6.8.18)]. 그래서 양자수 n_x, n_y, n_z를 일정하게 한 에너지 준위 ε_i 에 무언가의 변화 $\delta\varepsilon_i$가 일어날 수 있는 것은 L_x, L_y, L_z의 변화, 즉 체적 V의 변화가 일어나는 경우만이다라고 할 수 있다. 그래서 식 (H. 20)에서 $p = -\partial E/\partial V$ 인 것을 고려하면 식 (H. 21)의 우변 제2 항은

$$\sum_i n_i \delta\varepsilon_i = \sum_i n_i \frac{\partial \varepsilon_i}{\partial V} \partial V = -p\delta V \tag{H. 23}$$

로 쓸 수 있으므로 식 (H. 20)과 (H. 21)을 비교하여 다음과 같이 된다.

$$\delta Q = \sum \varepsilon_i \delta n_i \tag{H. 24}$$

미소열량 δQ를 계에 가역적으로 더하였을 때 계는 열평형에 있으므로 식 (H. 8)의 W는 항상 극대에 있고 식 (H. 13)이 성립한다. 식 (H. 13)에서 입자의 총수 N은 일정, 결국 $\delta N = \sum \delta n_i = 0$이 되고 식 (H. 24)의 관계를 사용하면

$$\delta \log W = \beta \sum \varepsilon_i \delta n_i = \beta \delta Q \tag{H. 25}$$

가 된다. 여기서 $\delta \log W$는 완전 미분이므로 $\delta \log W = \sum \frac{\partial}{\partial n_i}(\log W)\delta n_i$이고 따라서 또 $\beta \delta Q$도 완전 미분이다. δQ 그 자체로는 완전 미분이 아니지만 절대온도의 역수, 즉 $1/T$(이것을 적분 인자라고 한다)을 곱한 것이 완전 미분이 되는 것은 열역학에서 알려져 있으므로 식 (H. 25)의 좌우양변의 차원(무차원)을 합쳐가며 완전 미분의 모양을 하기 위해서는

$$\beta = \frac{1}{k_B T} \tag{H. 26}$$

이라 하면 된다. 여기에 계수 k_B는 볼츠만 상수이며 $k_B T$는 에너지의 차원을 가진다. 그래서 엔트로피를 S라고 하면 $dS = \delta Q/T$이므로 식 (H. 25)는

$$\delta \log W = dS/k_B \tag{H. 27}$$

가 된다. 이것을 적분하고 적분상수를 const(일정)라 하면 다음 식이 된다.

$$S = k_B \log W + \mathrm{const} \tag{H. 28}$$

다음으로 E를 일정하게 유지하고 전자의 총 수 N을 아주 조금 변화시키면 $\delta E = 0$, $\delta N \neq 0$이므로 이것을 식 (H. 13)에 대입하면

$$\delta \log W = \alpha \sum \delta n_i = \alpha \delta N \tag{H. 29}$$

이 된다. 이 식 (H. 29)와 (H. 27)을 비교하면 다음과 같이 된다.

$$dS/k_B = \alpha \delta N \tag{H. 30}$$

그런데 열역학 제1 법칙에서 입자수의 변화에 의한 내부에너지의 변화까지도 고려한 식은 μ를 입자 1개당의 **화학 포텐셜**(깁스(Gibbs)의 자유에너지를 G라고 하면 $\mu = \partial G/\partial n$이다)이라 할 때

$$dE = TdS - pdV + \mu dN \tag{H. 31}$$

이 된다. 지금은 $\delta N \neq 0$, $\delta E = 0$이지만 거기에 체적 V는 일정하다고 하면

$$TdS = -\mu dN \tag{H. 32}$$

이 된다. 식 (H. 30)과 (H. 32)를 비교하면 α는

$$\alpha = \frac{-\mu}{k_B T} \qquad \text{(H. 33)}$$

로 구해진다.

이상의 식 (H. 26)과 (H. 33)을 이용하면 **페르미-디락 분포**의 식 (H. 18)은 다음과 같이 된다.

$$f_i \equiv \frac{n_i}{g_i} = \frac{1}{e^{(\varepsilon_i - \mu)/k_B T} + 1} \qquad \text{(H. 34)}$$

이 식을 일반화하기 위해 첨자인 i를 생략하고 f_i를 $f(\varepsilon)$라고 하면 다음 식이 된다.

$$f(\varepsilon) = \frac{1}{e^{(\varepsilon - \mu)/k_B T} + 1} \qquad \text{(H. 35)}$$

부록 I 슈뢰딩거의 파동방정식

자유전자의 전자파를 나타내기 위해 평면파를 이용하기로 한다. 진동수를 ν, 각진동수를 $\omega = 2\pi\nu$, 파장을 λ, 파수를 $k = 2\pi/\lambda$라고 하면 x 방향으로 나아가는 파동은 A를 상수로 하여

$$A\sin 2\pi\left(\nu t - \frac{x}{\lambda}\right) = A\sin(\omega t - kx) \quad \text{또는} \quad A\cos(\omega t - kx) \qquad \text{(I. 1)}$$

라는 모양으로 쓸 수 있다. 또 복소수와 삼각함수의 관계, 즉

$$\left.\begin{array}{l} \sin x = \dfrac{e^{ix} - e^{-ix}}{2i}, \ \ \cos x = \dfrac{e^{ix} + e^{-ix}}{2} \\[2mm] e^{ix} = \cos x + i \sin x, \ \ e^{-ix} = \cos x - i \sin x \end{array}\right\} \tag{I. 2}$$

를 이용하면 식 (I. 1)은

$$Ae^{\pm i(\omega t - kx)} \text{의 허수부 또는 } Ae^{\pm i(\omega t - kx)} \text{의 실수부} \tag{I. 3}$$

이라고도 쓸 수 있다. 그래서 자유전자의 1차원에서의 파동함수를 $\psi(x, t)$라 하여

$$\psi(x,\, t) = Ae^{-i(\omega t - kx)} \tag{I. 4}$$

로 하는 것으로 하자.

3차원 공간에서는 x 대신에 위치벡터 $\boldsymbol{r}$을 또는 k 대신에 파수벡터 $\boldsymbol{k}$를 이용하면 3차원에서의 파동함수 $\psi(\boldsymbol{r}, t)$는

$$\psi(\boldsymbol{r},\, t) = Ae^{-i(\omega t - \boldsymbol{k} \cdot \boldsymbol{r})} \tag{I. 5}$$

로 나타낼 수 있다. 그래서 이 식의 시간을 포함하는 부분을 생략하고 정상상태의 파동함수 $\phi(\boldsymbol{r})$을

$$\phi(\boldsymbol{r}) = Ae^{i\boldsymbol{k} \cdot \boldsymbol{r}} \tag{I. 6}$$

로 나타내기로 하자. 이 식은 $\boldsymbol{k}$에 의해서 파동함수, 따라서 전자상태도 정해진다는 것을 나타내고 있다. $\boldsymbol{k}$는 파의 진행방향의 방향을 가지고 크기는 $2\pi/\lambda$인

것은 이미 알고 있는 것이다.

그럼 식 (I. 6)의 x 성분만을 빼내어

$$\phi(x) = Ae^{ik_x x} \tag{I. 7}$$

라 하고 이것을 x로 2회 미분하여 $k_x = 2\pi/\lambda$라고 하면 다음 식이 된다.

$$\frac{d^2\phi(x)}{dx^2} = -\left(\frac{2\pi}{\lambda}\right)^2 \phi(x) \tag{I. 8}$$

다시 말해서 식 (I. 7)인 파동함수는 식 (I. 8) 또는 이 우변을 좌변에 이항한

$$\frac{d^2\phi(x)}{dx^2} + \left(\frac{2\pi}{\lambda}\right)^2 \phi(x) = 0 \tag{I. 9}$$

이라는 파동방정식을 만족하고 있는 것을 알 수 있다.

다음으로 입자로 생각하고 있던 전자의 운동을 식 (I. 9)와 연결시킨다. 이 때문에 전자(입자)의 속도 v와 운동량 $p = mv$를 전자파의 파장 λ와 연결시키는 식 (6.5.1)

$$\lambda = \frac{h}{p} = \frac{h}{mv} \tag{I. 10}$$

을 사용한다. 위치에너지 $V = 0$일 때는 총에너지 ε는 운동에너지 $mv^2/2$와 같으므로

$$\varepsilon = \frac{1}{2}mv^2 = \frac{1}{2m}p^2 = \frac{1}{2m}\left(\frac{h}{\lambda}\right)^2 \tag{I. 11}$$

이 된다. 그래서 이 식 안의 $(1/\lambda)^2$을 식 (I. 9)에 대입하여 $\hbar = h/2\pi$를 이용하면 식 (I. 9)는

$$\frac{d^2\phi}{dx^2} + \frac{2m\varepsilon}{\hbar^2}\phi = 0 \qquad (I. 12)$$

이라는 파동방정식이 된다. 이것이 **1차원의 양자역학적 파동방정식**이며 이 식은 양자역학의 기초가 되는 식이다. 이 식에서 ε는 진동수 ν와 직접적으로 관계하고 있고

$$\varepsilon = h\nu \quad \text{또는} \quad \varepsilon = \hbar\omega \qquad (I. 13)$$

이다.

식 (I. 12)를 3차원으로 확장하기 위해서는 $d^2\phi/dx^2$을 3차원의 식, 즉

$$\frac{\partial^2\phi}{\partial x^2} + \frac{\partial^2\phi}{\partial y^2} + \frac{\partial^2\phi}{\partial z^2} \equiv \nabla^2\phi \qquad (I. 14)$$

로 치환하면 된다. 이때 $\phi(x)$는 $\phi(x, y, z) = \psi(\boldsymbol{r})$로 치환하는 것은 말할 필요도 없다. 그러면 식 (I. 12)는

$$\nabla^2\phi(\boldsymbol{r}) + \frac{2m\varepsilon}{\hbar^2}\phi(\boldsymbol{r}) = 0 \qquad (I. 15)$$

이 된다. 이 식은 전자가 외력을 받지 않고 자유롭게 운동하고 있을 때에 사용하는 **3차원의 양자역학적 파동방정식**이다. 하지만 외력이 가해질 때는 이 식을 조금 변형할 필요가 있다.

외력이 전자에 작용하여 그것이 위치에너지 V와 관계지어질 때는 전자의 총에너지 ε는 운동에너지 $mv^2/2$와 V의 합으로 나타난다. 다시 말해서

$$\varepsilon = \frac{mv^2}{2} + V \tag{I. 16}$$

가 된다. 이 식을 전자의 운동에너지에 대해 나타내면

$$\frac{mv^2}{2} = \varepsilon - V \tag{I. 17}$$

가 된다. 그런데 식 (I. 11)에서 나타낸 것처럼 식 (I. 15)의 ε는 운동에너지였었기 때문에 식 (I. 15)의 ε대신에 $mv^2/2$, 즉 식 (I. 17)의 $\varepsilon - V$를 대입하면

$$\nabla^2 \phi(r) + \frac{2m}{\hbar^2}(\varepsilon - V)\phi(r) = 0 \tag{I. 18}$$

이 된다. 이것을 고쳐 쓰면

$$-\frac{\hbar^2}{2m}\nabla^2\phi(r) + V\phi(r) = \varepsilon\phi(r) \tag{I. 19}$$

이 된다. 이것이 **3차원의 시간을 포함하지 않는 양자역학적 일반적인 파동방정식**이다. 본문 6.8절의 식 (6.8.14)는 식 (I. 19)에서 $V = 0$이라 두었던 것이다. 이것들 일련의 파동방정식을 **슈뢰딩거**(E. Shrödinger)[6]**의 파동방정식**이라 한다.

---

6   E. Shrödinger(1887-1961), 오스트리아, 파동역학의 창시자, 1926년(39세), 노벨상 수상(1933)

부록 J 페르미 속도와 유동속도

5.4절의 식 (5.4.10)은 고체 중의 1개의 전자에 전계 $\boldsymbol{E}$가 가해졌을 때 전자의 위치 $\boldsymbol{r}$을 나타내는 식이였다. 이 식은 충돌 직후의 시각 $t = 0$에 있어서의 전자의 위치를 $\boldsymbol{r}_0$라 하고 다음 충돌까지의 t초간에 움직이는 전자의 이동거리 $s = \boldsymbol{r} - \boldsymbol{r}_0$를

$$s = \boldsymbol{r} - \boldsymbol{r}_0 = v_0 t + \frac{1}{2}\frac{(-q)\boldsymbol{E}}{m}t^2 \tag{J. 1}$$

으로 주고 있다. 여기서 v_0는 열(운동)속도였지만 금속인 경우에 전기전도에 기여하는 v_0는 페르미 속도 v_F 이다. 또 t로서 완화시간 τ를 이용하고 $\boldsymbol{s}$의 크기를 s라고 하면 다음과 같이 된다.

$$s = |\boldsymbol{r} - \boldsymbol{r}_0| \doteqdot v_F \tau + \frac{1}{2}\frac{(-q)E}{m}\tau^2 \tag{J. 2}$$

여기서 우변 제1 항의 크기는, Na 금속인 경우, $\tau = 3.1 \times 10^{-14}\,[\text{s}]$(표 5.1), $v_F = 1.1 \times 10^8\,[\text{cm/s}]$(표 6.1)이므로

$$v_F \tau \doteqdot 1.1 \times 10^8 \times 3.1 \times 10^{-14} = 3.4 \times 10^{-6}\,[\text{cm}] = 340\,[\text{Å}] \tag{J. 3}$$

이 된다. 이것은 식 (6.8.13)의 평균자유행로 l이다.

다음으로 우변 제2 항은 $E = 1\,[\text{mV/cm}] = 10^{-1}\,[\text{V/m}]$, $q = 1.6 \times 10^{-19}\,[\text{C}]$, $m = 9.1 \times 10^{-31}\,[\text{kg}]$이라 하면

$$\frac{qE}{2m}\tau^2 \doteqdot \frac{1.6\times10^{-19}[\mathrm{C}]\times10^{-1}[\mathrm{V/m}]}{2\times9.1\times10^{-31}[\mathrm{kg}]}(3.1\times10^{-14})^2\,[\mathrm{s}^2]$$

$$= 8.4\times10^{-18}\,[m]$$

$$= 8.4\times10^{-16}\,[\mathrm{cm}] = 8.4\times10^{-8}\,[\mathrm{\AA}] \tag{J. 4}$$

이 된다. 이처럼 식 (J. 2)의 제2 항은 제1 항보다 항상 작아서 무시할 수 있으므로

$$s \doteqdot v_{\mathrm{F}}\tau = l \tag{J. 5}$$

이 된다. 즉 충돌과 충돌 사이의 시간(자유로운 시간) 동안의 자유전자의 이동거리는 페르미 속도에 의한 것이 대부분이고, 전계에 의한 이동거리는 무시할 수 있을 정도로 작다. 이 때문에 자유전자의 평균자유행로 l은 페르미 속도(열속도)에 의해 결정된다. 거꾸로 말하면 전계를 가하여도 이동거리는 거의 변하지 않는다.

이것을 도시하면 그림 J. 1이 된다. 그림 (a)는 전계 E가 가해지지 않았을 때 1개의 전자의 열운동을 나타낸다. 이 경우는 충돌할 때마다 전자의 진로는 랜덤으로 갑자기 변하여 전 행로의 벡터 합은 0이 되고 어떤 특정한 방향으로 전자가 나아가지는 않는다(어떤 특정한 방향으로 전자가 나아가면 전류가 흘렀다는 것이 된다). 그림 (b)는 전계를 가했을 때 전계에 의한 전자의 변위를 나타낸다. 이것이 다음에 언급할 유동속도에 의한 전자의 평균변위(전계와 역방향)에 상당하는 부분이 된다. 그림 (a)와 그림 (b)를 더한 것이 전계가 있을 때 자유전자의 진행경로가 된다. 이것을 그림 (c)에 나타낸다. 각 충돌 간의 평균자유행로는 그림 (a)일 때와 거의 변하지 않지만 각 경로는 포물선이 되고 서서히 전계 E와 역방향으로 나아간다(전류가 흐른다). 다음으로 그림 (c)인 경우의 평균 이동거리를 계산해 보자.

식 (J. 1)은 1회의 충돌과 충돌 사이의 이동을 나타내는 식이다. 자유전자는 1초간 $1/\tau \sim 10^{14}$회의 충돌을 반복한다.

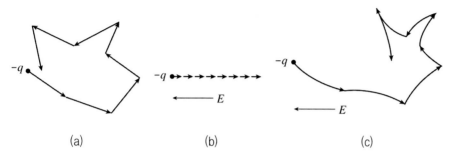

그림 J. 1 (a) 전계가 없을 때 열운동, (b) 전계에 의한 전계방향과 역방향의 변위, (c) 전계가 가해졌을 때 결정 내 자유전자의 진행경로

여러 차례의 충돌시간(완화시간)은 장시간의 것도 단시간의 것도 있고, 장단의 시간이 어떤 분포를 하고 있다. 이것이 5.4절의 식 (5.4.7)의 모양을 하고 있다. 식 (5.4.8)을 사용해서 여러 차례의 충돌 간의 자유로운 시간에 대해서 식 (J. 1)의 평균을 취해 보면 식 (5.4.13)이 된다. 즉

$$\langle \boldsymbol{s} \rangle = \langle \boldsymbol{v}_0 t \rangle + \frac{-q\boldsymbol{E}}{2m} \langle t^2 \rangle \tag{J. 6}$$

이다. 여기서 $\boldsymbol{v}_0$와 t가 서로 독립적인 사상으로 $\langle \boldsymbol{v}_0 t \rangle = \langle \boldsymbol{v}_0 \rangle \langle t \rangle$이면 $\langle \boldsymbol{v}_0 \rangle = 0$, 즉 $\langle \boldsymbol{v}_{\mathrm{F}} \rangle = 0$이기 때문에 (식 (5.4.13)의 아래의 설명 참조) 식 (J. 6)은

$$\langle \boldsymbol{s} \rangle = \frac{-q\boldsymbol{E}}{2m} \langle t^2 \rangle \tag{J. 7}$$

이 된다. 그런데 $\langle t^2 \rangle$은 식 (5.4.7), (5.4.8)을 사용해서

$$\langle t^2 \rangle = \frac{1}{N_0} \int_0^\infty t^2 \frac{Ndt}{\tau} = \int_0^\infty \frac{t^2}{\tau} e^{-t/\tau} dt \tag{J. 8}$$

을 계산하면 되므로 적분공식

$$\int x^m e^x dx = x^m e^x - m \int x^{m-1} e^x dx \tag{J. 9}$$

를 이용하면

$$\langle t^2 \rangle = 2\tau^2 \tag{J. 10}$$

이 된다. 따라서 식 (J. 7)은

$$\langle s \rangle = \frac{-qE}{2m} 2\tau^2 = \frac{-qE}{m} \tau^2 \tag{J. 11}$$

이 된다. s의 평균값은 s를 나타내는 식 (J. 1)의 우변 제2 항에서 $t = \tau$로 둔 경우의 정확히 2배가 되어 있다. 이 원인은 식 (J. 10)에 있다. 식 (5.4.16, 17, 18)로부터

$$v_d = \frac{\langle s \rangle}{\tau} = \frac{\langle r - r_0 \rangle}{\tau} = \frac{-q\tau}{m} E = -\mu E \tag{J. 12}$$

가 된다. 또 v_d의 크기 v_d를 계산해 보면 E의 크기를 E라 하여

$$v_d = \frac{q\tau}{m} E = \mu E \tag{J. 13}$$

가 된다. 그래서 우선 Na 금속의 이동도 μ를 계산하면

$$\mu = \frac{q\tau}{m} = \frac{1.6 \times 10^{-19}[\mathrm{C}] \times 3.1 \times 10^{-14}[\mathrm{s}]}{9.1 \times 10^{-31}[\mathrm{kg}]} = 0.55 \times 10^{-2}\,[\mathrm{m/Vs}]$$

$$= 55\,[\mathrm{cm^2/Vs}] \tag{J. 14}$$

가 된다. 이 μ의 값은 표 5.1의 Na의 값과 일치한다.

여기서 $E = 1\,[\mathrm{mV/cm}] = 10^{-3}\,[\mathrm{V/cm}]$라 하면

$$v_\mathrm{d} = 55\,[\mathrm{cm^2/Vs}] \times 10^{-3}\,[\mathrm{V/cm}] = 0.055\,[\mathrm{cm/s}] \tag{J. 15}$$

가 된다. 따라서 식 (J. 12)를 이용하여 $\langle s \rangle$의 크기를 $|\langle s \rangle|$로 나타내면

$$|\langle s \rangle| = v_\mathrm{d}\tau = 0.055\,[\mathrm{cm/s}] \times 3.1 \times 10^{-14}\,[\mathrm{s}] = 1.7 \times 10^{-15}\,[\mathrm{cm}] \tag{J. 16}$$

가 된다. 이것은 식 (J. 11)의 절댓값이기도 하며, 식 (J. 4)의 정확히 2배이다. 이 원인은 전에 설명한 것처럼 식 (J. 1)의 우변 제2 항과 식 (J. 11)이 2배 다른 것에 의한다. 이 $v_\mathrm{d}\tau$의 값은 $v_\mathrm{d} \sim 10^{-6}\,[\mathrm{cm}]$에 비해 매우 작지만 전자가 전계의 역방향에 착실히 나아가는 변위를 나타내고, 그림 J. 1(b)의 미소변위에 상당한다.

이상을 요약하면, 식 (J. 1)과 (J. 2)의 우변 제1 항은 페르미 속도 $v_\mathrm{F} \approx 10^8\,[\mathrm{cm/s}]$에 의한 항으로, 제2 항의 유동속도 $v_\mathrm{d} \approx 0.05\,[\mathrm{cm/s}]$에 의한 항보다도 매우 크지만 무작위한 움직임을 하므로 그 평균을 하면 제1 항은 0이 되어 버린다. 제2 항의 유동속도의 항은 전계에 의한 것으로 v_d는 매우 작지만 평균하면 작으면서도 0이 되지 않고 남기 때문에 이것이 전자의 평균(전계와 역방향의)변위에 기여한다.

그렇다면 이와 같은 전자의 유동속도는 느린데도 왜 전류의 흐름이 빨리 전해지는 것일까. 그것은 수평으로 놓인 긴 통 안에 1열로 구슬을 인접시켜 채워 한

쪽 끝에서 구슬을 넣으면 다른 쪽 끝에서 밀려진 구슬이 튀어나오는 것과 비슷하다. 즉 전원의 음극 측에서 긴 금속선의 한쪽 끝에 전자가 들어가(**전자의 주입**이라 한다) 조금 전자가 변위하면 다른 끝에서도 바로 다른 전자가 같은 정도로 변위하여 전원의 양극 측으로 튀어 나오므로 즉시 전류가 흐르는 결과가 된다.

부록 K 군속도

군속도를 구하기 위해서는 파장 또는 파수가 아주 조금 다른 2개의 정현파의 겹침을 생각하면 된다. 2개의 정현파를 y_1, y_2로 하고 진폭을 A라고 하면

$$y_1 = A \sin (k_1 x - \omega_1 t) \tag{K. 1}$$

$$y_2 = A \sin (k_2 x - \omega_2 t) \tag{K. 2}$$

가 된다. 이것들을 중첩시킨 결과의 파군을 y라고 하면

$$\begin{aligned} y &= y_1 + y_2 \\ &= 2A \cos (\Delta k \cdot x - \Delta \omega \cdot t) \sin (kx - \omega t) \end{aligned}$$

가 된다. 여기서

$$\Delta k = \frac{k_1 - k_2}{2}, \quad \Delta \omega = \frac{\omega_1 - \omega_2}{2}, \quad k = \frac{k_1 + k_2}{2}, \quad \omega = \frac{\omega_1 + \omega_2}{2} \tag{K. 3}$$

이다. 지금 $k_1 \fallingdotseq k_2$, $\omega_1 \fallingdotseq \omega_2$라고 하면 $2A\cos(\Delta k \cdot x - \Delta\omega \cdot t)$는 매우 완만하게 변화하기 때문에 이것을 파군 y의 진폭이라 간주하면, y는 "맥놀이"에 해당한다. 맥놀이의 진폭

$$2A\cos\left\{\Delta k\left(x - \frac{\Delta\omega}{\Delta k} \cdot t\right)\right\} \tag{K. 4}$$

에서 여현함수의 소괄호 내의 각 항은 같은 차원을 가지므로 차원을 [ ]로 나타내면

$$[x] = [\Delta\omega/\Delta k][t] \tag{K. 5}$$

가 된다. 이것으로부터

$$\left[\frac{\Delta\omega}{\Delta k}\right] = \frac{[x]}{[t]} = \text{속도의 차원} \tag{K. 6}$$

이 되고 $[\Delta\omega/\Delta k]$는 속도의 차원을 가지는 것을 알 수 있다.

식 (K. 4)의 인접하는 영점 사이는 근사적으로 1개의 파군으로 간주할 수 있다. 파군이 나아가는 속도 v_g는

$$v_g = \lim_{\Delta k \to 0} \frac{\Delta\omega}{\Delta k} = \frac{d\omega}{dk} \tag{K. 7}$$

가 된다. 이것이 군속도를 부여하는 식으로 3차원 공간에서의 군속도 v_g는 다음 식이 된다.

$$\boldsymbol{v}_g = \frac{d\omega}{d\boldsymbol{k}} \tag{K. 8}$$

부록 L 페르미 분포와 맥스웰 분포 근사에 의한 전자농도

7.1절의 근사식 (7.1.14)의 우변이 어느 정도까지 적용할 수 있는가를 알아보자. 우변의 근사식을 이용하지 않고 식 (7.1.14)의 중앙의 식, 즉 페르미 분포 그대로를 이용했을 때의 전자농도 n은 식 (7.1.11) 그 자체이며 그것을 n_{F} 라고 두면

$$n_{\mathrm{F}} = \int_{\varepsilon_{\mathrm{c}}}^{\varepsilon_{\mathrm{ct}}} \cdots d\varepsilon \doteqdot \int_{\varepsilon_{\mathrm{c}}}^{\infty} g_{\mathrm{c}}(\varepsilon) \frac{1}{e^{(\varepsilon - \varepsilon_{\mathrm{F}})/k_{\mathrm{B}}T} + 1} d\varepsilon \tag{L.1}$$

로 나타난다. 여기서 $\varepsilon - \varepsilon_{\mathrm{F}} \geq 3k_{\mathrm{B}}T$, 즉 $\varepsilon \geq \varepsilon_{\mathrm{F}} + 3k_{\mathrm{B}}T$에서는 페르미 분포함수 $f(\varepsilon)$의 값은 $f(\varepsilon_{\mathrm{F}} + 3k_{\mathrm{B}}T)$와 같거나 아니면 이것보다 더욱더 작아지므로(그림 L.1 참조) 적분상한은 $\varepsilon_{\mathrm{ct}}$가 아니고 ∞로 두어도 된다. 또 근사식, 즉 맥스웰 분포를 이용했을 때 전자농도는 식 (7.1.14)이며 이것을 n_{M}이라 하면 식 (7.1.18)을 이용해서

$$n_{\mathrm{M}} = \int_{\varepsilon_{\mathrm{c}}}^{\infty} g_{\mathrm{c}}(\varepsilon) e^{-(\varepsilon - \varepsilon_{\mathrm{F}})/k_{\mathrm{B}}T} d\varepsilon$$

$$\doteqdot N_{\mathrm{c}} e^{-(\varepsilon_{\mathrm{c}} - \varepsilon_{\mathrm{F}})/k_{\mathrm{B}}T} \tag{L.2}$$

로 나타난다.

지금 $n_{\mathrm{F}}/n_{\mathrm{M}}$을 $(\varepsilon_{\mathrm{c}} - \varepsilon_{\mathrm{F}})/k_{\mathrm{B}}T$에 대하여 그리면 그림 L.2가 된다. 이 그림에서 $(\varepsilon_{\mathrm{c}} - \varepsilon_{\mathrm{F}})/k_{\mathrm{B}}T > 3$, 다시 말해서 $(\varepsilon_{\mathrm{c}} - \varepsilon_{\mathrm{F}}) > 3k_{\mathrm{B}}T$라면 $n_{\mathrm{F}} \doteqdot n_{\mathrm{M}}$이여도 좋은 근사가 된다는 것을 알 수 있다. 즉 이것은 ε_{F}가 전도대의 바닥 ε_{c}에서 $3k_{\mathrm{B}}T$ ($T = 300[\mathrm{K}]$일 때는 약 $0.075[\mathrm{eV}]$) 이상 떨어져 있지 않으면 안 된다는 조건

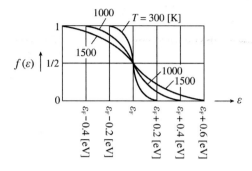

그림 L. 1 각 온도에 있어서의 페르미 분포 함수와 에너지의 관계

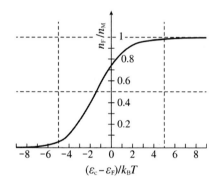

그림 L. 2 페르미 분포를 그대로 이용했을 때의 전자농도 n_F와 이것을 맥스웰 분포로 근사했을 때의 전자농도 n_M과의 비

이다. 마찬가지로 가전자대의 상단(ε_v)부터도 ε_F 는 $3k_B T$ 이상 떨어져 있지 않으면 안 된다. 이것이 페르미 분포를 맥스웰 분포로 근사할 수 있는 조건이며 이것은 전도대의 전자농도 n이 그렇게 크지 않다는 것을 의미하고 있다.

부록 M 진성 반도체의 전도대에서의 전자농도의 계산

7.1절의 식 (7.1.16)에서 전도대의 전자농도 n은

$$n = \frac{1}{2\pi^2}\left(\frac{2m_e^*}{\hbar^2}\right)^{3/2} e^{\varepsilon_F/k_B T} \int_{\varepsilon_c}^{\infty} (\varepsilon - \varepsilon_c)^{1/2} e^{-\varepsilon/k_B T} d\varepsilon \qquad \text{(M. 1)}$$

였다. 적분을 계산하기 위해서

$$(\varepsilon - \varepsilon_c)/k_B T = x \qquad \text{(M. 2)}$$

라고 두면

$$d\varepsilon = k_B T dx \qquad \text{(M. 3)}$$

$$e^{-\varepsilon/k_B T} = e^{-x} \cdot e^{-\varepsilon_c/k_B T} \qquad \text{(M. 4)}$$

가 되므로 식 (M. 1) 중의 적분을 I라고 두면 식 (M. 2, 3, 4)를 대입하여

$$I = \int_{\varepsilon_c}^{\infty} (\varepsilon - \varepsilon_c)^{1/2} e^{-\varepsilon/k_B T} d\varepsilon = \int_0^{\infty} (k_B T x)^{1/2} e^{-x} e^{-\varepsilon_c/k_B T} (k_B T) dx$$

$$= e^{-\varepsilon_c/k_B T} (k_B T)^{3/2} \int_0^{\infty} e^{-x} x^{1/2} dx \qquad \text{(M. 5)}$$

가 된다. 여기서 감마함수 $\Gamma(n)$이 가지는 성질

$$\left. \begin{array}{l} \Gamma(n) = \displaystyle\int_0^\infty e^{-x} x^{n-1} dx \\[2mm] \Gamma(n+1) = n\Gamma(n) \\[2mm] \Gamma(1/2) = \sqrt{\pi} \end{array} \right\} \tag{M. 6}$$

을 이용하면 식 (M. 5) 중의 적분은

$$\int_0^\infty e^{-x} x^{1/2} dx = \int_0^\infty e^{-x} x^{(3/2-1)} dx = \Gamma\left(\frac{3}{2}\right) = \Gamma\left(\frac{1}{2}+1\right)$$
$$= \frac{1}{2}\Gamma\left(\frac{1}{2}\right) = \frac{1}{2}\sqrt{\pi} \tag{M. 7}$$

가 된다. 이것을 식 (M. 5)에 대입하면

$$I = \frac{\sqrt{\pi}}{2}(k_B T)^{3/2} e^{-\varepsilon_c/k_B T} \tag{M. 8}$$

가 된다. 이것을 식 (M.1)에 대입하면

$$n = \left\{\frac{1}{2\pi^2}\left(\frac{2m_e^*}{\hbar^2}\right)^{3/2} e^{\varepsilon_F/k_B T}\right\}\left\{\frac{\sqrt{\pi}}{2}(k_B T)^{3/2} e^{-\varepsilon_c/k_B T}\right\}$$
$$= 2\left(\frac{2\pi m_e^* k_B T}{h^2}\right)^{3/2} e^{-(\varepsilon_c-\varepsilon_F)/k_B T} \tag{M. 9}$$

가 된다. 이것이 식 (7.1.18)과 (7.1.19)이다.

부록 N 도너의 이온화 에너지

부록 F의 보어 반경 r_B를 a_H로 치환하여 $r_B \equiv a_H$라 하면 수소의 총에너지, 즉 가장 낮은 수소원자의 (기저)상태로부터 이온화 에너지 ε_H는

$$\varepsilon_H = -\frac{1}{2} \frac{q^2}{4\pi\varepsilon_0' a_H} = -13.6\,[\text{eV}] \qquad (\text{N. 1})$$

로 구해진다. 여기서 진공의 유전율 ε_0를 ε_0'로 치환했다 (식 (F. 6), (F. 9)참조).

그런데 5가 불순물 원자, 즉 도너에 붙잡혀 있어 원궤도를 그리고 있는 전자의 반경을 a_D, 전자의 유효질량을 m_e^*, 결정 내의 유전율을 ε'라고 하면 식 (F.6)을 구한 것과 마찬가지로 a_D는 그림 N. 1에서 ε_0'를 ε', m을 m_e^*로 해서

$$a_D = \frac{4\pi\varepsilon'\hbar^2}{m_e^* q^2} \qquad (\text{N. 2})$$

으로 구해진다. 식 (F. 6)을 이용하면 식 (N. 2)는

$$a_D = \frac{m}{m_e^*} \cdot \frac{\varepsilon'}{\varepsilon_0'} a_H \qquad (\text{N. 3})$$

가 된다. m_e^*/m은 방향에 따라 다르지만 대체로 평균하여 Si에서는 1/2, Ge에서는 1/5 정도이며, 비유전율 $\varepsilon'/\varepsilon_0'$는 Si에서는 약 12, Ge에서는 약 16이다. 그래서 도너 이온에 잡혀 있는 전자의 원궤도 반경 a_D의 대략값은

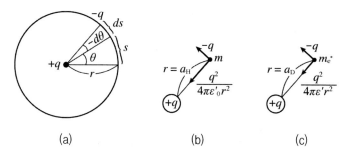

그림 N. 1 (a) 수소원자 중의 전자의 원운동. 양성자의 전하를 $+q$, 전자의 전하를 $-q$라고 한다.

(b) 수소의 양성자와 전자와의 사이의 쿨롱 인력. 진공의 유전율 $\varepsilon_0{'}$

(c) 유전율 ε'인 고체 중에서의 유효질량 m_e^*의 전자$(-q)$와 도너 양이온$(+q)$ 사이의 쿨롱 인력

$$a_D \doteqdot 2 \times 12 \times 0.529\,[\text{Å}] \doteqdot 13\,[\text{Å}] \qquad (\text{Si 내}) \tag{N. 4}$$

$$a_D \doteqdot 5 \times 16 \times 0.529\,[\text{Å}] \doteqdot 42\,[\text{Å}] \qquad (\text{Ge 내}) \tag{N. 5}$$

로 구해진다.

다음으로 도너에 붙잡혀 있는 전자의 이온화 에너지(도너 준위) ε_D는 식 (N. 1)에서 $\varepsilon_0{'}$를 ε'로, a_H를 a_D로 치환하는 것으로 구해지기 때문에

$$\varepsilon_D = -\frac{1}{2}\frac{q^2}{4\pi\varepsilon' a_D} \tag{N. 6}$$

이 된다. 여기에 식 (N. 1)을 이용하면

$$\varepsilon_D = \frac{a_H}{a_D}\cdot\frac{\varepsilon_0{'}}{\varepsilon'}\varepsilon_H = \frac{m_e^*}{m}\left(\frac{\varepsilon_0{'}}{\varepsilon'}\right)^2\varepsilon_H \tag{N. 7}$$

가 된다. 그래서 도너 준위 ε_D는

$$\varepsilon_{\mathrm{D}} \doteqdot \frac{1}{2} \times \left(\frac{1}{12} \right)^2 \times 13.6 \doteqdot 0.047 \, [\mathrm{eV}] \quad \text{(Si 내)} \tag{N. 8}$$

$$\varepsilon_{\mathrm{D}} \doteqdot \frac{1}{5} \times \left(\frac{1}{16} \right)^2 \times 13.6 \doteqdot 0.011 \, [\mathrm{eV}] \quad \text{(Ge 내)} \tag{N. 9}$$

로 구해진다. 즉 전도대 아래에 이 값만큼의 위치에 도너 준위가 있다.

부록 O 불순물 준위에 있어서의 전자의 통계 분포함수의 계산

단위체적에 N_{A} 개의 억셉터와 n_{A} 개의 전자가 존재하는 계에서 억셉터에 전자를 배분하는 것을 생각하자. 중성 억셉터에는 적어도 위 방향 스핀의 전자가 부족한 상태와 아래 방향 스핀의 전자가 부족한 상태가 있다. 그 때문에 중성 억셉터의 상태는 적어도 2중으로 축퇴하고 있다. 일반화하여 g_0 중(지금은 $g_0 = 2$) 으로 축퇴하고 있다. 전자가 분배된 결과, 음이온이 된 억셉터는(인접 원자와의 결합이 전자로 채워져 있기 때문에) 에너지적인 상태의 축퇴는 없다. 이것도 일반화 하면 g_- 중(지금은 $g_- = 1$)으로 축퇴하고 있다고 생각되어진다.

N_{A} 개인 억셉터에 n_{A} 개의 전자를 분배하는 방법은(그림 O. 1 참조)

$$N_{\mathrm{A}}! / n_{\mathrm{A}}! \cdot (N_{\mathrm{A}} - n_{\mathrm{A}})!$$

이다. 전자가 분배된(즉 음이온이 된) n_{A} 개의 억셉터 각각에 대해서 g_- 개의 다른 상태가 있고, 또 전자가 분배되지 않은 $(N_{\mathrm{A}} - n_{\mathrm{A}})$ 개의 중성의 억셉터에 대해서는 g_0 개의 다른 상태가 있다. 그 때문에 이 계의 상태 합 W 는 다음 식이 된다.

$$W = \frac{N_A!}{n_A!(N_A - n_A)!} g_-^{\,n_A} g_0^{\,(N_A - n_A)} \tag{O. 1}$$

이 상태 합(실제는 $\ln W$)을 최대로 하는 전자분포를 라그랑쥬의 미정계수법을 이용하여 구한다. 부록 H의 경우와 똑같은 방법을 이용하면 다음 식이 된다.

$$\ln\left(\frac{g_-}{g_0} \frac{N_A - n_A}{n_A}\right) = \alpha + \varepsilon_A \beta$$

$$= -\frac{\varepsilon_F}{k_B T} + \frac{\varepsilon_A}{k_B T}$$

$$n_A = N_A \Big/ \left\{1 + \frac{g_0}{g_-} \exp(\varepsilon_A - \varepsilon_F)/k_B T\right\} \tag{O. 2}$$

여기서 $g_0 = 2$, $g_- = 1$이므로 n_A는

$$n_A = N_A \Big/ \{1 + 2\exp(\varepsilon_A - \varepsilon_F)/k_B T\} \tag{O. 3}$$

가 된다(식 (7.3.4a)).

도너의 경우는 도너 농도 N_D 중에 n_D가 중성 도너($g_0 = 2$)인 채로 남고 $(N_D - n_D)$는 양이온화한 도너 ($g_+ = 1$)이 되므로 이 계의 상태 합 W는 다음 식이 된다.

$$W = \frac{N_D!}{(N_D - n_D)!\, n_D!} g_+^{\,(N_D - n_D)} g_0^{\,n_D} \tag{O. 4}$$

ln W를 최대로 하는 전자분포는 억셉터와 마찬가지로 하여 다음 식이 된다.

$$\ln\left(\frac{g_0}{g_+}\frac{N_D - n_D}{n_D}\right) = -\frac{\varepsilon_F}{k_B T} + \frac{\varepsilon_D}{k_B T} \tag{O. 5}$$

또 n_D는 다음 식이 된다.

$$n_D = N_D\Big/\left\{1 + \frac{g_+}{g_0}\exp(\varepsilon_D - \varepsilon_F)/k_B T\right\} = N_D\Big/\left\{1 + \frac{1}{2}\exp(\varepsilon_D - \varepsilon_F/k_B T)\right\} \tag{O. 6}$$

억셉터수
N_A 개

음이온화한   중성 억셉터
억셉터
N_A개 $N_A - n_A$개

각 g_-개의   각 g_0개의
다른 상태를 가진다   다른 상태를 가진다

그림 O. 1 N_A개의 억셉터에 n_A개의 전자를 배분하는 방법

부록 P 뜨거운 전자의 전류–전압 특성

전압 V, 전류 I, 전계 $E = V/l$(l은 거리), 전류밀도 $J = I/S$(S는 면적)라고 하면 1초당 일, 즉 일률 VI는

$$VI = El \cdot JS = EJ \cdot lS \tag{P. 1}$$

가 된다. 그래서 단위 체적당 일률은 EJ가 된다. 또 전자의 유동속도를 v_d, 전자 수밀도를 n이라 하면 식 (5.3.6)으로부터

$$J = -qnv_\mathrm{d} \tag{P. 2}$$

이며 또 식 (5.4.17)로부터 이동도 μ와 v_d의 관계는

$$v_\mathrm{d} = -\mu E \tag{P. 3}$$

이므로 J는

$$J = qn\mu E \tag{P. 4}$$

가 된다. 그래서 단위 체적당 일률 EJ는

$$EJ = qn\mu E^2 \tag{P. 5}$$

이 된다. 지금 전자의 에너지를 ε라 하고 1개의 전자가 전계로부터 단위시간에 흡수하는 에너지 $d\varepsilon/dt$는 식 (P. 5)의 $n=1$이라고 하였을 때와 같으므로 다음 식이 된다.

$$\frac{d\varepsilon}{dt} = q\mu E^2 \tag{P. 6}$$

또 전자가 포논과 1회 충돌하여 잃거나 얻거나 하는 에너지를 $\Delta\varepsilon$라고 하면 이것은 방출 또는 흡수하는 포논의 에너지와 같다. 그런데 포논의 에너지는 식 (4.3.3)에서 $\hbar\omega$이며 또 음향적인 포논의 진동수 ω_l과 파수 k' 사이에는 식

(4.3.6)으로부터 $\omega_l = v_l |k'|$이다. 여기서 v_l은 종파의 속도, 즉 음속이며 $|k'|$는 파수 k'의 절댓값이다. 식 (4.3.3)의 ω를 식 (4.3.6)의 ω_l과 같은 것이라 하면 포논의 에너지는 $\hbar v_l |k'|$가 된다. 이것이 조금 전 언급한 $\Delta\varepsilon$와 같으므로

$$\Delta\varepsilon = \pm\,\hbar\omega = \pm v_l\hbar|k'| \tag{P. 7}$$

가 된다. 또 한편 운동량 보존의 법칙에서 전자가 포논에 충돌하기 전의 운동량, 바꿔 말하면 전자의 파수를 k_1이라 하고 충돌 후의 전자의 파수를 k_2이라 하면

$$k_1 - k_2 = \pm k' \tag{P. 8}$$

가 되기 때문에 이것을 식 (P. 7)에 대입하면

$$\Delta\varepsilon = \pm v_l\hbar|k_1 - k_2| \tag{P. 9}$$

가 된다. 지금 n'을 포논의 수라고 하면 1개의 포논을 방출하는 비율은 $n'+1$에 비례하고[7] 흡수의 비율은 n'에 비례[8]하기 때문에 전자가 포논을 평균적으로 잃는 에너지 $\langle\Delta\varepsilon\rangle$는($\langle\;\rangle$를 평균값으로 나타내면)

$$\langle\Delta\varepsilon\rangle = \frac{(n'+1)-n'}{n'+(n'+1)}v_l\hbar\langle|k_1-k_2|\rangle \tag{P. 10}$$

가 된다.

---

7 포논을 1개 방출하고 $n'+1$에서 n'으로 이동하기 때문에
8 포논을 1개 흡수하고 n'에서 $n'+1$으로 이동하기 때문에

여기서 $2n' > 1$, $|\boldsymbol{k_1}| \approx |\boldsymbol{k'}|$ 라고 가정하면

$$\langle \Delta \varepsilon \rangle \approx \frac{v_l \hbar}{2n'} \langle |\boldsymbol{k_1}| \rangle \qquad \text{(P. 11)}$$

이 된다. 격자온도 T_{L} 에서 열평형 상태에 있는 포논의 수를 n' 이라 하고 볼츠만 상수를 k_{B} 라고 하면

$$n' \hbar \omega \approx k_{\mathrm{B}} T_{\mathrm{L}} \qquad \text{(P. 12)}$$

이므로 n' 는

$$n' \approx \frac{k_{\mathrm{B}} T_{\mathrm{L}}}{\hbar \omega} = \frac{k_{\mathrm{B}} T_{\mathrm{L}}}{\hbar v_l |\boldsymbol{k'}|} \approx \frac{k_{\mathrm{B}} T_{\mathrm{L}}}{\hbar v_l \langle |\boldsymbol{k_1}| \rangle} \qquad \text{(P. 13)}$$

이 되므로 n' 을 식 (P. 11)에 대입하면

$$\langle \Delta \varepsilon \rangle \approx \frac{v_l^2 \hbar^2}{2 k_{\mathrm{B}} T_{\mathrm{L}}} \langle |\boldsymbol{k_1}| \rangle^2 \qquad \text{(P.14)}$$

이 된다. 또 전자계의 온도를 T_{e} 라고 하면 전자의 에너지 $\varepsilon = k_{\mathrm{B}} T_{\mathrm{e}}$ 이다. 또 전자의 운동량이 $\hbar|\boldsymbol{k_1}|$ 이고 운동에너지가 $\hbar^2 |\boldsymbol{k_1}|^2 / 2m$ 이므로(m 은 전자의 질량) 이것은

$$\frac{\hbar^2 |\boldsymbol{k_1}|^2}{2m} = k_{\mathrm{B}} T_{\mathrm{e}} \qquad \text{(P. 15)}$$

가 된다. 이 식 (P. 15)의 $|\boldsymbol{k_1}|^2$ 을 식 (P.14)의 $\langle |\boldsymbol{k_1}| \rangle^2$ 와 같은 것으로서 대입하면

전자가 포논과 1회 충돌할 때마다 잃는 에너지의 평균값 $\langle \Delta\varepsilon \rangle$는 다음과 같이 된다.

$$\langle \Delta\varepsilon \rangle \approx \frac{k_{\mathrm{B}} T_{\mathrm{e}}}{k_{\mathrm{B}} T_{\mathrm{L}}} m v_l^2 = \frac{T_{\mathrm{e}}}{T_{\mathrm{L}}} m v_l^2 \tag{P. 16}$$

그런데 전자는 충돌시간 τ초마다 1회씩 포논과 충돌하여 에너지를 점점 잃어가기 때문에 1초당 잃는 에너지는 식 (P. 16)을 τ로 나눈 것이다. 그래서 전자의 질량 m대신에 유효질량 m^*를 이용하면 전자가 포논과의 충돌에서 1초간에 잃는 에너지 $d\varepsilon/dt$는

$$\frac{d\varepsilon}{dt} = \frac{1}{\tau}\left(\frac{T_{\mathrm{e}}}{T_{\mathrm{L}}} m^* v_l^2 \right) \tag{P. 17}$$

이 된다. 그래서 식 (P. 6)과 (P. 17)이 같다고 하면

$$q\mu E^2 = \frac{1}{\tau} m^* v_l^2 \frac{T_{\mathrm{e}}}{T_{\mathrm{L}}} \tag{P. 18}$$

가 된다. 그런데 식 (5.4.18)에서

$$\mu = q\tau/m^* \tag{P. 19}$$

였기 때문에 이것으로부터 $m^*/\tau = q/\mu$를 얻고 이것을 식 (P. 18) 우변에 대입하면

$$\mu^2 E^2 = v_l^2 T_{\mathrm{e}}/T_{\mathrm{L}} \tag{P. 20}$$

이 된다. 그런데 한편 이론적으로 계산하면(설명생략)

$$\mu \propto \varepsilon^{-1/2} = \left(k_B\,T_e\right)^{-1/2} \tag{P. 21}$$

이 된다. 그래서 열평형 상태에서

$$T_e = T_L \tag{P. 22}$$

일 때의 μ를 μ_0라고 하면 식 (P. 21)을 참조하여

$$\mu_0 \propto \left(k_B\,T_L\right)^{-1/2} \tag{P. 23}$$

이 되므로 식 (P. 21)과 (P. 23)으로부터

$$\frac{T_e}{T_L} = \left(\frac{\mu_0}{\mu}\right)^2 \tag{P. 24}$$

을 얻는다. 이것을 식 (P. 20)에 대입하면

$$\mu = (v_l \mu_0 / E)^{1/2} \tag{P. 25}$$

을 얻는다. 이 식을 식 (P. 19)에 대입하면

$$\tau = \frac{m^*}{q}(v_l \mu_o / E)^{1/2} \propto E^{-1/2} \tag{P. 26}$$

이 된다. 즉 완화시간 τ는 전계의 제곱근에 반비례한다. 또 식 (P. 25)를 식 (P. 4)에 대입하면

$$J = qn(v_l \mu_0 E)^{1/2} \tag{P. 27}$$

이 된다. 즉 전류밀도 J는 전계의 제곱근에 비례한다(식 (7.4.1)).

$$J \propto \sqrt{E} \tag{P. 28}$$

부록 Q 금속-반도체 접촉에 있어서의 전류 전압 특성

금속과 n형 반도체 접촉에 있어서의 전류밀도 J_n는 식 (8.5.5)로서, 여기서 V_x를 $V(x)$로 바꾸어 식 (Q. 1)에 나타낸다. 여기서 $V(x)$는 반도체 내의 x 방향의 전위이다.

$$J_n = qD_e\left\{-\frac{qn}{k_\mathrm{B}T}\cdot\frac{dV(x)}{dx}+\frac{dn}{dx}\right\} \tag{Q. 1}$$

정상상태에서는 공핍층 내를 흐르는 전류밀도 J_n은 x에 의존하지 않으므로 식 (Q. 1)의 양변에 $\exp(-qV(x)/k_\mathrm{B}T)$(적분인자)를 곱하여 금속-반도체 경계 ($x=0$)로부터 공핍층단(그림 8.7에서는 $x=b'$였지만 여기서는 W로 고쳐 써서) $x=W$까지 x에 대하여 적분을 행하면 다음 식을 얻는다(단 J_n은 x에 대해 일정).

$$J_n\int_0^W \exp\left[-qV(x)/k_\mathrm{B}T\right]dx = qD_e\left[\{n(x)\exp\left[-qV(x)/k_\mathrm{B}T\right]\}\right]_0^W \tag{Q. 2}$$

(우변을 x로 미분하면 식 (Q. 1)의 우변이 금방 구해진다).

여기서 $V(x)$와 $n(x)$의 경계조건은 그림 8.4(b)와 그림 8.7 및 부록 그림 Q. 1 을 보고 다음과 같이 주어진다. 단 ϕ_B는 금속 측에서 본 장벽높이를 나타내고, $\phi_B = \phi_M - \chi_S$이며, V는 순바이어스 인가전압으로 $V(x)$가 아니다.

$$qV(0) = -(\varepsilon_c - \varepsilon_F) - qV_d = -\phi_B, \; qV(W) = -(\varepsilon_c - \varepsilon_F) - qV$$

또 그림 Q. 1, 식 (7.1.18), 그림 8.4를 통해서 다음 식을 얻는다.

$$\begin{aligned} n(0) &= N_c \exp[\{-(\varepsilon_c - \varepsilon_F) - qV_d\}/k_B T] \\ &= N_c \exp[-(\varepsilon_c(0) - \varepsilon_F)/k_B T] = N_c \exp(= \phi_B/k_B T) \\ n(W) &= n = N_c \exp[-(\varepsilon_c - \varepsilon_F)/k_B T] \end{aligned}$$

(Q. 3)

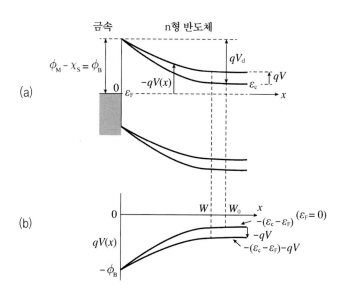

그림 Q. 1 (a) 금속 n형 반도체 접촉에 있어서의 밴드도, (b) 금속의 페르미 준위를 기준으로 했을 때의 전위 $V(x)$. W_0는 제로 바이어스일 때의 공핍층 폭, W는 바이어스 전압 V가 인가되었을 때의 공핍층 폭

여기서 $\varepsilon_c(0)$은 $x=0$에서의 전도대 하단의 에너지이다.

다음으로 식 (Q. 3)의 각 최종 우변의 조건을 식 (Q. 2)의 우변에 대입하여 다음 식을 얻는다.

$$J_n = qN_cD_e[\exp(qV/k_BT)-1]/\int_0^W \exp[-qV(x)/k_BT]dx \qquad \text{(Q. 4)}$$

금속-반도체 접촉의 공핍층에 있어서의 전위 $V(x)$는 식 (Q. 3)의 경계조건과 다음의 포아송 방정식을 이용하여 계산할 수 있다. (반도체의 유전율을 ε_s'라고 하자)

$$\frac{d^2}{dx^2}V(x) = -\frac{qN_D}{\varepsilon_s'},\quad \left[\frac{d}{dx}V(x)\right]_{x=W} = 0 \qquad \text{(Q. 5)}$$

여기서 반도체 중에서는 도너 양이온 농도 N_D가 똑같다고 하면 전위에 q를 곱한 에너지는 다음 식으로 쓸 수 있다. 여기에는 식 (Q. 5)의 양변에 q를 곱하고 1회 적분하여 $x=W$에서 적분상수를 결정한 후, 다시한번 적분해서 $x=0$에서 적분상수를 정한다.

$$qV(x) = \frac{q^2N_D}{\varepsilon_s'}\left(Wx-\frac{x^2}{2}\right) - \phi_B \qquad \text{(Q. 6)}$$

$x=W$라고 두고 식 (Q. 3)을 이용하면 공핍층 폭은

$$W^2 = \frac{2\varepsilon_s'}{qN_D}(V_d-V) \qquad \text{(Q. 7)}$$

가 된다.

이것들을 이용하여 식 (Q. 4) 중의 적분을 평가한다. 우선 식 (Q. 6)을 이용하여 다음 식을 얻는다.

$$
I \equiv \int_0^W \exp(-qV(x)/k_B T)dx = \exp(\phi_B/k_B T)
$$

$$
\times \int_0^W \exp\left(\frac{-q^2 N_D}{\varepsilon_s' k_B T}\left(Wx - \frac{x^2}{2}\right)\right)dx \tag{Q. 8}
$$

우변의 적분변수의 범위는 $0 \leq x \leq W$이며 이때 $Wx \geq \left(Wx - \dfrac{x^2}{2}\right) \geq \dfrac{Wx}{2}$ 이기 때문에 편의상 $(Wx - x^2/2) \fallingdotseq Wx/i$(단 $1 \leq i \leq 2$)라고 하면 식 (Q. 7) 을 사용해서

$$
I \simeq \exp(\phi_B/k_B T)\int_0^W \exp\left(-\frac{q^2 N_D}{\varepsilon_s' k_B T}\frac{Wx}{i}\right)dx
$$

$$
= \left(\frac{k_B Ti}{q}\right)\exp(\phi_B/k_B T)\left[\frac{2q(V_d - V)N_D}{\varepsilon_s'}\right]^{-1/2}\left[1 - \exp\frac{-2q(V_d - V)}{k_B Ti}\right] \tag{Q. 9}
$$

라고 할 수 있다. $qV_D \gg k_B T$ 라면 식 (Q. 9) 우변의 지수함수를 생략할 수 있고 다음 식이 된다.

$$
I \simeq \frac{k_B Ti}{q}\exp(\phi_B/k_B T)/\left[\frac{2q(V_d - V)N_D}{\varepsilon_s'}\right]^{1/2} \tag{Q. 10}
$$

이 식 (Q. 10)을 식 (Q. 4)에 대입하면 다음 식을 얻는다.

$$J_n = \left\{ \frac{q^2 N_C D_e}{k_B Ti} \left[\frac{2q(V_d - V)N_D}{\varepsilon_s'} \right]^{1/2} \right\} \exp(-\phi_B/k_B T) \left[\exp\left(\frac{qV}{k_B T} \right) - 1 \right]$$

식 (Q. 8)에서 피적분 함수의 기여는 $x = 0$ 근처의 것이 크기 때문에 $q(V_D - V)$ $\gg k_B T$ 라고 한다면 ($1 \leq i \leq 2$의 i를) $i = 1$로 해서 계산하여도 오차는 크지 않다.

여기서 계수를 B'라 두고 식 (Q. 3)의 $-\phi_B = -qV_d - \varepsilon_c + \varepsilon_F$를 이용하면 다음 식을 얻는다.

$$\begin{aligned} J_n &= B' \exp(-\phi_B/k_B T) \left[\exp(qV/k_B T) - 1 \right] \\ &= B' \exp\left[(-qV_d - \varepsilon_c + \varepsilon_F/k_B T) \right] \left[\exp(qV/k_B T) - 1 \right] \\ &= B' \exp\left[(-\varepsilon_c + \varepsilon_F)/k_B T \right] \left\{ \exp\left[-q(V_d - V)/k_B T \right] - \exp\left[-qV_d/k_B T \right] \right\} \end{aligned}$$

여기서 계수를 다시 한번 B라고 두면

$$J_n = B(e^{-q(V_d - V)/k_B T} - e^{-qV_d/k_B T}) \tag{Q. 11}$$

가 되고 식 (8.5.6)이 얻어진다. $\phi_B = \phi_M - \chi_S$이며 확산전위 V_d는 식 (8.3.2)로 부터 $qV_d = \phi_M - \phi_S$였다. 그림 8.4와 그림 Q. 1을 보면 ϕ_B와 qV_d의 관계를 잘 알 수 있다.

부록 R 원자의 전자 배치도

전자각	K	L		M			N				O				P				Q
주양자수(n)	1	2		3			4				5				6				7
전자상태	1s	2s	2p	3s	3p	3d	4s	4p	4d	4f	5s	5p	5d	5f	6s	6p	6d	6f	7s
1 H	1																		
2 He	2																		
3 Li	2	1																	
4 Be	2	2																	
5 B	2	2	1																
6 C	2	2	2																
7 N	2	2	3																
8 O	2	2	4																
9 F	2	2	5																
10 Ne	2	2	6																
11 Na	2	2	6	1															
12 Mg	2	2	6	2															
13 Al	2	2	6	2	1														
14 Si	2	2	6	2	2														
15 P	2	2	6	2	3														
16 S	2	2	6	2	4														
17 Cl	2	2	6	2	5														
18 Ar	2	2	6	2	6														
19 K	2	2	6	2	6		1												
20 Ca	2	2	6	2	6		2												
21 Sc	2	2	6	2	6	1	2												
22 Ti	2	2	6	2	6	2	2												
23 V	2	2	6	2	6	3	2												
24 Cr	2	2	6	2	6	4	1												
25 Mn	2	2	6	2	6	5	2												
26 Fe	2	2	6	2	6	6	2												
27 Co	2	2	6	2	6	7	2												
28 Ni	2	2	6	2	6	8	2												
29 Cu	2	2	6	2	6	10	1												
30 Zn	2	2	6	2	6	10	2												
31 Ga	2	2	6	2	6	10	2	1											
32 Ge	2	2	6	2	6	10	2	2											
33 As	2	2	6	2	6	10	2	3											
34 Se	2	2	6	2	6	10	2	4											

제1천이원소 (20 Ca ~ 30 Zn)

전자각		K	L		M			N				O				P				Q
주양자수(n)		1	2		3			4				5				6				7
전자상태		1s	2s	2p	3s	3p	3d	4s	4p	4d	4f	5s	5p	5d	5f	6s	6p	6d	6f	7s
	35 Br	2	2	6	2	6	10	2	5											
	36 Kr	2	2	6	2	6	10	2	6											
제2천이원소	37 Rb	2	2	6	2	6	10	2	6			1								
	38 Sr	2	2	6	2	6	10	2	6			2								
	39 Y	2	2	6	2	6	10	2	6	1		2								
	40 Zr	2	2	6	2	6	10	2	6	2		2								
	41 Nb	2	2	6	2	6	10	2	6	4		1								
	42 Mo	2	2	6	2	6	10	2	6	5		1								
	43 Tc	2	2	6	2	6	10	2	6	5		2								
	44 Ru	2	2	6	2	6	10	2	6	7		1								
	45 Rh	2	2	6	2	6	10	2	6	8		1								
	46 Pd	2	2	6	2	6	10	2	6	10										
	47 Ag	2	2	6	2	6	10	2	6	10		1								
	48 Cd	2	2	6	2	6	10	2	6	10		2								
	49 In	2	2	6	2	6	10	2	6	10		2	1							
	50 Sn	2	2	6	2	6	10	2	6	10		2	2							
	51 Sb	2	2	6	2	6	10	2	6	10		2	3							
	52 Te	2	2	6	2	6	10	2	6	10		2	4							
	53 I	2	2	6	2	6	10	2	6	10		2	5							
	54 Xe	2	2	6	2	6	10	2	6	10		2	6							
제3천이원소	55 Cs	2	2	6	2	6	10	2	6	10		2	6			1				
(내부천이원소)	56 Ba	2	2	6	2	6	10	2	6	10		2	6			2				
	57 La	2	2	6	2	6	10	2	6	10		2	6	1		2				
	58 Ce	2	2	6	2	6	10	2	6	10	2	2	6			2				
	59 Pr	2	2	6	2	6	10	2	6	10	3	2	6			2				
	60 Nd	2	2	6	2	6	10	2	6	10	4	2	6			2				
	61 Pm	2	2	6	2	6	10	2	6	10	5	2	6			2				
	62 Sm	2	2	6	2	6	10	2	6	10	6	2	6			2				
	63 Eu	2	2	6	2	6	10	2	6	10	7	2	6			2				
	64 Gd	2	2	6	2	6	10	2	6	10	7	2	6	1		2				
	65 Tb	2	2	6	2	6	10	2	6	10	9	2	6			2				
	66 Dy	2	2	6	2	6	10	2	6	10	10	2	6			2				
	67 Ho	2	2	6	2	6	10	2	6	10	11	2	6			2				
	68 Er	2	2	6	2	6	10	2	6	10	12	2	6			2				
	69 Tm	2	2	6	2	6	10	2	6	10	13	2	6			2				
	70 Yb	2	2	6	2	6	10	2	6	10	14	2	6			2				
	71 Lu	2	2	6	2	6	10	2	6	10	14	2	6	1		2				
	72 Hf	2	2	6	2	6	10	2	6	10	14	2	6	2		2				
	73 Ta	2	2	6	2	6	10	2	6	10	14	2	6	3		2				

전자각		K	L		M			N				O				P				Q
주양자수(n)		1	2		3			4				5				6				7
전자상태		1s	2s	2p	3s	3p	3d	4s	4p	4d	4f	5s	5p	5d	5f	6s	6p	6d	6f	7s
74 W		2	2	6	2	6	10	2	6	10	14	2	6	4		2				
75 Re		2	2	6	2	6	10	2	6	10	14	2	6	5		2				
76 Os		2	2	6	2	6	10	2	6	10	14	2	6	6		2				
77 Ir		2	2	6	2	6	10	2	6	10	14	2	6	9						
78 Pt		2	2	6	2	6	10	2	6	10	14	2	6	9		1				
79 Au		2	2	6	2	6	10	2	6	10	14	2	6	10		1				
80 Hg		2	2	6	2	6	10	2	6	10	14	2	6	10		2				
81 Tl		2	2	6	2	6	10	2	6	10	14	2	6	10		2	1			
82 Pb		2	2	6	2	6	10	2	6	10	14	2	6	10		2	2			
83 Bi		2	2	6	2	6	10	2	6	10	14	2	6	10		2	3			
84 Po		2	2	6	2	6	10	2	6	10	14	2	6	10		2	4			
85 At		2	2	6	2	6	10	2	6	10	14	2	6	10		2	5			
86 Rn		2	2	6	2	6	10	2	6	10	14	2	6	10		2	6			
87 Fr		2	2	6	2	6	10	2	6	10	14	2	6	10		2	6			1
88 Ra		2	2	6	2	6	10	2	6	10	14	2	6	10		2	6			2
89 Ac		2	2	6	2	6	10	2	6	10	14	2	6	10		2	6	1		2
90 Th		2	2	6	2	6	10	2	6	10	14	2	6	10		2	6	2		2
91 Pa		2	2	6	2	6	10	2	6	10	14	2	6	10	2	2	6	1		2
92 U		2	2	6	2	6	10	2	6	10	14	2	6	10	3	2	6	1		2
93 Np		2	2	6	2	6	10	2	6	10	14	2	6	10	4	2	6	1		2
94 Pu		2	2	6	2	6	10	2	6	10	14	2	6	10	6	2	6			2
95 Am		2	2	6	2	6	10	2	6	10	14	2	6	10	7	2	6			2
96 Cm		2	2	6	2	6	10	2	6	10	14	2	6	10	7	2	6	1		2
97 Bk		2	2	6	2	6	10	2	6	10	14	2	6	10	9(8)	2	6	(1)		2
98 Cf		2	2	6	2	6	10	2	6	10	14	2	6	10	10	2	6			2
99 Es		2	2	6	2	6	10	2	6	10	14	2	6	10	11	2	6			2
100 Fm		2	2	6	2	6	10	2	6	10	14	2	6	10	12	2	6			2
101 Md		2	2	6	2	6	10	2	6	10	14	2	6	10	13	2	6			2
102 No		2	2	6	2	6	10	2	6	10	14	2	6	10	14	2	6			2
103 Lr		2	2	6	2	6	10	2	6	10	14	2	6	10	14	2	6	1		2

제4천이원소 (내부천이원소)

참고문헌

順序不同である．入手可能なもののみに限った．

物性科学関係全般(各章にわたり参考にした)

J. Wulff: Structure and Properties of Materials (I~IV) (J. Wiley & Sons), 1966.

ウルフ編：材料科学入門(I, II, III, IV)，永宮健夫監訳(岩波書店)，1968.

向坊隆編：材料科学の基礎(I, II)，岩波講座　基礎工学12(岩波書店)，1968.

ブラック：材料科学要論，渡辺亮治，相馬純吉訳(アグネ)，1966.

サイエンティフィクアメリカン編：材料の科学，黒田晴雄訳(共立出版)，1969.

近角聡信，橋口隆吉編：材料科学の基礎・材料科学講座1(朝倉書店)，1968.

フェルサム：材料科学の基礎，中山秀太郎訳(アグネ)，1967.

牧島象二他編：マテリアルサイエンス(上，下)，牧島象二他(化学同人)，1965.

2章

カリティ：X線回折論，松村源太郎訳(アグネ)，1963.

9章

近角聡信，橋口隆吉編：物質の磁気的性質・材料科学講座5(朝倉書店)，1968.

近角聡信：強磁性体の物理(裳華房)，1965.

平川浩正：電磁気学・新物理学シリーズ2(培風館)，1977.

3~8，10章

キッテル：固体物理学入門(上，下)，宇野　他訳(丸善)，1974.

ローゼンベルグ：固体の物理(上，下)，山下次郎，福地充訳(丸善)，1977.

川村肇：物性物理(筑摩書房)，1970.

青木昌治：応用物性論・基礎工業物理講座6(朝倉書店)，1973.

青木昌治：電子物性工学・電子通信学会大学講座6(コロナ社)，1963.

デッカー：電気物性論入門，酒井善雄，山中俊一訳(丸善)，1964.

酒井善雄，山中俊一：電気物性学・電気・電子工学基礎講座3(森北出版)，1976.

高橋清，国岡昭夫：電子物性(昭晃堂)，1978.

黒沢達美：物性論・基礎物理学選書9(裳華房)，1971.

デッカー：固体物理，橋口隆吉，神山雅英訳(コロナ社)，1962.

原留美吉：半導体物性工学の基礎(工業調査会)，1969.

高橋清：半導体工学・森北電気工学シリーズ4(森北出版)，1975.

坂田亮：伝導とは・材料科学，9巻1号(1972)~13巻1号(1976)(裳華房)

11章

ベネディック，ビラース：医学の物理，松原武生，井上章訳(吉岡書店)，1981.

酒井善雄，山中俊一：電気物性学(森北出版)，1976.　(非常に参考にした)．

下沢隆：誘電率の解釈(共立出版)，1967.

キッテル：固体物理学入門(下)，第4版，山下次郎他訳(丸善)，1974.

浜口智尋：電子物性入門(丸善)，1979.

玉虫文一他：理化学辞典，第3版(岩波書店)，1975.

川辺和夫他：基礎電子物性工学(コロナ社)，1979.

찾아보기

1

1차원 격자의 브릴루앙 영역   175

1차원 격자진동   77

1차원 조화진동   71

2

2개의 원자를 포함하는 1차원 격자진동

    85

2상 합금의 저항률   151

2차원 격자   35

2차원 정방격자   176

3

3차원 단순입방격자   178

F

F 중심   347

G

Gibbs 자유에너지   181

I

IC(집적회로)   283

M

MKSA 단위계   294

N

np 곱의 일정성   239

n형   241

n형 반도체   247

P

pn 접합   283

pn 접합의 정류작용   285

p형   224

p형 반도체   246

ㄱ

가공경화   61

가우스미트   309

가전자대   213, 228

가전자대의 등가상태밀도   237

가전자대의 바닥   234

강유전체   409

강자성   315, 328

강자성 퀴리온도   328

개방단 광기전력   363

거시적 전계   384

건 다이오드   259

격자   29, 31

격자 간 불순물 원자   55

격자 간 원자   54

격자결함	54, 363	공간전하의 전계		270
격자면	32, 47	공간전하층		269
격자방향	31	공격자점		348
격자상수	29	공명 주파수		402
격자점	29, 67	공명형		409
격자진동	66, 342	공명흡수		347
결정	67	공핍층		269
결정 표면	61	광기전력효과		361
결정격자	31	광다이오드		361
결정구	31	광도전		350
결정구조	43	광도전 현상		361
결정기	31	광도전효과		357
결정입	50	광자		94
결정입계	61	광전도효과		357
결정축	29	광전류		361
결핍층	269	광전자		263
경자성	329	광학적 격자진동		345
계면분극	397	광학적 진동		89
고갈영역	254	구조민감성		54
고분자	63	국소전계		380
고유 반도체	224	국소전계계수		414
고유흡수	344	군속도	80, 197, 462	
고체의 비열(고전론)	99	궤도 자기 쌍극자 모멘트		304
고체의 열팽창	124	규준 모드		111
공간격자	29	극성분자		389
공간격자군	38	금속결합		132

금속과 금속의 접합	264	단위세포	29
금속과 반도체의 접합	267, 268	대	164
금지대	164	대음극	47
기본 격자	38	대자율	301
기저상태	438	대전자	317
기체법	285	데바이	53
기초흡수	344, 350	데바이 각진동수	112
		데바이-셰러 고리	51
ㄴ		데바이-셰러법	52
나선전위	60	데바이의 식	395
내부 운동의 자유도	310	데바이의 이론	108
내부광전효과	357	데이비슨	169
내부자계	332	도너	242, 246
내부전계	380	도너의 이온화 에너지	468
넬 온도	337	도체	208
노드하임의 법칙	151	도핑	241
		동결	320
ㄷ		둘롱 쁘띠의 법칙	100
다결정체	50	드 브로이	169
다수 캐리어	286	드리프트 속도	134
다이아몬드 구조	44	등중률의 원리	444
단결정 인상법	283	디프랙토 미터법	53
단락광전류	361		
단순 격자	38	**ㄹ**	
단원자 유전체	398	라그랑쥬의 미정계수법	446
단위격자	29	라우에	46

라이더 255

랑제방 함수 393

랑제방-데바이의 식 395

런던 161

렌트겐 46

로렌츠 전계 384

루미네센스 363

리차드슨-드쉬만의 식 264

ㅁ

마이크로파 발진 259

마티센의 법칙 146

만들어진 전위 286

망면 32

맥스웰-볼츠만 분포 101, 184

면간격 34, 417

면결함 61

면심격자 44

면심입방 격자 43, 44

면지수 33

모드 91, 111

무극성 분자 389

무질서의 상 331

물리량의 평균값 426

미결정 50

밀러 지수 33, 417

밀러-브라베 36

ㅂ

반강자성 315, 338

반금속 225

반도체 211

반사율 341

반자성 315

반전계 381

반전계 계수 382

반전과정(U 과정) 121

발광중심 363

배치좌표 363, 364

배향분극 389

밴드 163

밴드질량 200

버거스 벡터 60

베데의 이론 270

보상 247

보어 반경 437

보어 자자 308

보자력 329

복소 비유전율 406

복소 유전율 400

볼츠만 법칙 422

분극 369

분극률	380	상전이	331
분기	89	상태밀도	188, 192
분말법	52	상태밀도함수	192
분산	80	색중심	347
분산 주파수	402	선결함	58
분자자계상수	332	소각입계	62
분자장	332	소수 캐리어	286
분자장 근사	331	소실	320
불대전자	317	소자	262
불순물 반도체	239, 241, 246	속박전자	224
불순물 영역	254	손실률	402
불확정성 원리	131	쇼클리	162, 255
브라베 격자	38	쇼트키	55
브래그	47	쇼트키 결함	56
브래그 각	47	쇼트키 이론	269
브래그의 법칙	48	쇼트키 장벽	269, 274
브래그의 식	48, 50	수명시간	358
브릴루앙 영역	81, 173	수소원자의 에너지 준위	159, 435
비오 · 사바르 법칙	298	수직천이	354
비유전율	377	순방향 바이어스	275, 279
비평형 상태	292	슈뢰딩거의 파동방정식	188
		스터링의 근사식	446
ㅅ		스톡스의 법칙	365
상단	233	스피넬	338
상유전체	409	스핀	310
상자성	315, 317, 326	스핀 각운동량	311

스핀 자기 쌍극자 모멘트	309
스핀양자수	159
스핀의 역평행	161
스핀의 평행	161
스핀이 역평행	316
시정수	138
실효질량	200

ㅇ

아이슈타인 온도	105
아인슈타인	101
아인슈타인 관계식	270
아인슈타인의 이론	101
암전류	358
암페어의 법칙	299
액체법	285
양극	46
양극성 전도	230
양자가설	93
양자상태	162
양자상태의 수	181
양자수	189
억셉터	244
억셉터 준위	245
에너지 밴드	163
에너지 양자	94

에피택시	285
엑시톤	351
여기상태	438
여기자	351
여기자 준위	344
여기자 흡수	344
역(방향) 바이어스	275
역격자	441, 442
역방향 바이어스	291
역방향 전압	275
역방향 포화 전류밀도	292
연속체(탄성체)의 진동	71
연자성	329
열전자	264, 281
영구 자기 쌍극자	314
영점에너지	94
오믹 접합	282
완화시간	139
외래 반도체	224
외부광전효과	263
용수철과 추	69
원소 반도체	225
원자 간 포텐셜 에너지	67
원자공공	54
원자단	31
원자분극	388

웨이퍼	285	일함수	263, 264
위상속도	198	임계온도	325
유극성 분자	404	입방최밀 격자	43, 44
유동속도	134, 457	입사각	47
유리의 열전도도	124	입자성	94, 169
유전분극	372		
유전분산식	407	**ㅈ**	
유전손	402	자계	296
유전손각	402	자계강도	300
유전율	375	자극	295
유전체	347, 372	자기 감수율	301
유효 자기 쌍극자 모멘트	313	자기 단극자	295
유효자계	332	자기 모멘트	295
유효질량	200, 201	자기 쌍극자	295
육방최밀 격자	43	자기공명	343
음자	95	자기구역	334
음파	73	자기구역 벽	335
음향적 진동	89	자기구역의 회전	336
이극관 이론	269	자기양자수	159
이동도	143	자발분극	410
이득계수	360	자발분극의 발생	414
이력곡선	329	자발자화	331
이온적 유전체	399	자성체	296
이온화	165	자성체의 투자율	301
이중성	94	자속밀도	296
인력	67	자유공간	201

자유전자	131	전자의 운동방정식	216
자유전자 모형	197	전자의 파수	199
자화	295	전자친화력	267
자화곡선	329	전하보존의 법칙	349
자화율	301	전하의 중성조건	369
잔류분극	409	전하중성조건	249
잔류자속밀도	329	절연체	208
잔류저항	149	점결함	54
장벽	267, 269	접촉 전위차	267
재결합	352	접합	274
저머	170	정공	212, 214, 228, 244
저심 격자	38	정류	269
전계발광	364	정류 접합	283
전기 감수율	379	정류작용	281
전기 쌍극자	369	제1 브릴루앙 영역	83, 173
전기 쌍극자 모멘트(능률)	369	제만 효과	310
전기적 분극	345	조화진동자	71
전도대	168, 213, 228	종파	73, 108
전도대의 등가상태밀도	237	주기적 경계 조건	188
전속밀도	379	주기적 포텐셜	203
전속선	379	주양자수	159
전위	58	준위 간의 천이	343
전자 수밀도	473	준위의 수	181
전자—정공쌍 발생	358	준입자	94
전자볼트	56	직접변환	361
전자분극	386, 398, 404	직접천이	352

진공의 유전율	352, 376
진공의 투자율	399
진공준위	166, 267
진동양식	91
진동자	71
진성 반도체	230, 232
진성영역	254
진성전도	230
진성흡수	344
진전하	373
질서-무질서 전이	331
질서가 있는 상	331

ㅊ

착색결정	349
척력	67
체심 격자	38
총분극	410
축퇴한 전자가스	185
충돌시간	134, 136
충만대	213, 228
치환형 불순물 원자	55

ㅋ

캐리어	137, 242
캐리어 농도	184

퀴리	320
퀴리-바이스의 법칙	334, 411
퀴리상수	324
퀴리온도	325
퀴리의 법칙	324
클라우시우스-모소티	385

ㅌ

탄젠트델타	402
태양전지	361
터널효과	266
테슬라 [T]	297
통과시간	360
퇴색	349
투과율	341
투자율	298

ㅍ

파동성	94, 169
파속	197
파수	75, 195
파울리	310
파울리 상자성	326
파울리의 배타율	159
페라이트	338
페로 자성	315

페로브스카이트형 412
페로자성 328
페르미 179
페르미 구 185
페르미 분포함수 182
페르미 속도 187, 195
페르미 에너지 182, 187
페르미 온도 195
페르미 입자 448
페르미-디락 분포 179, 443
페리 자성 315, 338
평균자유행로 187
포논 94, 95, 208, 426
포논 열전도도 116
포논·스펙트럼 429
포논의 반전과정 429
포논의 상태밀도 109
포논의 열전도도 119
포논의 정상과정 429
포톤 94
포화 331
포화자속밀도 329
포화자화 336
포획 준위 344
프랑크─콘돈의 원리 365
프렌켈 결함 55, 422

플랑크 분포 94
플레밍의 왼손법칙 302

ㅎ

하이젠베르그 334
하이틀러 161
할로겐화 알카리 347
합금의 저항률 149
합성완화시간 146
합성저항률 145
합성충돌시간 146
항전계 409
행로차(광로차) 48
허용대 164
협력현상 331, 332
형광 363
형면 34
형방향 32
혼성궤도 227
혼합형 전위 60
홀 217
홀계수 220
홀상수 220
홀전계 217
홀전압 217
홀효과 217

화학 포텐셜	181, 451	회전력의 모멘트	304
화학적 전하 밀도	246	횡파	73, 90, 108
화합물 반도체	225	훅의 법칙	69
확산계수	272	훈드의 법칙	318
확산법	283, 284	흡수	341
확산이론	269	흡수계수	341
확산전위	269, 286	흡수단	344, 350
확장영역	204	흡수대	347, 350
환원영역	82, 204	흡수율	341
환원유효질량	351	힘 상수	69
활성화제	364		

원소주기표 (장주기형) (1987) $A_r(^{12}C)=12$

족 / 주기	1A	2A	3A	4A	5A	6A	7A	8	1B	2B	3B	4B	5B	6B	7B	0
1	1 **H** 1.008 수소															2 **He** 4.003 헬륨
2	3 **Li** 6.941* 리튬	4 **Be** 9.012 베릴륨									5 **B** 10.81 붕소	6 **C** 12.01 탄소	7 **N** 14.01 질소	8 **O** 16.00 산소	9 **F** 19.00 플루오린	10 **Ne** 20.18 네온
3	11 **Na** 22.99 나트륨	12 **Mg** 24.31 마그네슘									13 **Al** 26.98 알루미늄	14 **Si** 28.09 규소	15 **P** 30.97 인	16 **S** 32.07 황	17 **Cl** 35.45 염소	18 **Ar** 39.95 아르곤
4	19 **K** 39.10 칼륨	20 **Ca** 40.08 칼슘	21 Sc 44.96 스칸듐	22 Ti 47.88† 타이타늄	23 V 50.94 바나듐	24 Cr 52.00 크로뮴	25 Mn 54.94 망가니즈	26 Fe 55.85 철	27 Co 58.93 코발트	28 Ni 58.69 니켈	29 Cu 63.55 구리	30 **Zn** 65.39* 아연	31 **Ga** 69.72 갈륨	32 **Ge** 72.61* 저마늄	33 **As** 74.92 비소	34 **Se** 78.96† 셀레늄	35 **Br** 79.90 브로민	36 **Kr** 83.80 크립톤
5	37 **Rb** 85.47 루비듐	38 **Sr** 87.62 스트론튬	39 Y 88.91 이트륨	40 Zr 91.22 지르코늄	41 Nb 92.91 나이오븀	42 Mo 95.94 몰리브데넘	43 Tc (99) 테크네튬	44 Ru 101.1 루테늄	45 Rh 102.9 로듐	46 Pd 106.4 팔라듐	47 Ag 107.9 은	48 **Cd** 112.4 카드뮴	49 **In** 114.8 인듐	50 **Sn** 118.7 주석	51 **Sb** 121.8 안티모니	52 **Te** 127.6 텔루륨	53 **I** 126.9 아이오딘	54 **Xe** 131.3 제논
6	55 **Cs** 132.9 세슘	56 **Ba** 137.3 바륨	57 * **La** 138.9 란타넘	72 Hf 178.5 하프늄	73 Ta 180.9 탄탈럼	74 W 183.9 텅스텐	75 Re 186.2 레늄	76 Os 190.2 오스뮴	77 Ir 192.2 이리듐	78 Pt 195.1 백금	79 Au 197.0 금	80 **Hg** 200.6 수은	81 **Tl** 204.4 탈륨	82 **Pb** 207.2 납	83 **Bi** 209.0 비스무트	84 **Po** (210) 폴로늄	85 **At** (210) 아스타틴	86 **Rn** (222) 라돈
7	87 **Fr** (223) 프랑슘	88 **Ra** (226) 라듐	89 ** **Ac** (227) 악티늄													

란타넘 계열 (Lanthanides) *

58 Ce 140.1 세륨	59 Pr 140.9 프라세오디뮴	60 Nd 144.2 네오디뮴	61 Pm (145) 프로메튬	62 Sm 150.4 사마륨	63 Eu 152.0 유로퓸	64 Gd 157.3 가돌리늄	65 Tb 158.9 터븀	66 Dy 162.5 디스프로슘	67 Ho 164.9 홀뮴	68 Er 167.3 어븀	69 Tm 168.9 툴륨	70 Yb 173.0 이터븀	71 Lu 175.0 루테튬

악티늄 계열 (Actinides) **

90 Th 232.0 토륨	91 Pa 231.0 프로트악티늄	92 U 238.0 우라늄	93 Np (237) 넵튜늄	94 Pu (239) 플루토늄	95 Am (243) 아메리슘	96 Cm (247) 퀴륨	97 Bk (247) 버클륨	98 Cf (252) 캘리포늄	99 Es (252) 아인슈타이늄	100 Fm (257) 페르뮴	101 Md (256) 멘델레븀	102 No (259) 노벨륨	103 Lr (260) 로렌슘

범례:
원자번호 --- 6
원소기호 --- C
원자량 --- 12.01
원소명 --- 탄소
원소기호의 굵은 글씨는 비금속원소

여기에 표시된 값의 신뢰도는 4자리수로 무 표시는 ±1, *표시는 ±2, †표시는 ±3이다.
( )를 붙인 숫자는 방사성원소의 동위원소 중, 잘 알려진 질량수이다.